国 家 级 职 业 教 育 规 划 教 材
人力资源和社会保障部职业能力建设司推荐
全国高等职业技术院校食品类专业教材

食品加工机械与设备

张海臣 主编

中国劳动社会保障出版社

图书在版编目(CIP)数据

食品加工机械与设备/张海臣主编. —北京：中国劳动社会保障出版社，2013
全国高等职业技术院校食品类专业教材
ISBN 978-7-5167-0834-7

Ⅰ.①食… Ⅱ.①张… Ⅲ.①食品加工机械-高等职业教育-教材②食品加工设备-高等职业教育-教材 Ⅳ.①TS203

中国版本图书馆 CIP 数据核字(2013)第 312065 号

中国劳动社会保障出版社出版发行

（北京市惠新东街 1 号 邮政编码：100029）

*

北京谊兴印刷有限公司印刷装订 新华书店经销

787 毫米×1092 毫米 16 开本 16.75 印张 357 千字

2014 年 1 月第 1 版 2021 年 7 月第 3 次印刷

定价：31.00 元

读者服务部电话：（010）64929211/84209101/64921644

营销中心电话：（010）64962347

出版社网址：http://www.class.com.cn

http://jg.class.com.cn

版权专有 侵权必究

如有印装差错，请与本社联系调换：（010）81211666

我社将与版权执法机关配合，大力打击盗印、销售和使用盗版图书活动，敬请广大读者协助举报，经查实将给予举报者奖励。

举报电话：（010）64954652

前　言

随着我国食品工业的迅速发展，食品行业、企业对从业人员的知识结构和技能水平提出了更高的要求。为了更好地满足企业的用人需要，促进高等职业技术院校食品类专业教学工作的开展，加快高技能人才的培养，我们组织有关院校的骨干教师和行业、企业专家，对专业培养目标、课程设置、教学模式进行了深入研究，开发了全国高等职业技术院校食品类专业教材。

本次开发的教材包括《食品生物化学》《食品微生物基础与检验技术》《食品分析与检验》《食品营养学》《食品质量管理与安全控制》《食品加工机械与设备》《水产品加工技术》《乳制品加工技术》《果蔬加工技术》《粮油食品加工技术》和《肉制品加工技术》。

本次教材开发工作的重点有以下几个方面：

第一，坚持高技能人才的培养方向，突出教材的职业特色。以职业能力为本位，从职业（岗位）分析入手，根据高等职业技术院校食品类专业毕业生所从事职业的实际需要，科学确定学生应具备的知识和能力结构。特别注重加强教材中的实验、实训环节，以提高学生的实际操作能力，为从业打好基础。

第二，体现食品行业发展趋势，突出教材的先进性。根据食品行业的发展现状，尽可能多地在教材中体现本行业的新理念、新知识、新技术和新设备，并严格执行国家有关技术标准，使教材具有鲜明的时代特征。

第三，创新编写模式，突出教材的适用性。按照学生的认知规律，合理安排教材内容，部分加工类以项目方式设计教学情境，以真实工作任务为项目载体，使教材更加易教、易学。在编写过程中，注重利用图表、实物照片辅助讲解知识点和技能点，激发学生的学习兴趣。

本套教材的编写得到了有关省市人力资源和社会保障厅（局）以及一批高等职业技术院校的大力支持，教材的编审人员做了大量的工作，在此表示衷心的感谢。同时，恳切希望广大读者对教材提出宝贵的意见和建议，以便修订时加以完善。

人力资源和社会保障部教材办公室

简　介

本书按典型生产工艺和功能分类对食品加工机械与设备的基本构造、工作原理及使用维护进行介绍。主要内容可分为两部分，第一部分为第一章到第五章，主要介绍了物料输送机械与设备、杀菌机械与设备、真空浓缩设备、干燥机械与设备、包装机械等通用机械；第二部分为第六章到第十一章，主要介绍了粮油加工机械与设备、肉制品加工机械与设备、面食制品加工机械与设备、乳制品加工机械与设备、酒类生产机械与设备、果蔬制品加工机械与设备等典型机械。

本书可作为高等职业技术院校食品类专业用书，也可供食品工程技术人员、食品企业管理人员阅读和参考。

本书由吉林农业工程职业技术学院张海臣任主编，甄洪生、项铁男、曲波、刘小朋、毕元才、葛丽丽参与编写。编写分工如下：张海臣（绪论、第六章），甄洪生（第一章），项铁男（第二章和第三章），曲波（第四章和第五章），刘小朋（第七章、第八章和第九章），毕元才（第十章），葛丽丽（第十一章）。

目　录

绪　论

随着社会的不断发展和人民生活水平的持续提高，人们对食品数量和种类的需求越来越大，对食品质量的要求越来越高，对食品卫生的要求越来越严格。这些需求和要求既促进了食品工业的发展，也对食品工业提出了更高的要求，同时也促进了食品加工机械的发展。尤其是自20世纪90年代以来，我国食品机械工业得到了突飞猛进的发展，成为一个独立的工业体系。食品机械的国际市场十分广阔，与国内市场相比较具备更高的利润，竞争也相对缓和，是我国食品机械生产企业增加利润、扩大规模的一个良好的机遇。所以，我国的食品机械生产企业一方面需要加快新产品的研制和技术的升级，另一方面也要加大产品在国外的信息推广，提高产品认知率。1980年全国食品机械年产值只有七八千万元，到1999年年底全国食品机械工业年产值达270亿元。1998年食品机械出口总额达9亿美元，2006年我国食品机械出口总额达35亿美元，其中近18亿美元出口到非洲和中东，市场份额很大。2010年，国内食品和包装机械总产值达1 200亿元人民币，出口增长势头也将保持在20%以上。

当一种食品的加工方法、工艺流程及工艺参数确定以后，在加工食品的过程中，食品的产量和质量主要取决于所使用的机械设备。采用先进的机械设备，不但能大幅度地提高食品的产量和质量，而且使食品的安全性得到了保证。可以说，没有先进的食品加工机械，就不可能有现代化的食品工业，也不可能生产出高质量的食品。

一、食品加工机械在食品工业中的作用

1. 能够保证加工的食品符合食品卫生要求，确保食品安全

食品是关系到千百万人民生命健康的商品，因此，食品必须符合食品卫生要求。对卫生检验不合格的食品，是坚决不允许出厂和销售的。在食品加工中，只有采用机械设备，才能减少工作人员与食品的接触，使食品与空气隔绝，有效地减少食品被污染的机会，保证食品符合卫生要求。如在乳粉加工中，从鲜乳的接收、净化、冷藏到杀菌、均质、浓缩和喷雾干燥，全部采用奶泵和管道输送，使整个加工过程在密闭的条件下进行，乳品与外界完全隔绝，不会受到任何污染，保证了乳粉符合卫生要求。

2. 提高食品质量，最大限度地保留食品的营养成分，增强产品的竞争能力

采用机械设备和电气控制设备，实现自动控温、控湿、控时，使食品的加工过程处于最佳工作环境状态，既不会使食品过度加工，也不会使食品加工不良；既提高了食品的质量，也不会破坏食品的营养成分。如用超高温瞬时杀菌设备生产消毒乳，杀菌时间只有几秒钟，几乎不破坏乳液中的营养成分。又如乳品在加工前用均质机械进行均质处理，既可防止脂肪球上浮与乳液分离，又改善了乳品被人体消化吸收的程度，使乳品的

质量得到了很大的提高。

3. **增加食品产量，降低生产成本**

在原料相同的情况下，采用先进的机械设备，比人工加工或普通机械设备加工能得到更多的产品。如在生产果蔬制品时，用机械除去果蔬原料外皮，几乎不损伤果肉，可以得到更多的果蔬产品。又如用膨化浸出机械代替传统的油脂浸出设备生产油脂，能使大豆的出油率从 14.5%提高到 15.5%，同时可节约大量电能。

4. **提高劳动生产率，减轻劳动强度**

采用机械设备，劳动生产率比人工提高几十倍到几百倍，而且极大地减轻了工人的劳动强度，改善了工作条件。如用番茄浮洗机洗涤番茄，其生产能力为 10.5 t/h，比人工清洗效率高得多；生产橘子罐头时，用橘瓣分级机分级，每班的生产能力为 15 t；用颗粒装罐机装罐生产罐头，每分钟装罐能力可达 400 罐等。所有这些机械设备的使用，不但极大地提高了劳动生产率，而且使工人不再从事繁重的体力劳动，也使工人脱离了恶劣的工作环境，保证了工人的身心健康。

二、食品加工机械的分类与要求

1. 食品加工机械的分类

食品工业原料及其加工工艺项目繁多，使得食品加工机械与设备有很多品种和规格。我国尚未制定食品加工机械的分类标准，目前国内较为流行的分类方法主要有两种：食品加工产品对象分类法和食品加工机械设备功能分类法。

食品加工产品对象分类法即按所用原料或产品进行分类，如分为粮油加工机械设备、面制品加工机械设备、糖制品加工机械设备、乳制品加工机械设备、酿造机械设备、肉制品机械设备、果蔬机械设备、水产品机械设备、饮料机械设备、调味品机械设备、炊事机械设备等。

食品加工机械设备功能分类法即按食品加工机械设备的功能和特点进行分类，如分为物料输送机械设备、原料预处理机械设备、粉碎均质及混合机械设备、热加工机械设备、冷加工机械设备、成形及挤压机械设备、装料及包装机械设备、生化反应机械设备等。

2. 对食品加工机械设备的要求

（1）食品加工机械设备应满足各类食品的特定加工工艺要求，满足生产工艺的实用性和多样性需要。如在一台机械或一条食品生产流水线上采用不同的原料、不同的配方，改变工艺参数或者调整设备的设置，就可以生产出不同的食品，从而达到一机多能、一机多用的效果。

（2）食品加工机械设备在使用过程中必须符合《中华人民共和国食品卫生法》的有关规定。其结构的设计不仅要具有便于清洗和易于拆卸的特点，还要杜绝出现死角，避免物料的积存，防止微生物的滋生。同时还要求与食品直接接触的零部件必须选用耐腐蚀、无毒的材料。

（3）食品加工机械设备在使用中必须具有可靠性和耐久性的特点。食品加工多数属于连续生产方式，如果生产中某一个部件出现了问题，不仅会影响生产，严重时还会造成全线停产，导致所投入的原料部分或全部报废，这会给企业带来巨大的损失。

三、本课程的任务和学习方法

食品加工机械与设备是食品加工专业和农产品加工专业的专业课，主要学习食品加工机械与设备的构造、工作原理、工作过程、特点、用途以及如何正确地使用、维护和调整，为今后在工作中正确地使用食品加工机械设备奠定基础。

要学好食品加工机械与设备，必须预先掌握已学习过的机械制图、机械零件、机械传动等机械基础知识以及食品工程原理、物性学等有关知识。在掌握上述知识的基础上，才能学会食品加工机械与设备的构造及工作原理，并在此基础上掌握正确地使用、维护和调整食品加工机械设备的方法。

本课程的学习包括课堂讲授、思考与练习、实训等环节。课堂讲授主要学习食品加工机械与设备的构造、工作原理、工作过程、设备的性能特点和设备的调整、维护方法，从理论上对所学的机械设备进行全面、系统的认识。

通过课后思考与练习，对课堂所学的知识进行巩固，并锻炼学生分析问题、解决问题的能力。

实训是在课堂学习的基础上，通过对所学食品加工机械设备构造的观察，以及操作使用、拆装、调整和维护，进一步加深对食品加工机械设备构造、工作原理、工作过程的理解和掌握，并掌握其使用、调整和维护的方法。实训还包含适当的教学实习。教学实习是一个综合性实习，是通过参加食品工厂的生产劳动和参观等，对由所学的机械设备组成的各种生产线有一个全面的认识，并根据所学的知识，对生产线进行综合评价。

第一章　物料输送机械与设备

学习目标

了解物料输送机械与设备在食品加工中的作用。掌握带式输送机、斗式升运机、刮板输送机、螺旋输送机与气力输送装置的工作原理、主要部件结构、生产能力的计算方法及设备使用与维护方法。

在食品加工中，有大量的物料需要输送。为了减轻工人的劳动强度，提高劳动生产率，需要采用不同的输送机械来完成输送物料的任务，尤其是采用了先进的技术设备和实现单机自动化后，更需要输送机械将单机有机地连接起来，组成自动化生产线。从原料、加工半成品直至成品的输送都需要输送机械来完成。因此，在食品加工中，输送机械应用于食品加工的全过程，贯穿于食品加工始终。

同时，在食品加工中，输送机械对保证食品卫生、提高食品质量具有相当重要的作用。例如，生产乳品和饮料时，通过泵及管道连续输送，可节约大量劳动力，产品卫生和质量也有保证。输送机械的选择，要根据生产工艺的要求和生产流水线的布局情况，进行全面分析，力求布局合理、技术先进、经济实用。

食品加工中的输送设备，按输送的物料种类分为固体物料输送机械和流体物料输送机械；按输送设备类型分为输送机（如带式输送机、斗式升运机等）、输送泵和气力输送装置等。

第一节　固体物料输送机械

常用的固体物料输送机械有带式输送机、斗式升运机、刮板输送机、螺旋输送机和气力输送装置。

一、带式输送机

带式输送机是食品加工中常用的一种连续输送机械。它适用于输送块状、粒状及各种包装件物料，同时还可用于原料选择检查台，原料清洗、预处理操作台及成品包装仓库等。带式输送机一般用于水平输送，如用于倾斜输送时，倾斜角不大于25°。

带式输送机的工作速度范围广（0.02～4.00 m/s），生产效率高，输送能力大，对被输送的产品损伤小，工作平稳，构造简单，使用及维护方便，能够在运载段的任何位

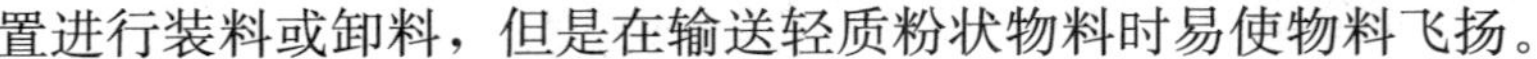

置进行装料或卸料，但是在输送轻质粉状物料时易使物料飞扬。

1. 带式输送机的构造

带式输送机如图 1—1 所示，主要由输送带、驱动装置、支持滚轮（托辊）、张紧装置及卸料装置等组成。

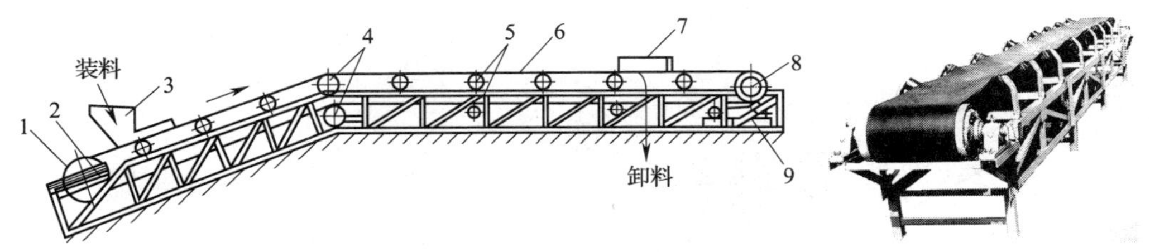

图 1—1　带式输送机

1—张紧滚筒　2—张紧装置　3—装料斗　4—改向滚筒　5—托辊　6—输送带　7—卸料装置　8—驱动滚筒　9—传动装置

（1）输送带

输送带是带式输送机的主要工作部件，它的功用是承载运送物料。对输送带的要求是：强度高，挠性好，本身质量轻，延伸率和吸水性小，对分层现象的抵抗力强，耐磨性好。常用的输送带有橡胶带、纤维编织带、钢带、网状钢丝带和塑料带等。

橡胶带是使用最广泛的输送带。它是用橡胶浸透帆布或编织物材料，并经过硫化处理制成的。其表面所敷盖橡胶层，称为覆盖层。帆布或编织物可以增强输送带的机械强度和用来传递动力，而覆盖层的作用是保护编织物不受损伤，并防止潮湿及外部其他介质的侵蚀。国内生产的橡胶带宽度主要规格有 300 mm、400 mm、500 mm、650 mm、800 mm、1 000 mm、1 200 mm 和 1 600 mm。

橡胶带的连接方式有皮线缝合法、胶液冷黏缝合法、加热硫化法和金属搭接法等。加热硫化法接合处无缝，表面平整，强度可达非连接处的 90%。金属搭接法又称卡子接头，这种形式接合方便，但强度降低很多，只有非连接处的 35%～40%。

（2）驱动装置

驱动装置的功用是将电动机的动力传递给输送带。驱动装置一般安装在输送机的卸料端，由电动机、减速器、驱动滚筒组成。电动机的动力通过 V 带经减速器带动驱动滚筒。驱动滚筒直径较大，以使滚筒与输送带有足够的接触面积，保证有良好的驱动性能。也可利用张紧轮来增加输送带与驱动滚筒的接触面积。

驱动滚筒通常是用钢板焊接制成。为了增加滚筒和输送带之间的摩擦力，可在滚筒表面包上木材、皮革或橡胶。滚筒的宽度应比带宽大 100～200 mm。驱动滚筒一般做成腰鼓形，即中间部分直径比两端直径稍大，以便自动校正输送带的跑偏。

（3）托辊

托辊的功用是支撑输送带及其上面的物料，保证输送带平稳运行。

托辊分为上托辊（即运载托辊）和下托辊（即空载托辊）两种。上托辊有平形托辊和槽形托辊（1 个固定托架和 3 个或 5 个托辊组成）之分，如图 1—2 所示，而空载段的下托辊则采用平形托辊。

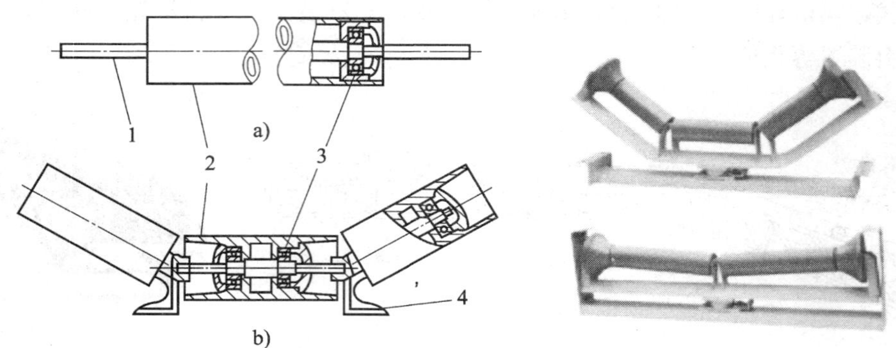

图 1—2　带式输送机托辊

a）平形托辊　b）槽形托辊

1—托辊轴　2—托辊　3—轴承　4—支架

托辊用两端加上凸缘的无缝钢管制造。在托辊的端部有加润滑剂的沟槽。定形的托辊直径有 89 mm、108 mm、159 mm 等。托辊的长度应比输送带宽度大 100～200 mm。

（4）张紧装置

张紧装置的功用是调整输送带的松紧度。由于输送带在拉力作用下会被拉长，而且湿度和温度的变化也会引起输送带的收缩与膨胀，因此必须设置张紧装置。张紧装置一般设在末端的张紧滚筒上，也可以设置在张紧轮上。常用的螺旋式张紧装置如图 1—3 所示。

图 1—3　螺旋式张紧装置

螺旋式张紧装置外形尺寸小，结构紧凑，但需经常检查调整，张力大小不易控制。它适用于输送带宽度小于 800 mm、输送距离小于 30 m 的输送机。

重锤式张紧装置能够维持输送带张力恒定，受外界影响小，但外形尺寸较大。它适用于输送带宽度大、输送距离长的固定式输送机。

（5）卸料装置

卸料装置的功用是从输送带上卸下所输送的物料。物料可以由斜刮板或卸料器从输送带的端部卸下，也可以移到输送带上的任何位置，从输送带的任一侧面卸料，如图1—4 所示。

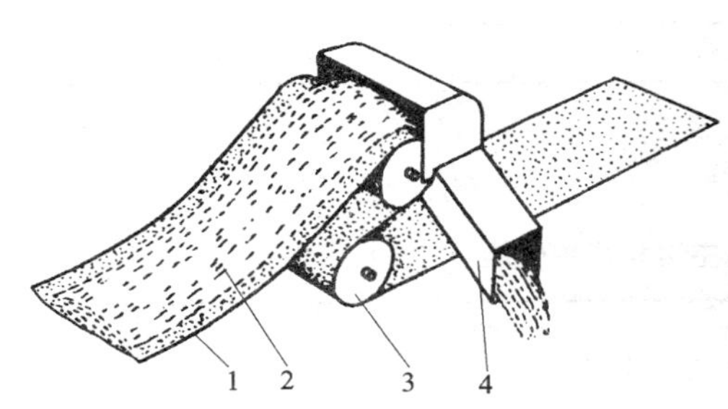

图 1—4　卸料器

1—输送带　2—物料　3—改向滚筒　4—出料斗

2. 带式输送机的主要计算

(1) 生产率计算

带式输送机生产率可用下式计算：

$$Q=3\,600FV\gamma \quad (1—1)$$

式中：Q——生产率（t/h）；

F——物料在输送带上的截面积（m^2）；

V——输送带的输送速度（m/s）。用做检查性作业时一般为 0.05～0.1 m/s，用做输送时一般为 0.8～2.5 m/s；

γ——物料容重（t/m^3）。

(2) 功率计算

带式输送机的功率可按下式计算：

$$N=K_1A\,(0.000\,545KLV+0.000\,147QL)+0.002\,74QHK_1 \quad (1—2)$$

式中：N——带式输送机功率（kW）；

H——物料提升高度（m），上升为正，下降为负；

L——输送机长度（m）；

Q——生产能力（t/h）；

V——输送带的速度（m/s）；

K——系数，根据输送带宽度和轴承种类而定，见表 1—1；

K_1——启动附加系数，K_1=1.3～1.8；

A——输送距离附加系数，见表 1—2。

表 1—1　　系数 *K* 值

带宽（mm）/ 轴承系列	400	500	600	750	900	1 100	1 300
滚动轴承	21	26	29	38	50	62	74
滑动轴承	31	38	43	56	75	92	110

表 1—2　　系数 A 值

输送机长度（m）	<15	15～30	30～45	>45
A	1.2	1.1	1.05	1

（3）带式输送机主要技术特性（见表 1—3）

表 1—3　　带式输送机主要技术特性表

输送带宽度 B（mm）	500	650	800	1 000	1 200
输送带输送速度（m/s）	0.8～2				
输送倾角	0°～20°				
输送能力（t/h）	92～229	155～387	235～586	435～1 033	655～1 556
功率（kW）（按 10 m 计算）	3	4	5.5	11	15

3. **带式输送机的使用及维护**

（1）开机前应润滑各运动部件和传动机构。

（2）每工作一段时间后，应检查输送带的松紧度，必要时应调整。

（3）输送带背面应保持清洁，不得沾污油类，以免打滑，影响传动。

（4）输送机较长时间不使用时，应放松张紧装置，使输送带处于松弛状态。

（5）输送带的跑偏及其处理

1）跑偏的原因。跑偏的原因有多种，其主要原因是安装精度低和日常的维护保养差。在安装过程中，头尾滚筒、中间托辊之间应尽量在同一中心线上，并且相互平行，以确保输送带不跑偏或少跑偏。另外，带子接头要正确，两侧周长应相同。在使用过程中，如果出现跑偏现象，则要做以下检查以确定原因，进行调整。

2）输送带跑偏时应检查的部位和处理方法

①检查托辊横向中心线与带式输送机纵向中心线的不重合度。如果不重合度值超过 3 mm，则应利用托辊组两侧的长形安装孔对其进行调整。具体方法是输送带偏向哪一侧，托辊组的哪一侧就向输送带前进的方向前移，或另外一侧后移。

②检查头、尾机架安装轴承座的两个平面的偏差值。若两平面的偏差大于 1 mm，则应将两平面调整在同一平面内。头部滚筒的调整方法是：若输送带向滚筒的右侧跑偏，则滚筒右侧的轴承座应当向前移动或左侧轴承座后移；若输送带向滚筒的左侧跑偏，则滚筒左侧的轴承座应当向前移动或右侧轴承座后移。尾部滚筒的调整方法与头部滚筒刚好相反。

③检查物料在输送带上的位置。物料在输送带横断面上不居中，将导致输送带跑偏。如果物料偏到右侧，则输送带向左侧跑偏，反之亦然。在使用时应尽可能地使物料居中。为减少或避免此类输送带跑偏，可增加挡料板，改变物料的方向和位置。

二、斗式升运机

在各种连续的加工生产中，需要在不同高度输送物料，使物料由一台设备运送到另一台设备上，或由地面运送到不同的高度等，一般都采用斗式升运机输送。如玉米淀粉的加工、番茄酱生产线等，都用斗式升运机提升物料。

斗式升运机占地面积小、运行平稳、无噪声、工作速度（0.8～2.5 m/s）和效率较高、提升高度大（30～50 m）。但斗式升运机对过载较敏感，要求供料均匀一致。

斗式升运机按用途不同可分为倾斜式和垂直式；按牵引构件分，有带式和链式（单链式和双链式）；按工作速度分，有高速式和低速式。

1. **斗式升运机的构造**

垂直斗式升运机构造如图 1—5 所示，主要由壳体、料斗、传动带（或链条）、主动鼓轮、从动鼓轮、支架和张紧装置等组成。

图 1—5　垂直斗式升运机

1—驱动轮　2—进料口　3—牵引带（链）　4—料斗　5—壳体　6—张紧装置

（1）壳体

壳体的功用是密封斗式升运机。斗式升运机可以封闭在一个壳体中（见图 1—5），也可以安装在两个竖管中，回程竖管与上升竖管离开一段距离，采用输送带或链条载运料斗。对于倾斜式升运机，由于回空边垂度较大，不用封闭的外壳，而用带滚轮的牵引链在导轨上运动。为适应不同的升运高度，倾斜式升运机的支架做成可以自由伸缩的活动支架。

（2）料斗

料斗是斗式升运机的承载部件，用于载运物料。一般用厚度为 2～6 mm 的不锈钢板、薄钢板、铝板或塑料等焊接、铆接或冲压制成。根据被运送物料的性质和斗式升运机的构造特点，料斗有深斗、浅斗和尖角形斗三种形状，如图 1—6 所示。

深斗的斗口成 65°的倾角，深度较大，适用于输送干燥及流动性好的粒状和粉状物料。

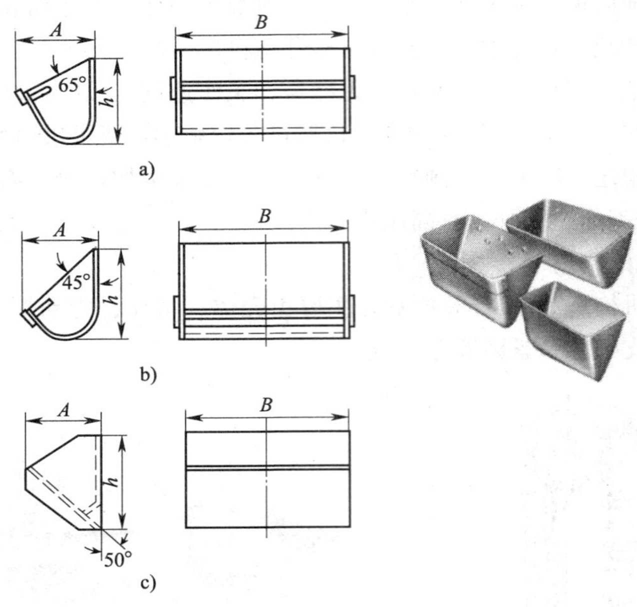

图 1—6　料斗的形状

a）深斗　b）浅斗　c）尖角形斗

浅斗的斗口成 45°的倾角，深度较小，适用于输送流动性较差的粒状及块状物料。

尖角形斗的侧壁延伸到底板外，使侧壁成为挡边。卸料时，物料可沿挡边和底板之间形成的槽卸出。其料斗密集排列，适用于流动性差的物料。

（3）牵引部件

牵引部件的功用是固定料斗，并带动料斗提升物料。牵引部件常采用橡胶带或链条。橡胶带与带式输送机橡胶带相同。料斗用特种头部的螺钉（见图 1—7）和弹簧垫片固定在橡胶带上，橡胶带一般比料斗的宽度大 35～40 mm。

常用的链条有钩形链、衬套链和套筒滚子链。其节距有 150 mm、200 mm 和 250 mm 等。当料斗的宽度为 160～250 mm 时，可用一根链条固定在料斗后壁上。深斗和浅斗可以用角钢和螺钉固定在链条上。

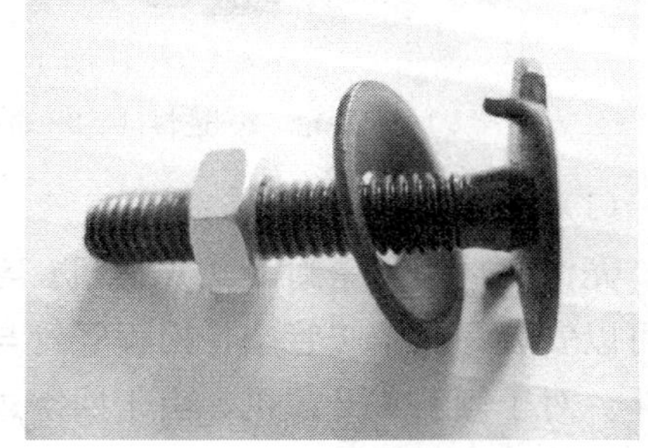

图 1—7　料斗螺钉

（4）驱动装置与张紧装置

驱动装置在升运机的上部，由电动机通过 V 带和减速器带动驱动鼓轮（或链轮）。为防止升运机在有载荷的情况下停止工作时，由于重力使升运机反向运动，故在驱动装置中常设有电磁制动器。

张紧装置设在升运机下部的从动鼓轮（或链轮）轴上，常采用螺旋式张紧装置（参看带式输送机张紧装置）。

(5) 斗式升运机的装料、卸料方式

斗式升运机的装料方式有挖取法和撒入法两种，如图 1—8 所示。

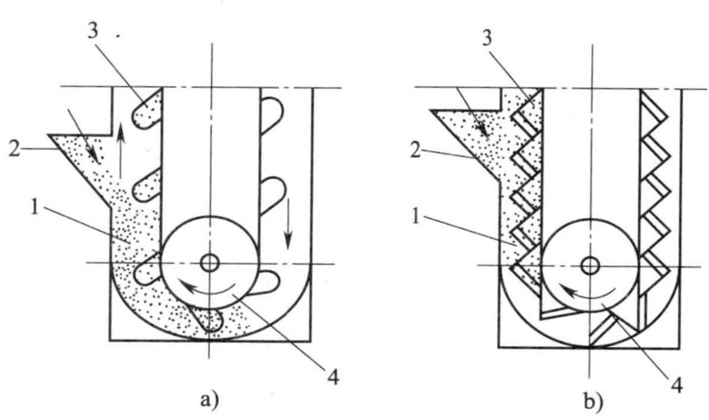

图 1—8　斗式升运机的装料方式

a) 挖取法　b) 撒入法

1—物料　2—进料口　3—料斗　4—张紧滚筒

挖取法是先将物料送入升运机的底部，然后被运动着的料斗挖取后提升。这种方法适用于阻力小的粉料或小颗粒的松散物料。挖取法要求料斗的强度大，有较高的速度(一般为 0.8～ 2.0 m/s)。

撒入法是将物料由进料口直接加入到运动着的料斗内。这种方法适用于大块和磨损性大的物料。一般料斗布置密集，其速度较低（不超过 1 m/s)。

斗式升运机的卸料方式有离心式、重力自流式和离心重力式三种，如图 1—9 所示。

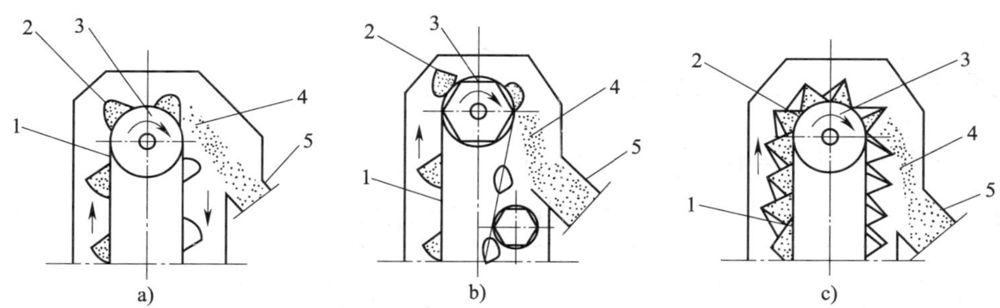

图 1—9　斗式升运机卸料方式

a) 离心式　b) 重力自流式　c) 离心重力式

1—牵引带　2—料斗　3—驱动滚筒　4—物料　5—出料口

离心式卸料法是利用离心力将物料抛出卸料。斗与斗之间要保持一定距离，且要求升运速度较高，一般在 1～2 m/s。它适用于升运流动性好的粉状和粒状物料。

重力自流式卸料法主要依靠重力卸料。它要求升运速度较低，一般为 0.5～0.8 m/s。这种方法适用于提升潮湿、流动性差的大块物料。

离心重力式卸料法是同时利用物料的离心力和重力进行卸料。它的工作速度一般为 0.7～1.0 m/s，适用于流动性差的大块物料。

2. 斗式升运机的主要计算

(1) 斗式升运机生产率计算

$$Q=3\,600\frac{i}{a}V\gamma\Phi \tag{1—3}$$

式中：Q——生产率（t/h）；

i——料斗容积（m^3）；

a——料斗之间的距离（m）；

V——升运速度（m/s）；

γ——物料容重（t/m^3）；

Φ——料斗填充系数。粉料及小粒干燥物料 $\Phi=0.75\sim0.95$；谷物 $\Phi=0.70\sim0.90$；水果及块状物料 $\Phi=0.50\sim0.70$。

(2) 斗式升运机功率消耗计算

$$N=(QH/367)(1.15+K/V) \tag{1—4}$$

式中：N——输送机功率（kW）；

Q——生产能力（t/h）；

H——升运高度（m）；

V——升运速度（m/s）；

K——系数（按表1—4选取）。

表1—4　系数 K 值

升运机形式 \ 生产率（t/h）	<20	20～40	40～80	80～150
间隔斗带式升运机	1.5	1.15	0.95	0.75
间隔斗链式升运机	1.05	0.75	0.65	0.55

(3) 斗式升运机主要技术特性（见表1—5）

表1—5　斗式升运机主要技术特性表

型号		26/15	36/18	36/23	36/28	41/23	41/28
料斗规格（mm×mm）		150×125	180×125	230×125	280×140	230×140	280×140
处理量（m^3/h）	颗粒	15.06	25.1	37.42	51	55.82	67.8
	粉料	13.06	21.73	32.4	44.1	48.17	58.65
转速（r/min）	颗粒	81					
	粉料	70					
料斗间距（mm）		350				300	
升运高度（m）		10～40					
电动机功率（kW）		2.2～22					

3. 斗式升运机的使用及维护

(1) 升运机由指定人员进行维护和管理，电源开关箱的钥匙由指定人员管理。

（2）应均匀喂料。禁止突然增大喂料量。喂料量不能超过升运机的输送能力，否则容易造成底部的物料堆积，严重时甚至会发生“闷车”事故。

（3）开机前应对各运动部件及时适量补充润滑油。

（4）升运机的链条和料斗严重磨损或损坏时应及时更换。

三、刮板输送机

刮板输送机常用于水平输送颗粒和粉状物料，也能在150°倾角范围内做倾斜输送。因此，在单点进出料基础上，也可多点进料、多点出料，对输送有毒、易爆、高温和易飞扬的物料，能改善工人操作条件和减少环境污染等。刮板输送机水平输送时，物料受到刮板链条在运动方向的推力。当埋刮板输送机料层间的内摩擦力大于物料与槽壁间的外摩擦力时，物料就随着刮板链条向前运动。刮板输送机在料层高度与机槽宽度之比满足一定的条件时，刮板输送机料流是稳定的。埋刮板输送机在垂直提升时，物料受到刮板链条在运动方向的压力，在物料中产生了横方向的侧面压力，形成了物料的内摩擦力。同时由于下水平段的不断给料，下部物料相继对上部物料产生推移力。这种摩擦力和推移力足以克服物料在机槽中移动而产生的外摩擦阻力和物料自身的质量，使物料形成了连续整体的料流而被提升。该机具有整机使用寿命长、运行平稳、结构尺寸小、输送量大、能耗低、物料破损率低等优点，缺点是刮板和输送槽磨损较大。

1. 刮板输送机的构造

刮板输送机结构示意如图1—10所示，主要由刮板、牵引链、驱动装置和张紧装置等组成。

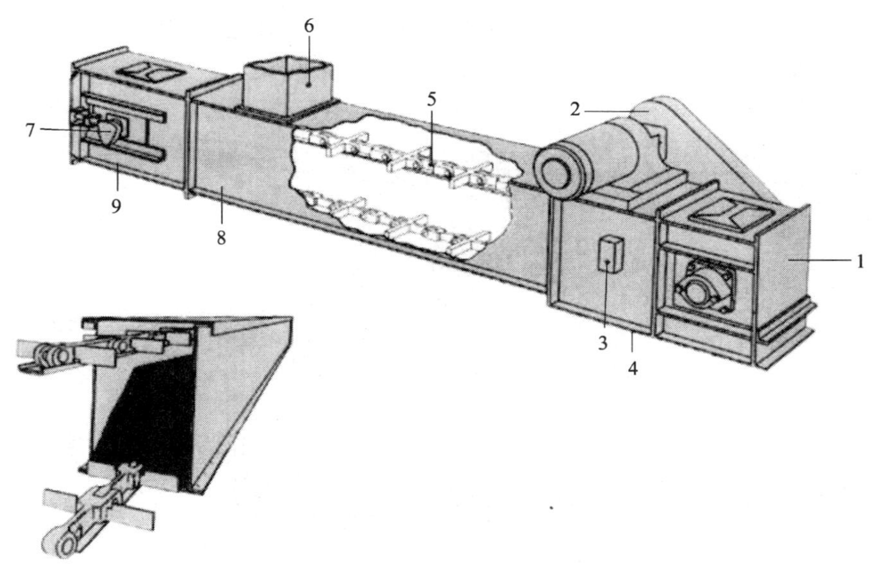

图1—10　刮板输送机

1—头部　2—驱动装置　3—堵料探测器　4—卸料口　5—刮板链条
6—加料口　7—断链指示器　8—中间段　9—尾部

刮板输送机工作时由牵引链带动刮板运动，刮板推动物料向前输送。输送物料时有上刮式和下刮式。上面行程为工作面时为上刮式，反之为下刮式。

刮板输送机的主要工作部件是刮板和牵引链，如图 1—11 所示。刮板一般用不锈钢、木材等材料制作，用螺栓或铆钉固定在牵引链上。当刮板的尺寸和质量较大时，在刮板上还装有行走滚轮。

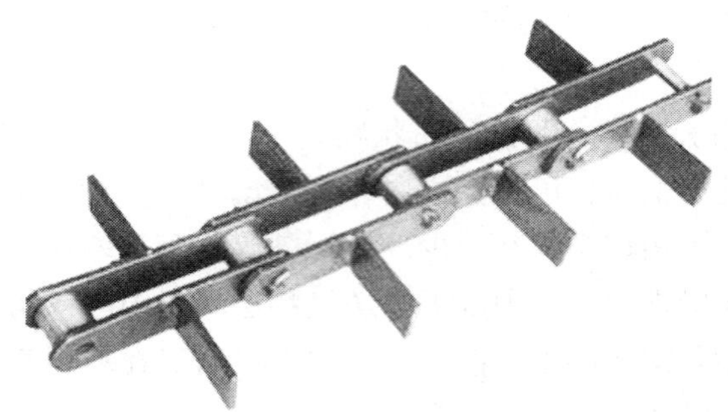

图 1—11　刮板与链条

常用的牵引链有套筒滚子链、钩形链等。当刮板的尺寸较小时，一般用一根链条作为牵引构件与刮板连接。当刮板尺寸较大时，就需要两根链条作为牵引构件。在单链式刮板输送机上，链条位于刮板的中部。双链式刮板输送机链条固定在刮板两侧，如图 1—11 所示。刮板在链条上的间距为 250～ 300 mm。

刮板输送机的工作速度在输送颗粒及粉状物料时为 0.5～1.0 m/s，在输送小块状物料时为 0.3～0.5 m/s。

张紧装置安装在张紧链轮轴承座上，采用螺旋式张紧（参见带式输送机张紧装置）。当输送机工作一段时间后，应检查牵引链的松紧度，并及时进行调整。

刮板输送机的主要形式有三种，如图 1—12 所示。

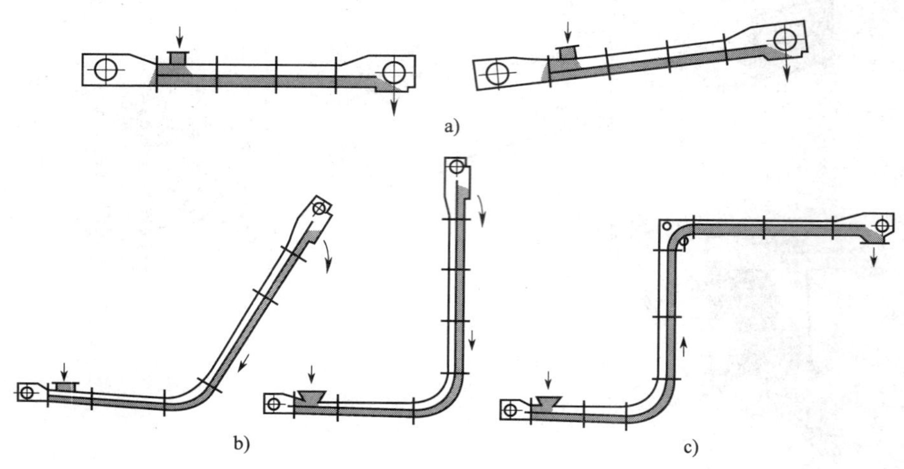

图 1—12　刮板输送机的形式

a）MS 型（水平型）　b）MC 型（垂直型）　c）MZ 型（Z 型）

2. 刮板输送机的主要计算

（1）刮板输送机生产率计算

$$Q=3\ 600BhV\gamma\eta \tag{1—5}$$

式中：Q——生产率（t/h）；

B——机槽宽度（m）；

h——机槽高度（m）；

V——刮板链条运行速度（m/s）；

γ——物料容重（t/m^3）；

η——输送效率，$\eta=0.65\sim0.80$。

（2）刮板输送机功率消耗计算

$$N=K\frac{PV}{102\eta} \tag{1—6}$$

式中：N——电动机功率（kW）；

K——备用系数，$K=1.1\sim1.3$；

P——驱动轮圆周力（kg）；

V——刮板链条速度（m/s）；

η——传动效率。

（3）刮板输送机主要技术特性（见表1—6和表1—7）

表1—6　　水平刮板输送机主要技术特性表

型号		18	25	32	40	50	63
机槽宽度（mm）		180	250	320	400	500	630
刮板链条	节距（mm）	125	160	200	200	200	250
	线速度（m/s）	0.167～0.192	0.183～0.245	0.266～0.3			0.275～0.35
输送量（m^3/h）		20	35	80	110	135	250
输送距离（m）		10～50					
电动机功率（kW）		2.2～22					

表1—7　　埋刮板输送机主要技术特性表

型 号		18	25	32	40	50	63
机槽宽度（mm）		180	250	320	400	500	630
刮板链条	节距（mm）	125	160	200	200	200	250
	线速度（m/s）	0.133～0.183	0.183～0.25	0.21～0.26	0.26～0.306		0.25～0.35
输送量（m^3/h）		15	35	40	70	100	150
输送距离（m）		垂直：20　水平：25					
电动机功率（kW）		2.2～22					

3. 刮板输送机使用与维护

（1）常检查运转是否正常，是否有不正常的噪声，发现故障应及时停车排除。

（2）运行过程中严防铁块、大块硬物等混入槽内，以免损坏机器。

（3）定期清除输送机里的麻绳等杂物，以免缠绕链条后使电动机过载，损坏电动机和减速器。

（4）检查链条销子，如果有断裂或松出，应及时更换或修复；检查刮板是否损坏或磨损，如果有弯曲变形或丢失的刮板，应及时更换或修补。聚乙烯刮板有划痕或沟槽表示可能有其他问题。

（5）检查链条、滚筒和链轮是否过度磨损。

（6）严格按照制造商的产品说明书定期润滑轴承、齿轮和减速器等。

（7）定期检查所有安全保护装置，确保它们能可靠地工作。

（8）定期检查所有螺栓连接的紧固程度，如发现松动应及时拧紧。

（9）经常检查和调整驱动输送带或链条的张紧度。

四、螺旋输送机

螺旋输送机是利用旋转的螺旋叶片将物料推移而进行螺旋输送的一种装置。它的旋转轴上焊有螺旋叶片，叶片的面型根据输送物料的不同有实体面型、带式面型、叶片面型等形式。螺旋输送机的螺旋轴在物料运动方向的终端有止推轴承，可以随物料在螺旋的轴向施加反力，在螺旋输送机较长时，应加中间吊挂轴承。螺旋输送机结构简单，工作可靠，具有防尘性能，但消耗功率较大，输送距离短。适用于输送各种粉料、粒料及小块状物料。

我国已定型生产的GX型螺旋输送机，螺旋直径为150～600 mm，共有7种规格，输送长度为30～70 m。

1. 螺旋输送机的构造

螺旋输送机主要由螺旋、壳体、支座和螺旋轴等组成，如图1—13所示。

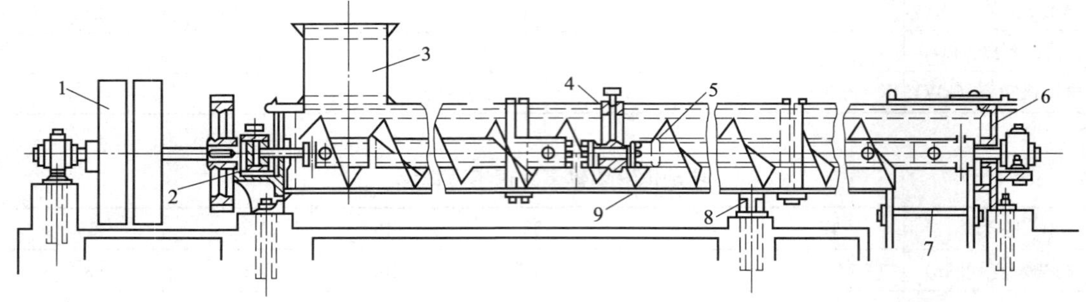

图1—13　螺旋输送机

1—离合器　2—轴承　3—喂料口　4—中间轴承　5—螺旋　6—支持架　7—卸料口　8—支架　9—壳体

螺旋是螺旋输送机的主要工作部件，它的功用是通过螺旋的旋转运动向前推送物料。螺旋按结构特点分为有心轴式和无心轴式两种；按旋向分为右旋螺旋和左旋螺旋；按螺距分为等螺距螺旋和变螺距螺旋两种；按螺旋头数分有单头、双头和三头螺旋。

有心轴式螺旋的叶片形状有实体螺旋、环带式螺旋、叶片式螺旋和成形螺旋四种，如图1—14所示。当输送干燥的小颗粒和粉状物料时，宜采用实体螺旋；当输送块状或黏滞性的物料时，宜采用环带式螺旋；当输送韧性强或可压缩的物料时，宜采用叶片式或成形螺旋，这两种螺旋在输送物料的同时，还对物料有搅拌、揉捏及混合等工艺操作。

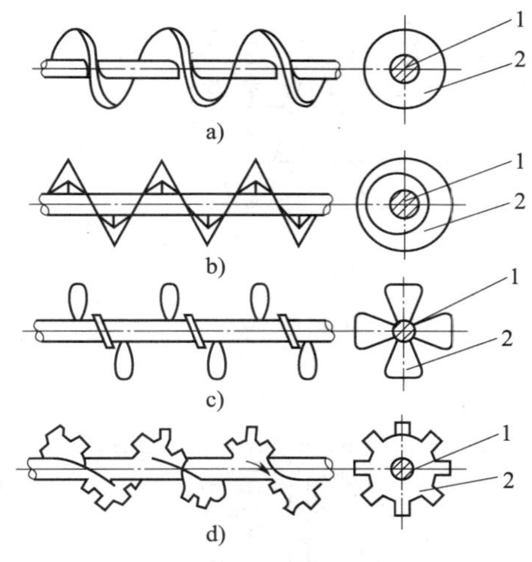

图 1—14　螺旋形状

a）实体螺旋　b）环带式螺旋　c）叶片式螺旋　d）成形螺旋

1—螺旋轴　2—螺旋叶片

螺旋叶片是由 4～8 mm 厚的薄钢板或不锈钢、黄铜、铝等材料制成的。输送腐蚀性较大的物料时，在叶片的表面上覆盖一层钨、铬、钴等硬质合金或其他类似的防腐材料。

无心轴式螺旋也叫螺旋弹簧，如图 1—15 所示。螺旋弹簧结构简单，便于加工、装配，质量比有心轴式螺旋轻，可以在小于 90°角范围内任意转弯。这种螺旋适用于输送粉料，对颗粒物料的破碎力较大，输送能力小。

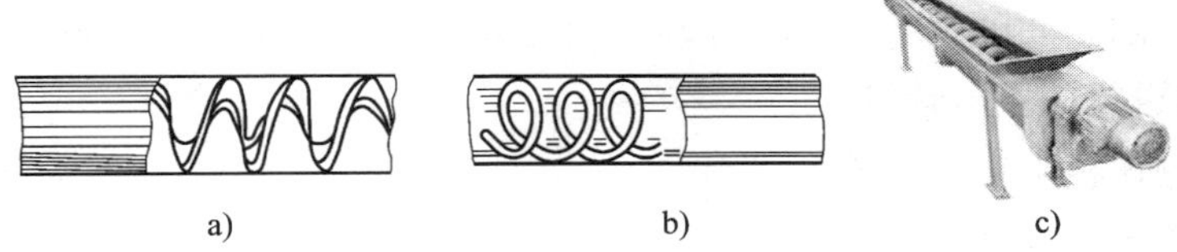

图 1—15　螺旋弹簧输送器

a）矩形断面螺旋　b）圆形断面螺旋　c）实物图

螺距相等的输送机主要用于输送物料；变螺距输送机在用于输送的同时又可产生挤压力，如在绞肉机、榨汁机、膨化机等机械中作供料、挤压螺旋用。

螺旋轴的功用是固定螺旋叶片，并带动叶片一起旋转。螺旋轴可以是实心轴，也可以是空心轴。通常采用钢管制成的空心轴，它一般由 2～4 m 长的节段装配制成。

螺旋轴的各节段连接通常采用轴节或法兰连接。图 1—16 是利用轴节插入空心轴的衬套内，用螺钉固定连接起来。这些轴节还可作为中间轴承和头部轴承的颈部。这种连接方式结构紧凑，但装卸较困难。大型的螺旋输送机则是采用法兰连接，如图 1—17 所示，用一段两端带法兰的短轴与螺旋轴端的法兰连接起来。这种连接装卸容易，但径向尺寸较大，对物料的阻力也较大。

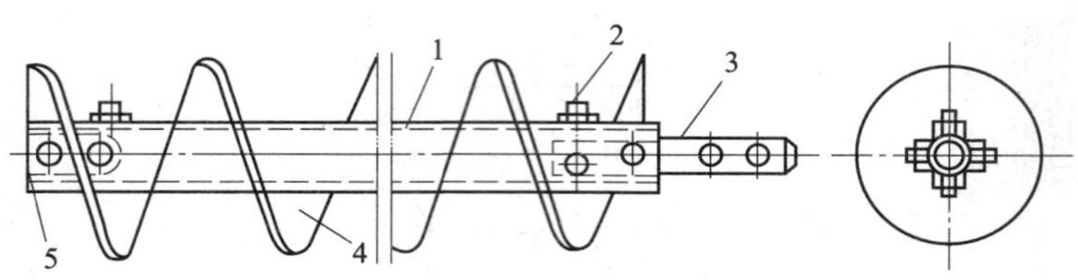

图 1—16　轴与轴节的连接

1—螺旋轴　2—紧固螺钉　3—轴节　4—螺旋叶片　5—衬套

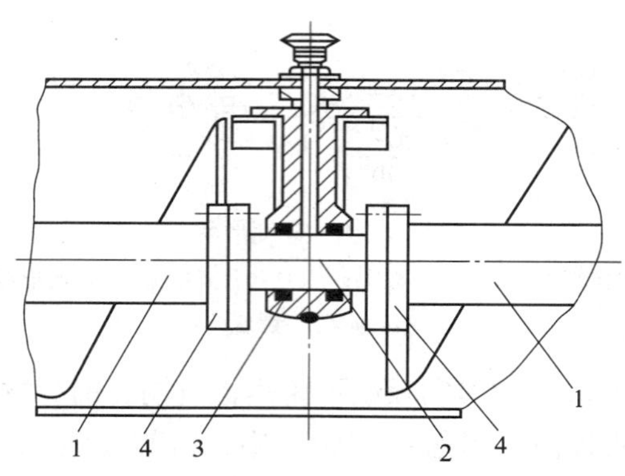

图 1—17　轴的法兰连接

1—螺旋轴　2—连接轴　3—滑动轴承　4—法兰

壳体的功用是构成输送管道，并与螺旋共同输送物料。壳体用 3～8 mm 厚的不锈钢板或薄钢板制成，有 U 形、V 形和圆管形等几种。壳体的内径稍大于螺旋直径，使两者之间有一定的间隙。间隙越小，磨损和动力消耗越少。一般间隙为 6.0～9.5 mm。

2. 螺旋输送机的主要计算

（1）螺旋输送机生产率计算

生产率可按下式计算：

$$Q=15\pi\left[(D+2\lambda)-d\right]^2 Sn\gamma\Phi C \tag{1—7}$$

式中：Q——生产率（t/h）；

D——螺旋外径（m）；

d——螺旋轴径（m）；

λ——螺旋径向间隙（m）；

S——螺旋螺距（m）；

n——螺旋转速（r/min）；

γ——物料容重（t/m^3）；

Φ——螺旋充满系数。对乳粉、面粉等粉状物料取 $\Phi=0.35\sim0.45$，对于块状物料取 $\Phi=0.2\sim0.25$；

C——倾角修正系数，取值见表 1—8。

表 1—8　　**螺旋输送机倾角修正系数 C 值**

输送机倾角（°）	0	5	10	15	20	30	40	50	60	70	80	90
C 值	1	0.97	0.94	0.92	0.88	0.82	0.76	0.70	0.64	0.58	0.52	0.46

（2）螺旋输送机功率计算

$$N=\frac{Q}{367}\eta\ (LW_0+H)\Phi \tag{1—8}$$

式中：N——输送机功率（kW）；

Q——生产率（t/h）；

L——输送机的水平投影长度（m）；

H——输送机的垂直投影高度（m），上升为正，下降为负；

W_0——阻力系数，对粉状物料 $W_0=1.2\sim1.5$，对于块状物料 $W_0=1.5\sim1.7$；

η——传动效率，一般取 0.9～0.94；

Φ——倾角修正系数，当倾角 $\beta<20°$时，$\Phi=1$；β 等于 30°、45°时，Φ 等于 1.13、1.14。

（3）螺旋输送机主要技术特性（见表 1—9）

表 1—9　　**螺旋输送机主要技术特性表**

型号	LSY140	LSY160	LSY200	LSY250	LSY300	LSY400
螺旋体直径（mm）	135	163	185	237	285	362
螺旋体转速（r/min）	300	308	260	200	170	170
机壳外径（mm）	159	194	219	273	325	402
生产能力（t/h）	15	25	40	60	90	120
最大输送长度（mm）	12	15	18	25	25	25
工作位置角度（°）	0°～60°					
电动机型号	Y112M—4	Y132M—4	Y160M—4	Y180L—6	Y180L—4	Y180L—4
电动机功率（kW）	4	7.5	11	15	22	22

3. 螺旋输送机的使用与维护

（1）螺旋输送机应无负荷启动，即在壳内没有物料时启动，启动后开始向螺旋输送机给料。

（2）螺旋输送机初始给料时，应逐步增大给料速度直至达到额定输送能力。给料应均匀，否则容易造成输送物料的积聚堵塞和驱动装置的过载，使整台机器过早损坏。

（3）为了满足螺旋输送机无负荷启动的要求，螺旋输送机在停车前应停止加料，等机壳内物料输送完毕后方可停止运转。

（4）被输送物料内不得混入坚硬的大块物料，避免螺旋卡死而造成螺旋输送机的损坏。

(5) 在使用中应经常检视螺旋输送机各部件的工作状态，注意各紧固件是否松动，如果发现机件松动，则应立即拧紧螺钉，使之重新紧固。

(6) 应该特别注意螺旋连接轴间的螺钉是否松动、掉下或者断裂，如发现此类现象，应该立即停车矫正或更换。

(7) 螺旋输送机的机盖在机器运转时不能取下，以免发生事故。

(8) 在螺旋输送机运转中发现不正常现象时，均应加以检查并消除，不得强行运转。

(9) 螺旋输送机各运动机件应经常加润滑油。

五、气力输送装置

气力输送就是利用流动的空气在管道内产生很大的流速，使物料悬浮于空气中来输送物料。当气流作用在物料上的力与物料本身质量相平衡时，物料处于悬浮状态，这时空气流动的速度称为临界速度。只有当空气流动速度大于临界速度时，才能输送物料。

气力输送装置结构简单，除风机外，没有运动件。输送距离长（最长可达 500 m），输送路线可任意安排。但这种输送装置所需的功率较大，它适用于输送粉料和粒料。

1. 气力输送装置的类型及工作过程

气力输送装置常用的有吸气式、压气式和混合式三种类型，如图 1—18 所示。

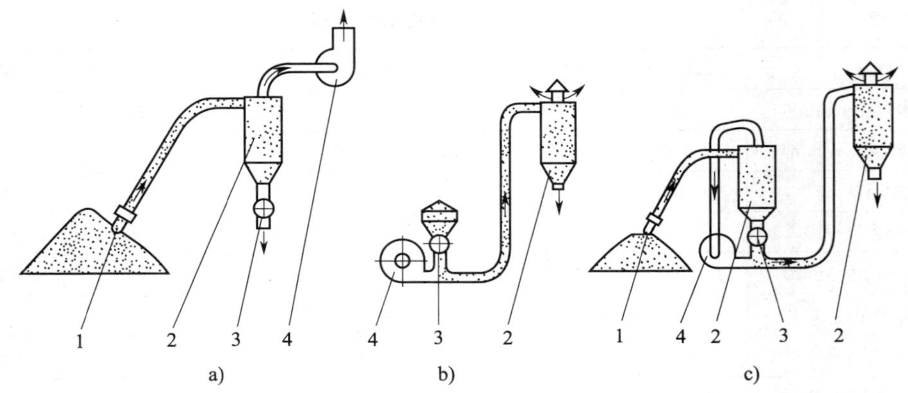

图 1—18　气力输送装置的类型

a）吸气式　b）压气式　c）混合式

1—吸料嘴　2—分离筒　3—闭风器　4—风机

吸气式气力输送装置是利用负压来吸取物料并加以输送的一种输送装置，如图 1—18a 所示。气流和物料通过吸料嘴吸入管道并输送，最后送入分离筒，在分离筒内进行物料与空气的分离。分离后的物料从闭风器中卸出，空气由风机的出口排出。吸气式气力输送装置可以从几处向一处集中输送物料，也可以在一个气力输送系统中完成几个作业机的输送任务，但它的输送距离较短。

压气式气力输送装置是利用气流产生的压力来输送物料的，如图 1—18b 所示。料斗内的物料经闭风机送入管道，与风机送来的高速气流相混合后，通过管道输送到分离筒内。分离后的物料由分离筒下方排出，空气从上部排出。压气式输送装置可以将物料从一个位置输送到几个不同的位置，输送距离最长可达 500 m。

混合式气力输送装置是既利用风机入口的吸力来吸取物料，又利用风机出口的压力来输送物料的，如图 1—18c 所示。物料通过吸料嘴吸送到分离筒，分离后的物料由闭风器送入压气式输送管道，由风机产生的高速气流通过管道进行输送，最后送到终端分离筒，物料由分离筒下方排出。这种输送方式物料的输送距离长。

2. **气力输送装置的主要工作部件**

(1) 风机

风机是气力输送装置中的动力设备，它的功用是在输送管道内产生一定真空度或一定压力与流速的气流。在气力输送装置中使用较多的是离心风机。

离心风机根据风压（H）大小可分为低压风机（$H<9.8$ kPa）、中压风机（$H=9.8\sim29.4$ kPa）和高压风机（$H=29.4\sim148$ kPa）。

离心风机如图 1—19 所示，它主要由叶轮和壳体等组成。风机的叶轮一般用薄钢板制造。叶片的形式有前向叶片、后向叶片、径向曲叶片等。气力输送装置中一般都采用后向叶片。这种叶轮效率高、噪声小，流量增大时电动机不易过载。

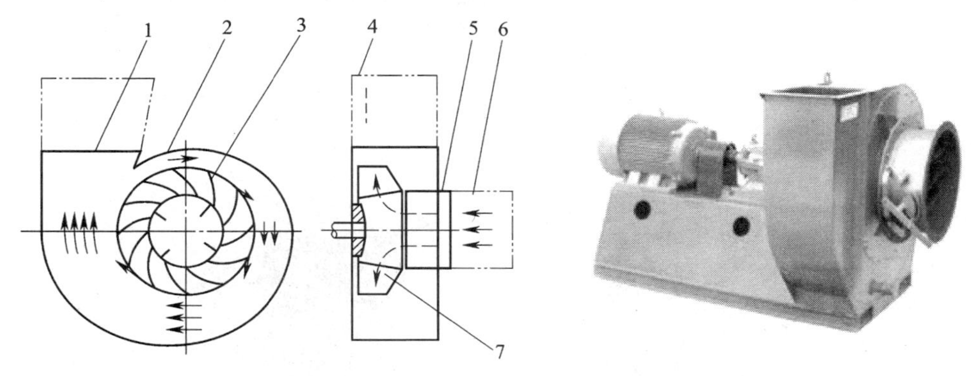

图 1—19 离心风机

1—出风口 2—风机壳体 3—叶轮 4—扩压管 5—避风口 6—进气室 7—叶片

壳体一般用薄钢板焊接或铆接成蜗壳形。低压风机一般用 1～1.5 mm 厚度的钢板制造，中压风机用 2.5 mm 厚度的钢板制造，高压风机采用 3 mm 以上厚度的钢板制造。

工作时风机由电动机带动叶片高速旋转，叶轮旋转时带动气体一起旋转而产生离心力，使气体高速进入蜗壳形机壳内，从出风口流出。叶轮内气体被甩出后形成一定真空度，从而使气体源源不断地从进风口吸进风机。

(2) 供料装置

供料装置的功用是把物料送入输送管道内，并防止管道内的高压空气从喂料口逸出。常用的供料装置有喷嘴式、螺旋式和闭风器等几种形式，如图 1—20、图 1—21 所示。喷嘴式和螺旋式供料器适用于压强在 49 kPa 以下的压气式气力输送装置的供料。

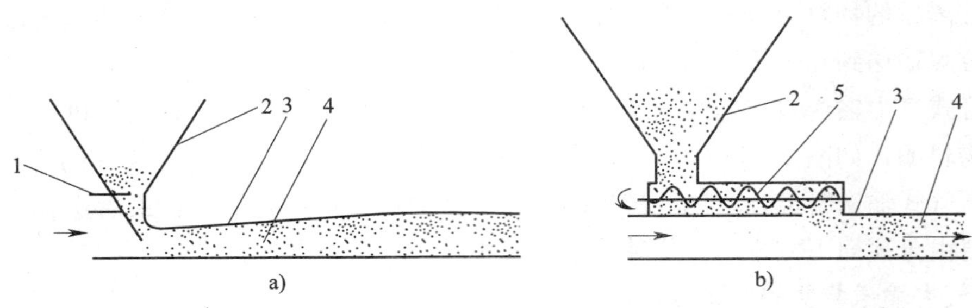

图 1—20　供料装置

a）喷嘴式　b）螺旋式

1—调节板　2—喂料斗　3—输送管道　4—物料　5—螺旋

闭风器又称鼓形阀、旋转阀、星形阀、锁气排料阀等，主要用于高压压气式输送机的供料以及离心分离器和喷雾干燥塔底部的卸料。它将管道内的高压或分离筒内的负压（吸气式卸料）与大气隔离而进行排料。闭风器主要由转子和壳体组成，如图 1—21 所示。当转子以 20～60 r/min 的速度回转时，将闭风器上方的物料排入管道内。转子与外壳间隙为 0.1～0.2 mm，因此可以上下隔绝，避免空气流通。当闭风器用来隔绝下面管道的高压空气时，在外侧有一高压空气逸出管，逸出凹槽内的高压空气，以免影响装料。

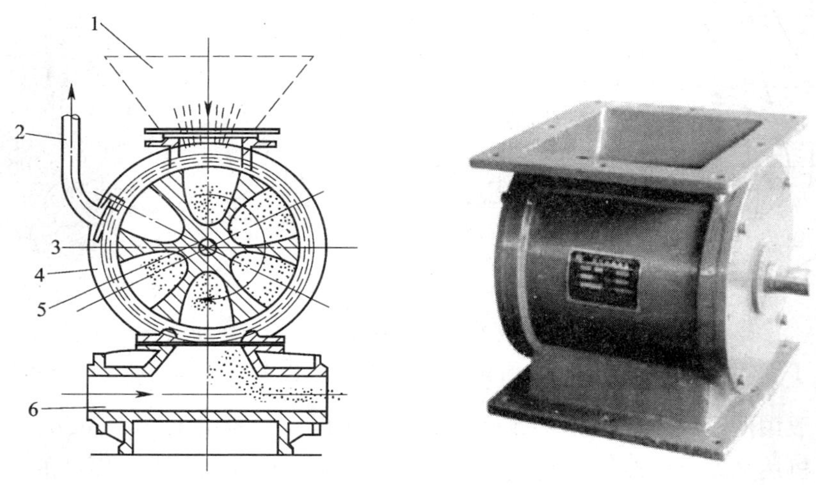

图 1—21　闭风器

1—喂料斗　2—高压空气逸出管　3—喂料轮　4—壳体　5—喂料轮轴　6—输送管道

（3）输送管道

管道的功用是输送气流和物料。对管道的要求是内壁尽量光滑、耐磨，管道的断面最好制成圆形，这样压力损失少、便于制造，质量轻而且坚固。

气流输送管道是用厚度为 0.6～2.5 mm 的铜板卷制焊接而成，高压工作的压出式输送管道则采用无缝钢管。当管道直径大于 400 mm 时，必须在管道上每隔一定距离安装一个刚性套环，以防止管道断面发生变形。一般管道每段的长度不超过 5 m，以便于安装制造，两段管道之间的连接方式可采用咬口接头（用于比较薄的钢板管）、法兰接头、对接焊接头（管口不要留有焊液滴块）。输送粒料和粉料时，管道内径一般为 75～250 mm。

（4）卸料装置

卸料装置的功用是将被输送的物料从空气中分离出来。常用的卸料装置有离心分离器和布袋过滤器。

离心分离器又称旋风分离器或集料筒，如图 1—22 所示，一般用薄钢板制成。工作时，带有物料的气流沿切向进入，在分离器内做螺旋运动。到达圆锥部分后，旋转半径减小，其转速逐渐增加，使气流中的物料受到更大的离心力。由于离心力的作用，使物料与器壁碰撞、摩擦，失去部分动能，物料便沿着圆锥的内壁面下落，从排料口排出。气流到达圆锥部分下端附近后开始反转，在中心部逐渐上升，从排风管排出。

离心分离器一般不能将很细微（直径小于 5 μm）的粉粒分离出来，这些粉粒将随空气由排风管排出，不仅增加了损失，而且污染了空气。所以输送粉料时，在分离筒的排风管处安装布袋过滤器，如图 1—23 所示。它是由特制的滤布（棉布、毛织品或涤纶）缝合成细长的筒状或扁平状布袋，上面是薄铜板制成的金属壳，中间有定期抖落袋内粉尘的机械设备，下面可通过金属壳与粉尘排出机构相连。工作时带粉尘的空气流入布袋内，空气透过布袋后排入大气，粉尘被阻止在布袋内，定期由机械抖落，用人工或排粉装置排出。

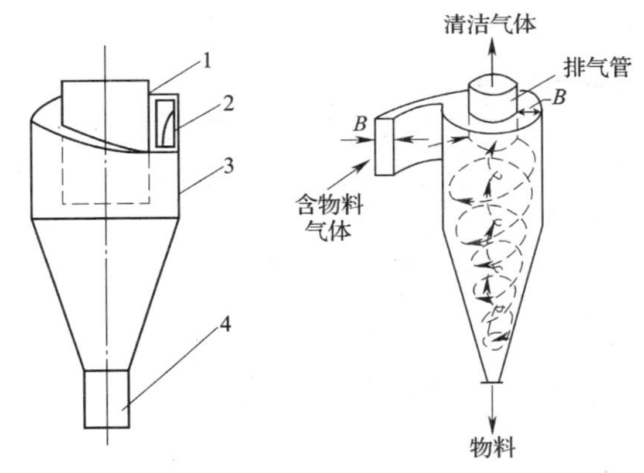

图 1—22　离心分离器

1—排风口　2—进风口　3—分离筒　4—排料口

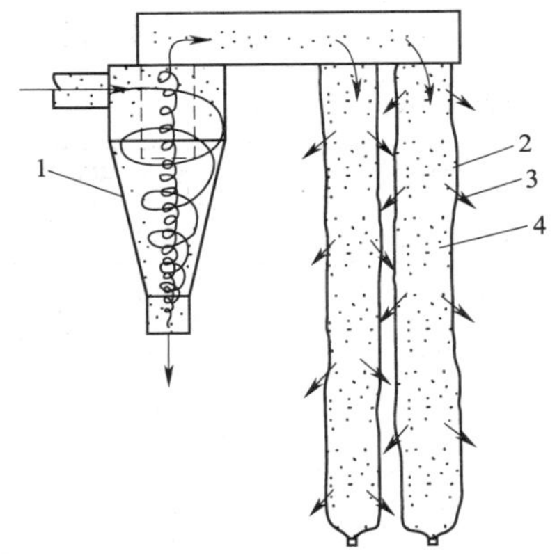

图 1—23　布袋过滤器

1—分离筒　2—布袋　3—排风　4—物料

为了减少压力损失，布袋应有较大的过滤面积和较低的风速。应有的总过滤面积 F 为：

$$F = Q/3\,600\,V_{过} \qquad (1—9)$$

式中：F——总过滤面积（m^2）；

Q——风量（m^3/h）；

$V_{过}$——过滤风速（m/s），一般 $V_{过}=0.016\,6 \sim 0.028$ m/s。

3. 气力输送装置的计算

（1）所需风量 Q 的计算

$$Q=G/\mu\gamma \tag{1—10}$$

式中：Q——风量（m^3/h）；

G——单位时间输送的物料，即输送装置的生产率（kg/h）；

μ——浓度比，即空气与物料的质量比。一般输送粉料时 $\mu=0.5\sim2$，输送谷粒时 $\mu=2\sim5$；

γ——空气的容重（kg/m^3），γ 一般取 1.2 kg/m^3。

（2）气流输送速度的计算

气流必须达到一定速度才能输送物料。速度过低，会引起管道堵塞；速度过高时，压力损失较大。输送气流的速度可由临界速度来计算。

$$V=\Phi V_{临} \tag{1—11}$$

式中：V——气流输送速度（m/ s）；

Φ——系数，一般取 1.5；

$V_{临}$——物料的临界速度（m/s），取值见表 1—10。

表 1—10　各种物料的临界速度

物料	大麦	小麦	面粉	大豆	谷子	水稻	玉米
$V_{临}$（m/s）	8.4～10.8	8.9～11.5	8.1	17.3～20.2	9.8～11.8	10.1	12.5～14.1

（3）离心风机主要技术特性（见表 1—11）

表 1—11　离心风机主要技术特性表

机号	功率（kW）	转速（r/min）	流量（m^3/h）	全压（Pa）
4—72—4A	5.5	2 900	4 012～7 419	2 014～1 320
4—72—5A	15	1 450	7 728～15 455	3 187～2 019
4—72—6A	4	1 450	6 677～13 353	1 139～724
4—72—7A	11	1 450	10 602～21 204	1 550～984
4—72—6C	15	2 240	10 314～20 628	2 734～1 733
	11	2 000	9 209～18 418	2 176～1 380
4—72—7C	18.5	1 800	13 161～26 322	2 395～1 519
	15	1 600	11 698～23 397	1 890～1 199
4—72—8C	37	1 800	28 105～36 427	2 920～2 302
	30	1 800	19 646～25 240	3 143～3 032

4. 气力输送装置的使用及维护

（1）各管道、接头连接处要紧密，防止泄漏。

（2）根据输送的物料选择相应的输送速度，不能过大或过小。供料要均匀、一致。

（3）输送原料时，对空气可以不处理；输送成品时，必须用空气滤清器对空气进行过滤，以免污染食品。空气滤清器应定期保养。

（4）对风机运动部件应定期进行润滑和检修。

(5) 保证布袋过滤器畅通，及时抖落布袋内的粉料。

第二节 流体物料输送机械与设备

流体物料主要用输送泵输送。常用的输送泵有离心泵、螺杆泵、水力喷射器和滑片泵。

一、离心泵

离心泵是食品加工中应用比较广泛的流体输送设备。离心泵构造比较简单，便于拆卸、清理、冲洗和消毒，机械效率较高。它适用于输送水、乳品、冰激凌、糖蜜和油脂等，也可用来输送带有固体悬浮物的料液。

离心泵的工作原理如图 1—24 所示，它是借离心力的作用来抽送液体的。当叶轮高速旋转时，叶槽中的液体在离心力的作用下，从叶轮中部被高速甩离叶轮射向四周。液流经过断面逐渐扩大的蜗壳时，流速逐渐变慢而受压增加，被压向出液管。此时，在叶轮的中心部位形成真空，料液槽内的料液在大气压强作用下，通过进液管被吸入泵内。叶轮连续转动，液体就源源不断地由一个位置被输送到另一个位置。

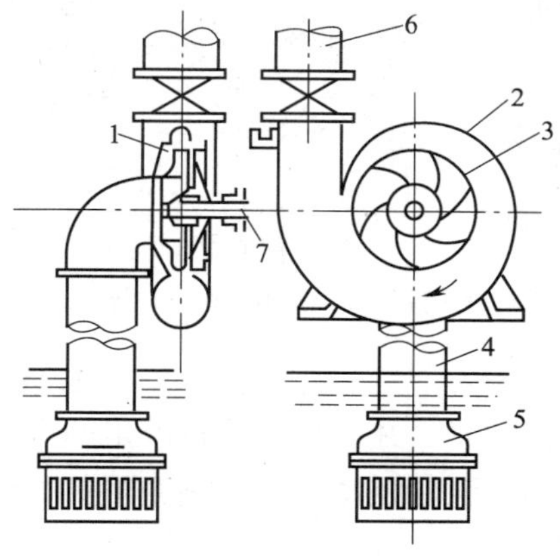

图 1—24 离心泵工作原理示意图

1—叶轮 2—泵壳 3—叶片 4—吸入管 5—底阀 6—压出管 7—泵轴

1. 离心泵的构造

离心泵的结构如图 1—25 所示，主要由叶轮、泵壳及密封装置等组成。

(1) 叶轮

叶轮是离心泵的主要工作部件，它的功用是使被抽送的液体获得机械能，使其具有一定的流速和扬程。

离心泵的叶轮有封闭式、半封闭式和敞开式三种，如图 1—26 所示。封闭式叶轮叶片两端有前、后轮盖，在前轮盖中部有吸料口。在两轮盖之间有 6～8 片叶片，与轮盖构成弯曲的流道，称为叶槽。封闭式叶轮叶槽窄小，适于输送清水及黏度小的液体；半封闭式叶轮仅一边有轮盖，叶片数较少，叶槽较宽，适于抽送黏度较大的流体；敞开式叶轮两边没有轮盖，叶片数少，叶槽宽大，适于抽送含有固体物料的流体。

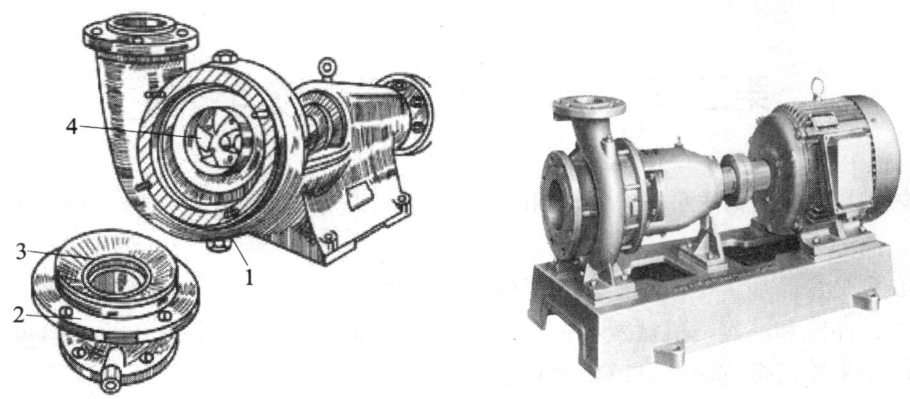

图 1—25　离心泵

1—泵体　2—泵盖　3—吸入口　4—叶轮

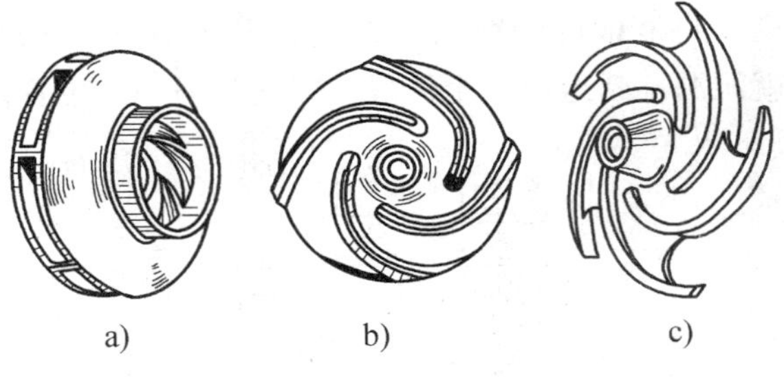

图 1—26　离心泵叶轮

a）封闭式　b）半封闭式　c）敞开式

（2）泵体

泵体的功用是把液体引向叶轮，并汇集由叶轮流出的液体流向出液管，同时将液流的部分动能转化成压力能。离心泵的泵体形状为蜗壳形，如图 1—27 所示。叶轮装在泵体里，与泵壳形成了由小到大的蜗壳形流道（蜗道），液流在蜗道里实现能量的转换。在泵体上部有充液放气螺孔，下部有放液螺栓。

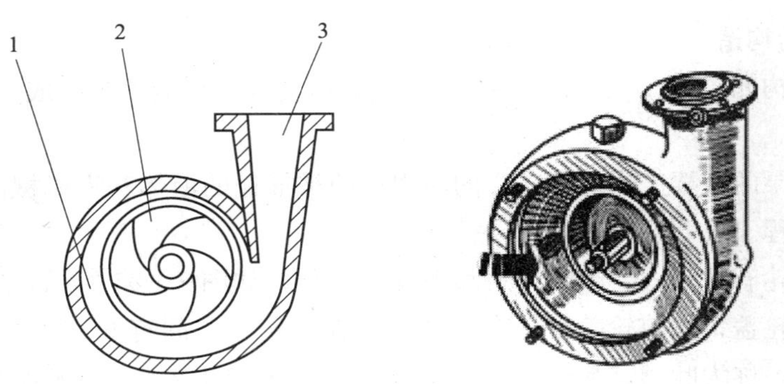

图 1—27　离心泵泵体

1—蜗道　2—叶轮　3—出液口

(3) 密封装置

密封装置的功用是密封泵轴穿出泵壳的缝隙，防止液体从泵壳内流出和空气窜入泵内。目前采用较多的是不透性石墨端面密封结构，如图 1—28 所示。

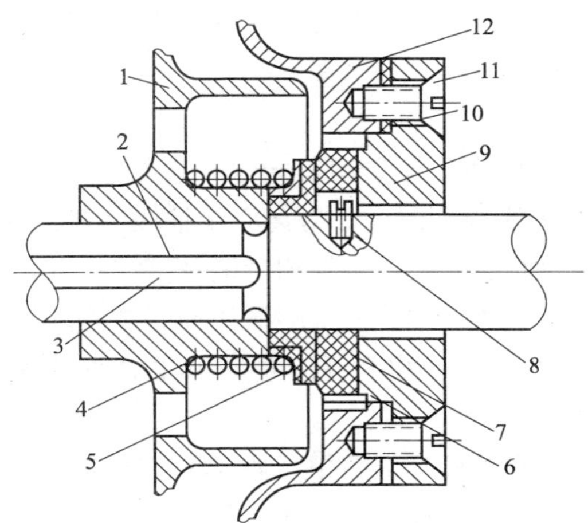

图 1—28 离心泵密封装置

1—叶轮 2—泵轴 3—键 4—弹簧 5—不锈钢挡圈
6—橡胶挡圈 7—不透性石墨 8—螺钉 9—压盖 10—垫圈 11—压盖螺钉 12—泵壳

2. 离心泵的计算

(1) 离心泵的功率（轴功率）可用下式计算

$$N=\frac{QH}{102}\gamma\eta \qquad (1—12)$$

式中：N——离心泵的功率（kW）；

Q——离心泵的流量（m^3/s）；

γ——液体容重（kg/m^3）；

H——泵的扬程（m）；

η——泵的总效率，η=60%～80%。

(2) 单级离心泵主要技术特性（见表 1—12）

表 1—12 **单级离心泵主要技术特性表**

型号	流量 (m^3/h)	扬程 (m)	转速 (r/min)	电动机功率 (kW)	口径 (mm)	
					吸入	排出
IS50—32—250	12.5	80	2 900	11	50	32
IS65—40—250	25	80		15	65	40
IS80—50—315	50	125		37	80	50
IS100—80—160	100	32		15	100	80
IS100—65—315	100	125		75	100	65
IS125—100—400	100	50	1 450	30	125	100
IS150—125—250	200	20	1 450	18.5	150	125
IS200—150—315	400	32	1 450	55	200	150

3. **离心泵的安装、使用与维护**

(1) 禁止离心泵无液体运行，不要调节吸入口来降低排量，禁止在过低的流量下运行。

(2) 监控运行过程，彻底防止填料箱泄漏，更换填料箱时要用新填料。

(3) 水冷轴承禁止使用过量水流。

(4) 润滑剂不要使用过多。

(5) 按建议的周期进行检查。建立运行记录，包括运行小时数、填料的调整和更换、添加润滑剂及其他维护措施和时间。对离心泵抽吸和排放压力、流量、输入功率、洗液和轴承的温度以及振动情况都应该定期测量记录。

(6) 离心泵的主机是依靠大气压将低处的液体抽到高处的，而大气压最多只能支持约 10.3 m 的水柱，所以离心泵的主机离开液面 12 m 以上时将无法工作。

二、螺杆泵

螺杆泵是利用一根或数根螺杆与螺腔相互啮合时空间容积的变化来输送流体的一种回转式容积泵。螺杆泵能连续均匀地输送流体，脉动小、运转平稳、无震动和噪声、自吸性能和排出能力较好。通过改变螺杆的旋向，就可改变液流的方向。适于输送高黏度的液体和带有固体物料的液体。

1. **螺杆泵的构造**

螺杆泵的构造如图 1—29 所示，主要由螺杆、螺腔、填料函和机座等组成。

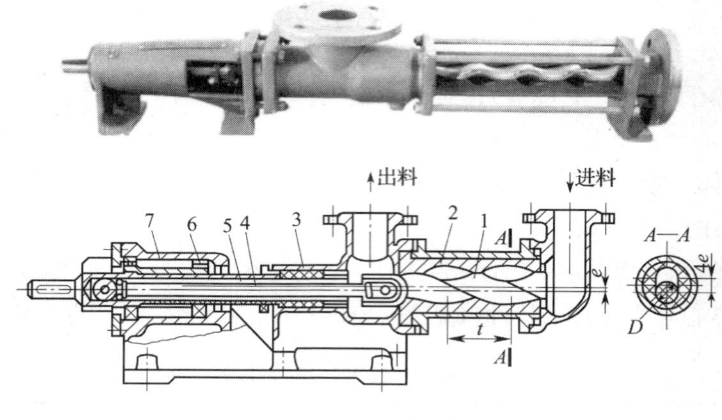

图 1—29 螺杆泵

1—螺杆 2—螺腔 3—填料函 4—连接杆 5—轴套 6—轴承 7—机座

螺杆的功用是与螺腔形成封闭腔并向前推移物料。螺杆用不锈钢制造，偏心轮安装在螺腔内，偏心距 e 为 3～6 mm，螺距 t 为 50～100 mm，图 1—29 中 D 为螺杆直径。

螺腔是具有双头螺线的橡皮衬套，它的功用是与螺杆形成许多互不相通的封闭腔。螺腔的内径比螺杆直径约小 1 mm，这样可保证在输送料液时起密封作用。螺腔的螺距是螺杆螺距的 2 倍。螺杆在螺腔内做行星运动，它是通过平行销联轴节（或偏心联轴器）与电动机连接来转动的。

螺杆泵工作时，螺杆与橡皮衬套（螺腔）相配合形成一个个互不相通的封闭腔。当螺杆转动时，封闭腔沿轴向由吸入端向排出端方向移动，并在吸入端形成新的封闭腔。形成的封闭腔容积增大，压力减小，把物料吸入封闭腔内，然后沿着转动的螺杆，轴向移动至排出端。在排出端封闭腔逐渐消失，容积减小，压力增大，把物料排出泵外。由于螺杆做行星运动，使吸入端不断形成封闭腔，并向前运动以至消失，将流体向前推进，从而产生连续抽送流体的作用。

螺杆泵吸入压强一般为 83 kPa。排出压强与螺杆长度有关，一般螺杆的每个螺距可产生 202 kPa 的压强。

2. 螺杆泵的计算

（1）螺杆泵流量计算

$$Q=\frac{neDT}{4\ 165}\eta \tag{1—13}$$

式中：Q——螺杆泵流量（m^3/h）；

n——螺杆转速（r/min）；

e——偏心距（cm）；

D——螺杆直径（cm）；

T——螺腔螺距（cm），$T=2t$，t 为螺杆螺距；

η——泵的容积效率，一般为 $\eta=0.7\sim0.8$。

（2）螺杆泵功率计算

$$N=2.66\times10^{-2}QH\gamma \tag{1—14}$$

式中：N——螺杆泵功率（kW）；

Q——料液流量（m^3/h）；

H——总压强（Pa）；

γ——料液密度（kg/m^3）。

（3）单螺杆泵主要技术特性（见表 1—13）

表 1—13　　单螺杆泵主要技术特性

型号	转速 (r/min)	流量 (m^3/h)	压强 (MPa)	电动机 (kW)	扬程 (m)	进口 (mm)	出口 (mm)
G25－2	960	2	1.2	2.2	120	Dy32	Dy25
G30－2		5		3.0		Dy50	Dy40
G35－2		8		4.0		Dy65	Dy50
G40－2		12		5.5		Dy80	Dy65
G50－2		20		7.5		Dy100	Dy80
G60－2		30		15		Dy125	Dy100
G70－2	720	45		18.5		Dy150	Dy125
G105－1	500	100	0.6	22	60	Dy200	Dy200

3. **螺杆泵的使用及维护**

螺杆泵不能空转，开泵前应灌满液体，否则发热会使橡皮变为糨糊状，使泵不能正常工作。为满足不同流量的要求，可通过调速装置来改变螺杆转速，以符合生产需要。泵的合理转速为 750～1 500 r/min。转速过高，易引起橡皮衬套发热而损坏，过低会影响生产能力。对填料函密封装置应定期检查调整。每班工作结束后，应对泵进行清洗。对轴承要定期进行润滑。

三、水力喷射器

水力喷射器（真空泵）是一种具有抽真空、冷凝、排水三种功能的机械装置。它是将一定压力的水流通过对称均匀布成一定侧斜度的喷射孔喷出，聚合在一个焦点上。由于喷射的水流速度较大，于是周围形成负压使泵室内产生真空。另外由于二次蒸汽与喷射水流直接接触，进行热交换，绝大部分的蒸汽凝结成水，少量未被冷凝的蒸汽与不凝结的气体也由于与高速喷射的水流互相摩擦、混合与挤压，通过扩压管被排除，使泵室内形成更高的真空。水力喷射器应用极为广泛，主要用于真空与蒸发系统，进行真空抽水、真空蒸发、真空过滤、真空结晶、干燥、脱臭等工艺，是制糖、制药、化工、食品、制盐、味精、牛奶、发酵以及一些轻工、国防部门广泛需求的设备。但目前生产水力喷射器的制造厂规模较小，品种不齐全。目前，一些生产企业采用多喷嘴与汽环（导向盘）等结构，采用多级泵进水，低位安装，完善与提高了其工作性能，因此具有一定的先进性，是真空冷凝设备的一种革新。

1. **水力喷射器的结构**

水力喷射器由泵体、泵盖、喷嘴、喷嘴座板、导向盖盘、扩压管及单向阀等部件组成，如图 1—30 所示。喷嘴用不锈钢制造，喷嘴座板由优质钢加工，其余零件则系铸铁铸造。喷嘴采用多喷嘴的结构形式，以便得到较大的水一汽接触面积，有利于热交换的进行，可获得较好的真空效果。喷嘴座板加工精密，精度较高，以便喷射水流准确地聚

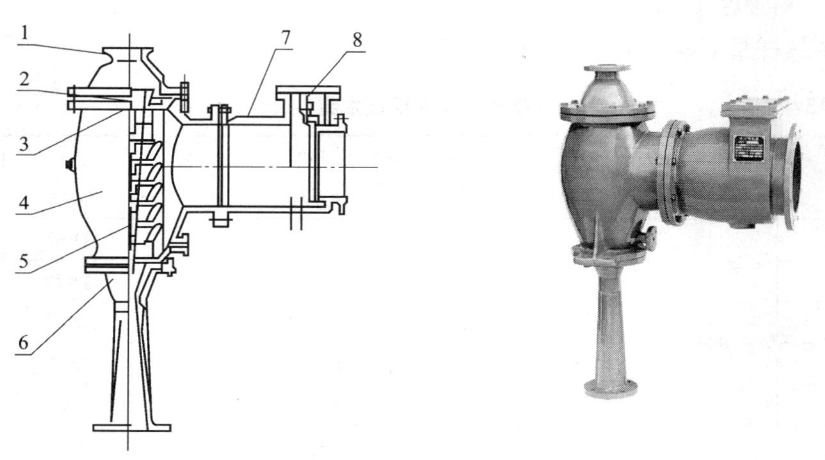

图 1—30　水力喷射器

1—泵盖　2—喷嘴座板　3—喷嘴　4—泵体　5—导向盖盘　6—扩散管

7—止逆阀阀体　8—阀板

集在同一点。导向盖盘用于减慢空气的流速，使空气均匀地导入泵室，以免喷射水流偏斜，降低抽射效能。整个装置结构紧凑精密，强度较高，用于真空蒸发系统中，由于能把冷凝器的冷凝作用与真空泵的抽气作用合并在一个设备中，因而大大地简化了工艺流程，与原来用真空往复泵与配套冷凝器的装置相比，可以节省真空往复泵、冷凝器、分水器等设备，并且还有下列优点：水力喷射体积小、质量轻、结构紧凑；效能比较高，耗电量低于真空系统，投资少；操作简单，维修方便，不用专职人员管理；由于无机械传动部分，所以噪声低，不须消耗润滑油；可以室外低位安装，占地面积少，可以节省厂房建筑面积与安装费用。

2．水力喷射器的技术特性（见表1—14）

表1—14　　W型水力喷射器技术特性表

型号	蒸发量(L/h)	真空度(MPa)	扬程(m)	流量(m^3/h)	配泵型号
W—200L	200	0.097	45	18	50D8×5
W—400L	400				50D8×6
W—600L	600			32	80D12×4
W—800L	800		50		80D12×5
W—1000L	1 000				80D12×5
W—1200L	1 200	0.091			80D12×6
W—1500L	1 500			108	125D25×2
W—1800L	1 800				125D25×2
W—2000L	2 000				125D25×3

注：上述各种型号，安装高度大于4.5 m，泵体水压试验0.6 MPa无泄漏。

3．水力喷射器的安装与使用

（1）从供水泵至喷射器的冷水进入管路，应尽量减少管件，减小阻力损失。

（2）排水管要求垂直而无弯头。如必须弯折时，折角不大于45°，常用30°，转折不得多于两次。接好蓄水罐管路，清理蓄水罐内杂物，注入洁净水至溢流管处。

（3）接好工艺管路，使被抽吸容器出口与真空泵的真空罐进口法兰连接，中间应设阀门，并保证各对接口处密封不漏气。接好电源启动离心泵即可抽吸。

（4）安装时，用户参照扩散管出口管径自配一段钢管做尾管，长度一般应在2 m以上，但不伸入循环水池的水中。

（5）若真空度达不到，其原因有：安装管道连接渗漏，喷嘴堵塞，水泵流量压力不足，真空表失灵。

（6）启动后应检查工作状况是否良好，方法是关闭工艺管路的阀门，真空度应达到0.098 MPa。否则应检查并排除故障。设备需妥善接地。

四、滑片泵

滑片泵流量较均匀、运转平稳、噪声小、转子和壳体之间的密封好，可以产生高压。它可用于输送液体、肉糜及抽吸真空等。

1. **滑片泵的结构**

滑片泵主要由泵体、转子、滑片和端盖等组成，如图 1—31 所示。泵体上有进料口和出料口。这种泵用于输送肉糜时，为了使肉糜中的空气尽可能被排除，以减少肉糜中的气体和脂肪的氧化，从而保证肉糜的外观及口感，一般在泵体中部有连接真空系统的接口，并在出口处安装有防止肉糜进入真空管道的滤网。由于泵体与真空系统相连，使肉糜在自重和真空吸力作用下进入泵内。

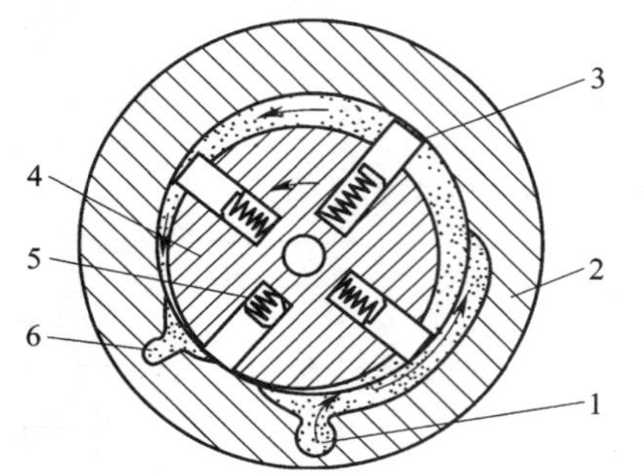

图 1—31　滑片泵

1—进料口　2—泵壳　3—滑片　4—转子　5—弹簧　6—出料口

转子的功用是安装滑片，并带动滑片一起旋转。它是具有径向槽的圆柱体，滑片安装在径向槽内，可以在槽内自由滑动。转子偏心地安装在泵体内，偏心距为 20 mm。

滑片泵的工作原理如图 1—32 所示。当转子旋转时，滑片在离心力和弹簧的作用下紧压在泵体内壁上。转子在进料区时，相邻的两滑片所包围的空间逐渐增大，形成局部真空而吸入物料，并将其推移到出料区。在出料区，两滑片之间的空间逐渐减小，对吸入的物料产生压力，使物料从出料管排出。转子不断地转动，物料便被不断地输送出去。

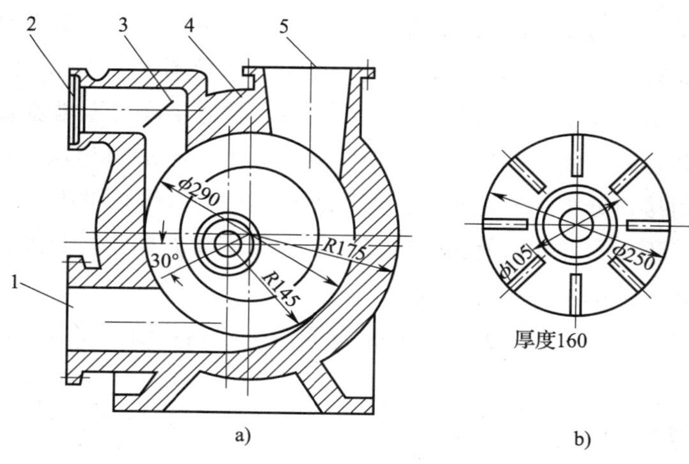

图 1—32　输送肉糜的泵体与转子

a）泵　b）转子

1—出料口　2—真空泵接口　3—滤网　4—泵体　5—进料口

2. 滑片泵的主要技术特性（见表 1—15）

表 1—15　　**滑片泵主要技术特性**

型号	流量 (m^3/h)	排出压强 (MPa)	转速 (r/min)	自吸高度 (m)	配用功率 (kW)	电动机型号
50YPB—8	8	0.4	960	6	1.5	YB100ML1—6—1.5
50YPB—12	12	0.4	1 450	6.5	3	YB112M—4—4
60YPB—16	16	0.6	960	6.5	4	YB132M1—6—4
60YPB—24	24	0.4	1 450	7	5.5	YB132S—4—5.5
65YPB—35	35	0.6	960	6.5	5.5	YB132M2—6—5.5
80YPB—60	60	0.4	960	6.5	7.5	YB160M—6—7.5

3. 滑片泵的使用与维护

（1）更换易损件。打开泵盖，提出旧滑片，插入新滑片。只需几分钟，泵就可以重新投入工作。

（2）安全灵敏的压力保证。泵中设置安全溢流阀，在出口系统突然关闭时，出口压强上升量不超过 0.15 MPa。这一方面保证了泵和系统的安全，另一方面保证了电动机不过载。

（3）控制输送物料的连续性，经常检查转动部件的润滑情况。

～思考与练习～

一、选择题

1. （　　）是带式输送机的组成部分。

A. 封闭的输送带　　B. 螺旋带　　C. 张紧装置
D. 清扫装置　　E. 传动和改向滚筒

2. 带式输送机上设张紧装置的目的是（　　）。

A. 增大运行阻力　　B. 避免输送带在滚筒上打滑
C. 减小输送带在两组托辊间的垂度　　D. 清洁输送带
E. 减少振动

3. 闭风器的作用是（　　）。

A. 输送物料　　B. 关闭风道　　C. 清除灰尘

二、判断题

1. 带式输送机的输送带既是牵引件又是承载件。　　（　　）
2. 带式输送机的输送带对耐磨性能没有要求。　　（　　）
3. 作为带式输送机的输送带，延伸率越大越好。　　（　　）
4. 离心式卸料适用于粒度较小、流动性好而磨蚀小的物料。　　（　　）

5. 重力式卸料适用于流动性不太好的粉状物料及潮湿物料。 （ ）
6. 挖取法装料运行阻力较小，故料斗的速度较高。 （ ）
7. 刮板输送机是输送流体物料的。 （ ）
8. 真空吸料装置可以长距离地输送流体物料。 （ ）

三、填空题

1. 固体物料输送机械有________、________、________、________等。
2. 带式输送机常用的输送带有________、________、________、________等。
3. 斗式升运机的装料方式有________和________两种。
4. 斗式升运机的卸料方式有________、________和________三种。
5. 螺旋输送机主要由________、________及________组成。

四、简答题

1. 对于食品工厂用于输送食品的输送带，有哪些要求？
2. 张紧装置的作用是什么？
3. 确定带式输送机带速的原则有哪些？
4. 斗式升运机的装料和卸料方式各有哪几种？选用时必须考虑哪几个参数？
5. 试述斗式升运机的使用与维护过程中应注意的问题。
6. 真空吸料装置有何优、缺点？
7. 气力输送设备可分为几类？各有何优、缺点？
8. 简述螺旋输送机的组成及特点。

实训1　张紧装置的调整

一、实训目的

通过实习，使学生熟悉常用调整工具的使用方法，掌握带式输送机、斗式升运机和刮板式输送机的正确调整方法，在生产中能正确调整输送机。

二、设备与工具

1. 带式输送机或斗式升运机、刮板式输送机 4 台。
2. 调整工具 4 套。

三、实训内容和步骤

1. 检查带式输送机或斗式升运机橡胶带（或输送链）及刮板输送机链条的松紧程度，并做好记录。

2. 打开保护罩，用扳手旋松锁紧螺母。

3. 用扳手旋转一侧的调整螺母，使张紧滚筒移动，橡胶带（或输送链）一边发生变化。再用同样方法调整另一侧的调整螺母。调整时，不能一次调整到位，应分几次调整，使张紧滚筒（或输送链）平行移动。调整时，滚筒两边的张紧量应相同。

4. 调整结束后，将锁紧螺母拧紧。

5. 启动输送机，观察输送机运行是否平稳，有无跑偏现象。如出现不正常现象，应重新进行调整，直至正常为止。

6. 安装好保护罩及其他附属部件，调整结束。

实训 2　离心泵的拆装和使用

一、实训目的

通过实习，使学生熟悉离心泵的构造，掌握离心泵密封装置的检查与调整步骤和方法，在生产中能正确使用离心泵。

二、设备与工具

1. 离心泵 4 台。

2. 工具 4 套。

3. 电源 2 处，水源 2 处。

三、实训内容和步骤

1. 观察离心泵的整体结构。

2. 按照先外后里的方法，逐步拆卸离心泵，并对拆下的零部件及拆卸顺序进行记录。拆卸密封装置时，应细心认真，防止损坏密封填料。

3. 观察离心泵的内部结构、叶轮的构造和填料密封装置的装配关系。

4. 按照先拆后装、后拆先装的原则装配离心泵，并对密封装置进行调整。

5. 将安装好的离心泵接上电源和水源，并启动离心泵，观察离心泵的工作情况。如水源位置低于离心泵轴心线，则在启动离心泵前向泵内灌水，排气后再启动离心泵。

第二章　杀菌机械与设备

学习目标

了解食品、包装容器、包装材料、包装辅助物杀菌的一般方法，掌握罐头制品间歇式、连续式热杀菌设备以及流体物料杀菌设备的工作原理、工作流程及设备的使用和维护方法。

杀菌机械一般是指消除产品或包装容器、包装材料、包装辅助物、包装件上的微生物，使其数量降低到允许范围内，并且钝化酶活性，防止食品发生腐败变质所使用的机械。

第一节　概　　述

一、杀菌机械的分类和特点

杀菌机械按杀菌方法可分为热杀菌设备、冷杀菌设备和冷热结合杀菌设备。热杀菌设备又分为低温杀菌设备和高温杀菌设备。低温杀菌设备的杀菌温度低于100℃，适于高酸性（pH值小于4.5）产品的杀菌；高温杀菌设备的杀菌温度高于100℃，它又分为高温短时杀菌机和超高温瞬时杀菌机。冷杀菌法亦称非加热杀菌法，可以消除由于加热杀菌使产品品质变化的不利影响。冷杀菌包括辐照杀菌和化学杀菌。

按杀菌设备工作过程分为间歇式杀菌设备和连续式杀菌设备。间歇式杀菌设备一般采用夹层锅或高压釜，利用蒸汽或热水加热杀菌。该类设备结构简单、投资少、生产能力低、劳动强度大，但操作方便，适用于小规模工厂使用。连续式杀菌设备种类多、结构复杂、成本高、杀菌效率高、自动化程度高。现代化大型工厂在杀菌线上普遍采用这种杀菌设备。

按杀菌机结构特征可分为滚筒式、板式和管式杀菌设备等。

二、杀菌机械的发展趋势

伴随着新的包装、杀菌方法的产生和多学科综合技术的应用，杀菌机械正朝着进一步提高产品质量、杀菌效果和设备生产能力，降低消耗，提高机械自动化程度，减轻劳动强度和改善工作条件等方向发展。

用电磁波杀菌装置代替热杀菌与化学杀菌装置，可克服由于热杀菌和化学杀菌使食品变色、变味、营养损失等缺点。

对流体采用超高温瞬时杀菌机械。超高温瞬时杀菌机具有加热时间短、杀菌温度高、自动化程度高的特点。它在保证产品品质和外观质量方面，都优于常规热杀菌法。它还可以满足无菌灌装、无菌包装生产线对杀菌机械生产能力、产品参数调节等的工艺要求。

为提高杀菌效率，采用组合杀菌技术的杀菌机已经进入实用阶段。如采用过氧化氢与紫外线、过氧化氢与热风、乙醇与紫外线、紫外线与过热蒸汽的组合杀菌机，不但杀菌效率高，而且可节约大量杀菌剂，消除或减少了包装件上的化学物残留量。

高压杀菌对软包装食品杀菌处理尤为有效。它是将产品置于 20～60 MPa 气压下，在短时间内破坏细菌细胞结构，达到杀菌目的的新技术。

机电一体化是杀菌机械发展的一个重要方向，即采用微电子器件和微机对杀菌机械生产过程进行自动检测、数据处理、调节和故障诊断等。

第二节　罐头制品间歇式热杀菌设备

间歇式杀菌设备一般用于罐头制品及包装件的杀菌。常用的设备有卧式杀菌锅和回转式杀菌机。

一、卧式杀菌锅

卧式杀菌锅主要由锅体、锅盖、杀菌车、蒸汽系统、冷却水系统、温度和压力监控系统等组成，如图 2—1 所示。

图 2—1　卧式杀菌锅

锅体为圆柱形筒体，锅体的前部铰接着可以左右旋转开关的锅盖（门盖），末端焊接成椭圆封头。锅体底部装有两根平行导轨，导轨与地面平行，便于杀菌车顺利进出，故锅体下部比车间地面低 200～300 mm。

蒸汽系统包括蒸汽管、蒸汽阀和蒸汽喷射管等。蒸汽阀采用自激式或气动式装置，既能控制温度又能控制压力。为满足锅内蒸汽量供给的操作要求，还设有旁路管路及辅助蒸汽阀。蒸汽喷射装置位于导轨之下，一般是沿蒸汽管壁均匀钻出喷射孔，也可采用特殊喷嘴结构，无论采用哪种结构，其喷口总面积应等于进气管最窄截面积的 1.5～2

倍。当采用蒸汽加热、空气加压杀菌时，蒸汽压力与压力表显示的锅内压力不相符，原因是锅内压力包括蒸汽压力和空气压力。当采用热水为加热介质时，还应设有热水储罐。

冷却水系统主要包括冷却水管、冷却水阀及溢流阀等。冷却水通常沿锅体上部喷入。溢流阀安装在锅体上部。为维持冷却时锅内压力一致，防止罐头类容器变形或破损而采用加压方式冷却时，还需配有空气压缩系统或蒸汽加压系统。

气、水排泄装置包括排气阀及排水阀。排气阀用于排除锅内空气，也可与溢流管并用。

杀菌时，把待杀菌的容器制品置于杀菌车中，制品的堆放要保证蒸汽在制品周围可以充分对流换热。然后将杀菌车逐个推入杀菌锅内，盖上锅盖后锁紧密封装置。

用蒸汽杀菌时，打开所有排气阀，同时通过蒸汽阀向锅内通入蒸汽，待锅内空气被充分排除后关闭排气阀。随蒸汽量的增加，锅内压力和温度不断升高，当达到规定的杀菌温度时，逐渐关闭辅助蒸汽阀。注意调节锅内压力和温度至稳定值，并开始杀菌计时。杀菌计时终了，关闭蒸汽阀，缓缓开启排气阀、排水阀，使锅内压力降至常压，杀菌操作结束。

用热水杀菌时，打开所有排气阀，将热水储罐内预先制备的热水送入杀菌锅内，热水将罐头淹没后，关闭排气阀、溢流阀，打开加压空气阀，使杀菌器内压力升至需要的压力，并在杀菌过程中保持稳定。将蒸汽送入杀菌器内对水加热杀菌。杀菌结束后，排出杀菌热水，并对罐头进行冷却。杀菌制品的冷却一般采用蒸汽和水或空气和水加压冷却来实现。

二、回转式杀菌机

回转式杀菌机是为了提高杀菌设备对半流质制品（如罐头类食品）的热穿透能力而设计的。使用这种设备杀菌的过程中，罐头内容物是处于不断被搅动状态下完成灭菌的，故也称为搅动式杀菌机。该机杀菌时罐头受热均匀，可避免局部过热引起的品质改变，尤其适宜大包装、固形物含量高或有某些特殊要求的罐头杀菌。另外由于搅动可提高杀菌温度，在传热速率、杀菌时间及杀菌质量等方面都优于静置式杀菌锅，其生产方式仍属于间歇式。

回转式杀菌机如图 2—2 所示。这种设备的结构组成与静置杀菌锅基本相同，除装有蒸汽系统、冷却水系统、压缩空气系统、温度与压力监控系统及安全装置等外，还设有储水罐和杀菌锅回转装置。储水罐（上罐）通常安装在杀菌锅（下锅）之上，主要用于储存由蒸汽加热的杀菌用循环水。这样热水既能被重复利用，又能节省蒸汽用量，缩短杀菌周期。杀菌锅的回转装置由锅内旋转体和锅外传动装置组成。

杀菌时，罐头竖直装入杀菌篮中，由压紧装置将杀菌篮与旋转体固定，使之不能与旋转体产生相对运动。旋转体由锅外的电动机通过无级变速器带动旋转，转速一般在5～45 r/min 范围内无级调节。旋转体可朝一个方向旋转，也可正反交替旋转。交替旋转时，动作换向由时间继电器设定。另外，在传动装置上安置有一个定位器，以保证旋转体停止在某一特定位置上，使杀菌篮能顺利从锅中取出。罐头随旋转体旋转时，其内容物的搅动是靠罐内顶隙气体产生的。罐体在做跟头式运动的过程中，顶隙气体在罐内上下翻滚，起到了搅动固形物的作用，从而实现罐头迅速升温、均匀受热的目的。

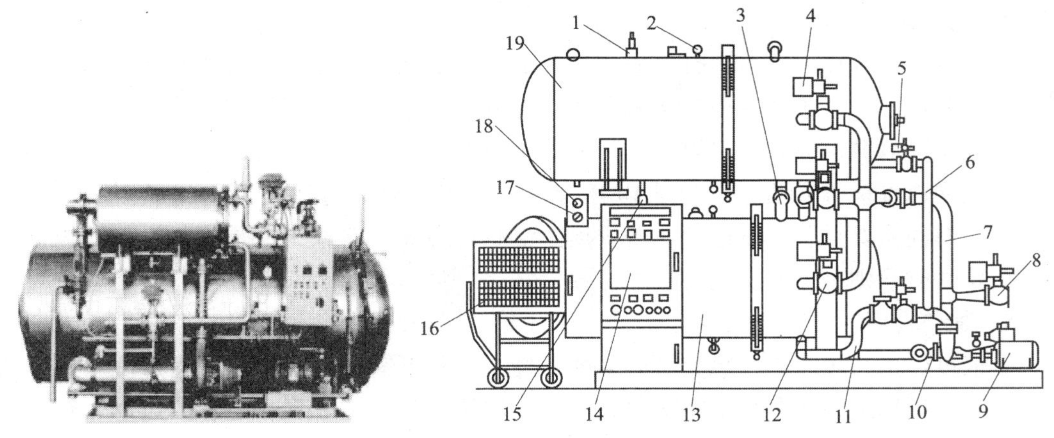

图 2—2　回转式杀菌机

1—安全阀　2—空气阀　3—上、下锅连接管路　4—上锅加热阀　5—进水阀　6—水管　7—蒸汽管　8—蒸汽阀　9—电动机　10—循环水泵　11—循环水管　12—下锅加热阀　13—下锅（杀菌锅）　14—控制柜　15—下锅安全阀　16—杀菌篮　17—温度表　18—压力表　19—上罐（储水罐）

回转式杀菌机的一个杀菌周期可分为 8 个操作程序，由可编程序控制器组成的自控系统按设定的程序参数自动控制完成一个杀菌周期全过程的操作。

1. 制备过热水

如图 2—3 所示，开始操作时，启动冷水泵，向上罐供水，达到水位后，液位控制器动作，自动停止供水。这时，自动打开加热阀，用高压（约 0.6 MPa）蒸汽快速给上罐水加热，达到设定温度后，加热阀关闭，自动停止加热。

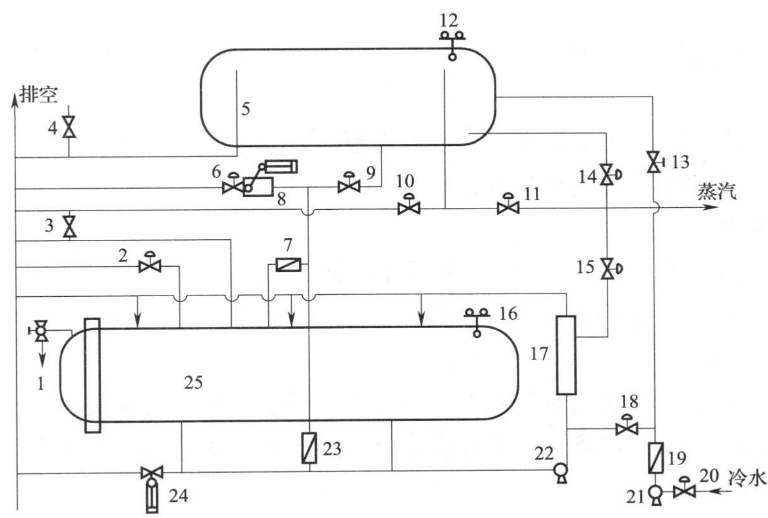

图 2—3　回转式杀菌机管路流程

1—安全阀　2—下锅溢流阀　3—阀门　4—上罐安全阀　5—上罐　6—冷却水放流阀　7、19、23—单向阀　8—碟阀　9—上罐、下锅连接阀　10—减压阀　11—增压阀　12、16—液位控制器　13—阀门　14—上罐加热阀　15—下锅加热阀　17—汽水混合器　18—冷水节流阀　20—冷水阀　21—冷水泵　22—循环泵　24—排泄阀　25—下锅（杀菌锅）

2. **向杀菌锅供水**

当下锅完成装锅、密封、排气后，打开上罐、下锅连接阀。为使罐头受热均匀，上罐过热水要快速（50～90 s 内）送入下锅。达到设定水位后，液位控制器动作，连接阀关闭，经延时后又重新打开，以使上罐下锅压力接近。延时时间由待杀菌罐头的种类而定。因玻璃瓶罐头导热性差，罐头内容物升温迟缓，罐头内外压力达到平衡所需时间长，延时时间需要长些，以避免瓶盖压损。铝制罐罐头、软罐头也是如此。而镀锡铁皮罐罐头延时时间则可短些。

3. **加热升温**

下锅过热水与罐头进行热交换后温度下降，打开下锅加热阀，蒸汽通过汽水混合器进入下锅，使水温迅速升至设定杀菌温度。在加热同时，循环泵和旋转体启动，强制水循环，从而提高了传热效率。

4. **杀菌**

水温升至设定杀菌温度后进入杀菌阶段。蒸汽不断通入锅内，循环泵继续运行至杀菌结束。

5. **热水回收**

杀菌结束后，启动冷水泵向下锅灌注冷水，并将下锅的高温水压注到上罐。上罐水满时，关闭连接阀，重新制备过热水。

6. **冷却**

冷却过程可分为加压冷却—降压冷却和只降压冷却两种方式，具体情况根据产品要求而定，按工艺规程操作。

7. **排水**

冷却过程结束后，冷水泵停止运转。打开下锅排泄阀将冷却水排出。

8. **启锅**

下锅冷却水排完后，开启锅盖，取出杀菌篮，一个杀菌周期结束。

三、间歇式热杀菌设备的使用及维护

1. **罐头堆放**

罐头在杀菌车内放置的形式对热的传导有影响。罐头的堆放形式以蒸汽能够充分自由流通，有利于热的传递为宜，通常采用直立排列方式。

2. **升温时间**

升温时间是指自开始送入蒸汽到杀菌器内达到预定杀菌温度所需的时间。升温时间越短越好。因此，在升温阶段，一般都通过增加蒸汽阀和辅助蒸汽阀来向杀菌器供入蒸汽，缩短升温时间。

3. **杀菌压力**

杀菌时，罐头内的压力会增大。当罐头内压强与罐外压强差超过罐头临界压强差（铁罐为 0.2～0.3 MPa，玻璃罐小些）时，就会使罐头变形或破坏。这时就需用压缩空气向杀菌器内补充压强，补充压强的大小应等于或大于罐内外压强差与允许压强差之差。一般为 0.1～0.15 MPa，大型罐头要低些，玻璃罐允许压强差更小一些。

4. **冷却**

冷却时采用喷淋冷却效果较好。在常压下冷却，由于罐头内压大易造成膨胀或破裂，因此必须采用加压冷却，即反压冷却，使杀菌器内的压强稍大于罐头内压强。反压不能过大或过小，太小容易产生胀罐、凸角等缺陷，玻璃罐会产生跳盖现象。太大时铁罐容易产生瘪罐。

冷却时冷水不能直接冲到罐头上，否则容易造成破损。冷却水应符合自来水卫生标准。

冷却时应使罐头充分冷透，某些果酱罐头如果未冷透即送入库房，易使产品的色泽变深或影响风味，使质量下降。

5. **维护**

对安全阀和压力表应定期进行校验。对传动系统应定期润滑保养。

第三节　罐头制品连续式热杀菌机

连续式热杀菌机生产效率高，操作使用方便，适用于规模大、产量高的罐装类食品厂使用。常用的杀菌机有喷淋连续杀菌机、常压连续杀菌机和水封式连续杀菌机。

一、喷淋连续杀菌机

喷淋连续杀菌机是利用巴氏杀菌原理，以热水为介质，对酸性食品进行低温连续杀菌处理的机械。特别适用于瓶装、罐装饮料及酒类的杀菌。目前大部分啤酒厂使用这种杀菌机械。

1. **分类**

(1) 按层数和运动方向分

按物料放置层数分为单层和双层。按运动方向分为同侧进出口和对侧进出口两类。

(2) 按制品输送装置分

有链带式和步移式两类。链带输送机构为匀速连续式，步移式输送机构为间歇式。

(3) 按喷淋方式分

有用水箱通过喷头喷淋和用水管通过喷头喷淋两种。前者易清除水垢，适用于水质较硬地区；后者耗水量小，传热效果好，适用于水质较软的地区。

2. **主要结构及工作原理**

喷淋连续杀菌机主要由机架、输送装置、喷淋水循环系统、传动装置、控制系统及进、出罐输送带等组成，如图 2—4 所示。

机架是杀菌隧道的主体，为方便安装运输，通常制成入口机架、出口机架及数段中间机架。机架为框架结构，两侧镶有可拆卸罩板，便于检查清洗。机架的高低位置由底部的螺旋支脚调节实现。机架上装有支撑输送机构的固定框架。采用步移式输送机构时，还装有支撑步移架的活动框架。

制品输送装置有连续式和间歇式两种。连续式由传动装置带动输送链连续完成输罐作业。间歇式由步移式输送机构和液压驱动装置组成。

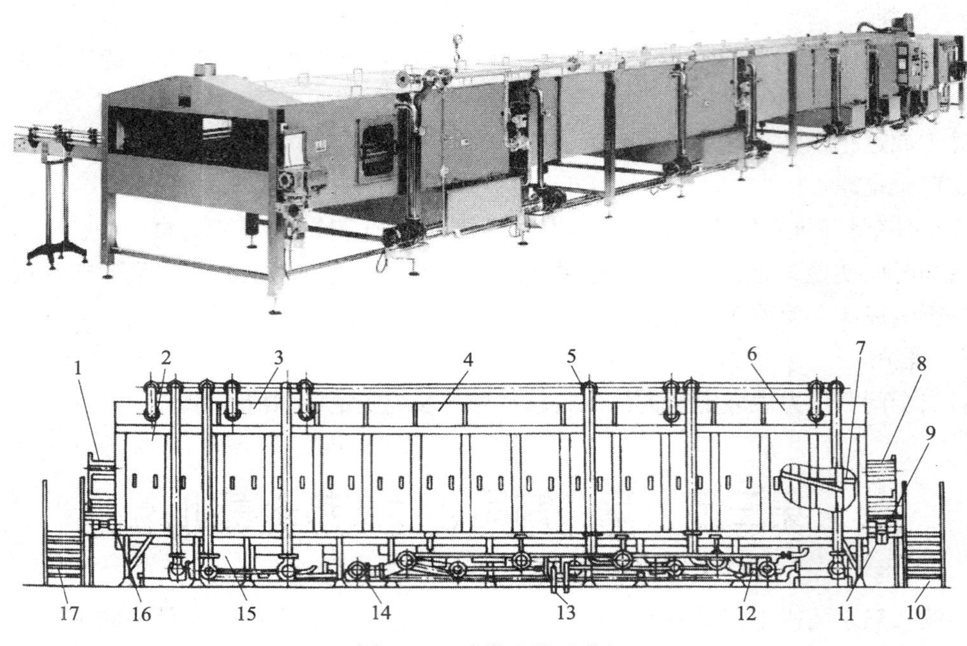

图 2—4　喷淋连续杀菌机

1—进罐输送带　2—入口机架　3—2 m 机架　4—3 m 机架　5—内管路系统　6—出口机架　7—步移栅床装置　8—出罐输送带　9—升降油缸　10、17—操作平台　11—油缸控制装置　12—外管路系统　13—冷却水　14—循环水泵　15—水箱组件　16—进退油缸

喷淋水循环系统的功用是制备热水，并供给喷淋设备循环使用，主要由喷淋装置、水箱组件及内外管路装置等组成。

3. 使用及维护

（1）水的处理

各区段喷淋用水必须经过软化处理，以免受热后在水箱和制品表面形成白色水垢堵塞喷口。水质应符合自来水卫生标准。

（2）循环泵维护

循环泵应定期检查维护。

（3）连续式输送装置维护

应定期检查输送带的张紧程度，必要时进行调整。定期润滑各运动部件。

（4）间歇式输送装置维护

定期检查进退油缸、升降油缸的密封情况及各液压管连接处密封情况，防止液压油泄漏。对各个运动部件定期进行润滑。

二、常压连续杀菌机

常压连续杀菌机用于果蔬类圆形罐罐头及一些不要求完全无菌的高酸性食品的连续杀菌。其主要结构有单层、三层、五层三种类型。

常压连续杀菌机主要由传动系统、拨罐机构、进罐输送带、送罐链及控制装置等组成，如图 2—5 所示。两主动轴 12、15 以同步线速度驱动送罐链，使罐头在送罐链链底板 20 和刮板 21 间完成滚动输送。送罐链的张紧则可通过张紧轮 17 和蜗杆调节器 6 手动调节实现。

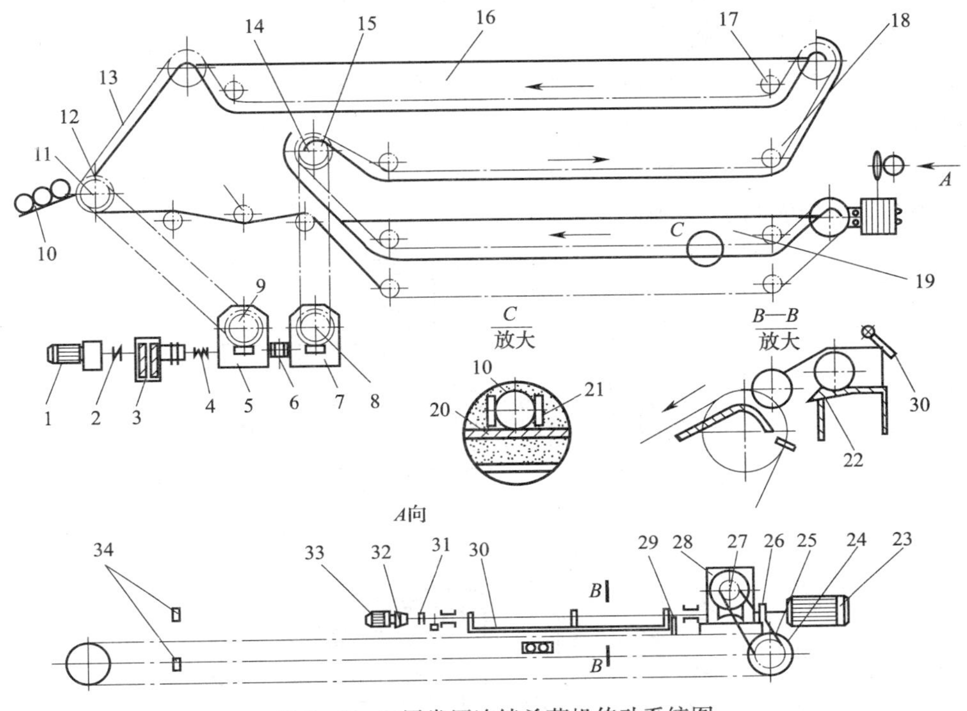

图 2—5　三层常压连续杀菌机传动系统图

1—电动机　2—联轴器　3—减速器　4—离合器　5、7、28—蜗杆减速器　6—蜗杆调节器　8、9、11、14、25、27—链轮　10—罐头　12—出罐端链轮主动轴　13—送罐链　15—杀菌槽链轮主动轴　16—冷却槽　17—张紧轮　18—中间槽　19—杀菌槽　20—链底板　21—刮板　22—输送胶带　23—进罐电动机　24—进罐输送带主动轮　26—联轴器　29—挡板　30—拨罐板　31—联轴器　32—减速器　33—拨罐电动机　34—光电管

进罐传动系统由进罐电动机经蜗杆减速器 28 带动链轮 25，使进罐输送带主动轮 24 带动两根输送胶带 22 运动。罐头进入输送带后，即依着挡板 29 依次排列，当达到规定数量时，由光电管 34 发出信号，等待拨罐板 30 将罐头拨入杀菌槽 19。

拨罐机构的动力由拨罐电动机经减速器和联轴器传递给拨罐板。拨罐板的动作由装在进罐传动轴上的六角控制轮和光电管根据输送带上罐头的情况，自动或手动控制，将罐头定时定量拨入杀菌槽内。

槽体包括杀菌槽、冷却槽和中间槽。中间槽根据杀菌工艺要求可作为杀菌槽，也可作为冷却槽。各槽内的水用蒸汽加热，由温控系统实现自动或手动控制调节。在槽体侧面装有限制液位的可调式溢流口，以满足对不同规格的罐头杀菌之用。在槽体端输送链转弯处设有排除卡罐故障用的活动托板。

常压连续杀菌机工作时，从封罐机送来的罐头进入进罐输送带后，由拨罐机构把罐头定量拨入杀菌槽内，再由刮板送罐链带动罐头，由下至上沿杀菌槽、中间槽、冷却槽运动，最后经出罐机构卸出，完成杀菌全过程。

常压连续杀菌机在使用前应根据杀菌工艺要求确定杀菌槽和中间槽的杀菌温度。对送罐链、进罐输送带和传动链应定期检查其松紧程度，必要时进行调整。经常检查蜗轮蜗杆减速器润滑油面，及时添加润滑油，并定期更换润滑油。

三、水封式连续杀菌机

水封式连续杀菌机是利用封闭的蒸汽或过热水，对罐头类包装制品进行高温连续杀菌的机械。杀菌温度为100～143℃。

水封式连续杀菌机主要由水封式旋转阀、杀菌锅、输送链、制品进出机构及传动、控制系统等组成，如图2—6所示。

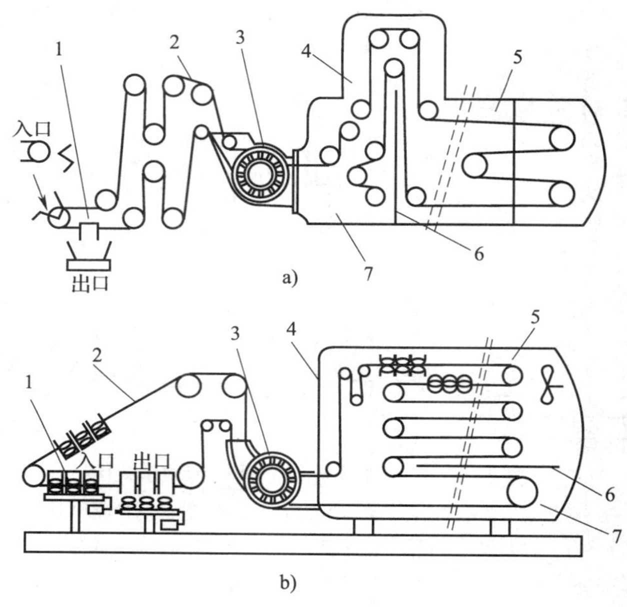

图2—6　软罐头水封式连续杀菌机示意图

a）杀菌室与冷却水槽左右布置的杀菌机　b）杀菌室与冷却水槽上下布置的杀菌机

1—进出罐机构　2—输送链　3—水封式旋转阀　4—杀菌锅　5—杀菌室　6—隔板　7—冷却室

完全浸没在水中的旋转阀采用叶轮式结构，制品可在叶片间自由通过，热介质则被水密封在杀菌锅内。杀菌锅用隔板分成杀菌室和冷却室两部分，根据工艺需要，杀菌室和冷却室可以是左右布置（见图2—6a)，也可以是上下布置（见图2—6b)。为提高圆柱形制品的传热速率，在杀菌室内还设有使制品边随输送带前进边滚动的传递机构。

水封式连续杀菌机工作时，制品由进出罐机构的进口送入，由旋转阀送入杀菌机冷却室，用冷却水预热。接着向上提升到杀菌室。在杀菌室内，制品在稳定的高温、高压环境中，由环形布置的输送链及传递器带动，折返数次进行杀菌。杀菌时间可通过调节输送链速度控制。杀菌完成后，制品经过隔板转入冷却室进行加压冷却，然后再次经旋转阀送出杀菌机，用常压水冷却或在外界空气中冷却，最后经出口输出。

水封式连续杀菌机外形较小，罐头类制品在杀菌室内可以滚动，传热速率高，常用于高温短时杀菌。

水封式连续杀菌机在杀菌前，应根据制品的工艺要求选择合适的输送速度，以保证杀菌效果。速度的调节可在传动系统蜗轮蜗杆减速机上进行，通过调速手柄选择相应的速度。由于罐头滚动速度不同，制品得到的热量也不同。因此，在更换杀菌品种时，也可以不改变输送速度，而改变罐头的滚动速度即可达到杀菌要求。杀菌温度可根据杀菌工艺要求在100～143℃之间调节。

第四节 流体物料超高温杀菌装置

前面介绍的各种杀菌机都是将产品包装后，对产品包装件进行热杀菌处理的设备。而先进的包装过程是将灭菌的制品在无菌环境下装入无菌容器内，再进行封口的无菌包装过程。其中对灌装前的流体制品，特别是乳制品及饮料的灭菌操作，一般采用高温短时（HTST）杀菌装置和超高温（UHT）瞬时杀菌装置。由于超高温瞬时杀菌具有灭菌效率高、杀菌时间短、制品营养价值高、风味损失小、在常温下保存期长和经济效益较好等优点，而被广泛采用。

超高温杀菌的杀菌工艺条件是温度一般在135～145℃，杀菌时间仅为3～5 s。按其加热方式的不同可分为间接加热和直接加热两大类。

一、间接加热超高温杀菌装置

间接加热装置是指物料与加热蒸汽不直接接触，而是通过换热器间接对物料加热杀菌的装置。

根据热交换器的形式分为片式、套管式和刮板式三种。

1. 片式超高温杀菌设备组成与工作原理

该装置主要由加热段和冷却段的片式换热器、离心泵、均质机及自控操作系统等组成。

工作时原料乳由平衡槽经输送泵送入预热段，与杀菌后热牛乳热交换而升温至85℃，然后乳液进入温度保持槽，保持约6 min，以便稳定浆液蛋白质，防止在高温换热器表面产生过多沉淀物。温度保持槽的乳液由高压泵送入均质机（也可将均质机设在高温灭菌后）均质。均质后的乳液流入第一加热段和第二加热段，将乳液迅速加热到135～150℃，保温2～4 s，完成杀菌，然后送往换向阀。

换向阀由控制装置自动控制，当杀菌温度低于135℃时，换向阀自动调节，使未达到杀菌温度的乳液流入回流乳冷却器冷却后，返回平衡槽重新杀菌。达到杀菌温度的乳液经换向阀流入第一冷却器中冷却至100℃，再经预热段换热器和第二冷却段冷却，使乳液温度降至10～15℃后，送入下道工序。如生产消毒乳，可直接输送到无菌灌装机进行灌装。

2. 主要工作部件

片式换热器是间接加热UHT杀菌装置的主要工作部件，是由若干冲压成形的金属薄片组合而成的高效热交换器。在高温短时和超高温杀菌装置中，广泛采用这种换热器进行加热、冷却。

片式换热器的结构如图2—7所示。传热片悬挂在导杆上，由前支架和后支架支撑。

压紧螺杆通过压紧板将各传热片叠合压紧在一起。片与片之间装有橡胶垫圈，以保证密封并使两片间留有一定间隙。压紧后所有传热片上的角孔形成液流通道。冷、热流体分别在传热片两面流动进行热交换。拆卸时仅需松开压紧螺杆，沿导杆移开压紧板，即可将传热片拆卸，进行清洗和维修。

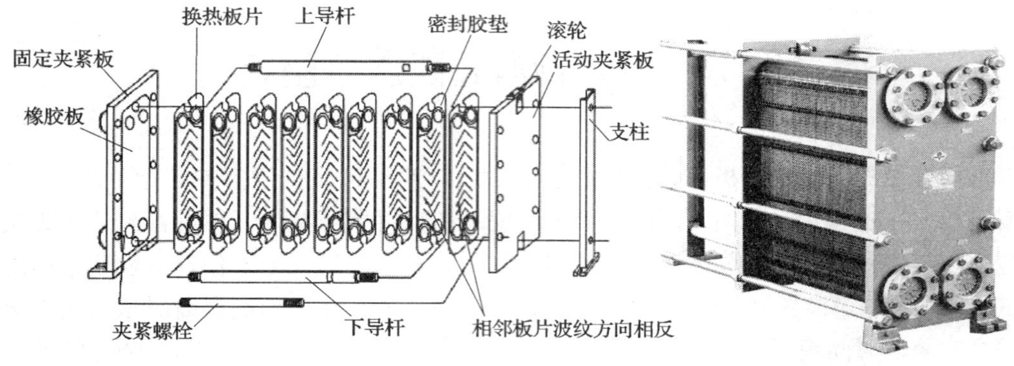

图 2—7　片式换热器

传热片是片式换热器的关键工作部件，用不锈钢冲压制成多种形状，使用较多的有波纹片和网流片两种。波纹片上冲压有与流体流向垂直或成一定角度的波纹，当流体流过时可使流体形成波动流动，多次改变方向造成激烈的涡流，以消除表面滞流层，从而提高片面与流体间的传热效率。为提高传热片的刚度，增加支撑点，防止热变形，在传热片表面每隔一定间隔还设有突筋。网流片表面冲压有许多凸凹花纹，这既促使流体形成急剧涡流，又增加了片间支撑点和刚度。使流体沿片面均匀流动，消除死角，片的长宽比为 3∶4 较为合适。

每块传热片上有 4 个角孔，构成流体通道。布置垫圈必须使传热片组合后形成互不相通的冷热流体的两条进出通道。其中每一条通道与两个角孔相通，两条通道在各片上依次相间。流体在换热片上有沿直线方向流动和对角线方向流动两种方式，如图 2—8 所示。沿直线方向流动的左片和右片的构造完全一样，可用同一种冲模冲出，周边垫圈的布置也相同，组合时只需将左片旋转 180°就成了右片。沿对角线方向流动的左片和右片结构对称，需两套模具。从性能上看，两者无明显差别。

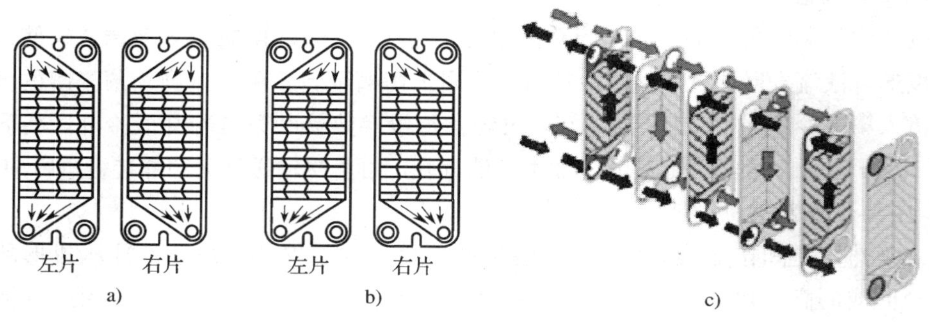

图 2—8　流体在换热片上的流动

a）料液沿直线方向流动　b）料液沿对角线方向流动　c）示意图

片式换热器具有传热效率高、结构紧凑、占地面积小、适应性强、热利用率高、操作安全卫生和便于清洗等特点，适宜处理热敏性物料。

3. 片式超高温杀菌装置的使用及维护

（1）传热片的检查与安装

传热片应定期拆卸进行检查清洗，检查传热片是否有沉积物和结焦、水垢等附着物，并及时进行清洗。安装传热片时，应先在压紧螺母和导杆上加润滑油脂进行润滑，并将传热片按编号顺序安装。每次重新压紧传热片时，需注意上一次压紧位置，切勿使橡胶垫圈受压过度，以致缩短垫圈使用寿命。

（2）更换密封圈

每次拆卸传热片后，应检查各传热片与橡胶圈黏合是否紧密，橡胶圈是否完好，以免橡胶圈脱胶或损坏而引起泄漏。橡胶密封圈应定期进行更换，更换橡胶圈时，必须将该段全部更换，以免各片间隙不均，影响传热效果。

（3）使用前的检查

使用前可先用清水进行循环试验，检查有无泄漏。如有轻微泄漏，可将压紧装置稍微压紧。如压紧后仍然有泄漏，则需将传热片拆卸，检查橡胶密封圈。

（4）使用

使用中应保持蒸汽压力稳定，以保证产品的质量。杀菌过程中出现泄漏，可按上述第（3）条处理。杀菌结束后，应用热水对杀菌装置进行清洗。

二、直接蒸汽喷射式超高温杀菌装置

直接蒸汽喷射式超高温（UHT）乳品杀菌装置如图2—9所示。装置中的第一、第二预热器及冷却器为管式或片式换热器。第一预热器用来自真空室的二次蒸汽加热。第二预热器用高压蒸汽加热。真空室为不锈钢真空容器。输乳泵为蒸汽密封的离心泵，以保证工作时处于无菌状态。无菌均质机配有蒸汽箱，用蒸汽密封所有通道。

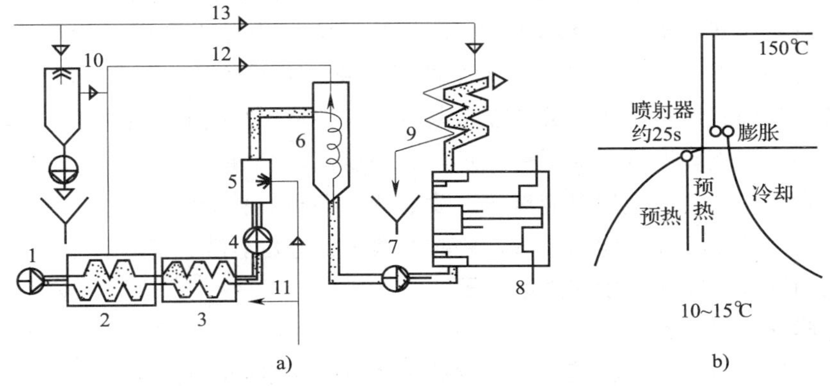

图2—9　直接蒸汽喷射式超高温乳品杀菌装置示意图

a）直接蒸汽喷射杀菌装置工作流程图　b）乳品杀菌装置中的温度变化过程

1—输送泵　2—第一预热器　3—第二预热器　4、7—输乳泵　5—直接蒸汽喷射器　6—真空室　8—无菌均质机　9—无菌冷却器　10—冷凝器　11—高压蒸汽　12—二次蒸汽　13—冷却水

在直接蒸汽喷射式 UHT 杀菌装置中，蒸汽喷射器是保证乳制品瞬时达到杀菌温度的核心部件，其结构如图 2—10 所示，主要由内外套管组成。内套管在圆周方向开有许多直径小于 1 mm 的小孔，外套管为一个非对称三通。蒸汽由蒸汽管进入外套管与内套管之间，从内套管小孔强制喷射到乳制品中去。为防止乳制品沸腾和使蒸汽顺利喷入，乳制品和蒸汽均处于一定压力之下。一般乳制品压力为 0.39 MPa 左右，蒸汽压力在 0.47～0.9 MPa 之间。

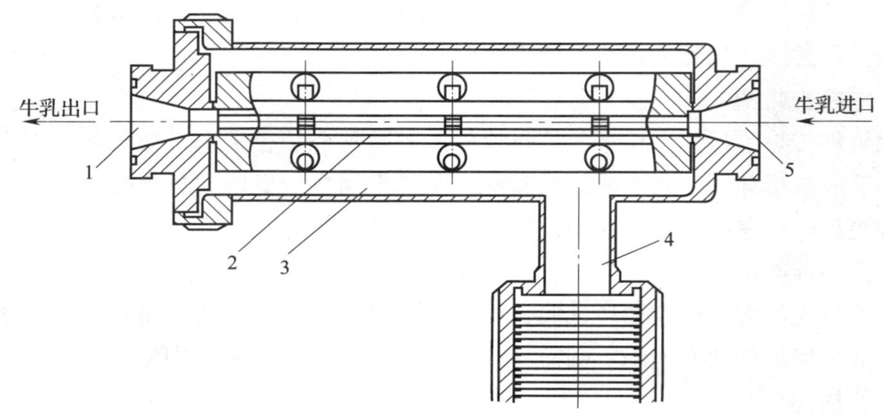

图 2—10　蒸汽喷射器

1—出料口　2—内套管　3—外套管　4—蒸汽管　5—进料口

工作时，鲜乳先通过第一、第二预热器，预热至 75～85℃，然后乳液由输乳泵送入蒸汽喷射器，由喷射器喷入 0.9 MPa 的高压蒸汽，使乳液温度瞬时升至 150℃左右。乳液在管道保温 2～3 s 后喷入真空室。乳液在真空室急剧蒸发，使乳液温度迅速降至 80℃左右。在蒸汽喷射器中，由于乳液直接与蒸汽混合加热，使乳液中水分增加，带来异味。但是在真空室中急剧的蒸发作用使增加的水分挥发掉，乳液又恢复到原来的浓度。同时真空也有脱臭作用，使异味得到消除。真空室排出的二次蒸汽由管道送入第一预热器，对鲜乳进行预热，提高热能利用率。降温后的乳液由输乳泵送至无菌均质机均质，最后经无菌冷却器冷却至 20℃以下。如生产消毒乳，则可直接进行无菌包装。

直接蒸汽喷射式超高温杀菌装置在杀菌时，应使蒸汽压力保持稳定，以保证杀菌制品质量一致。真空室真空度也应保持恒定，真空度高，消耗功率大；真空度低，水分蒸发少，制品含水率增加。使用时应对蒸汽喷射器定期拆卸检查、清洗，保持内套管蒸汽喷孔畅通。每次工作前和工作结束后，要对杀菌装置进行清洗、消毒。

三、自由降膜式超高温瞬时杀菌装置

自由降膜式超高温瞬时杀菌装置也是一种直接杀菌装置，主要用于工业化生产各种乳制品，其处理的牛乳品质较其他超高温瞬时杀菌装置生产的质量更好。

自由降膜式超高温瞬时杀菌装置如图 2—11 所示。设备运行时，平衡槽中的原料用泵送至预热器内预热到 71℃左右，随即经流量调节阀进入杀菌罐内。杀菌罐内充满 149℃左右的高压蒸汽，物料在杀菌罐内沿长约 10 cm 的不锈钢网，以大约 5 mm 厚的薄膜形式从蒸汽中自由降落至底部，使物料温度上升到 149℃，整个降落加热过程为 0.3～

0.4 s。在经过保温管保温 3 s 后，进入真空罐。物料中的水分在罐内迅速蒸发，使从蒸汽中吸收的水分全部汽化，同时物料温度由 149℃降到 71℃左右，物料中的水分也恢复到正常数值。已杀菌物料由无菌泵抽出，经无菌均质机均质后送入冷却器，最后到灌装机。真空罐中的二次蒸汽经冷凝器冷凝，不凝性气体被真空泵排出以保持真空罐中一定的真空度。全部运行过程均由微机自动控制。

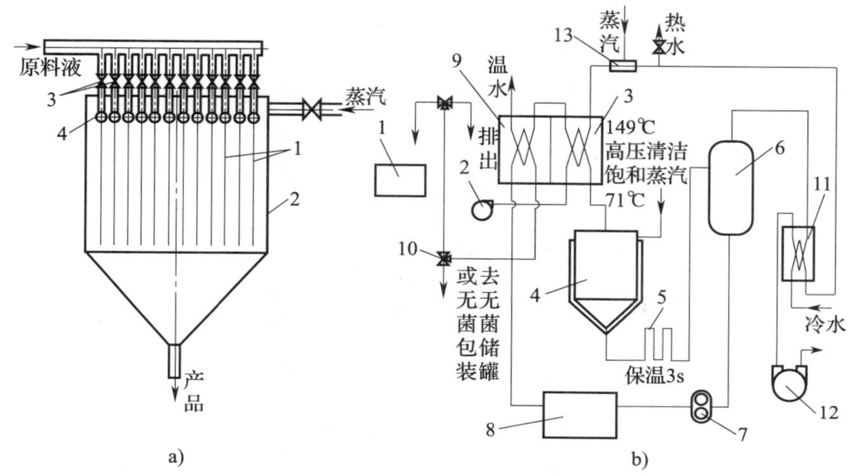

图 2—11　自由降膜式超高温瞬时杀菌装置及工艺流程

a）杀菌罐　1—不锈钢丝网　2—外壳　3—流量调节阀　4—分配管

b）工艺流程　1—平衡槽　2—输送泵　3—预热器　4—杀菌罐　5—保温管　6—真空罐

7—无菌泵　8—无菌均质机　9—冷却器　10—三通阀　11—冷凝器　12—真空泵　13—加热器

这种杀菌装置因采用直接加热，换热效率高，但需要洁净蒸汽。加热杀菌过程中原料呈薄膜液流，加热均匀且迅速，加热、冷却瞬间完成，产品品质好。因料液进入时罐内已充满高压蒸汽，故不会对料液产生高温冲击现象，不会与超过处理温度的金属表面接触，因而没有焦、杂味，处理效果较好。但蒸汽混入料液中，后期需要蒸发去水，投资大，且操作也较难控制。

自由降膜式超高温瞬时杀菌装置的使用及维护可参看直接蒸汽喷射式超高温杀菌装置的使用及维护。

第五节　电磁波辐射杀菌装置

利用加热原理杀菌目前仍是包装杀菌的主流。近年来，利用电磁波辐射技术进行物理方法杀菌的机械设备日益受到重视，并且得到越来越广泛的应用。

一、微波杀菌装置

微波杀菌装置是指利用特定的电磁波对物体辐射所产生的热力效应和非热力效应的共同作用，来杀灭有害细菌的设备。

微波杀菌装置主要由微波源、波导管、加热器及控制系统等组成。微波源又称微波发生器，通过电磁场振荡将产生的微波能经波导管传输到加热器。加热器是指使物料吸收微波能而被加热的装置。微波加热器的类型有箱式、波导管式、辐射式等。由于物料介质的损耗因素不同，对微波能的吸收有选择性。选用加热器时，要根据被杀菌制品的种类、性质、形状、规格等参数确定。目前应用较普遍的是管道式加热器，该装置对液态、固态制品或容器包装件均能进行杀菌操作。

如图 2—12 所示为先杀菌后灌装的管道式液料微波杀菌装置示意图。它主要由微波源、波导加热管、片式换热器及控制系统等组成。

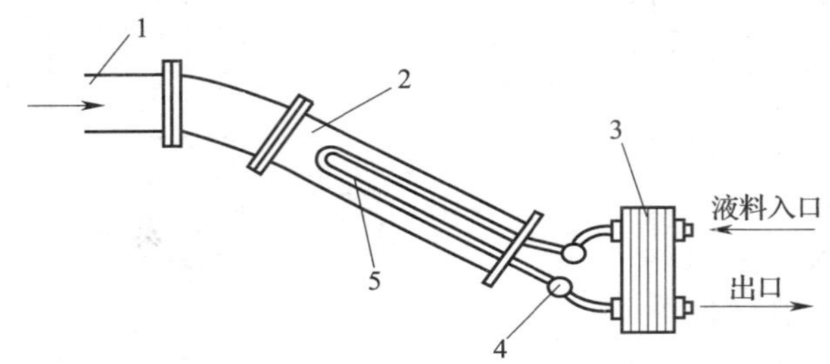

图 2—12　管道式液料微波杀菌装置

1—微波源　2—波导加热管　3—片式换热器　4—控温传感器　5—输液管

该装置与箱式微波加热器的主要区别是将微波加热器放在波导管之中，构成对料液进行热处理的波导加热区。波导加热管一端与微波源相连接，另一端与换热器相通。波导管截面尺寸的大小，取决于所使用的输出微波源波导截面、波导加热管内输液管的形状和长度，取决于杀菌处理的工艺要求。根据料液在加热区停留的时间，可以采用单管式、往复贯穿多管式或螺旋管式。输液管应由能透射微波而又低耗的便于清洗的介质材料制成，如石英玻璃管等。

片式换热器通过液体交叉换热，起到了进料预热和出料冷却的作用。波导加热区输液管中的液料可以按微波连续加热冷却工艺一次进出换热器，也可以按多次快速加热冷却工艺，交替经过多个换热器，反复进出加热区经受微波的瞬时辐照。后一种工艺可避免让物料长时间连续性地处于高温状态，为保持物料的色、香、味及营养成分提供了有利条件。

二、紫外线杀菌装置

紫外线杀菌装置是一种利用电磁波辐照的冷杀菌装置。但紫外线能量级较小，对微生物的作用不是使之电离，而是使分子受激发后处于不稳定的状态，从而破坏分子间特有的化学结合，导致细菌死亡。紫外线的杀菌能力主要与波长有关。波长为 250～260 nm 的紫外线杀菌能力最强，被称为杀菌线。此外，杀菌效果还与细菌种类有关，并受有效放射照度和累积的照射线量等因素影响。

在乳制品、果冻等无菌充填机输送线上，就是采用串联安装的三套高效紫外线装置完成复合薄膜容器的灭菌，如图 2—13 所示。另外，将紫外线杀菌装置与其他杀菌方法组合使用，也能获得较好的杀菌效果，如与过氧化氢化学杀菌装置组合使用等。

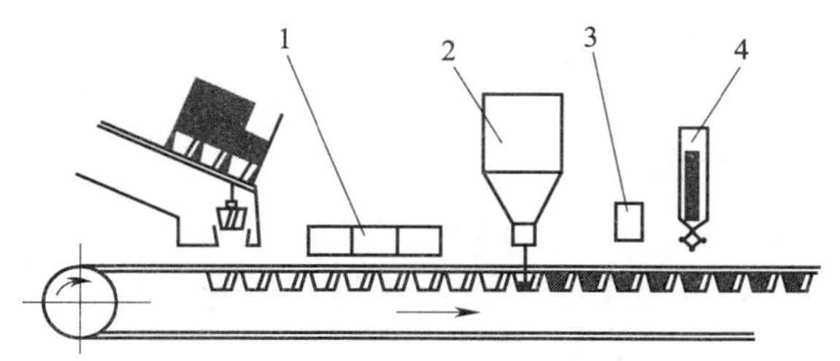

图 2—13　无菌充填机上的紫外线杀菌装置

1—容器用紫外线杀菌装置　2—充填机　3—杯盖用紫外线杀菌装置　4—封盖机

紫外线杀菌装置能量低，穿透力弱，适用于对空气、水、薄层液体制品及容器表面的杀菌处理。普通的杀菌装置（紫外线杀菌灯）发出的紫外线波长为 253.7 nm，是一种低压水银蒸汽放电灯，其内部结构与普通的荧光灯相同，大约 80%的射线波长在主波长范围内。

~思考与练习~

一、选择题

1. 高温杀菌设备杀菌操作中的压力控制作用是（　　）。

A. 控制温度　　B. 防止罐头变形或破坏　　C. 提高传热速率

2. 对食品进行杀菌的目的是（　　）。

A. 保证食品的色、香、味

B. 钝化酶活性

C. 防止食品发生腐败变质

3. 流体物料一般采用（　　）灭菌方法。

A. 高温短时杀菌　　B. 超高温瞬时杀菌　　C. 常温杀菌

二、判断题

1. 超高温杀菌的杀菌温度一般在 100～110℃。（　　）

2. 罐头食品的加压杀菌都采用反压冷却。（　　）

3. 回转式杀菌机杀菌时罐头内容物搅动依靠自重产生。（　　）

4. pH 值小于 4.5 的酸性食品杀菌温度低于 100℃，属于低温杀菌。（　　）

5. 流体在片式换热器中的流动方向有两种，二者传热效率相同。（　　）

三、填空题

1. 杀菌机械按照杀菌方法可分为________、________、________三种。

2. 卧式杀菌锅由________、________、________、________、________、________、________等组成。

3. 超高温杀菌温度一般控制在________、杀菌时间________。

4. 片式换热器关键工作部件是________，使用较多的有________、________两种。

四、简答题

1. 杀菌机都采取了哪些提高产品质量、提高杀菌效果的措施？

2. 回转式杀菌机有哪些优点？

3. 水封式连续杀菌机的水封式旋转阀有什么作用？

4. 直接蒸汽喷射式 UHT 杀菌装置和间接加热 UHT 杀菌装置用于乳品杀菌各有什么特点？

5. 罐头食品的加压杀菌为什么采用反压冷却？

实训 3 杀菌锅的使用

一、实训目的

通过实习，使学生熟悉罐头杀菌设备的构造，掌握罐头杀菌装置的正确使用方法，在生产中能正确使用罐头杀菌装置。

二、设备与工具

1. 卧式或立式杀菌锅 1～2 台。

2. 罐头若干（可用装罐、封盖实习制作的罐头做实验）。

3. 蒸汽源或电加热源。

4. 自来水源。

三、实训内容和步骤

1. 观察杀菌锅的外部结构。

2. 打开杀菌锅锅盖，取出杀菌车或杀菌篮。

3. 将封口后的罐头装入杀菌车或杀菌篮内，然后将杀菌车或杀菌篮放入杀菌锅内，关上杀菌锅锅盖。

4. 将杀菌锅注满水，然后打开蒸汽阀门加热（也可用电加热），并记录预热时间。注意观察压力表和温度表的变化情况。

5. 达到杀菌温度后，开始记录杀菌时间，并关小蒸汽阀门，保持杀菌温度。随时注意压力和温度的变化，做好压力、温度记录。

6. 达到杀菌时间后，停止加热，并排出杀菌水。

7. 根据实验室条件，对罐头进行加压冷却（用空气或蒸汽加压）、常压冷却或空气冷却，并记录冷却时间。

8. 冷却后，打开锅盖，取出罐头，检验罐头杀菌情况。剔除胀罐、凸角、跳盖等残缺罐头，并计算成品率。

9. 清洗杀菌锅，整理实验器具。

实训4　片式杀菌装置构造的观察与维护

一、实训目的

通过实习，使学生熟悉片式杀菌装置的构造，掌握片式杀菌装置的正确安装、使用和维护保养方法。

二、设备与工具

1. 片式杀菌器4台。
2. 拆卸工具4套。
3. 钙基润滑脂1筒。
4. 自来水源。

三、实训内容和步骤

1. 观察片式杀菌装置的外部结构。
2. 松开压紧螺母，按顺序拆下传热片，并按编号排放。
3. 观察传热片的结构、料液在传热片内的流动方式及流动路线。
4. 检查传热片是否有沉积物和结焦、水垢等附着物，如有则进行清洗。检查各传热片与橡胶圈黏合是否紧密，橡胶圈是否完好。
5. 如有橡胶圈脱胶或损坏时，要更换橡胶圈。更换橡胶圈时，必须将该段全部更换，以免各片间隙不均，影响传热效果。
6. 安装传热片。先在压紧螺母和导杆上加润滑油脂进行润滑，并将传热片按编号顺序安装。压紧传热片时，需注意上一次压紧位置，切勿使橡胶垫圈受压过度，以致缩短垫圈使用寿命。
7. 用清水进行循环试验，检查传热片有无泄漏。如有轻微泄漏，可将压紧装置稍微压紧。如压紧后仍然有泄漏，则将传热片拆卸，重新检查橡胶密封圈，并进行更换。更换后重新做上述试验。

第三章 真空浓缩设备

学习目标

掌握真空浓缩设备的结构和工作原理、选择真空浓缩设备的方法及真空浓缩设备的操作方法。

真空浓缩设备是生产浓缩果蔬汁、炼乳、乳粉、混合油等食品的主要设备之一。用于加工食品的原料含有大量的水分（75%～90%），而糖类、蛋白质、维生素等营养成分只占5%～10%，且热敏感性很强。所以在加工食品时，既要保持食品原有的风味和营养价值，又要提高制品营养成分的浓度，这对浓缩工艺流程的设计、浓缩设备的选型和使用都有较高的要求。

第一节 概 述

真空浓缩设备是在18～8 kPa的低压状态下，以蒸汽间接加热方式对料液加热，使其在低温下沸腾蒸发。真空浓缩设备广泛应用于食品、化工、医药等工业部门，其主要优点包括：①能降低物料的沸点，加速水分的蒸发，避免对物料进行高温处理，有利于保全物料的营养成分；②通过提高加热蒸汽与物料间的温度差，提高设备在单位面积及时间内的传热量，加快浓缩过程，增强生产能力；③可利用低压蒸汽为加热蒸汽，减少热损失。真空浓缩设备的缺点是浓缩需有抽真空系统，增加附属机械设备及动力；由于蒸发潜热随沸点降低而增大，所以热量消耗大。

一、真空浓缩设备的分类

真空浓缩设备的形式很多，一般按如下方法分类：

按加热蒸汽被利用的次数可分为单效真空浓缩设备和多效真空浓缩设备。在浓缩过程中，液体汽化所生成的蒸汽称为二次蒸汽。单效就是二次蒸汽不再作为热源利用，直接进入冷凝器冷凝。它在中小型果酱、乳粉和炼乳厂中应用较广。多效是几个蒸发器相连，将前面一台浓缩器产生的二次蒸汽作为下一浓缩器的加热蒸汽，多次利用。以生蒸汽加热的蒸发器为第一效，利用第一效产生的二次蒸汽加热的蒸发器为第二效，依次类推。食品加工厂的多效浓缩设备一般采用双效、三效，效数越多，越有利于节能，但设备投资费用越高。

按照液料的流程可分为循环式浓缩设备和单程式浓缩设备。循环式浓缩设备又分为自然循环浓缩设备和强制循环浓缩设备。

按料液蒸发时的分布状态分为薄膜式浓缩设备和非膜式浓缩设备。

薄膜式浓缩设备中的料液蒸发时，在蒸发器内分散成薄膜状。薄膜式浓缩设备有升膜式、降膜式、片式、刮板式和离心式等。由于蒸发面积大，热利用率高，薄膜式浓缩设备的水分蒸发快，但结构较复杂。

非膜式浓缩设备中的料液蒸发时，在蒸发器内聚集，仅做翻滚或流动，形成大蒸发面。非膜式浓缩设备有盘管式和中央循环管式。

二、真空浓缩设备的选择与要求

1. 真空浓缩设备的选择

真空浓缩设备必须根据浓缩物料的特性，按照不同需要进行选择。

（1）热敏性

食品物料的成分在高温下或长期受热时产生变性、氧化等作用的特性称作热敏性。为了满足热敏性强的成分对蒸发过程的特殊要求，生产中常在较低的温度环境下进行蒸发浓缩，或在较高温度下进行瞬时受热蒸发浓缩，一般选用薄膜式浓缩设备或真空度较高的浓缩设备。

（2）结垢性

液料在浓缩过程中在加热面上生成垢层的特性称作结垢性。液料结垢后将增加热阻，降低传热系数，严重时可使生产能力下降以致停产。所以对结垢性强的液料，通常采用强制循环式浓缩设备、管内流速很大的升膜式浓缩设备或带搅拌器的浓缩设备，利用高流速来防止垢层的形成。有时也采用电磁防垢、化学防垢方法，或采用清洗垢层较为方便的浓缩设备。

（3）结晶性

料液在浓度增加时，会有晶粒析出的特性称作结晶性。晶粒沉积将影响加热面的热传导，严重时会堵塞加热管。对易结晶的料液，要选择强制循环浓缩设备或带搅拌器的浓缩设备。

（4）黏滞性

有些料液在浓度增加时，黏度也随之增大，致使流速降低、传热系数降低、生产能力下降。所以对甜度较高或加热后黏度增大的料液，应选用强制循环式、刮板式或降膜式浓缩设备。

（5）腐蚀性

有些料液酸度较高，具有腐蚀性。为提高抗腐蚀能力，通常采用不锈钢或具有防腐涂层钢材制成的浓缩设备。

2. 对真空浓缩设备的要求

选择真空浓缩设备时，除了要考虑原料的特性外，还要全面衡量，使设备满足如下几点要求：

（1）能满足工艺要求，如料液的浓缩比、浓缩后的收得率、料液特性的保持等。

（2）传热效果好，传热系数高，热利用率高。

（3）结构紧凑合理，操作、清洗方便，安全可靠。

（4）动力（如搅拌动力或真空动力等）消耗少。

（5）加工制造容易，维修方便，既节省材料、耐腐蚀，又能保证足够的机械强度。

三、真空浓缩设备的操作流程

1. 单效真空浓缩设备操作流程

单效真空浓缩装置由浓缩器、分离器、冷凝器及抽真空装置组成。料液进入浓缩器后，加热蒸汽对料液进行加热浓缩，二次蒸汽进入冷凝器冷凝，不凝结气体由抽真空装置抽出，使整个装置内部处于真空状态。根据工艺要求的浓度，液料可间歇或连续排出。目前在果酱类食品生产中，多采用这种流程。

2. 多效真空浓缩设备操作流程

按加料方式的不同，多效真空浓缩设备操作流程分为并流（顺流）法、逆流法和平流法。

（1）并流（顺流）法

如图 3—1 所示为并流法两效三罐番茄酱浓缩装置。该装置由两台中央循环管式蒸发器和一台循环泵带夹套加热的搅拌式蒸发器组合而成。由于该装置中，料液与蒸汽的流动方向相同，均由第一效顺序流至末效，故称为并流法。生蒸汽通入第一效加热室，蒸发出的二次蒸汽作为第二效的加热蒸汽，第二效的二次蒸汽则送到冷凝器冷凝。料液进入第一效，经浓缩后顺序进入第二效进行浓缩。由于第二效 A、B 两罐间没有压力差，所以罐 A 料液进入罐 B 时，用料泵输送。

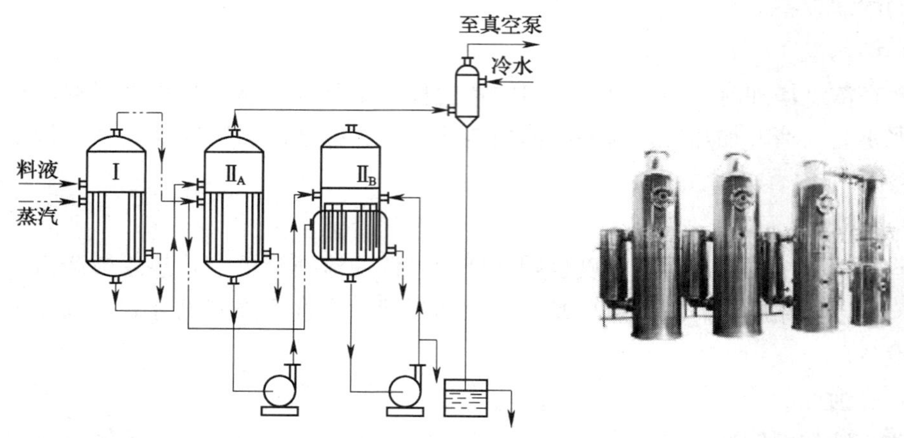

图 3—1　并流法两效三罐浓缩装置流程

并流法是生产中最常用的流程，其优点是后一效蒸发室的压力比前一效低，故效间物料输送可利用效间的压力差，而不必用泵；后效料液的沸点较前一效低，当前效料液进入后效时，会因过热而自行蒸发，常称自然蒸发或闪蒸。并流法的缺点是后效浓度比前效高，且温度又较低，使传热系数下降。

（2）逆流法

如图3—2所示为逆流法两效番茄酱浓缩流程，蒸汽与料液的流动方向相反，故称为逆流加料法。原料由末效进入，用泵依次输送至前一效，最终的浓缩液由第一效底部排出。加热蒸汽由第一效通入，二次蒸汽则由第一效顺序通入二效直至末效。

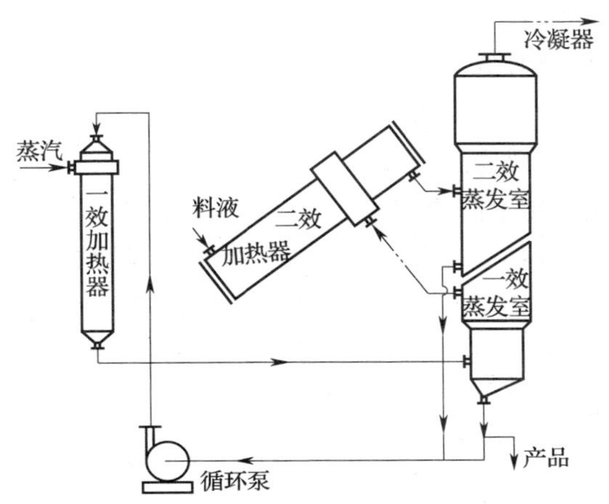

图3—2 逆流法两效浓缩装置流程

逆流法的优点是随着料液浓度逐效的不断提高，温度也相应升高，因此各效料液的黏度较为接近，使各效的传热系数也大致相同。逆流法的缺点是效间料液需用泵来输送，能耗较大，且因各效进料温度均低于沸点，与并流加料法相比，产生的二次蒸汽量也较少。

逆流法适用于处理黏度随温度和浓度变化较大的物料，不宜处理热敏性物料。

（3）平流法

如图3—3所示为平流法三效浓缩装置流程。把料液分别加入各效，浓缩液从各效排出。这种操作流程各效液料的浓度相同，加热蒸汽由第一效流向末效，适用于处理蒸发过程中伴有结晶析出的物料。

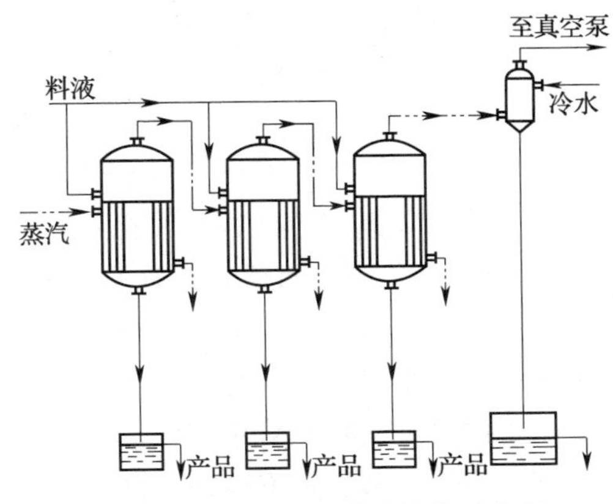

图3—3 平流法三效浓缩装置流程

第二节　真空浓缩器

在果酱、乳品等生产过程中，大多数采用单效真空浓缩设备。常用的单效真空浓缩设备有中央循环管式浓缩装置、夹套加热室带搅拌器浓缩装置和薄膜式浓缩装置。

一、中央循环管式浓缩装置

中央循环管式浓缩装置是大型工业生产中使用广泛、历史较久的一种蒸发器，至今仍在化工、轻工等行业中广泛应用，故称为标准式蒸发器。

1. 中央循环管式浓缩装置的构造

中央循环管式浓缩装置的典型结构如图 3—4 所示，加热室由沸腾加热管及中央循环管和上下管板组成，以保证料液被充分加热，处于良好的循环状态。在加热室中部有一直径较大的中央循环管，也称中央降液管。为了使溶液在蒸发器中有良好的自然循环，中央循环管截面积为加热管束截面积的 40%以上。沸腾加热管采用直径 25～750 mm 的管子，长度一般在 600～2 000 mm，管长与管径之比为 20～40，材料一般采用不锈钢管。

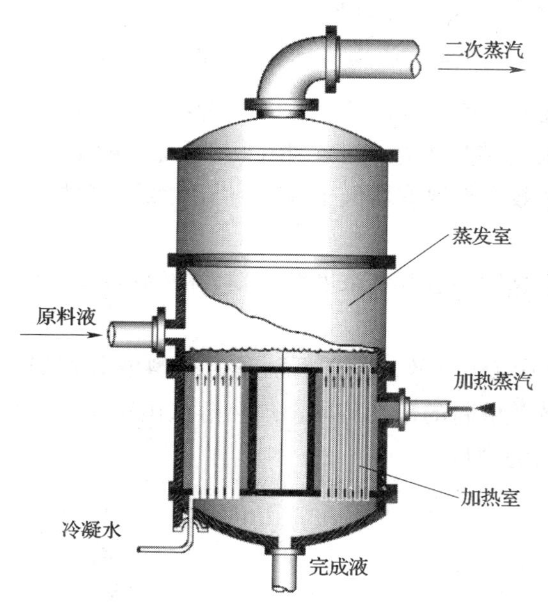

图 3—4　中央循环管式浓缩装置

中央循环管式浓缩装置料液的循环速度较低，一般在 0.5 m/s 以下。其总传热系数范围为 580～2 900 W/（m^2・K)。设备传热面积常达数百平方米。由于蒸发量大，为了降低蒸汽耗量，工业生产中常设计成三效至六效蒸发器组。

中央循环管与沸腾加热管一般采用胀管法或焊接法固定在上下管板上，构成一个竖式加热管束。料液在管内流动，加热蒸汽则在管束间流动。为了提高传热效果，可在管间增加若干挡板，或抽去几排加热管，形成蒸汽通道，同时配合不凝结气体排出管的合理分布，有利于加热蒸汽的均匀分配。

蒸发室是指加热室上部的空间。料液经加热后汽化时，必须具有一定的高度和空间，使汽液分离。蒸发室的高度，主要根据防止料液被二次蒸汽夹带的上升速度确定，并考虑清洗、维修加热管的需要。蒸发室的高度一般为加热管长度的 1.1～1.5 倍。

2．工作原理与主要特点

工作时，加热蒸汽对沸腾加热管中的料液进行加热，管中的料液由于加热而沸腾上升到蒸发室，然后在蒸发室内不断蒸发。蒸发后的料液由中央循环管下降，再进入沸腾加热管加热，形成自然循环。通过使料液不断循环达到浓缩目的。料液在蒸发室产生的二次蒸汽由蒸发室顶部排出。

该装置主要用于小规模食品企业和麦芽糖、木糖醇等浓缩物料浓度的再次提高。自然循环多效蒸发器是将两个或三个蒸发器组成双效或三效以达到节能的目的。主要用于小规模食品企业和制药行业。设备蒸发量可为 1 000～100 000 kg/h。中央循环管式浓缩设备具有结构简单、操作方便可靠、料液液面容易控制等优点。但由于结构限制，料液的循环速度较低，特别是黏度大时循环效果较差，也不便于设备的清洗和检修。

二、夹套加热室带搅拌器浓缩装置

夹套加热室带搅拌器的浓缩装置在食品厂中应用广泛，其结构如图 3—5 所示。浓缩锅由上锅体和下锅体组成。下锅体外壁是夹套，为加热蒸汽室。锅内装有横轴式搅拌器，由电动机通过 V 带和蜗轮蜗杆减速器带动（转速为 10～20 r/min）。搅拌器有 4 个桨叶片，桨叶与加热面的距离为 5～10 mm。蒸发室产生的二次蒸汽由水力喷射器抽出，以保证浓缩锅内达到预定的真空度。

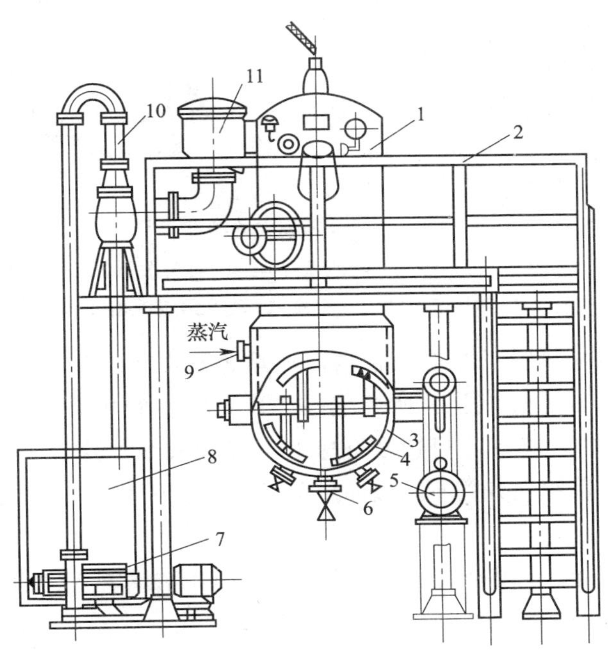

图 3—5　夹套加热室带搅拌器浓缩装置

1—上锅体　2—支架　3—下锅体　4—搅拌器　5—减速器　6—进出料口
7—多级离心泵　8—水箱　9—蒸汽入口　10—水力喷射器　11—汽液分离器

操作开始时，先向下锅体内通入加热蒸汽以排出锅内空气，然后开启抽真空系统，使锅内形成真空，将料液吸入锅内。当吸入锅内的料液达到容量要求时，开启蒸汽阀门和搅拌器，进行浓缩。经取样检验，料液达到所需浓度要求后，解除真空即可出料。

夹套加热室带搅拌器浓缩装置的主要优点是结构简单，操作控制容易，适宜于浓料液和黏度大的料液的增浓，如果酱、牛奶等的加工。缺点是加热面积小、生产能力低、不能连续生产。

三、薄膜式浓缩器

薄膜式浓缩器可以使料液沿管壁或器壁分散成液膜流动，以增加蒸发面积，提高浓缩效率。常用的薄膜式浓缩器有升膜式和降膜式两种。

1. 升膜式浓缩器

升膜式浓缩器的结构如图 3—6 所示，主要由加热器、分离器、循环管等部分组成。加热器由多根垂直管组成。管径一般为 30～50 mm，为使加热面供应足够成膜的气流，管长与管径之比应为 10∶15。

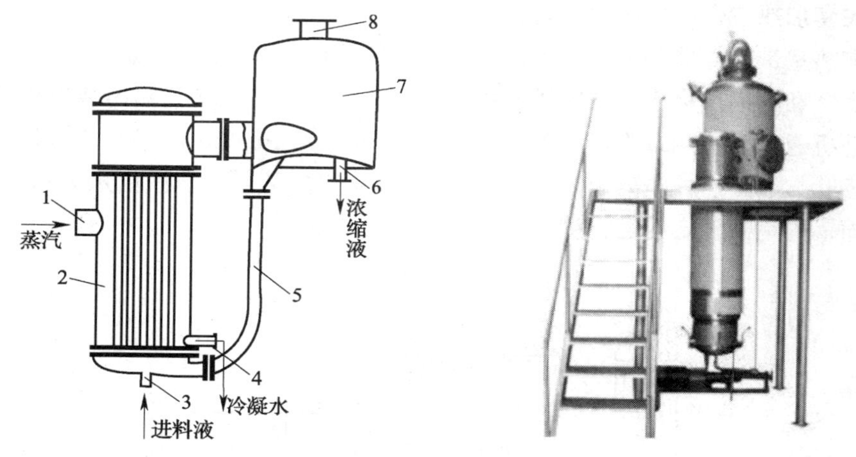

图 3—6　升膜式浓缩器

1—蒸汽进口　2—加热室　3—料液进口　4—冷凝水出口　5—循环管
6—浓缩液出口　7—分离室　8—二次蒸汽出口

工作时，料液自加热器底部进入管内，加热蒸汽在管间流动，将热量传给管内料液。料液被加热沸腾后迅速汽化，所产生的二次蒸汽在管内高速上升，将料液挤向管壁。在真空状态下，二次蒸汽上升速度可达 100～160 m/s。料液被高速上升的二次蒸汽带动，沿管内壁形成薄膜上升并不断被加热蒸发，料液从加热器底部至加热管顶部出口处被逐渐浓缩。

在二次蒸汽的诱导和分离器高真空的吸力作用下，浓缩液沿切线方向高速进入蒸发分离器，在离心力作用下与二次蒸汽分离，二次蒸汽从分离器顶部排出，浓缩液一部分通过循环管再次进入加热器底部继续浓缩，另一部分达到浓度的料液从分离室底部排出。对非循环型生产而言，进料经一次浓缩后，达到成品浓度即可排出。

升膜式浓缩器使用时，要注意控制进料量，一般经过一次浓缩的蒸发水分量不能大于进料量的 80%。如果进料量过多，加热蒸汽不足，则管的下部积液过多，会形成液柱上升而不能形成液膜，使传热效果大大降低。如果进料量过少，会产生管壁结焦现象。料液最好预热到接近沸点时进入加热器，以增加液膜在管内的比例，提高沸腾和传热系数。

升膜式浓缩设备属于自然循环式浓缩设备。料液沿管壁呈膜状流动，进行连续传热蒸发，料液在浓缩器停留时间较短（10～20 s），传热效率良好，适合热敏性制品的浓缩。

一般长管式设备管长 6～8 m，短管式设备管长 3～4 m，其传热系数可达 1 745 W / (m^2 · K)。这种浓缩设备的主要优点是设备占地面积少，传热效率高，受热时间短。在加热管中停留时间约 10～20 s，从而降低了热敏性料液分解的危险。由于料液在管内流动速度较高，故尤其适用于易起泡沫的料液，同时还能防止结垢的形成及黏性料液的沉淀。加热器一般安装于蒸发分离室外侧，便于检修，但管子较长，清洗较困难。

2. **降膜式浓缩器**

降膜式浓缩器传热效率高，受热时间短，适合于果汁及乳制品生产，但料液不易均匀分布于管内。

降膜式浓缩设备的构造与升膜式浓缩设备相似，如图 3—7 所示，主要区别是料液由加热器顶部加入，经分配器导流管分配进入加热管。

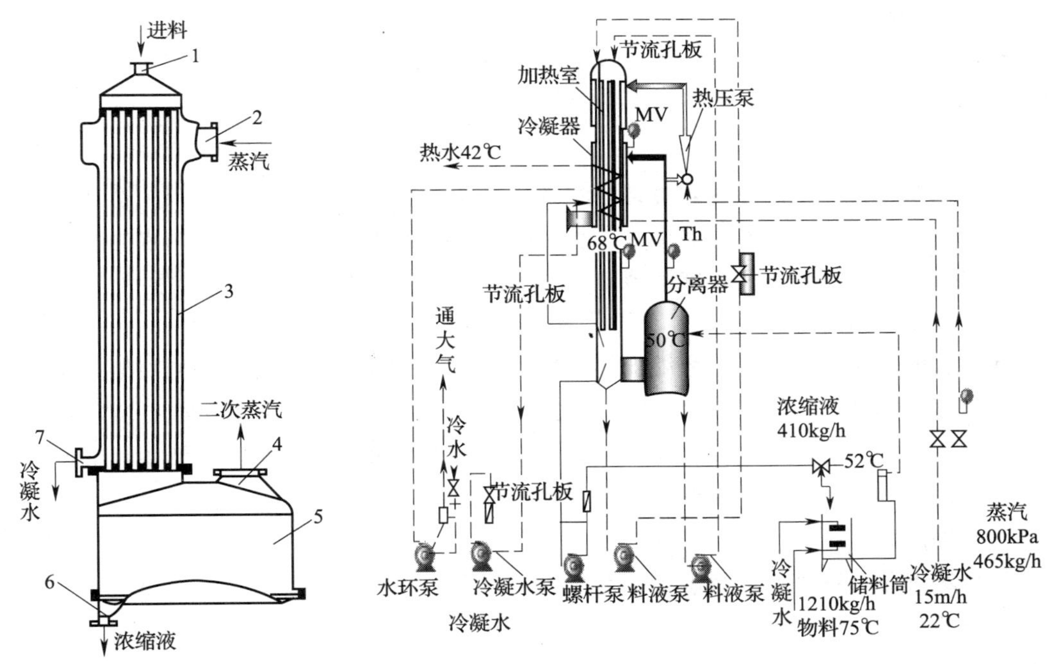

图 3—7 降膜式浓缩设备

1—料液进口 2—蒸汽进口 3—加热室 4—二次蒸汽出口 5—蒸发分离室 6—浓缩液出口 7—冷凝水出口

工作时，料液由加热器顶部进入，在分配器的作用下均匀进入加热管中，并在重力作用下沿管壁呈液膜状向下流动。蒸汽在管外流动，对料液进行加热。汽液混合物进入蒸发分离室后进行分离，二次蒸汽由分离室顶部排出，浓缩液由底部排出。降膜式浓缩设备采用连续作业方式，料液通过加热管后即达到浓缩要求，故加热管应足够长才能保证传热效果。由于料液受热时间短，有利于对食品营养成分的保护。其次，由于蒸发时以薄膜状进行，故可避免泡沫的形成。

降膜式浓缩设备利用重力作用降膜，且受热时间短，适宜于热敏性强的物料。料液沸腾时生成的泡沫易在管壁上受热破裂，适宜于蒸发易生泡沫的物料。料液液位变化会影响薄膜的形成及厚度，严重时会使加热管内表面暴露而结焦。由于加热管较长，如有结焦则清洗困难，不适宜于浓度高、黏度大的物料。生产过程中不能随意中断生产，否则容易结垢或结晶。

四、浓缩设备常见故障

由于操作条件、使用方法等因素的变化，常导致浓缩设备不能正常运行，甚至使浓缩过程中断。因此，应根据浓缩设备的结构特点和工作流程，正确判断浓缩设备的故障。

1. 真空度过低

真空度过低会使浓缩液的沸点和二次蒸汽的温度随之升高，从而降低了加热蒸汽与浓缩液之间的有效温度差，既减少了传热量，减缓了蒸汽蒸发速度，又使料液加热温度升高，影响了有效成分的保存。真空度过低，除影响浓缩质量外，还降低了设备的生产能力。造成真空度过低的原因如下：

（1）浓缩设备泄漏

各连接件泄漏，渗入空气，空气渗入使真空设备增加了额外负担，严重时甚至导致无法抽真空。

（2）冷却水量不足

除了水泵设备方面的原因，冷却水量不足主要是由管道堵塞、阀门损坏造成。冷却水量不足使二次蒸汽不能及时冷凝，严重影响真空设备操作，特别是使用水力喷射器产生真空时，由于水量不足而不能形成正常的射流速度，使浓缩设备的真空度大大降低。

（3）冷却水温度过高

冷却水的进水温度过高，浓缩加热产生的大量二次蒸汽不能及时得到冷凝，浓缩设备的真空度便迅速降低。这在使用水力喷射器兼作冷凝设备的浓缩设备中表现特别明显。由于设备安装、设计方面的缺陷，水力喷射器出水未经冷却而直接使用，促使冷却水温度迅速上升，也是真空度降低的原因之一。

（4）加热蒸汽压力过高

加热蒸汽压力过高使浓缩设备蒸发速率迅速升高，产生了大量的二次蒸汽，加重了冷却设备的负荷，使真空度逐步降低。真空度的降低又提高了物料的蒸发温度，将影响产品质量和设备的生产能力。

（5）真空设备故障

用于浓缩生产的真空泵故障将导致抽气速率下降。用于浓缩设备的水力喷射器喷嘴阻塞将导致冷却水的流量下降，影响出口处冷却水射流，使设备真空度无法达到工艺要求。

2. 真空度过高

造成真空度过高的原因如下：

（1）冷却水温度过低

低浓缩设备冷却水的进水温度过低，将使设备的真空度过高。虽然高真空增加了加热蒸汽与物料沸点之间的有效温度差，有利于提高传热量、加快蒸发速率，但由于二次蒸汽的汽化潜热随真空度的升高而增大，从而增加了加热蒸汽的消耗。

（2）加热蒸汽压力过低或蒸汽量不足

加热蒸汽使用压力过低或者蒸汽量不足，将使蒸发速率大大降低。

（3）分离室故障

在使用汽水分离器的浓缩设备中，由于汽水分离器堵塞或者汽水分离器选择不当，将造成冷凝水排水不畅，使加热器积水严重。此外，如果加热蒸汽品质差，或者冷天蒸汽管道保温不良，也会使加热器内积水严重，从而使热量传递发生困难，造成真空度过高。

（4）加热器故障

加热器表面的严重结焦降低了加热面的传热系数，使蒸发速率降低而使浓缩锅内真空度超过标准。

3. 冷却水倒灌入浓缩设备

造成冷却水倒灌的原因如下：

（1）设备突然停止运行

突然停电将使锅内真空度高于真空设备。如此时未及时关闭蒸汽阀，破坏锅内真空度，真空设备内的冷却水将会倒灌入浓缩设备。

（2）操作失误

未按正常顺序进行操作，如在设备停运时先关闭真空设备，后破坏锅内真空，使锅内真空度瞬时高于真空设备，冷却水将会倒灌。

（3）真空设备故障

真空设备的突然故障将使真空系统抽气速率急剧下降。在此情况下，未及时采取破坏锅内真空的措施，冷却水将倒灌。

4. 加热器表面结焦

造成加热器表面结焦的原因如下：

（1）进料量过少或蒸汽温度、压力过高

进料时浓缩设备内物料量过少，加热表面未被物料全部浸没即开启蒸汽阀门，将使加热表面裸露而结焦。当运行中供料中断以及生产过程中加热蒸汽压力、温度的突然升高或者操作条件的突然变化，都可能使加热面严重结焦。

（2）操作不当

不按停车顺序进行操作。停车时未先关闭加热蒸汽阀门而先破坏真空，使物料液位下跌，造成加热面裸露而结焦。

5. 跑料

造成跑料的原因如下：

（1）进料量偏多

启动操作时一次进料量过多，使分离器内料液位过高，造成压气操作困难而产生跑料。在正常操作中，进料量大于出料量与蒸发水分之和，将使分离器内料液位过高而造成跑料。

（2）真空度偏高

实际操作中真空度过高或者真空度突然升高，将产生跑料。

（3）设备泄漏

间歇操作时，浓缩设备底部或者升（降）膜式浓缩设备底部泄漏，使料液跳动严重而外溢。

（4）出料中断

连续式设备出料突然中断，会使料液面上升而产生跑料。

第三节　真空浓缩设备附属装置

真空浓缩设备的附属装置主要包括汽液分离器、冷凝器等。

一、汽液分离器

汽液分离器又称捕集器、捕沫器、捕液器、除沫器。其作用是将蒸发的二次蒸汽中夹带的细微液滴分离，以减少料液的损失，并避免污染管道和其他浓缩器的加热面。

汽液分离器有惯性型汽液分离器、离心型汽液分离器和表面型汽液分离器等类型。

1. 惯性型汽液分离器

惯性型汽液分离器的结构如图 3—8a、图 3—8b 所示。其工作原理是：在二次蒸汽流经的通道上设置若干挡板，使带有液滴的二次蒸汽通过时多次突然改变流动方向，并与挡板碰撞。由于液滴惯性大，在突然改变方向时被从蒸汽中甩出，沿挡板面流下，与蒸汽分离。为了提高分离效率，惯性型汽液分离器的直径一般是二次蒸汽的入口直径的 2.5～3 倍。正常操作时效果较好，但阻力损失较大。

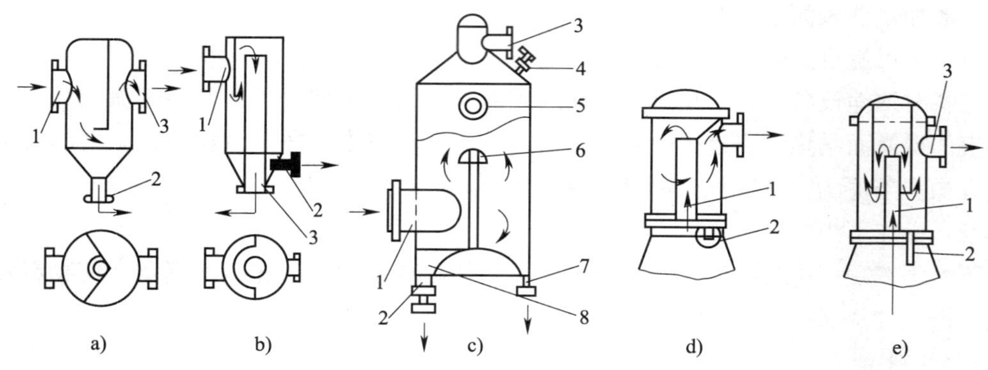

图 3—8　汽液分离器

a)、b）惯性型汽液分离器　c）离心型汽液分离器　d)、e）表面型汽液分离器

1—蒸汽进口　2—料液回流口　3—二次蒸汽出口　4—真空解除阀

5—视孔　6—折流板　7—排液口　8—挡板

2. **离心型汽液分离器**

离心型汽液分离器的结构与离心分离器相似，如图 3—8c 所示。其工作原理是：带有液滴的二次蒸汽沿分离器内壁切向导入，使汽液混合物产生回转运动，液滴在离心力的作用下被甩至内壁，并沿内壁流下，回到蒸发室。二次蒸汽由顶部排出。在蒸汽流速较大时，分离效果较好，但阻力损失仍较大。

3. **表面型汽液分离器**

表面型汽液分离器的结构如图 3—8d、图 3—8e 所示。工作时，带有液滴的二次蒸汽通过多层金属网或磁圈时，液滴被黏附在网圈的表面，而二次蒸汽通过。这种汽液分离器的特点是气流速度较小，阻力损失小，但填料和金属网不易清洗。

二、冷凝器

冷凝器的作用是将真空浓缩所产生的二次蒸汽冷凝，并将其中不凝结气体（如二氧化碳、空气等）分离，以减轻抽真空系统的负担，并保证所需的真空度。冷凝器的种类很多，主要有大气式冷凝器、表面式冷凝器和低水位冷凝器等。

1. **大气式冷凝器**

大气式冷凝器的结构如图 3—9a 所示。工作时，冷却水自冷凝器顶部进入，由交错分布并具有小孔的淋水板上均匀地分散淋下。二次蒸汽从冷凝器底侧进入，由下往上流经隔板间隙，与从冷凝器顶部进入的冷水逆流接触，冷凝后从气压管排出。不凝结气体从分离器顶部被真空泵抽入汽液分离器，其中的水分被分离出来后由回流管导入气压式真空腿排出，不凝结气体排入大气。真空腿的安装高度应足以克服大气压力，一般为 11 m 左右，多架于室外。

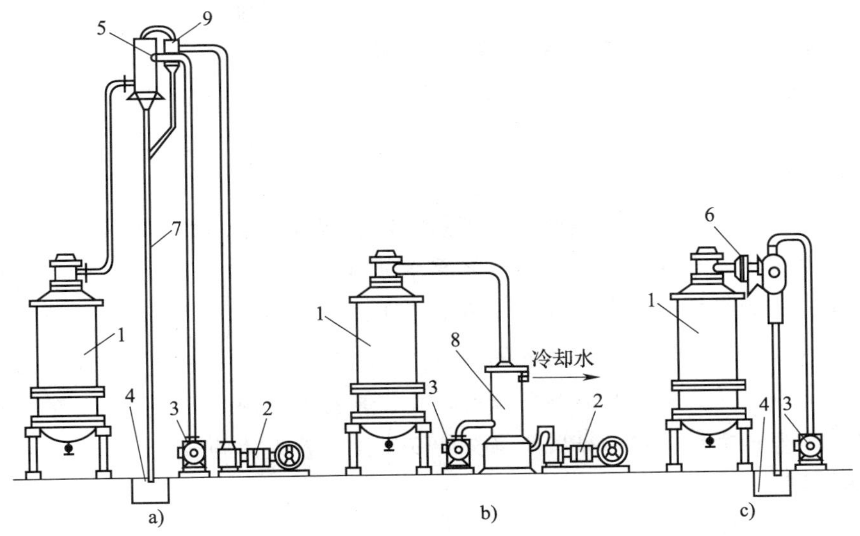

图 3—9　冷凝器

a）大气式冷凝器　b）表面式冷凝器　c）低水位冷凝器

1—真空浓缩锅　2—干式真空泵　3—给水泵　4—热水池　5—大气式冷凝器
6—水力喷射器　7—气压式真空腿　8—表面式冷凝器　9—汽液分离器

2．表面式冷凝器

表面式冷凝器的结构如图 3—9b 所示。在圆筒形壳体内装有由多根平行管所组成的管束，管束固定在两端管板上。按管束安放形式可分为立式和卧式两种，常用形式以立式居多。通过管壁间接传热，二次蒸汽在管内流动，冷却水在管外与二次蒸汽呈逆向流动。两种流体的温差较大，一般二次蒸汽与冷却水温相差 10～12℃，除非冷却水具有回收价值，否则使用它是不经济的。单效降膜式浓缩设备上采用表面式冷凝器。

3．低水位冷凝器

低水位冷凝器是将大气式冷凝器的气压腿由储液槽和抽水泵代替，这样可降低冷凝器的高度。有时，在其顶端还连接有真空泵或水力喷射泵，如图 3—9c 所示。低水位冷凝器由于降低了安装高度，因此可安装在室内。它要求所配置的抽水泵具备较高的允许真空吸头，因此管路应严密，以防止冷却水倒吸入浓缩设备。由于多配置了一套抽水泵，投资费用有所增加。

~思考与练习~

一、选择题

1．汽液分离器的作用是（　　）。

A．分离二次蒸发液滴　　B．收集料液　　C．避免污染管道

2．大气式冷凝器工作时，冷却水自冷凝器（　　）进入。

A．上部　　B．中部　　C．下部

3．浓缩设备工作时出现真空度过低现象，原因可能是（　　）。

A．浓缩设备泄漏　　B．冷却水量不足

C．加热蒸汽压力过高　　D．真空设备故障

二、判断题

1．单效真空浓缩装置由浓缩器、分离器、冷凝器及抽真空装置组成。（　　）

2．冷却水量不足会导致真空浓缩设备真空度过低。（　　）

3．升膜式浓缩器对管长与管径之比没有要求。（　　）

4．降膜式浓缩器适用于果汁及乳制品生产，料液易于均匀分布于管内。（　　）

5．水喷射真空泵密封填料磨损严重时，会使真空度下降。（　　）

6．逆流法加料适用于处理黏度随温度和浓度变化较大的物料。（　　）

三、填空题

1．真空浓缩设备可以生产__________、__________、__________、__________等食品。

2．真空浓缩设备按照液料的流程可分为__________和__________两种。

3．选择真空浓缩设备要考虑浓缩物料的__________、__________、__________、__________、__________等特性。

4. 常用的薄膜式浓缩器有__________和__________两种。

5. 升膜式浓缩设备主要由__________、__________、__________等组成。

四、简答题

1. 真空浓缩设备的选择要求有哪些?

2. 简述真空浓缩设备的操作流程。

3. 简述升膜式真空浓缩设备的结构、工作原理和使用方法。

4. 简述浓缩设备常见故障及解决措施。

实训 5 真空浓缩设备结构观察与选型

一、实训目的

掌握真空浓缩设备的结构和选择真空浓缩设备的方法。

二、设备与工具

真空浓缩设备 2～4 种类型。

三、实训内容及要求

1. 真空浓缩设备的结构观察

选择一种真空浓缩设备，观察其组成和结构。

2. 选择真空浓缩设备

根据实习场所的具体条件，试选择一套真空浓缩设备。真空浓缩设备选择时的要求和应考虑的因素如下：

(1) 料液的性质。包括成分组成、黏滞性、热敏性、发泡性、结垢性、结晶性、腐蚀性和是否含有固体悬浮物等。

(2) 工艺要求。包括处理量、蒸发量、料液和浓缩液进出口的浓度、温度和作业方式（连续还是间歇）等。

(3) 产品质量要求。符合卫生标准，产品的色、香、味和营养成分等符合要求。

(4) 资源条件。包括热源、气象、水质、水量和原料供给情况等。

(5) 经济性和操作要求。包括厂房占地面积和高度、设备投资状况、传热效果和热能利用效果、操作和维修是否方便等。

实训 6 真空浓缩设备的检修

一、实训目的

掌握真空浓缩设备检修的基本方法。

二、设备与工具

1. 真空浓缩设备 2 台。

2. 检修工具2套。

三、实训内容及要求

1. 浓缩设备的检修

检修的目的是保养设备、保证设备正常安全运转、提高设备的生产能力和减少蒸汽消耗量。由于浓缩设备每年使用时间长短不一，所以停车后必须立即进行清洗及检修，及时封盖，避免尘土污染，减少腐蚀，以满足卫生及质量要求。由于经过一段时间的使用后，加热管内、外会形成积垢，仪器、仪表的灵敏度降低，设备的密封橡胶、垫圈等老化脱落（松动）而导致设备阀门泄漏等问题，故必须经常检修，及时更换。检修后，应进行压力试验及真空试验。对设备的易损零部件，应及早备好备件，以便及时更换。

2. 浓缩设备的安全技术要求

检修设备前，必须熟悉有关图样，了解设备的结构、管路阀门的使用、设备的操作规程等。各电动机应装有地线，避免漏电时发生事故。传动部分应装有保护罩。检修后试验时，设备内必须先有料液然后才能通入蒸汽，避免在传热面上产生结焦现象，同时避免设备骤热骤冷，以延长设备的使用寿命。进行设备检修时，如进入蒸发器内操作，必须先在蒸汽间门上挂警告牌，照明必须采用低压工作灯。

第四章　干燥机械与设备

学习目标

掌握干燥设备的结构和工作原理及喷雾干燥设备的操作方法。

食品干燥的目的是减少体积和质量，以便储存、运输。去除食品中大量水分后，可抑制微生物滋生，保持成品质量。工业生产中常用的干燥方法有喷雾干燥、微波干燥、红外辐射干燥、沸腾干燥和升华干燥等。

干燥操作不仅是传热的过程，还包含着化学变化。干燥时，可先用较经济的方法除去容易蒸发的水分，再用工艺较复杂的方法除去难蒸发的水分。由于被干燥的物料在形态、含水量、热敏特性等方面存在差异，干燥所需的时间、温度、水汽量、传热量等差异很大，同时要考虑设备的经济性、能量消耗、操作使用、安全生产等因素，所以干燥机械与设备的种类较多。

食品干燥设备可分为外热性干燥设备和内热性干燥设备。外热性干燥设备主要利用蒸汽、热空气等与物料进行热交换，对物料从外到内进行干燥。外热性干燥设备有喷雾干燥设备、升华干燥设备和沸腾干燥设备。内热性干燥设备是使被干燥物料在能量场的作用下，分子产生热运动而达到干燥的目的，常用的有微波干燥设备和红外线干燥设备。

第一节　喷雾干燥设备

喷雾干燥主要用于将流体物料干燥成粉状物料，如乳粉、果汁粉、蛋清粉等。

一、喷雾干燥的原理及分类

喷雾干燥是通过机械作用，将浓缩后的料液分散成细小的雾状微粒，与热空气接触后，瞬间将大部分水分除去，使物料中的固体物质干燥成粉末。

喷雾干燥具有干燥迅速、干燥条件和质量容易调节、生产效率高、生产环境好和无须后续加工等优点。但也存在设备较复杂、回收装置机械结构复杂、能耗较高等缺点。喷雾干燥在乳粉、奶油粉、乳清粉、果汁粉、速溶咖啡等食品的加工中得到广泛应用。

喷雾干燥按料液微粒化的方法分为压力喷雾干燥和离心喷雾干燥。按干燥室中热风和被干燥物料之间的运动方向分为并流型、逆流型和混合型。

二、喷雾干燥设备及流程

1. 压力喷雾干燥设备及流程

压力喷雾干燥是利用高压泵产生的高压，将浓缩后的液料送入雾化器（喷枪），使液料雾化成直径 10～200 μm 的雾状微粒喷入干燥室，与热空气直接接触，使其表面水分迅速蒸发，瞬间（一般在 0.01～0.04 s 内）被干燥成球状颗粒。

（1）水平箱式并流型压力喷雾干燥设备及其工作流程

该设备主要由干燥室、高压泵、空气加热器、螺旋输送器、布袋过滤器、排风机等部分组成，如图 4—1 所示。

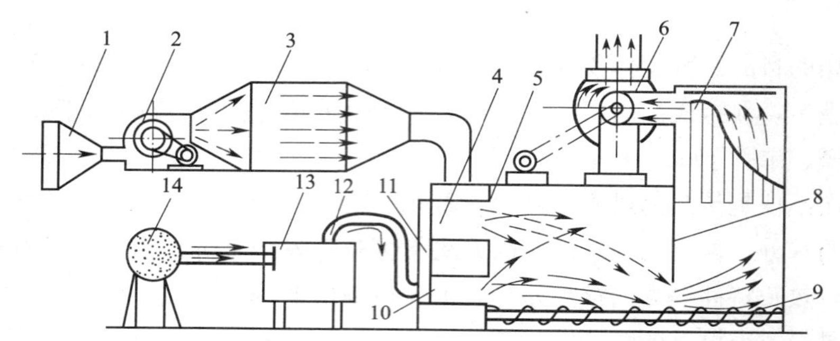

图 4—1　水平箱式并流型压力喷雾干燥设备结构

1—空气过滤器　2—引风机　3—空气加热器　4、10—热空气入口及喷雾处　5—干燥室　6—排风机　7—布袋过滤器　8—挡板　9—螺旋输送器　11—空气分配室　12—高压管路　13—高压泵　14—管式杀菌器

工作时，新鲜空气通过空气过滤器过滤后，由引风机送入空气加热器，把空气加热到 150℃左右，然后再由空气分配室使热空气均匀进入干燥室。料液先通过管式杀菌器杀菌后进入高压泵，以 14～15 MPa 的压强送入喷嘴进行喷雾。雾滴在干燥室中与热空气相遇，雾滴吸取热量，瞬间失去大部分水分，呈粉末状固体落入底部，并由螺旋输送器输送至冷却沸腾床冷却后立即称量包装。

少量粉尘被气流带至布袋过滤器，空气穿过布袋被排风机抽走，粉尘则黏附在布袋上，由振荡器定时振动，使布袋上黏附的粉尘落入底部螺旋输送器上。为充分发挥其回收性能，通常排风机功率大于进风机功率 25%～30%，使干燥室内呈微弱负压，以避免粉尘泄漏，污染车间，使废气尽量排入大气。

（2）立式并流型压力喷雾干燥设备及其工作流程

该设备结构如图 4—2 所示。因干燥室为圆柱体，又称塔式喷雾干燥设备。干燥室的高度一般在 5 m 以上，随着生产能力的提高，目前干燥室的高度已达 20 m。干燥室的底部为圆锥体，其锥角为 50°～55°，便于自动卸料。

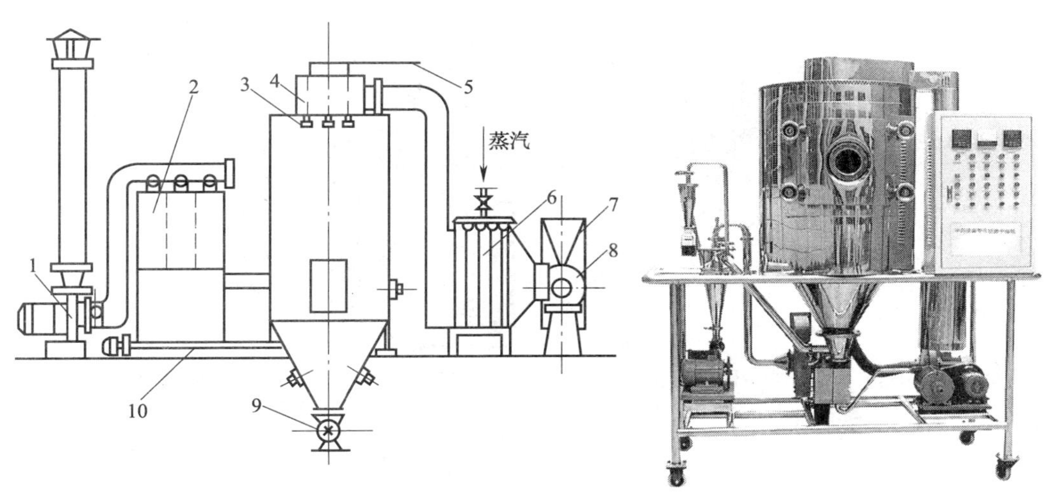

图 4—2　立式并流型压力喷雾干燥设备

1—排风机　2—布袋过滤器　3—喷头　4—热空气分配室　5—高压管路　6—空气加热器　7—空气过滤器　8—进风机　9—出粉口　10—螺旋输送器

喷头装于塔顶平面上，采用 M 型喷嘴。在塔的锥体下部装有出料阀门，可连续出料，排风采用布袋过滤器分离粉尘。工作时，新鲜空气经空气过滤器进入空气加热器，被加热至 130～160℃后，送到热空气分配室，使热空气均匀地进入干燥室。高压泵将料液送入雾化器，由于高压的作用使料液从喷头喷出雾化。雾滴在干燥室与热空气相遇，以并流方式自上而下运动，使水分蒸发。干燥的粉粒落入塔底，由星形阀排出干燥塔。

2. 离心喷雾干燥设备及流程

离心喷雾干燥设备是利用离心力将料液雾化喷入干燥室干燥的设备。

（1）安海德罗式离心喷雾干燥设备及其工作流程

安海德罗式离心喷雾干燥设备结构如图 4—3 所示。储槽内的料液通过离心泵送入离心喷雾盘，呈雾状喷入干燥室，干燥后的粉粒落入干燥塔底部，回转出粉器将粉料刮到气力输送管内。室外冷空气通过空气过滤器过滤后，由进风机送入空气加热器，再由热风管送入热风分配室与雾滴沿同一方向在干燥室并流垂直下降，废气和干粉一同由气力输送装置送出，并与从冷空气进口进来的冷空气混合后，沿切线方向一同进入离心分离器。由于冷风从进风口处进入，使沉降的粉粒通过中央管进入下一个旋风分离器，干粉通过出粉器进入振动筛筛分。旋风分离器排出的废气由排风机排入大气。

安海德罗式离心喷雾干燥设备工作流程的优点是刮板式刮粉器每分钟回转一周，使粉料在短时间内脱离干燥室的高温。干燥后的粉料与废气全部由气力输送装置一次送至离心分离器。干粉与废气在离心分离器内分离时，由于外界引入净化的冷空气，使成品在输送过程中得到冷却。其他附属设备集中于干燥室顶部或周围，占地面积较小。塔顶装有电动葫芦可吊出或放置离心机，不必钻入塔内清洗或维修。

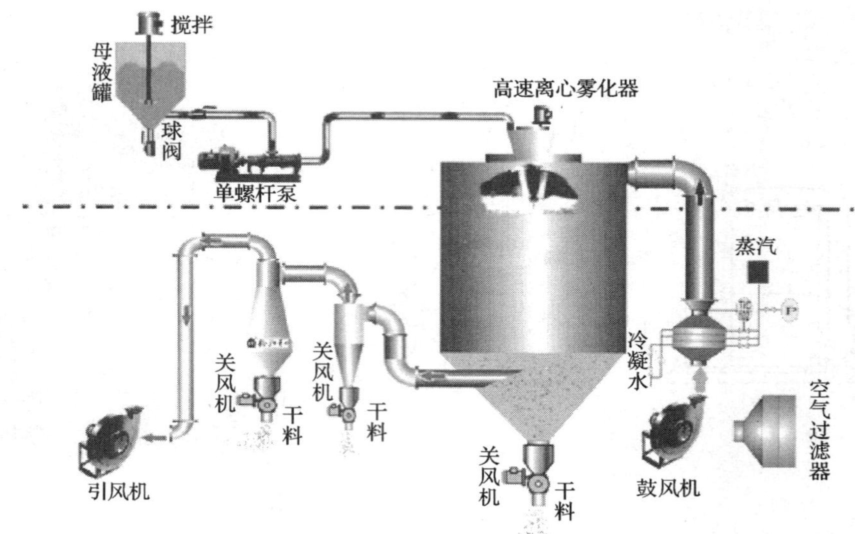

图 4—3　安海德罗式离心喷雾干燥设备

安海德罗式喷雾干燥流程的缺点是在输送过程中，空气流速不得小于 15 m/s，每输送 1 kg 粉料需 1～3 kg 空气。用于气力输送的空气相对湿度不宜过高。由于粉料在输送管道内高速流动，极易与管壁产生摩擦，造成大量的微细粉尘成品附着在管壁上，难以处理。虽然在分离时得到冷却，但冷却效率不高，冷却后温度高于空气温度 9℃。在夏季 30℃的工作环境下，干粉只能冷却到 39℃，仍高于乳脂肪的熔点。为了提高冷却效率，需将空气预先冷却处理，但不如用冷却沸腾床式冷却出粉装置经济。

（2）尼罗式喷雾干燥设备及其工作流程

尼罗式喷雾干燥设备结构如图 4—4 所示。尼罗式离心喷雾干燥塔内外壁全部采用不锈钢制造，并经抛光处理，外型美观，符合食品卫生要求。保温层厚 60 mm，在塔的锥部装有 8 个电磁振荡器，由继电器控制，每隔一定时间，交替地振动几次，把黏附于塔壁的粉末振下来，及时送到出粉口。

离心喷雾盘由不锈钢制造，采用弯曲多叶板喷雾盘，盘上共有 16 条叶槽，翻盘直径为 210 mm，在 14 000 r/min 的转速下，处理物料量为 500 kg/h。由于这种盘从直沟槽改为弯曲槽，可减少成品中的空气，避免了氧化。由于转速高，喷出的液滴直径小，粉料的颗粒较小。但经过细粉回收装置，使颗粒直径增大，提高了乳粉的速溶性。

设备采用离心分离器，效率高，出粉方便，易清洗，输粉管道大为简化。进热风处有蜗壳式热风分配盘，使热风分配均匀，防止产生焦粉、粘粉现象。

干燥后，用沸腾冷却床和空气减湿器代替气流输送和冷却，以减少细粉生成量，能连续出粉又能连续筛粉。尤其是能及时冷却、连续包装。

空气减湿器是一个管式换热器。进入冷却沸腾床的空气除了必须降温外，尚需降低湿度，否则干燥粉料遇湿空气后会增加含水量。减湿器壳体内装有管道，壳体直接与空气过滤器连接，进入的新鲜空气在壳体内与通入冷水或冷盐水的换热管道进行热交换，使空气冷到露点以下，使所含湿气凝结。

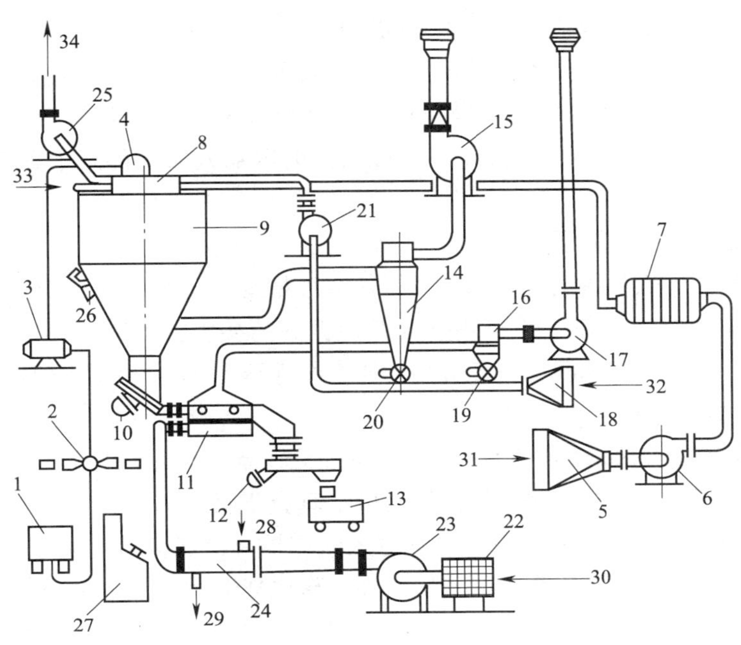

图 4—4　尼罗式离心喷雾干燥设备结构

1—物料储槽　2—双联过滤器　3—螺杆泵　4—离心喷雾机　5、18、22—空气过滤器　6—进风机　7—空气加热器　8—蜗壳式热风盘　9—喷雾塔　10—激振器　11—冷却沸腾床　12—出粉振动装置　13—集粉箱　14、16—细粉回收离心分离器　15、17—排风机　19、20—鼓形阀　21—细粉回收风机　23—冷却风机　24—空气减湿冷却器　25—冷却风圈排风机　26—仓壁振荡器　27—仪表控制台　28—冷盐水进口　29—热交换后冷盐水出口　30、31、32—新鲜空气入口　33—冷却风圈进风　34—冷却风圈排风

尼罗式离心喷雾干燥设备流程如下：

1）进料至出粉。物料储槽的料液经双联过滤器，把机械杂质除掉，由螺杆泵送入喷雾塔顶的离心喷雾机。离心机高速旋转，将物料喷成雾状，与送入干燥塔的热风进行充分的热交换以蒸发掉水分，干燥成粉粒落入塔底的锥体部分，在激振器的振动下将粉料输送到冷却沸腾床冷却。冷却后的粉料在偏心振动筛的振动下，粉块破碎，最后经振动装置将粉料输送到集粉箱去包装。

2）干燥塔的进风至排风。冷空气经空气过滤器 5 过滤后，被进风机送入空气加热器内进行加热。加热到 220℃左右的热空气被蜗壳式热风盘螺旋式地吹入干燥塔内，与离心机喷出来的雾状物料进行热交换。蒸发出来的水蒸气与废气由排风管道进入离心分离器 14，粉尘被离心分离器回收，废气由排风机 15 排出室外。

3）冷却沸腾床的进风及排风。空气经过滤器 22 过滤后，由通风机送入空气减湿冷却器内进行降温和除湿，再进入冷却沸腾床冷却从喷雾塔中输送来的粉料。经过热交换的冷空气从冷却沸腾床的排风口送至离心分离器 16，细粉被回收，废气则由排风机 17 排出室外。

4）细粉回收系统。经离心分离器 14、离心分离器 16 回收的细粉，分别由鼓形阀排入到细粉回收管道。而经过空气过滤器过滤的空气，在细粉回收通风机的作用下，带着细粉一起进入蜗壳式热风盘内，并被吹入喷雾塔，与离心机喷出来的雾滴混合，重新干燥。对奶粉生产而言，可使奶粉颗粒增大，从而提高奶粉的速溶性。

5）控制系统。该流程中有很多设备通过电器开关来控制和调节，如螺杆泵的无级变速调节，离心机、鼓风机、激振器、鼓形阀等的电器开关，都集中在仪表控制台 27 上，便于操作。

三、喷雾粒化装置（喷雾器）

喷雾器是喷雾干燥设备的重要部件，能使料液稳定地喷洒成大小均匀的雾滴，均匀地分布于干燥室的有效部位，并与热空气保持良好的接触。但雾滴不能喷至干燥室壁面，也不能相互碰撞。目前我国广泛应用的压力喷雾器有 M 型和 S 型两种。

1. M 型压力喷雾器

M 型喷雾器的结构如图 4—5a 所示，主要由涡流板、喷头等组成。喷头内镶入人造红宝石喷嘴。在喷头上有导流沟，导流沟的轴线垂直于喷头轴线，但不与之相交。导流沟与涡流板上的切向通道相通。高压料液进入喷雾器，经涡流板上的小孔进入导流沟，沿切线方向进入喷嘴内，产生强烈的旋转运动，形成环形薄膜从喷头喷出。高压下喷出的锥形液膜受到迎面而来的空气的碰撞，被撕裂破碎成细小雾滴，与进入干燥塔内的热气流进行热、质交换，瞬间完成干燥。涡流板采用 45 钢制成，淬火后具有一定的硬度。有的喷头是用硬质合金制成，则无须镶入宝石喷嘴。

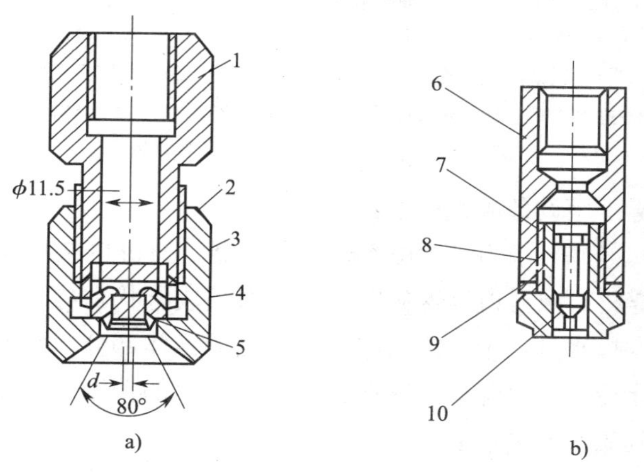

图 4—5 喷雾器

a）M 型喷雾器 b）S 型喷雾器

1、6—管接头 2—喷头帽 3—涡流板 4—喷头 5—人造红宝石喷嘴 7—喷头座 8—涡流芯 9—垫片 10—喷孔

M 型喷雾器的流量大，适用于生产能力较大的干燥设备。采用红宝石喷嘴，耐磨性能好，喷孔内壁光滑，雾化状况一致，使得产品质量好。同时，红宝石喷嘴的喷孔直径大，不易被堵塞，并能在一定程度上改善乳粉的色泽及冲调性。

2. S 型压力喷雾器

S 型喷雾器的结构如图 4—5b 所示。它由喷头座、涡流芯等组成。在涡流芯上有两条导流沟，导流沟的轴线与涡流芯的轴线成一定的角度，便于进入导流沟的料液做螺旋运动。喷头座、涡流芯等均采用不锈钢材料制成。喷孔直径一般为 0.5～1.4 mm。

S 型喷雾器由于采用不锈钢材料，耐磨性能差，喷头内孔易磨损，使雾化状态发生改变，因此需要经常修复或更换，喷头流通能力也较小，故也有采用硬质合金材料制造的情况，但制造工艺较难。

第二节　电磁辐射干燥设备

电磁辐射干燥设备是利用电磁辐射效应（如高频、微波、红外线等）来干燥食品的。由于电磁辐射效应是使食品中的水分子在激烈的运动中产生摩擦而发热，所以食品能从外部到内部同时均匀发热而干燥，且具有可调性，食品不会因过热而焦化，外部形状的保持也优于其他干燥方法。常用的电磁辐射干燥设备有微波干燥设备和红外线干燥设备。

一、微波干燥设备

微波是指频率在 300～300 000 MHz、介于无线电波和光波之间的超高频电磁波，它兼具两者的性质和特点。

1. 微波干燥原理与设备组成

微波干燥是利用快速变化的高频电磁场与物料分子相互作用而实现加热干燥的。

由于物料中的水分子为极性分子，当遇到微波电场时，水分子即有沿着电场方向取向排列的趋势。外电场改变方向，水分子也会旋转 180°而重新沿电场取向排列。由于微波场的快速变化，水分子也快速地旋转，分子的热运动和相邻分子间的摩擦作用，将微波能转化成分子的热运动，使物料温度升高，从而达到干燥的目的。

微波干燥设备主要由直流电源、微波发生器（磁控管、速调管）、冷却装置、微波传输元件、加热器、控制及安全保护系统等组成，如图 4—6 所示。微波发生器是在微波加热干燥中由直流电源提供高压并产生微波能的器件，主要有磁控管和速调管两种。冷却装置主要用于对微波发生器的腔体和阴极等部位通过空气或水进行冷却。

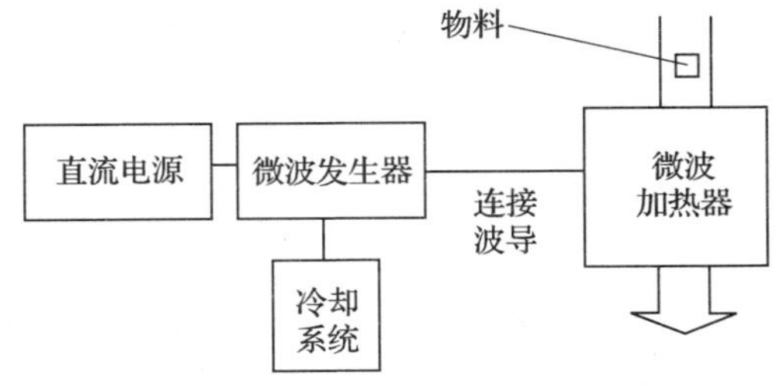

图 4—6　微波干燥设备系统组成

2. 微波与场中物料的介电特性

微波在传播中遇到介质会发生反射、吸收和穿透现象。根据物料与电磁场之间的关系，组成设备的各种材料可分为导体、绝缘体、介质和磁性化合物。

导体的作用是传播和反射微波。导体材料有铜、铝、银等。在微波系统中一般使用铝或黄铜制成矩形管作为传播微波的装置。

绝缘体又称为“无损耗介电体”，是几乎不吸收微波能量的材料，用于透射和反射微波。微波装置使用的绝缘体材料一般有玻璃、陶瓷、云母、聚四氟乙烯等，用于微波场中被加热物料的支撑装置，如输送带、托盘等。

介质是指性能介于导体和绝缘体之间的材料，具有吸收、透射和反射微波的能力。在干燥操作中，被加热的物料吸收微波能量，将微波能转化为热能，故称为“有耗介质”。

磁性化合物的性能非常类似介电材料，能反射、吸收、透射微波，同微波场的磁场分量发生作用而产生热量。这些材料为铁磁体，大都用做保护或轭流装置的材料，以防止微波能的泄漏。

3. 微波炉

微波炉也称箱式加热器或箱式微波炉，它是利用驻波场的微波加热干燥物料的设备，其结构如图 4—7 所示，由矩形谐振腔、输入波导、反射板、搅拌器等组成。谐振腔是由金属构成的矩形中空六面体，其中一面装有反射板和搅拌器，底面装有支撑加热物料的低损耗介质底板，在其他面上（箱壁上）开有炉门和排湿孔。如果是用于连续生产的加热干燥设备，则在对应的两侧底边还开有矩形孔（通道），以便传送带和干燥物料连续运行通过。

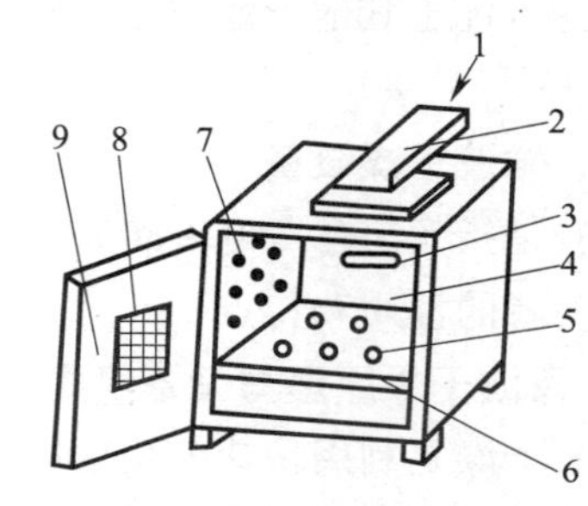

图 4—7 微波炉

1—微波输入 2—波导管 3—横式搅拌器 4—谐振腔 5—被干燥产品 6—低损耗介质板 7—排湿孔 8—观察窗 9—炉门

4. 微波干燥的特点

根据微波加热原理可知，微波干燥属内热干燥。微波深入到物料的内部，使湿物料本身发热、水分蒸发、干燥，故加热、干燥的时间短，只需常规方法的一半或以下时间就可以完成整个加热、干燥过程；对形状比较复杂的物料加热均匀，避免了外热干燥中出现的温度梯度现象；无升温过程，对含水量不同的物料具有调平作用；切断电源，物料加热立即停止，无余热现象，便于自动控制；穿透性强，加热效率高，被加热干燥的物料表里一致，产品质量好。

二、红外辐射干燥设备

红外辐射干燥设备发出的远红外线被物料吸收，直接转化为热能，使物体升温以达到干燥的目的。红外干燥具有高效、优质、低耗等特点，在食品行业中广泛用于面包、饼干的烘烤操作。

1. 远红外辐射加热原理

远红外线是指波长在 5.6 μm 以上的红外线。其加热干燥原理是当被加热物料分子的固有振动频率和射入物料的远红外线的频率一致时，分子产生强烈的共振，运动加剧，物料温度迅速升高，即物料内部分子吸收红外辐射能，直接转变为热能而实现干燥。

物料并非可以吸收所有波长的红外线，而是在某几个波长范围上吸收比较强烈，这种特性称作物料的选择性吸收。而对辐射体来说，也并不是对所有波长的辐射都具有很高的辐射强度，而是按波长不同变化的，辐射体的这种特性称作选择性辐射。当选择性吸收和选择性辐射一致时，称为匹配辐射。在远红外辐射加热技术中，达到完全匹配是不可能的，只能做到接近于匹配辐射。

从原理上讲，辐射波长与物料的吸收波长匹配越好，辐射能被物料吸收得就越快，则穿透深度就越浅。这种性质比较有利于干燥薄的物料，如对蛋卷类食品的烘烤。而对导热性差，又要求心部均要加热的厚大食品物料（如面包），则宜使用一部分辐射能匹配较差、穿透深度较深的波长，以增加物料内部对能量的吸收。因此，在应用远红外加热技术的过程中，应考虑波长与物料两者间的“最佳匹配”方式。对于只要求表面层吸收的物料，应使辐射峰带正相对应，使入射辐射在刚进入物料浅表层时，就引起强烈的共振被吸收而转变为热量，这种匹配叫做“正匹配”；对于要求表里同时吸收、均匀升温的物料，应根据物料的不同厚度，使入射的波长不同程度地偏离物料吸收峰带所在的波长范围。一般来说，偏离越远，则透射越深，这种匹配方法称为“偏匹配”。

2. 远红外辐射元件

远红外辐射元件是产生远红外线的器件，它可以将热能转变成为远红外辐射能。远红外辐射元件一般由热源、基体和涂覆层组成。热源可采用电、天然气等。基体采用金属、碳化硅或陶瓷、耐火材料等制成。涂覆层使用金属氧化物，比较常用的有 TiO_2、Cr_2O_3、MnO_2、Fe_2O_3、SiO_2、BN、SiC 等。将这些物质或它们的混合物涂覆在基体的表面，加热时，能发出不同波长的远红外线。使用时可根据不同需要选择一种或几种化合物混合制成远红外辐射材料，以得到需要的波长。由这三部分材料组成的元件，其工作方式为：由热源发出的热量，通过基体传递到远红外辐射涂覆层，在涂覆层的表面辐射出远红外线。

3. 常用的远红外辐射干燥设备

（1）金属氧化接管远红外辐射加热器

金属氧化接管远红外辐射加热器是以金属管为基体，表面涂以氧化镁的远红外加热器，主要由电热丝、绝缘层、金属管、远红外涂覆层等组成。电热丝置于金属管内部，空隙由具有良好导热性和绝缘性的氧化镁（MgO）粉末填充，管的两端装有绝缘件和接线装置，其结构如图 4—8 所示。根据工作要求，可将金属管制成各种形状和规格，基体材料可用不锈钢或 10 号钢制造。

金属氧化接管远红外辐射管机械强度高，使用寿命长，密封性好。只需拆下炉侧壁外壳即可抽出更换。因此，在食品行业中得到广泛应用。

金属氧化接管的表面负荷率与表面温度有关，在辐射涂料已选定的情况下，其最大辐射通量的峰值波长随表面温度的升高向短波方向移动。当元件表面温度高于 600℃时，

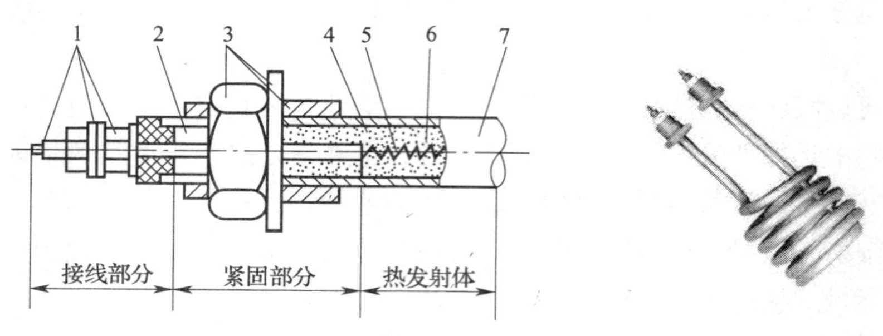

图 4—8　氧化镁管远红外辐射器

1—接线装置　2—电极　3—紧固装置　4—金属管

5—电热丝　6—氧化镁粉　7—辐射管表面涂覆层

发出可见光，使远红外部分所占辐射强度的比例有所下降。另外，由于以金属为基体的远红外涂覆层容易脱落，所以在炉内高温作用下，金属管容易产生下垂变形，影响烘烤质量。

（2）乳白石英管红外辐射加热器

乳白石英管红外辐射加热器是一种具有选择性的红外加热元件，由电热丝供热，以乳白石英管（SHD）作为热辐射介质。

乳白石英管红外辐射加热器的表面温度可达 800℃，从电到辐射热的转换率可达 60%，热惯性小、升温快，特别适用于快速加热的工作场合。乳白石英管红外辐射加热器的结构如图 4—9 所示。

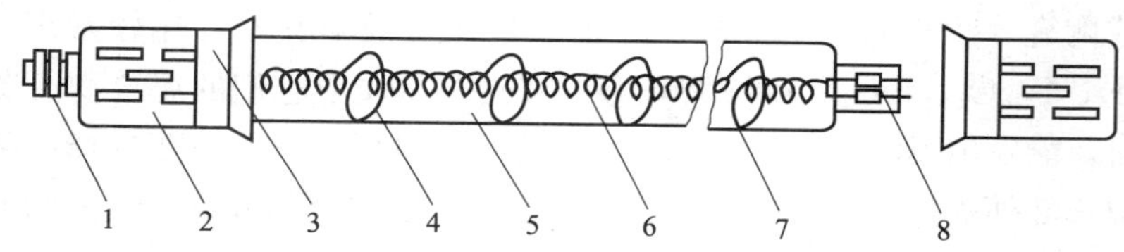

图 4—9　乳白石英管红外辐射加热器

1—接线柱　2—金属卡套　3—金属卡环　4—自支撑节　5—惰性气管腔

6—钨丝热子　7—乳白石英管　8—密闭封口

4. 远红外辐射干燥设备的选用原则

（1）高辐射涂料的选用

应选用辐射系数高的涂料，也可用一种或几种涂料混合使用。因为辐射系数越高，辐射的能量越大，加热效果越好。此外还要注意辐射系数的稳定。

（2）结构合理，操作简便

辐射元件的排列方式、反射板的装设及烘道结构等必须合理，以有利于连续作业。

（3）易于控制，便于维护

有较稳定、可靠的控制方法，且便于维护和换件，并符合食品卫生要求。

第三节　其他干燥设备

在食品加工中，升华干燥和沸腾干燥设备也是使用较多的干燥设备，尤其是升华干燥能最大限度地保存食品的营养成分。

一、升华干燥设备

1. 升华干燥原理

升华干燥又称冷冻干燥。由物理学可知，水有液相、气相和固相三相，如图4—10所示。从图中可看出，O点为水的三相点，OA为冰的升华线。根据压强减小时沸点下降的原理，只要压强在三相点压强之下（图中压强为646 Pa以下，温度0℃以下），物料中的水分即可从冰直接升华为气体。根据这个原理，就可以先将食品的湿原料冻结至冰点之下，使原料中的水分变为固态冰，然后在较高的真空度下，将冰直接转化为水蒸气而除去，物料即被干燥。

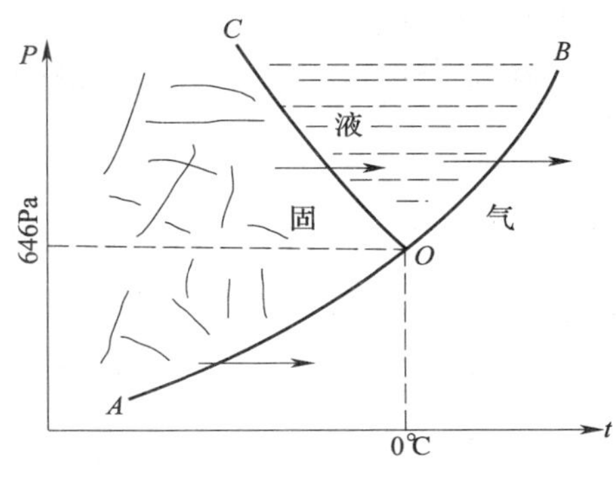

图4—10　水的三相图

2. 升华干燥的特点

（1）保持物质的天然芳香

升华干燥能最大限度地保存食品的色、香、味，如保持蔬菜的天然色素不变，各种芳香物质的损失可减少到最低限度。

（2）营养损失小

对热敏感性物质特别适用，能保存食品中的各种营养成分，尤其对维生素C，能保存90%以上。在真空和低温下操作，微生物的生长和酶的作用受到抑制。

（3）制品质量轻、体积小

各种升华干燥的蔬菜经压块，质量减少许多，体积缩小到几十分之一。储藏时占地面积小、运输方便。由于体积减小，相应的包装费用也将减少。

（4）复水快，食用方便

因为被干燥物料含有的水分是在结冰状态下直接蒸发的，故在干燥过程中，水蒸气不带动可溶性物质移向物料表面，不会在物料表面沉积盐类，即在物料表面不会形成硬质薄皮，也不存在因中心水分移向物料表面时对细胞或纤维产生的张力，不会使物料干燥后因收缩引起变形，故极易吸水恢复原状。

（5）保护易被氧化物质

因在真空下操作，氧气极少，因此一些易被氧化的物质（如油脂类）得到了保护。

（6）成品保质期长

升华干燥能排除95%～99%的水分，产品能长期保存而不变质。

由于上述的特点，升华干燥在食品工业上常用于肉类、水产类、蔬菜类、蛋类、速溶咖啡、速溶茶、水果粉、香料、酱油等的干燥。同时，在军需食品、远洋食品、登山食品、宇航食品、旅游食品和婴儿食品领域有很好的发展前景。

3. **升华干燥装置**

(1) 升华干燥装置的组成

升华干燥装置由制冷、真空、加热、干燥和控制系统等组成，如图 4—11 所示。制冷系统由冷冻机组与升华干燥箱、冷凝器等组成。冷冻机可以是互相独立的两套，即一套制冷升华干燥室、一套制冷冷凝器，也可合用一套冷冻机。制冷法有直接法、间接法、多孔板状冻结法和挤压影化冻结法等。冷冻机可根据所需要的不同低温，采用单级压缩、双级压缩或复叠式制冷机。制冷压缩机可采用氨或氟利昂制冷剂。

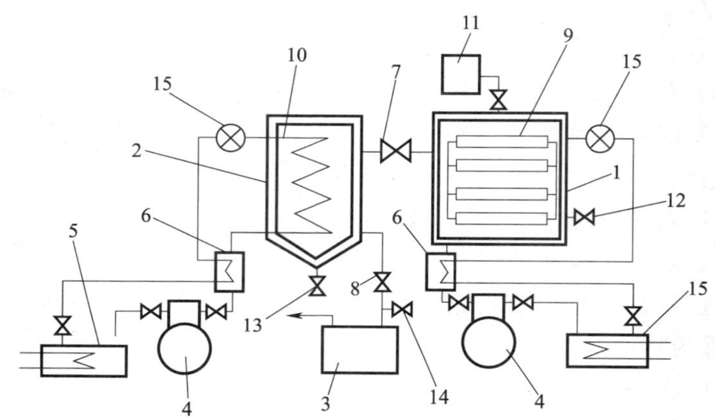

图 4—11　箱式升华干燥设备

1—升华干燥箱　2—冷凝器　3—真空泵　4—制冷压缩机　5—水冷却器　6—热交换器　7—冷凝器阀门　8—真空泵阀门　9—板温指示　10—冷凝温度指示　11—真空计　12—放气阀　13—冷凝器排水口　14—真空泵放气阀　15—膨胀阀

冷凝器是一个真空密封的容器，内有表面积很大的金属管路连通冷冻机，有制冷到－80～－40℃低温的能力，可以冷凝从干燥箱内排出的大量蒸汽，降低箱内蒸汽压力。冷凝器还有除霜装置和排水阀、热空气吹入装置等，用来排出内部冰霜水分并吹干内部。

真空系统由升华干燥室、冷凝器、真空设备和真空仪表构成。目前真空设备及其组合有三种类型：罗茨泵、低温冷凝器和多级蒸汽喷射器（串联）。多级蒸汽喷射器的优点是结构简单、无须机械动力、检修方便、故障率低和对材质要求不高等。蒸汽喷射器要抽除大部分因升华而排出的可凝性气体，通常需要设置 4～6 级，由前级增压后用冷凝器冷凝，后面几级以排除空气为主。

加热系统的功用是加热干燥箱内的隔板，促使产品升华。加热方法可分为直接加热和间接加热。直接加热法用电直接在箱内加热；间接加热法利用电或其他热源加热传热介质，再将其通入隔板。

干燥室有圆形、箱形等。干燥室要求能制冷到－40℃或更低温度，又能加热到 50℃

左右，也能被抽成真空。一般在室内做数层隔板，通过一个装有真空阀门的管道与冷凝器相连，排出的水汽由该管通往冷凝器。其上开有观察孔，还装有测量真空度和升华干燥结束时温度、隔板温度和产品温度等用的电线引入接头等。

控制系统由自动监控元件和仪表等组成，自动化程度较高，可有效地控制操作和保证产品质量。

（2）升华干燥装置的干燥过程

升华干燥过程分为预冻、升华和加热干燥三个阶段。

由于物料内部含有大量水分，若先抽真空，会使溶解在水中的气体因外界压力降低很快溢出形成气泡跑掉而呈“沸腾”状。同时，水分蒸发成蒸汽时又吸收自身热量而结成冰，冰再气化时，产品会因内部发泡气化而产生许多气孔，不符合工艺要求。因此抽真空前要先预冻。预冻温度以低于物料的共熔点5℃左右为宜，一般为－30℃。若温度达不到要求，则冻结不彻底。预冻时间约2 h。因每块隔板温度有所不同，需给予充分时间。从低于共熔点温度起，降温速度控制在每分钟1～4℃，过高过低都对产品不利。不同产品的预冻速度由试验确定。

预冻后进入升华干燥阶段，排除冻结水分过程中温度基本保持不变，是恒速过程。由冰直接气化也需要吸收热量，此时开始加热，保持温度在接近而又低于共熔点温度。若不给予热量，物料本身温度下降，则干燥速度下降，干燥时间延长，产品干燥不合格。若加热温度太高，则物料本身温度上升，超过共熔点，局部熔化，物料将会缩小体积和起泡。因1 g冰在133 Pa时能产生9 500 L水气，用普通机械泵来排除如此大体积的水气是不可能的，而用蒸汽喷射泵会使成本增加，故采用冷凝器，用其冷却的表面来凝结蒸汽使其成霜。冷凝器中蒸气压降低至某一水平时，与干燥箱内的高蒸气压形成压差，故大量水气不断进入冷凝器。

冻结水分全部蒸发后，产品已定形，进入剩余水分蒸发阶段。这时，加热速度可以加快。蒸发没有冻结的水分时，干燥速度下降，水分不断排除，温度逐渐升高（一般不超过40℃），温度达到30～35℃后停留2～3 h，干燥结束。此时可破坏真空，取出成品，在大气压下对冷凝器加热，使霜融化成水排出。

二、沸腾干燥设备

沸腾干燥又称“流化干燥”。“流化”是指固体颗粒被流体吹起呈悬浮状态，粒子相互分离，做上下、左右、前后运动。这种状态也称作流态化、流动化或沸腾状态。沸腾干燥是指对固体颗粒在沸腾状态下进行干燥的过程。

1. 沸腾干燥的特点与适用范围

沸腾干燥一般适用于0.03～6 mm的颗粒状物料，或结团现象不严重的场合，故常用于喷雾干燥后做进一步干燥之用，如生产奶粉用的喷雾干燥设备和流化床冷却设备等。对溶液或悬浮液的液体物料的干燥和造粒也很合适。沸腾干燥设备的热容量系数很大，为2 300～7 000 W/m^2，生产能力可在每小时几千克到每小时数万千克范围内变动，物料停留时间可任意调整，尤其对含水量要求很低的产品特别合适。

沸腾干燥中物料与干燥介质接触面积大，搅拌激烈，表面更新机会多。此设备热容量大，设备生产能力高，干燥速度快，物料停留时间短，适宜于热敏性物料干燥。床内纵向返混激烈，温度分布均匀，对物料表面水分可使用比较高的热风温度。同一设备，既可用于间歇生产，又能连续生产。可以按需要调整干燥停留时间，对产品含水量有变化或原料含水量有波动的情况更适宜。设备简单，投资费用低，操作维修方便。

沸腾干燥对被干燥物料的颗粒度有一定的限制。几种不同物料混在一起干燥时，各种物料的密度应当接近。不适宜于含水量高而且易结团的物料。因纵向沸腾，对于单级连续式沸腾干燥器，物料停留时间可能不均匀。

2. 沸腾干燥设备的分类

沸腾干燥设备按被干燥的物料种类分为粒状物料干燥器、膏状物料干燥器和液体物料干燥器。按操作方式分为连续操作沸腾干燥器和间歇操作沸腾干燥器。按设备结构形式分为单层沸腾干燥器、多层沸腾干燥器、卧式多室沸腾干燥器、喷动床干燥器、振动沸腾干燥器和脉冲沸腾干燥器等。

3. 粒状物料沸腾干燥器

（1）单层沸腾干燥器

这种干燥器结构简单，操作方便，生产能力大，应用广泛，其结构如图 4—12 所示。一般床层高度为 300～400 mm。根据干燥介质的不同，生产能力为 50～1 000 kg/h。适用于较易干燥或干燥强度要求不高的粒状物料，对于粒度分布较广，并有一定黏性、难以流化的物料，可安装搅拌器。

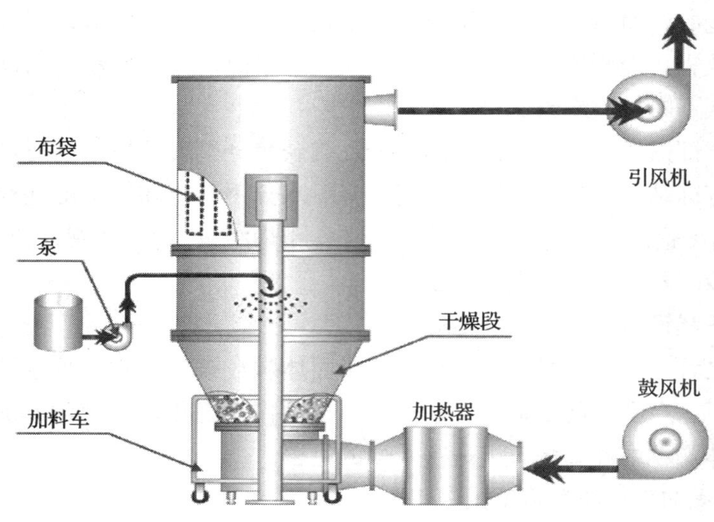

图 4—12　单层沸腾干燥器

（2）多层沸腾干燥器

多层沸腾干燥器结构如图 4—13 所示。物料有规则地自上而下移动，故停留时间分布均匀，物料的干燥程度均匀，易于控制产品质量，热利用率高。适宜物料降速干燥或产品含水量要求很低的物料。

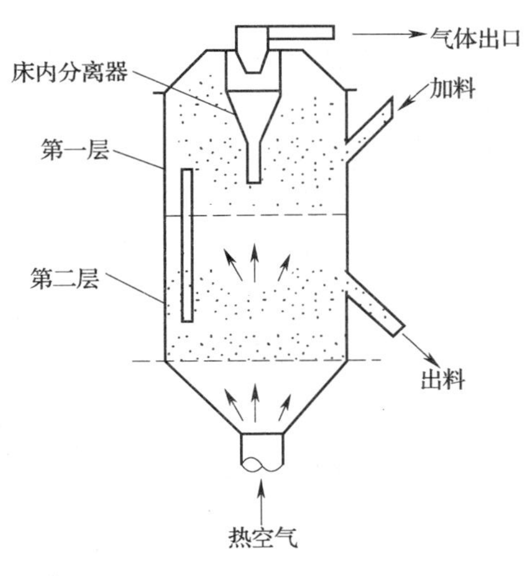

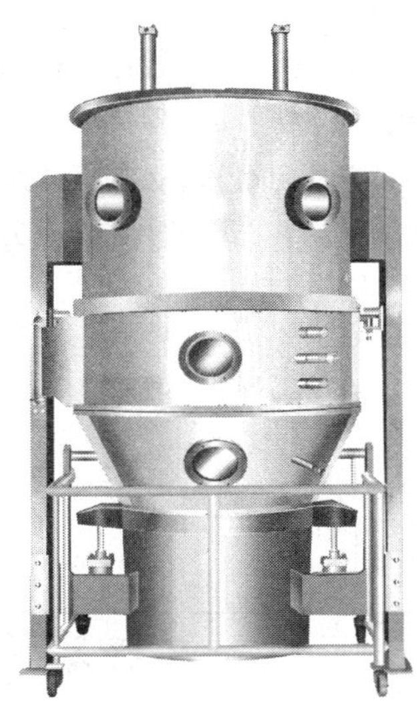

图 4—13　多层沸腾干燥器

多层沸腾干燥器可分为溢流管式和穿流板式，前者应用场合较多。溢流管式沸腾干燥器溢流管的设计和操作是关键，否则易造成堵塞或气体穿孔，从而导致下料不稳定，破坏沸腾床。故一般溢流管下面均装有调节装置，其结构主要有两种，一种为菱形堵头，结构如图 4—14a 所示，上下位置可调节，用来改变下料孔的自由截面积，以控制下料量，但需人工调节。另一种为铰链活门式，结构如图 4—14b 所示，可自动开大或关小活门，但需注意活门轧死或失灵的情况。该形式结构复杂，设计和操作方法不易掌握。

穿流板式沸腾干燥器结构简单，无溢流管，物料直接通过筛板孔由上到下流动，如图 4—15 所示，同时气体通过筛板孔由下向上运动，在每块板上形成沸腾床。筛板孔径应比物料粒径大 5～30 倍，一般孔径为 10～20 mm，开孔率为 30%～45%。气体通过筛板孔的临界速度和物料颗粒带出速度的比值下限为 1.1，上限为 2，粒径为 0.5～5 mm。生产能力高，一般每平方米床层截面可达 1 000～10 000 kg/h。该设备操作控制要求严格。

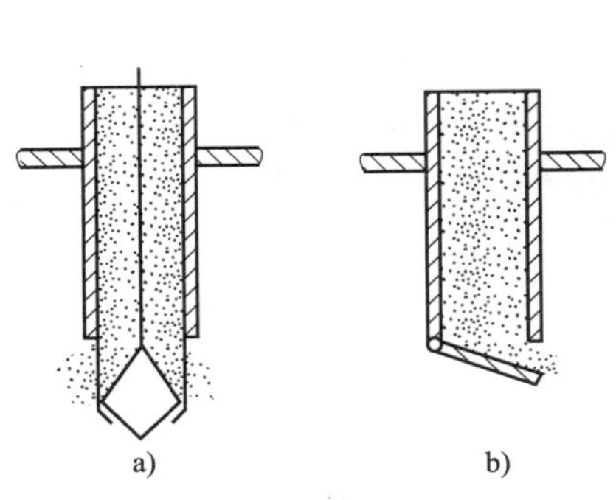

图 4—14　溢流管调节装置
a）菱形堵头式　b）铰链活门式

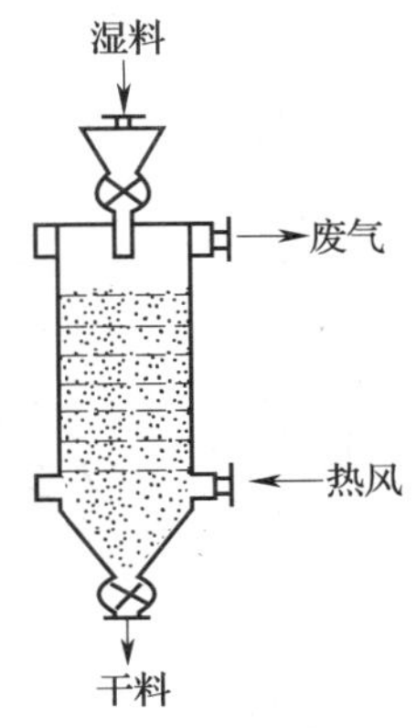

图 4—15　穿流板式多层沸腾干燥器结构

(3) 振动沸腾干燥器

该设备适用于不易流化的物料（如颗粒太粗或太细，易板结成块），以及对产品质量有特殊要求的物料（如保持晶体完整、晶体闪光度好等）。其结构如图 4—16 所示，由分配段、沸腾段和筛选段三部分组成，其下方都有热空气通过。物料从加料装置进入分配段，由于平板振动，使物料均匀地移到沸腾段，干燥后离开沸腾段进入筛选段，筛选段分别安装了不同网目的筛子，将细粉和大块去掉，剩余即为合格成品。

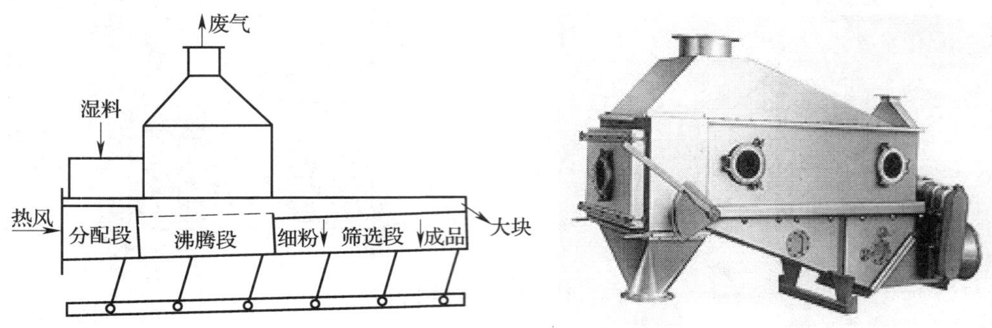

图 4—16 振动沸腾干燥器

(4) 脉冲沸腾干燥器

该设备适用于不易流化和有特殊要求的物料，其结构如图 4—17 所示。围绕干燥室底部装有数根热风进风管，在每根管上又装有快动阀门，它们按一定频率和次序开启和关闭。当热气流突然冲进时，在进口处产生一脉冲，此脉冲很快在粒子间传递，随着气体的进入，在短时间内形成剧烈的沸腾状态，使物料和气体间进行强烈的传热传质。此沸腾状态在床内向上扩散。当气体阀门很快关闭后，沸腾状态沿同一方向逐步消失，物

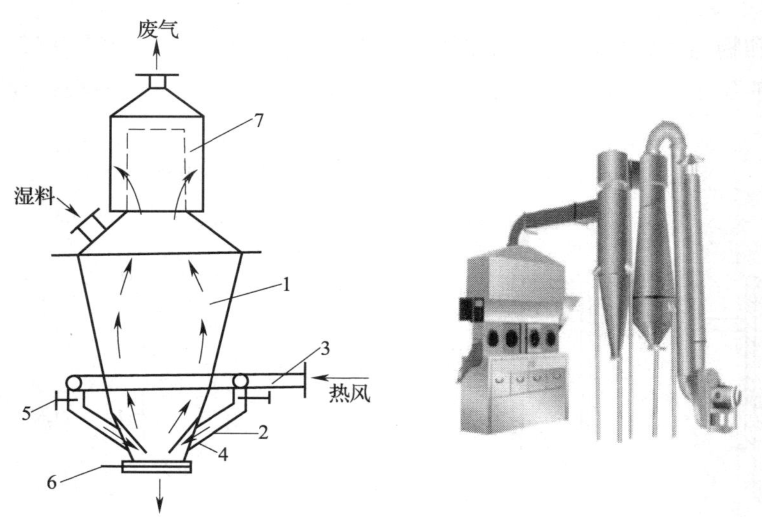

图 4—17 脉冲沸腾干燥器

1—干燥室 2—环状总风管 3—进风管 4—导向板 5—快动阀门 6—插板阀 7—过滤器

料回复到固定状态，随后再重复此循环。快动阀门开启时间与床层厚度和物料性能有关，一般为0.08～0.2 s。阀门关闭的时间应使放入的气体能够完全通过整个床层，物料处于静止状态，颗粒间密切接触，以便下一次脉冲能有效地在床层中传递。进风管最好能安装5根，沿圆周均匀排列，按1、3、5、2、4方式轮流开启。这样可使每一次的进风点与上一次的进风点相距较远。脉冲沸腾干燥属于间歇操作，每次可装料1 000 kg，物料粒径为10 μm至4 mm。

4. 溶液、悬浮液等物料沸腾干燥器

对于溶液、悬浮液等具有流动性的物料，近年来采用沸腾造粒干燥，直接得到干燥的固体产品，可使溶液的蒸发、结晶、干燥一步完成，缩短工艺流程，降低生产成本，提高生产率，如葡萄糖沸腾造粒干燥和奶粉喷雾沸腾干燥设备。

（1）葡萄糖沸腾造粒干燥设备

葡萄糖沸腾造粒干燥设备结构如图4—18所示。喷成雾状的葡萄糖溶液进入沸腾干燥器后有两种情况：一种是在碰到沸腾床中流化粒子前便已蒸发结晶，干燥成微粒，这部分微粒称为晶种；另一种是雾化的溶液，在它未蒸发、结晶、干燥前，便与沸腾床中的流化粒子碰撞而涂布于其表面，在其表面不断蒸发、结晶、干燥，使流化粒子不断增大。粒子越来越大，以致最后无法沸腾，破坏了正常操作。故控制粒子大小是关键问题，目前采用以下三种方法来处理：

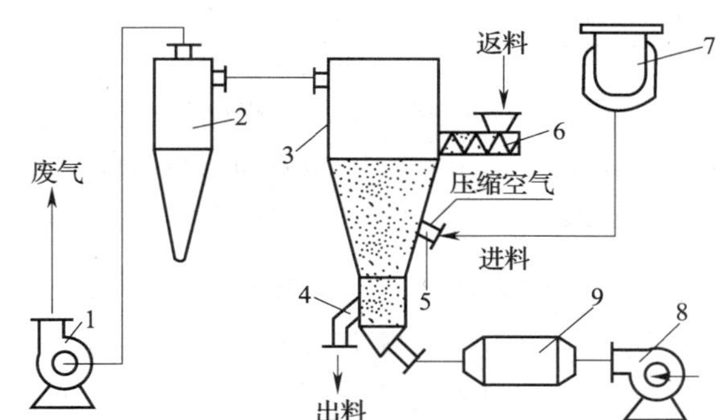

图4—18　葡萄糖沸腾造粒干燥设备结构

1—抽风机　2—离心分离器　3—沸腾干燥器　4—卸料器　5—喷雾器
6—螺旋加料器　7—高位槽　8—鼓风机　9—加热器

1）采用锥形沸腾床。因流速随沸腾床高度而改变，故使颗粒在沸腾床中分级，大颗粒在下面，小颗粒在上面，这样就有可能使大颗粒从下面的出料口排出，以免继续增大，而小颗粒留在床层内，保持一定的粒度分布。

2）在沸腾床内安装粉碎装置。这样可将大颗粒粉碎，以控制床内的粒度分布。

3）加返料盘。将小颗粒不断加入沸腾床内做晶种，用调节返料量来控制床层的粒度分布。目前最常用的方法为加返料盘，因为此法容易控制。

造粒所用的喷雾器为气流式，采用具有空气导向装置的双流式喷嘴较好，喷嘴沿水平方向安装在侧壁，并可根据产量沿圆周安装数个喷嘴。如用离心式喷雾器，则干燥室应稍大些，以免发生粘壁现象。如用压力式喷嘴，要注意防止堵塞和结块。

(2) 奶粉喷雾沸腾干燥设备

奶粉喷雾沸腾干燥设备结构如图 4—19 所示。浓奶经高压泵（压强为 12 MPa）送去喷雾，空气由燃油热风炉加热为 200～210℃后从顶部送入。干燥器沸腾所需空气还应由辅助风机吸入冷风进行补充，热风温度为 80～85℃。已干燥的粉料被吹入旋风分离器，落入储粉桶，废气排入大气。

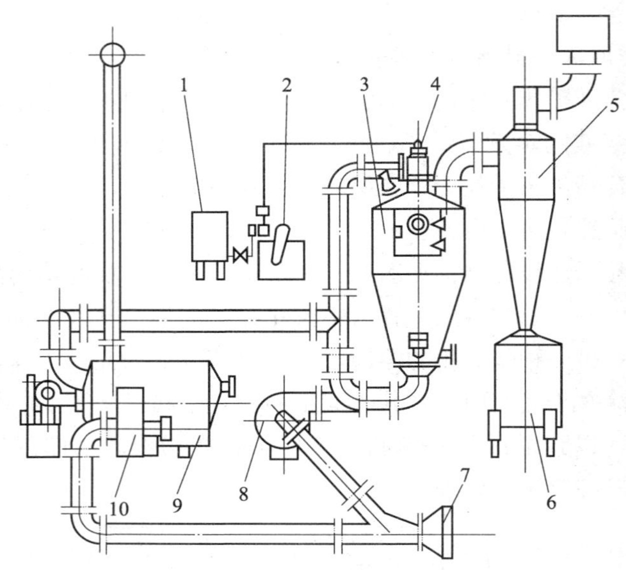

图 4—19　奶粉喷雾沸腾干燥设备结构

1—保温槽　2—高压泵　3—干燥器　4—喷嘴　5—离心分离器　6—储粉桶
7—空气过滤器　8—辅助风机　9—燃油热风炉　10—鼓风机

该设备具有体积小、拆装运输方便、可连续操作、生产效率高等特点。与规模相同的其他方法生产的奶粉相比，车间面积节省 70%～80%，主要设备钢材耗用量节约 5/6 左右，投资费用节省 50%左右，日处理量为 3 500～4 000 kg（两班生产）。

～思考与练习～

一、选择题

1. (　　) 是微波炉的组成部分。

A. 矩形谐振腔　　B. 输入波导　　C. 反射板　　D. 搅拌器

2. 工业生产中常用的干燥方法有（　　）。

A. 喷雾干燥　　B. 微波干燥　　C. 红外辐射干燥

D. 沸腾干燥　　E. 升华干燥

3. (　　) 是远红外辐射元件的组成部分。

A. 热源　　B. 基体　　C. 涂覆层

二、判断题

1. 干燥操作仅是传热的过程，无化学变化。（　）
2. 微波干燥是利用快速变化的高频电磁场与物料分子相互作用实现加热干燥的。（　）
3. 常用的电磁干燥设备有微波干燥设备和红外线干燥设备。（　）

三、填空题

1. 食品干燥设备可分为__________干燥设备和__________干燥设备。
2. 喷雾干燥按料液微粒化的方法分为__________喷雾干燥和__________喷雾干燥。
3. M型压力喷雾器主要由__________、__________等组成。
4. 制冷系统由__________与__________、__________等组成。

四、简答题

1. 简述喷雾干燥的原理及特点。
2. 简述喷雾干燥设备的主要装置及功用。
3. 升华干燥装置主要由哪几部分组成？其干燥过程如何进行？
4. 沸腾干燥的原理是什么？具有哪些特点？
5. 简述沸腾干燥器的分类。

实训7　小型喷雾干燥设备的操作与维护

一、实训目的

掌握小型喷雾干燥设备的操作和维护方法。

二、设备与工具

小型喷雾干燥设备1套。

三、实训方法及步骤

1. 启动准备

（1）接通电源。

（2）启动高压泵，运行约10 min，用沸水冲洗高压泵和高压管内部进行消毒。检查高压泵运转是否正常。

（3）用蒸汽对输料管内壁进行消毒。检查喷头孔径，将喷头置于沸水内浸泡1～2 min进行消毒，然后擦干。

2. 操作程序

（1）打开进风阀，使干燥塔在80℃温度下消毒，然后开启高压泵和阀门，压力达到规定值后进行喷雾，并观察喷雾是否正常。

（2）喷雾后热风温度迅速下降，此时应调节热风温度和高压泵压力，将热风温度控制在要求的范围内。

（3）经常检查粉袋积粉和出粉情况。

3. 停机

（1）进料保温缸内料液临近喷完时，向缸内充入少量沸水，以排除管内料液。同时关闭蒸汽阀，继续通风，以降低塔内温度。然后打开回流阀，关闭高压阀。拆卸高压管及喷头。用热水洗涤高压泵。

（2）当进风温度降至60℃时，关闭进、排风机。

（3）对离心分离器、塔内壁及排风弯管处的积粉进行清理。

（4）关闭喷雾器的高压阀，开启高压旁通阀，卸下各喷雾器，进行彻底清洗。

（5）开启高压泵及活塞冷却水，泵入清水，将泵体及高压管内的料液排清，由旁通管路回收。

（6）高压泵需先用碱水循环清洗，再用清水清洗，然后关闭高压泵，再进行必要的拆洗。

（7）将设备内的余粉清扫干净，将热风口的少量焦粉刷净，关闭自动出料装置、筛粉装置及冷却装置等。

四、维护及保养

1. 干燥室、旋风分离器需定期用温水洗刷。干燥室可由人工用水喷枪进行冲洗，或用安装在干燥室顶部的喷嘴清洗。

2. 经常检查喷雾塔门及各连接处的密封性。

3. 经常检查仪表的灵敏度。

4. 及时更换密封圈、喷嘴等。

第五章　包装机械

学习目标

掌握各类灌装方法的工作原理及工作过程、装料及包装机械的分类、结构及工作原理。

包装机械是完成产品全部或部分包装过程的机器。包装过程包括充填、裹包、封口等主要包装工序，以及与其相关的前后工序，如盖印、贴标、计量等辅助工序。

包装机械按自动化程度分为全自动包装机和半自动包装机。全自动包装机可自动供送包装材料和内容物，并完成其他包装工序。半自动包装机则由人工供送包装材料和内容物，但自动完成其他包装工序。按包装产品的类型可分为专用包装机、多用包装机和通用包装机。专用包装机是指专门用于包装某一种产品的机器；多用包装机指通过调整或更换部分工作部件，可以包装两种或两种以上产品的机器；通用包装机指在指定范围内适用于包装两种或两种以上不同类型产品的机器。按包装机械功能不同可分为充填机械、灌装机械、裹包机械、封口机械、贴标机械、多功能包装机，以及完成其他包装作业的辅助包装机械。

现代高新技术如计算机、激光、光纤、热管等技术广泛地应用到食品包装技术与设备中，使得食品包装朝着高速化、联动化、无菌化、智能化方向发展。

第一节　灌装机械

将流体产品充填到包装容器内的机械称为灌装机械。本节重点介绍使用刚性包装容器的灌装机械。

一、灌装机械的分类

灌装机械按灌装的压力分为常压灌装机、负压灌装机、等压灌装机和加压灌装机。

在常压下将产品充填到包装容器内的机器称为常压灌装机。它只适宜灌装低黏度、不含气体的料液，如白酒、醋、酱油等。

负压灌装机是先将包装容器抽气形成负压，然后再将料液充填到包装容器内的机器，适用于灌装含维生素的饮料等易氧化的产品。负压灌装机又分为压差式负压灌装机和重力式负压灌装机。压差式负压灌装机的储液罐内为常压，只对包装容器抽气使之形成负压，依靠储液罐和待灌容器之间的压力差，将料液充填到包装容器内。重力式负压灌装机是将储液罐和包装容器都抽气形成负压，料液依靠本身的自重充填到包装容器内。

等压灌装机是先向包装容器充气，使其内部的气体压力和储液箱内的气体压力相等，然后将料液充填到包装容器内的机械。它适用于灌装含气饮料和含气酒类，如汽水、可口可乐、啤酒、汽酒等。

加压灌装机是依靠挤压力将物料灌装到容器内，它适用于灌装黏稠类物料。

二、灌装机械的主要工作装置

灌装机械的主要工作装置有包装容器供送装置、料液定量装置和灌装控制阀。

1. 包装容器供送装置

(1) 螺杆式供送装置

螺杆式供送装置有等螺距螺杆供送装置、变螺距螺杆供送装置、特种变螺距螺杆供送装置等，这种装置可将规则或不规则排列的成批包装容器按照包装工艺要求完成增距、减距、分流、升降和翻身等动作，并将容器逐个送到包装工位。

(2) 星形拨轮

星形拨轮的功用是将螺杆供送装置送来的包装容器按包装工艺要求送到灌装机的主传送机构上，或将已灌装完的包装容器传送到压盖机的压盖工位上。

(3) 容器升降机构

容器升降机构的功用是将送来的包装容器升高到规定的高度，以便完成灌装，然后再把灌装完的包装容器下降到规定位置。

机械式升降机构工作示意如图 5—1 所示（图中，α 为凸轮的升角；β 为凸轮的回程升角；h 为凸轮的升程；Ⅰ为瓶罐进入滑道的位置；Ⅱ为瓶罐的装料位置；Ⅲ为瓶罐下降到最低的位置）。这种升降机构结构简单，但是机械磨损大，压缩弹簧易失效，工作可靠性差，对灌装瓶的质量要求较高。该机构主要用于灌装不含气料液的灌装机中。

气动式升降机构工作原理如图 5—2 所示。升瓶时进气阀关闭，排气阀打开，压缩空气经气管进入汽缸后，推动活塞连同托瓶台上升，活塞上部气体从排气阀排出，完成升瓶过程。装料结束后，打开进气阀，关闭排气阀，使压缩空气同时进入汽缸上、下腔。这时活塞上下的气压相等，瓶子在托瓶台和瓶子自重的作用下自动下降，完成降瓶动作。

这种升降机构克服了机械式的缺点，当发生卡瓶时，压缩空气被压缩，使瓶子不再上升，故不会挤坏瓶子。缺点是瓶子下降时的冲击力较大，并要求气源压力稳定。该机构适用于灌装含气饮料的灌装机。

气动一机械混合式升降机构如图 5—3 所示，该机构是以气动机构完成瓶罐上升，用凸轮推杆机构完成瓶罐下降的组合型升降机构。气动组件中的柱塞杆为空心，固定安

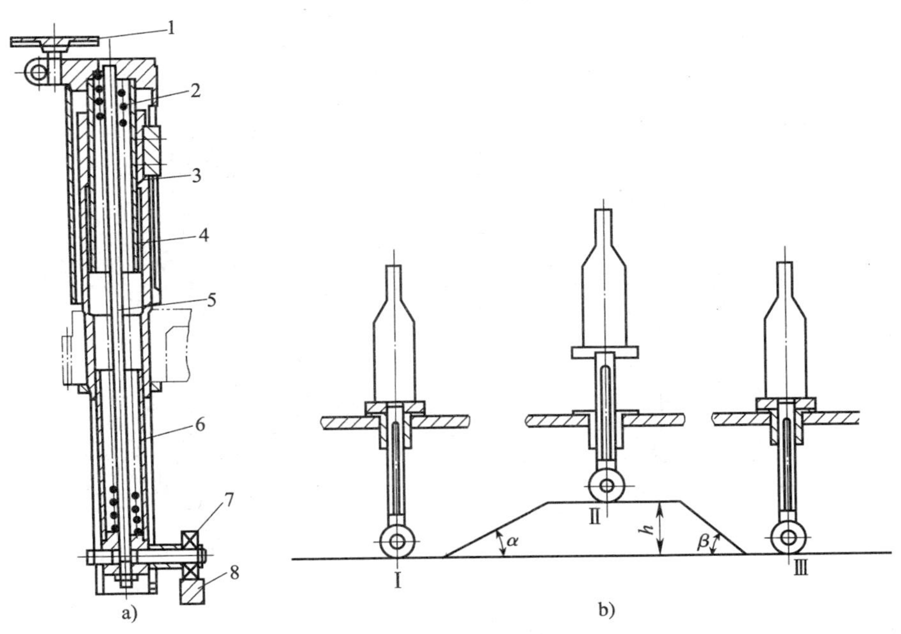

图 5—1 机械式升降机构工作示意图

a）升降机构 b）升降凸轮展开示意图

1—托瓶台 2—压缩弹簧 3—上滑筒 4—滑筒座 5—拉杆 6—下滑筒 7—滚轮 8—凸轮导轨

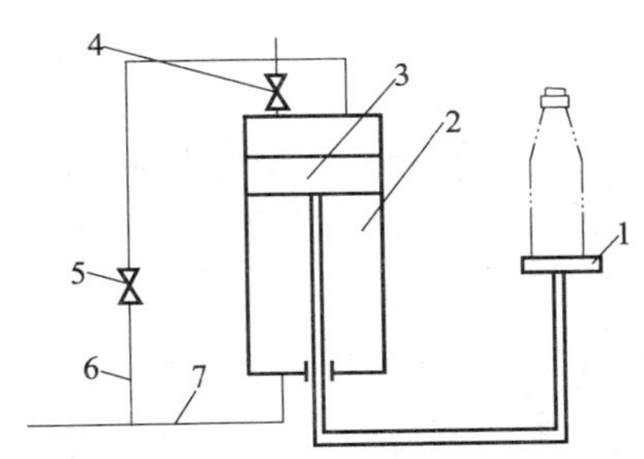

图 5—2 气动式升降机构工作原理

1—托瓶台 2—汽缸体 3—活塞 4—排气阀 5—进气阀 6、7—气管

装于转台上，通过封头与压缩空气管道连接。汽缸为托瓶升降运动部件，上端安装有托瓶台，下边安装滚轮。胶制握瓶叉确定瓶子中心位置，保证瓶子回转灌液时不倾倒。下降控制凸轮与灌装转台同轴。当托瓶机构转至升起工位时，压缩空气进入柱塞杆，通过活塞的中心孔进入到活塞上部空间，推动汽缸与托瓶台上升，并维持到完成装料为止。装料结束时，滚轮已随汽缸转到下降凸轮位置，随着灌装台继续运转，滚轮受下降凸轮的约束，带动汽缸做下降运动，将托瓶台强制拉下。

上升阶段依赖于压缩空气的作用，由于空气的可压缩性，当调整好的机构出现距离增大误差时依然能够保证瓶子与灌液间紧密接触，而出现距离减小误差时，瓶子也不会被压坏。下降时，凸轮将使瓶托平稳运动，速度可得到良好控制。这种升降机构结构较为复杂，但整个升降过程稳定可靠，因而得到广泛应用。

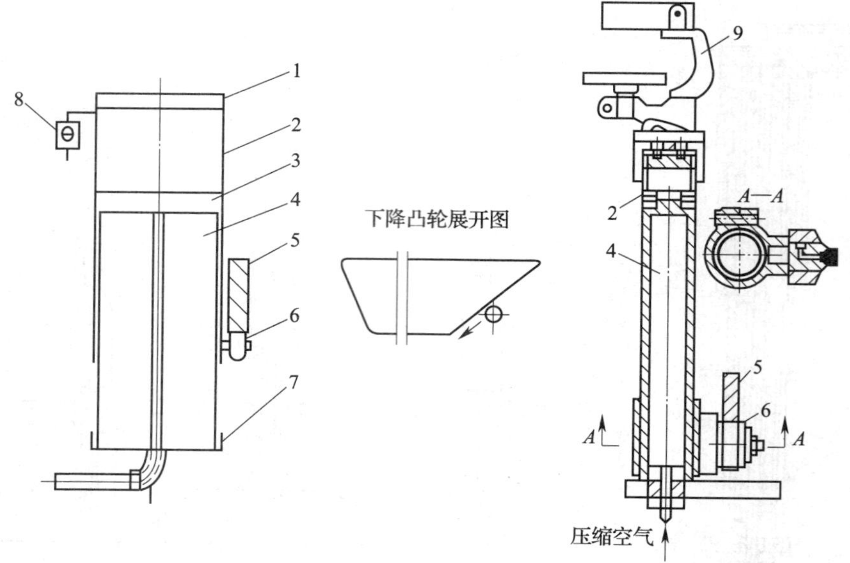

图 5—3　气动一机械混合式升降机构结构

1—托瓶台　2—汽缸　3—活塞　4—柱塞杆　5—下降凸轮　6—滚轮　7—封头　8—减压阀　9—握瓶叉

2. 料液定量装置

料液的定量直接影响灌装质量。料液定量装置有机械式定量装置和电子式计量装置。

(1) 机械式定量装置

机械式定量装置是利用定量机构对料液量进行控制的，一般直接通过灌装阀或增设辅助机械元件来完成，易于实现，但定量精度较低，机械结构较为复杂，尤其是复杂的料液通道不利于清洗。

常压灌装机使用的定量杯定量装置如图 5—4 所示，它是先将料液送入定量杯定量后再灌入包装容器。改变定量杯中调节管的高度或更换定量杯，即可调节灌装量。这种定量机构结构简单，定量速度快，定量精度高，适于灌装低黏度料液。因定量杯在储液箱内的上下运动易产生气泡，影响灌装定量精度，因此不适于灌装含气料液。

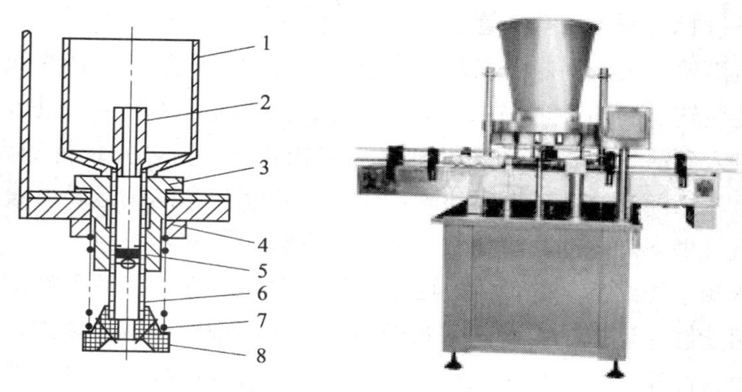

图 5—4　定量杯定量装置

1—定量杯　2—定量调节管　3—阀座　4—锁定螺母　5—密封圈　6—进液管　7—弹簧　8—导瓶罩

活塞式定量泵定量装置工作原理如图 5—5 所示。在灌装时，首先将料液吸入定量泵的泵腔，再利用机械压力将其注入包装容器内，每次灌装量等于泵的排量。调整缸径或活塞行程即可调整灌装量。这种定量装置速度较慢，多用于黏度较大的酱料。

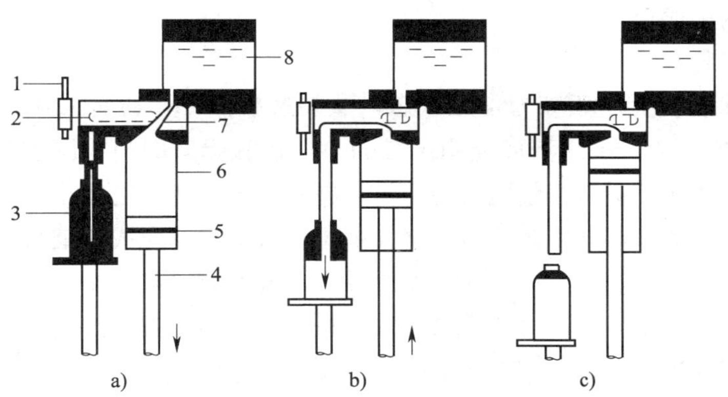

图 5—5　活塞式定量泵定量装置工作原理

a）计盘　b）注入　c）出瓶

1—三通阀　2—酱液充填流路　3—灌装瓶　4—活塞杆　5—活塞

6—缸套　7—吸取酱液流路　8—储料箱

（2）电子式计量装置

该装置采用的是电子式计量结合在线实时检测与控制技术的现代计量方法，机械结构简单，料液通道易清洁，计量精度高，调整方便，容易实现生产的集中管理。

电子定量装置如图 5—6 所示。在灌装阀中设有两个大小不同的料液通道，液体通过通道时，由负载传感器边灌装液体边测量液体质量。在灌装初期，通过大通道进行快速灌装，当充入的液体接近规定的灌装量时，灌装阀则转换成小流量的通道，因而可以在短时间达到非常高的灌装精度。另外，通过灌装液体前的清零操作，可进行灌装料液的净重检测，容器质量的测定偏差不会影响灌装量。这种装置的灌装阀机械结构简单，无液体滞留，易清洗，可瞬时完成灌装量调整。

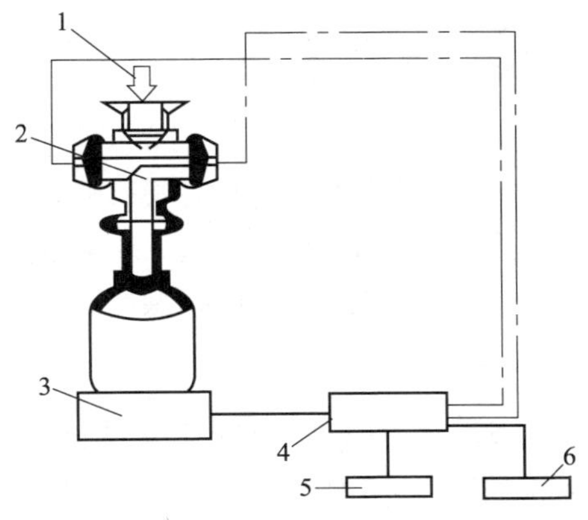

图 5—6　电子定量装置

1—进液管　2—灌装阀　3—负载传感器　4—控制器　5—定值器　6—显示监测器

3. **灌装控制阀**

灌装控制阀是根据灌装工艺要求，按一定的工作顺序控制气路和液路的切断或连通，从而直接完成灌装操作的部件。在灌装过程中因存在液体和气体的流动，故需要设有液体和气体两种通道。

(1) 常压灌装阀

常压灌装阀灌装操作环境为常压状态，灌装过程简单，通常采用弹簧阀门式灌装阀。如图 5—7 所示为一采用液面控制定量的小口径瓶弹簧阀门式灌装阀。容器上升碰到灌装阀导瓶罩并压缩弹簧，使瓶口处密封，进液管与导瓶罩之间出现间隙，于是料液由于自重沿进液管流入容器。容器内的空气由排气管排出，完成进液排气过程。当瓶内液面上升到比排气管下端略高时，气体无法排出，容器瓶口部分剩余的气体受压缩，依连通器原理，排气管中的液面继续升高，直到与储液槽中的液位等高时为止，料液停止进入容器内，完成液体定量。瓶子下降时，进液管与导瓶罩间的间隙自动关闭，排气管中的液体流入瓶中，完成灌装。改变排气管下端伸入容器中的位置就能改变容器内液面的高度，灌装精度与容器的精度有关。

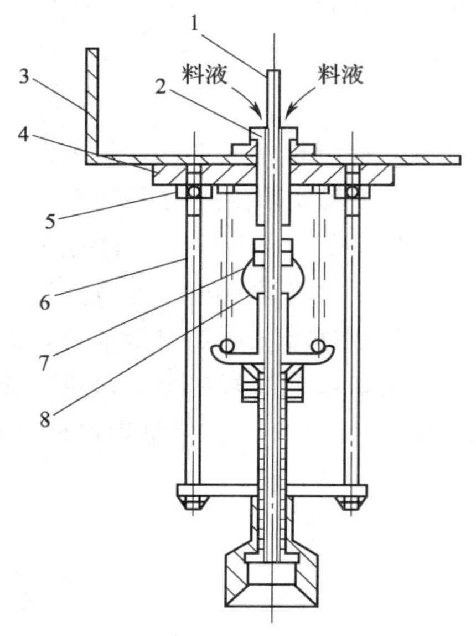

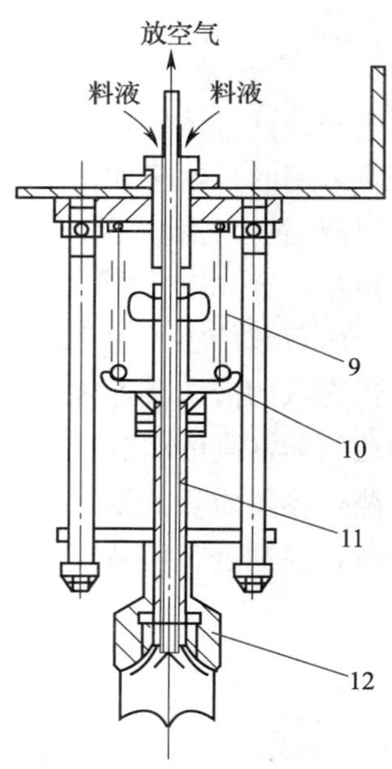

图 5—7　弹簧阀门式灌装阀

1—排气管　2—分装管　3—储液槽　4—底座　5—紧固螺母　6—支柱　7—限位器　8—弹性密封管　9—弹簧　10—弹簧支架　11—进液管　12—导瓶罩

(2) 负压灌装阀

负压灌装阀也称真空灌装阀，常用的有压差式和重力式两种。

压差式定量杯真空灌装阀如图 5—8 所示，在初始位置，储液箱、待装容器和真空系统三者互不相通。当容器压紧压盖使阀芯上升时，孔口 6 对准抽气口，容器中的空气被抽出。阀芯继续上升，孔口 6 离开抽气口，容器与真空系统断开，定量杯也升起，离开储液箱液面，而进液孔和阀芯上的孔口 8 通过阀座内的环形槽而连通，定量杯中的料液流入容器。装料结束后，容器下降，在压缩弹簧的作用下，阀芯下降至原位，定量杯再次浸没在储液箱的液面之下，充满料液，为再次灌装做好定量工作。储液箱内为常压。

重力式液位定量真空灌装阀分为单室供液系统和双室供液系统。双室供液系统的储液箱与真空室是分开的，因而需设置两种通道，如图 5—9 所示。

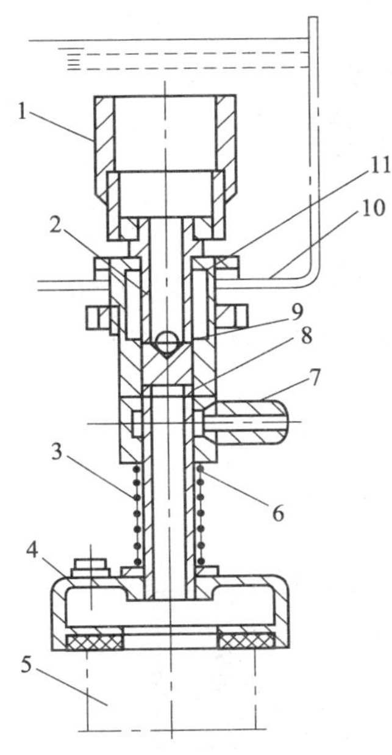

图 5—8　压差式定量杯真空灌装阀结构

1—定量杯　2—阀芯　3—压缩弹簧　4—压盖
5—待装容器　6、8—孔口　7—抽气口
9—进液孔　10—储液箱　11—阀座

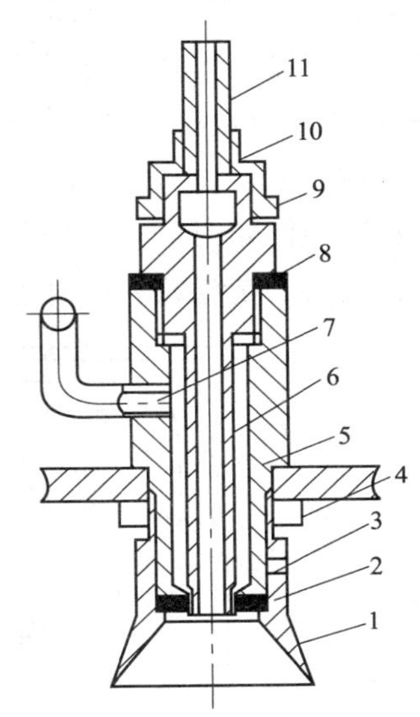

图 5—9　双室供液用灌装阀结构

1—瓶套　2—橡胶圈　3—紧固螺钉　4—螺母
5—套筒　6—灌头芯　7—真空管
8—垫片　9—锁紧螺母
10—管接头　11—料液管

三、等压灌装压盖机

等压灌装压盖机适用于啤酒等含气饮料的灌装与压盖。

1. 等压灌装压盖机构造与工艺过程

等压灌装压盖机主要由进出瓶装置、瓶罐升降机构、灌装阀、环形储液箱、压盖装置等组成。灌装工艺过程如图 5—10 所示。

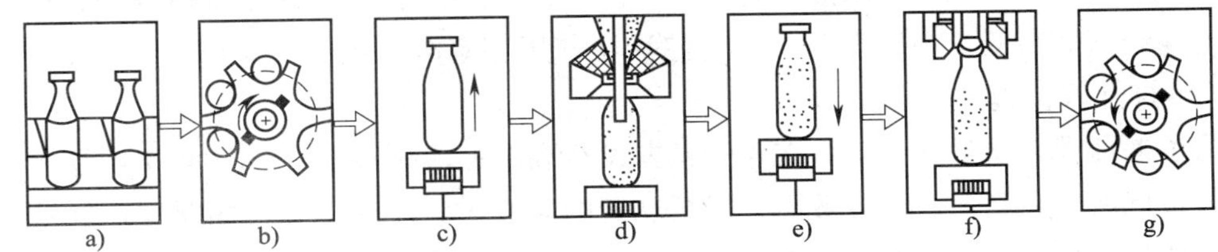

图 5—10　等压灌装压盖机工艺过程

a）螺杆分瓶传动　b）拨轮进瓶　c）托瓶机构托瓶上升
d）灌装　e）托瓶机构下降　f）压盖装置压盖　g）拨轮出瓶

瓶子进入灌装机后，先被进瓶螺杆按灌装节拍分件送进，由进瓶拨轮将瓶子拨到托瓶机构上，托瓶机构上的一个托瓶台对应一个灌装阀。托瓶汽缸在压缩空气作用下将空瓶顶起，使灌装阀中心管伸入空瓶内，直到瓶子顶到灌装阀中心定位的胶垫为止，同时顶开灌装阀碰杆，使等压灌装阀完成充气—等压—灌装—排气的工作过程。

上述过程完成后，托瓶下降导板将托瓶机构压下，灌装完毕的瓶子下降到工作台平面，被拨轮拨到压盖机的回转工作台上。此时，压盖机将定向排列好的皇冠形瓶盖滑送到压盖头，由压盖装置压盖，压完盖的瓶子由出瓶拨轮拨出，送入下道工序。

该机等压灌装过程采用旋塞式等压灌装阀，其结构及灌装过程如图 5—10 所示。

2. 等压灌装压盖机的供料装置与传动系统

（1）供料装置

供料装置结构如图 5—11 所示，主要由分配头，环形储液箱，高、低液面控制浮球等组成。分配头上端与输液管相连，下端均布 6 根支管与环形储液箱相通。

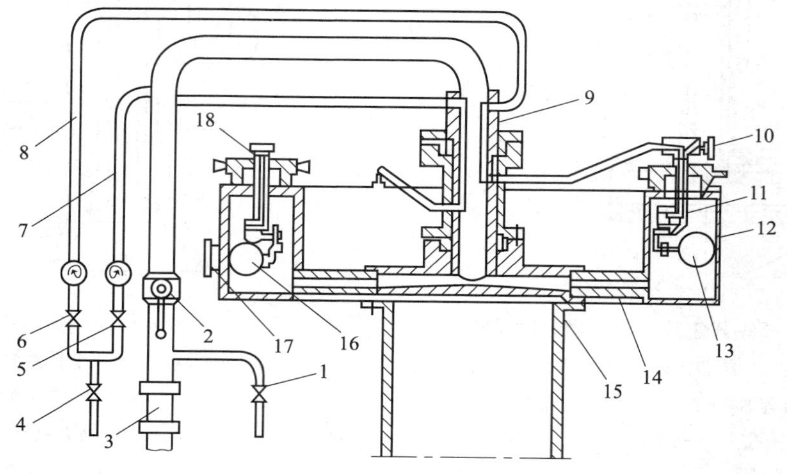

图 5—11　供料装置

1—液压检查阀　2—输液总阀　3—输液管　4—无菌压缩空气管　5、6—截止阀　7—预充气管　8—平衡气压管　9—分配头　10—调节阀　11—进气阀　12—环形储液箱　13—高液面控制浮球　14—支管　15—主轴　16—低液面控制浮球　17—液位观察孔　18—排气阀

工作时，先打开截止阀 5，将无菌压缩空气经分配头送入环形储液箱，使环形储液箱处于加压状态，以免料液刚灌入时因突然降压而冒泡。然后打开液压检查阀，调整料液的流速和压力高低，当压力调节到与储液箱气压相等时，关闭截止阀 5，打开输液总阀 2，再打开截止阀 6，开始供料。

为了保证灌装质量的稳定，在储液箱内设有高、低液位控制浮球。其功用是控制储液箱内最低液位。当储液箱内液面下降至规定的高度时，浮球下降，同时浮球和浮球杆靠自重使密封垫离开排气嘴，储液箱上部的气体从排气嘴排出，降低了储液箱内气体的压力，于是料液由储液罐进入储液箱内。当液面上升到规定位置后，浮球又使密封垫堵住排气嘴。针阀用来调节排气快慢。高液位控制浮球功用是控制储液箱内最高液位。当储液箱内液面超过规定高度时，浮球上升，通过杠杆和滑套使密封圈右移，打开进气孔，于是无菌压缩空气进入储液箱，将料液压回储液罐。液位下降后，在浮球和重锤自重作用下，杠杆和滑套将密封圈左移，堵住进气孔，停止进气。

（2）储液箱高度调节装置

当容器的高度变化时，需要通过高度调节装置改变储液箱与灌装工作台之间的相对高度，以保证正常的灌装作业。储液箱高度调节装置通常有单柱和三柱两种结构，前者常见于小型灌装机。如图 5—12 所示为联动三柱式储液箱高度调节装置。主轴与储液箱用固定螺钉连接起来，并与均匀布置的 3 根螺杆 4 连接成一体。螺杆的形状、尺寸相同，在其下端安装的调节螺母通过链轮、链条形成联动装置。调节时，松开固定螺钉，拧动 3 根螺杆中任意一根上的螺母，3 根螺杆将同向、同量上下移动。移动时，螺杆不转动，故不破坏灌装阀与瓶托的对中状况。调好之后，旋紧固定螺钉。

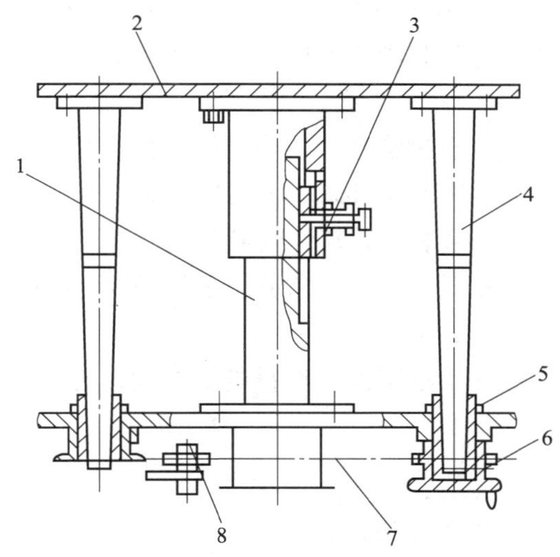

图 5—12　储液箱高度调节装置

1—主轴　2—储液箱　3—固定螺钉　4—螺杆（3 根）　5—调节螺母　6—链轮　7—链条　8—张紧轮

（3）传动系统

灌装部分和压盖部分采用一台调速电动机带动，经过传动带和蜗杆蜗轮减速后，通过齿轮再分开传动。这样可使机器的各部分在规定的工作循环下，保持协调动作和集中的调速，传动机构简单、结构紧凑。

3. 等压灌装压盖机使用及维护

（1）灌装前，应根据灌装容器的高度，调节储液箱与灌装工作台之间的相对高度，以保证正常的灌装作业，并调整相应压盖装置的高度。根据灌装容器的容量，通过浮球杆调节储液箱内高、低液位控制浮球来控制液位。调节低液位控制浮球上的针阀，可调节排气快慢。

（2）设备使用前，应对供料系统进行清洗、消毒。向储液箱送入料液前，应先向环形储液箱送入无菌压缩空气，使环形储液箱处于加压状态，以免液料刚灌入时因突然降压而冒泡，并使流入储液箱料液的压力与储液箱中压缩空气的压力相等。工作中要保证压缩空气的压力稳定不变。

（3）维护。经常检查灌装阀、中心管及压缩空气管连接处的密封情况，发现泄漏应及时检修或更换密封垫圈。经常检查蜗杆蜗轮减速器润滑油面，及时补充润滑油，并定期更换润滑油。对各运动部件应定期进行润滑。每次工作结束后，应对设备进行清洗，尤其是料液接触部位，要彻底清洗干净。

第二节 充 填 机 械

充填机是将固体物料按预定量充填到包装容器内的机器。按计量方式不同，可分为容积式充填机、称重式充填机和计数充填机；按充填物的物理状态可分为粉料充填机、颗粒物料充填机；按功能可分为胶囊充填机、制袋充填机、成形充填机等。

一、容积式充填机

将产品按预定的容量充填至包装容器内的充填机称为容积式充填机。根据物料容积计量的方式不同，容积式充填机有量杯式、柱塞式、螺杆式、料位式和定时充填机等。

容积式充填机适用于干料或黏稠状流体物料的充填。它的特点是结构简单、计量速度快、造价低，但计量精度较低。因此，它适用于价格较低物品的包装。

1. 螺杆式充填机

螺杆式充填机主要由螺杆计量装置、物料进给机构、传动系统、控制系统、机架等组成，如图 5—13 所示。

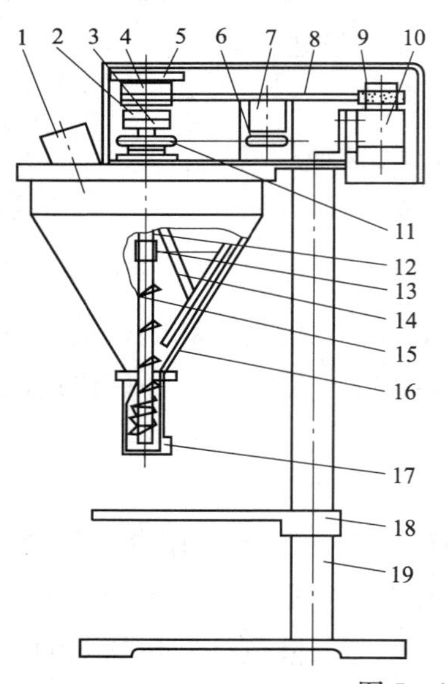

图 5—13　螺杆式充填机

1—进料口　2—电磁离合器　3—电磁制动器　4、9—带轮　5—光电码盘　6、11—链轮　7—搅拌电动机　8—齿形带　10—计量电动机　12—主轴　13—联轴器　14—搅拌杆　15—计量螺杆　16—料仓　17—筛粉格　18—工作台　19—机架

工作时，启动计量电动机，带动带轮 7 绕着螺杆轴空转。计量开始时，给电磁离合器一个信号，离合器和带轮吸合，通过主轴带动计量螺杆转动，固定在主轴上的光电码盘也同步转动。当计量螺杆转过预定圈数实现计量后，光电码盘也转过了同样的圈数，电气控制系统发出信号，离合器与带轮脱开，制动器同时制动，计量过程结束。

螺杆式充填机是利用螺杆槽的容腔来计量物料的。由于每个螺距都有一定的理论容积，因此，只要准确地控制螺杆的转数，就能获得较为精确的计量值。螺杆式充填机适用于装填流动性良好的颗粒状、固体物料，也可用于黏稠状流体物料，但不宜用于装填易碎的片状物料或相对密度变化较大的物料。

2. **量杯式充填机**

量杯式充填机如图 5—14 所示，主要由转盘、定量杯、活门等组成。主轴带动转盘旋转时，物料由料斗落入计量杯内，刮板将定量杯上面多余的物料刮去。当定量杯随转盘转到卸料工位时，开启圆销推开定量杯底部活门，量杯中的物料在自重作用下充填到下方的容器中去。

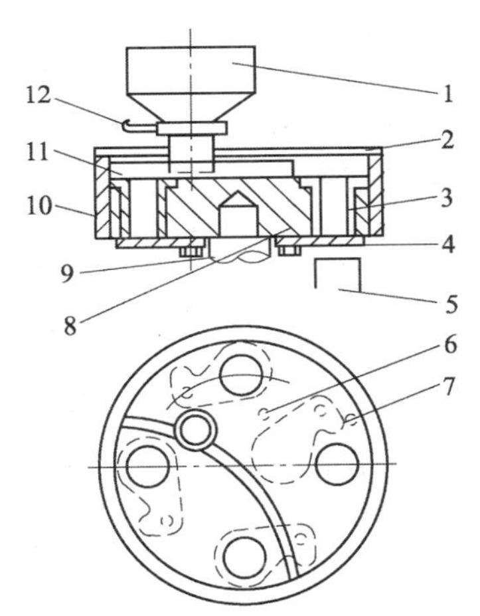

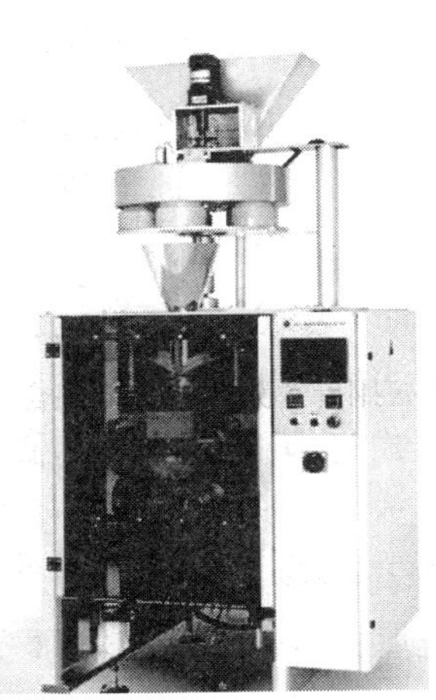

图 5—14 固定容积量杯式充填机

1—料斗 2—罩盖 3—定盘杯 4—活门 5—输料袋 6—闭合圆销 7—开启圆销 8—转盘 9—转盘主轴 10—护圈 11—刮板 12—下料活门

该装置属于固定容积计量装置，其容积不能调整，所以只能对密度非常稳定的粉料进行装灌。为了使容杯定量能适应物料密度的变化，通常采用可调容量式充填机。

可调容量式充填机如图 5—15 所示，定量杯由上、下量杯组合而成。转动调节手轮，通过调节机构，可以改变上、下量杯的相对位置，实现容积调节，但调整量有一定的限度。

3. **转阀式充填机**

转阀式充填机如图 5—16 所示。转阀转一圈，充填两次，充填速度与转阀转速有关。转阀不能太快，否则容腔充填系数低。这种装置适合充填黏稠状流体，也适用于粉料的充填。装填物料的容量可通过调节螺钉调节。

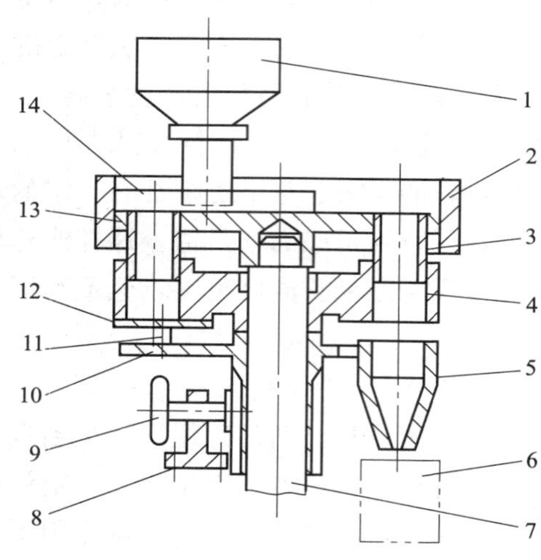

图 5—15 可调容量式充填机

1—料斗 2—护圈 3—固定量杯 4—活动盘杯 5—下料斗 6—包装容器 7—转轴 8—手轮支座 9—调节手轮 10—调节支架 11—活门导柱 12—活门 13—转盘 14—刮板

4. 容积式充填机使用的注意事项

容积式充填机的充填速度要控制在一定范围内。充填速度过快，计量误差大，合格率降低。当充填物料密度或品种改变时，要通过调整机构，相应地调整充填量。

二、称重式充填机

由于容积式充填机计量精度低，对流动性差、相对密度变化较大或易结块物料的计量效果差，因此，对计量精度要求较高物料的包装，通常采用称重式充填机。高速称重的充填机多采用连续式称重装置。

连续式电子皮带秤称重充填机在物料的连续输送过程中，对瞬间物流质量进行检测，并通过电子检控系统调节控制物料流量为给定定量值，最后利用等分截取装置获得所需的每份物料的定量值，如图 5—17 所示。

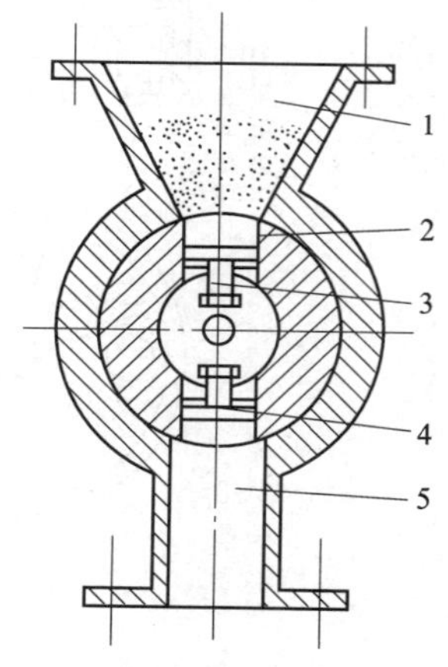

图 5—16 转阀式充填机

1—料斗 2—转阀 3—调节螺钉 4—活门 5—出料口

工作前，需根据包装容器容量调节定量值。先通过砝码对质量进行粗调，再通过“质量校正”旋钮进行微调。调好定量值后，将可逆电动机调到自动工位，启动输送带电动机进行试装，并对试装的容器内物料进行测量，根据测量结果，通过质量微调砝码进行校正。工作中，应注意仪表参数的变化，及时对设备进行检查、调整。

三、计数充填机

计数充填机有单件计数充填机和多件计数充填机。

1. 单件计数充填机

单件计数充填机逐件计量产品件数，并将其充填到包装容器内。单件转盘计数充填

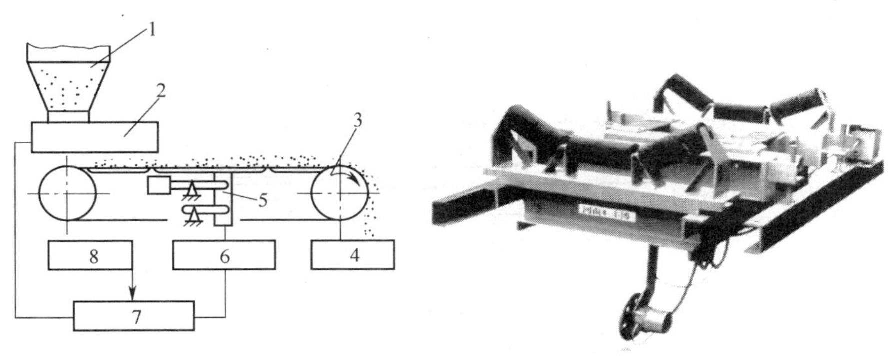

图 5—17　连续式电子皮带秤

1—料斗　2—可控给料装置　3—物料载送装置　4—等分截取装置
5—秤体　6—检测传感器　7—电子调节器　8—质量给定装置

机如图 5—18 所示，它利用转盘上的计数板对产品进行计数，并将其充填到包装容器内。该机工作时，定量盘上的小孔在通过料箱底部时，料箱中的物料就落入小孔中（每孔一粒）。由于定量盘上的小孔计数额分成三组，互成 120°设置，所以当定量盘上的小孔有两组进入装料工位时，则必有一组处在卸料位卸料，物料通过卸料槽口充入包装容器。

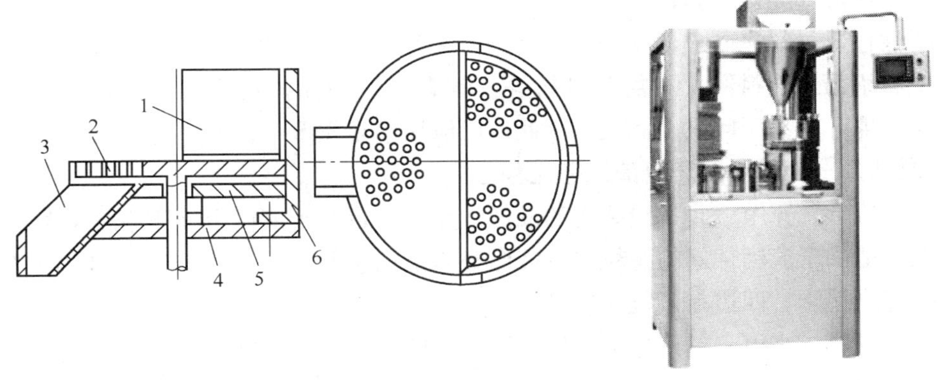

图 5—18　单件转盘计数充填机

1—料斗　2—定量盘　3—卸料槽　4—底盘　5—卸料盘　6—支架

单件计数充填机适用于物料呈杂乱堆积而需要计数包装的情况，如颗粒状的巧克力糖等，它们都具有一定的质量和形状，但难以排列，包装时常常以计数方式进行。

2. 多件计数充填机

多件计数充填机分为根据长度计数的计数机构和根据容积计数的计数机构。

长度计数机构如图 5—19 所示，计数时，排列有序的产品经输送机构送到计量机构中，行进产品的前端触到计量腔的挡板时，压迫挡板上的电触头或机械触头，发出信号指令，推进器迅速动作，将一定数量的产品推到包装台上进行包装。该机构常用在饼干、云片糕或茶叶等小盒包装后，再进行第二次大包装等工序中。

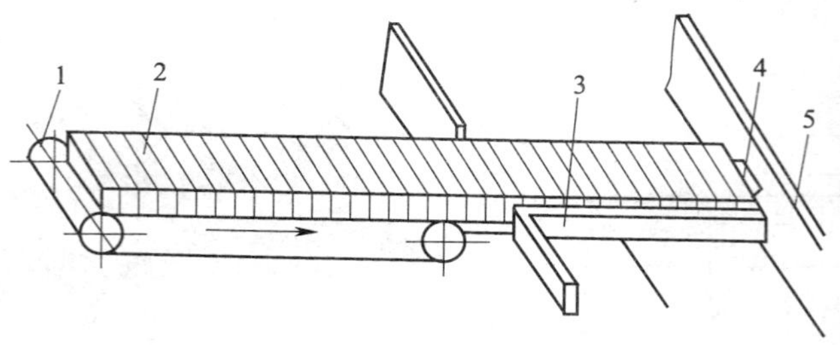

图 5—19 长度计数机构
1—输送带 2—被包装产品 3—横向推板 4—触头 5—挡板

第三节 多功能包装机

在一台整机上完成两种或两种以上包装工序的机器称为多功能包装机。多功能包装机能够包装的物品多种多样，既可包装液体、黏稠酱体，也可包装粉、粒、块等物料。多功能包装机根据包装工艺过程分为充填封口机、成形—充填—封口机、真空包装机、定形—充填—封口机和充气包装机。其中成形—充填—封口机较为常用。

一、袋成形—充填—封口机

将挠性包装材料先制成包装袋，然后进行充填和封口的机器称为袋成形—充填—封口机。纸、铝箔、塑料薄膜及复合材料等，具有良好的保护物品的性能，并且来源丰富、价格低廉，又易于印刷、制袋，因此广泛应用于袋成形—充填—封口机。

1. 袋成形—充填—封口机的工艺流程

立式袋成形—充填—封口包装机的成形、充填及封口工序由上而下顺序布置在一条铅垂线上，适用于流动性好的粉粒状或液体类食品的包装，可采用三边封口袋、纵缝搭接袋、纵缝对接袋、四边封口袋等袋形。

卧式袋成形—充填—封口包装机的成形、充填及封口工序顺序布置在一条水平直线上，适用袋形主要为枕形袋，也可包装成三边封口袋、纵缝搭接袋、纵缝对接袋、四边封口袋等，适用于包装形状规则或不规则的单件或多件产品，如饼干、点心、肉类等食品。

袋成形—充填—封口包装机工艺流程如图 5—20 所示。

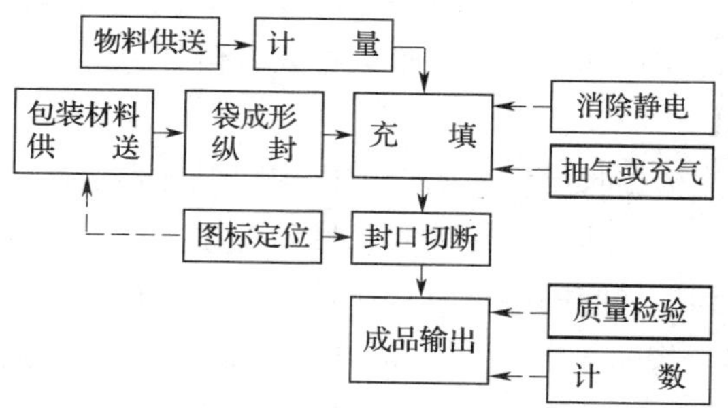

图 5—20 袋成形—充填—封口包装机工艺流程

2. 袋成形—充填—封口包装机制袋封口工作部件

(1) 制袋成形器

制袋成形器的功用是将平面状包装材料折合成所要求的形状。成形器必须满足袋形需要，结构简单，成形阻力小，成形稳定、质量好。常用的制袋成形器如图 5—21 所示。

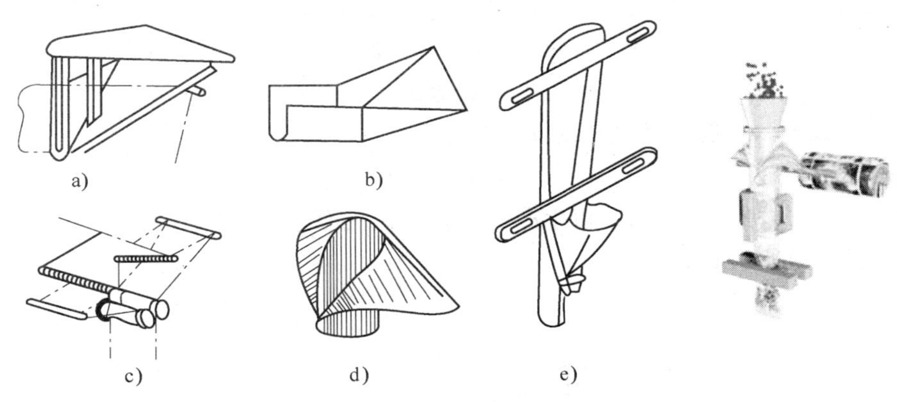

图 5—21 制袋成形器

a) 三角形成形器 b) U 形成形器 c) 缺口平板成形器

d) 翻领形成形器 e) 象鼻形成形器

三角形成形器结构简单，通用性好，多用于扁平袋。

U 形成形器是在三角形成形器的基础上加以改进而成的，它在三角板上圆滑连接一个圆弧导槽（U 形板）及侧向导板，成形性能优于三角形成形器，一般用于制作扁平袋。

翻领形成形器由内外两管组成，其外管呈衣服的翻领形，内管横截面依所需袋形而有不同形状（圆形、方形、菱形等)，并兼有物料加料管的功能。这种成形器成形阻力较大，容易造成拉伸等塑性变形，故对塑料单膜的适应性较差，制造和调试都较复杂，而且一只成形器只能适用于一种袋宽。这种成形器成形质量稳定，包装袋形状精确。

象鼻形成形器成形过程平缓，成形阻力较小，对塑料单膜的适应性较好，不但可制作扁平袋，还可制作枕形袋，但一个成形器只能适应一种袋宽。该成形器多用于立式连续制袋充填封口包装机。

(2) 封口装置

封口的方法通常有胶结和熔结两种。塑料薄膜包装袋要求封缝严密、牢固，一般采用熔结，也就是热封法。热封装置有滚轮式热封器、平板式热封器、高频热封器和超声波热封器。

滚轮式热封器有两个回转运动的滚轮，加热元件置于滚轮内部，滚轮表面加工有直纹、斜纹或网纹。滚轮连续进行回转运动，对其间的薄膜加热、加压，使其热封，一般用于纵封，同时还兼有牵引薄膜前进的作用。

平板式热封器结构简单，使用普遍，为间歇作业型设备。其加热元件为矩形截面的平板构件，一般采用电热丝、电热管使平板保持恒温。当被加热到预定的温度后，平板将要封合的塑料薄膜压紧在支撑板（或称工作台）上，即进行热封操作。这种板式热封器封合速度快，通常用于横封。所用塑料薄膜以聚乙烯类为宜，不适用于遇热易收缩的聚丙烯、聚氯乙烯类薄膜。

高频热封器利用高频电流使薄膜熔合，属于“内加热”型。它有两个高频电极，相对压在薄膜上，在强高频电场的作用下，薄膜因感应阻抗而迅速发热熔化，并在电极的压力作用下封合。这种“内加热”型热封器的加热升温快，中心温度高但不过热，所得封口强度大，适用于聚氯乙烯等感应阻抗大的薄膜。

3. 立式袋成形—充填—封口包装机

（1）工作原理

立式袋成形—充填—封口包装机生产的包装袋为三面封口式，主要用于颗粒状食品的包装，如图 5—22 所示。

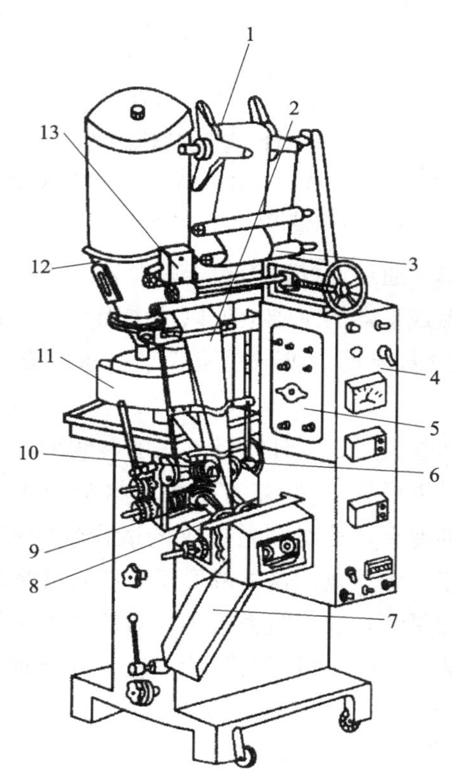

图 5—22 立式袋成形—充填—封口包装机

1—包装材料卷 2—象鼻形成形器 3—导辊 4、5—光电控制箱 6—纵封辊测温传感器 7—出料槽 8—横封辊测温传感器 9—横封辊 10—纵封牵引辊 11—容杯式给料艇 12—储料罐 13—光电装置

工作时，整卷包装薄膜由象鼻形成形器对折成形。对折后薄膜两侧边叠在一起，纵封牵引辊将两边薄膜加热加压封合成卷筒形，横封辊压住底边加热封口。容杯式给料艇将计量好的颗粒状物料充入袋子中，横封辊转开，袋子被纵封牵引辊拉下，横封辊又转

回加热加压封顶边，完成横向封口。最后由切断器切断成为单件产品，从出料槽送出包装机。如果薄膜发生伸长或缩短，使包装材料上的色标错位或发生断裂等，由透射式光电装置检测并发出电信号，经与标准电信号比较后放大，使控制系统驱动伺服电动机，相应地加快或减慢薄膜输送速度，或者停机。

（2）传动系统

立式袋成形—充填—封口包装机传动系统，为保证各机构同步工作，主电动机经减速装置将动力传到中心轴后，通过中心轴将动力分配成四路：第一路，驱动喂料盘旋转，用于物料计量与喂料；第二路，带动纵封拉膜辊回转，完成纵封及将包装薄膜拉下；第三路，带动横封辊转动，完成袋子底边和顶边的横封；第四路，带动旋转切刀转动，将封好的物料切成单件体。伺服电动机及齿轮差动机构可改变纵封辊的转速，用于补偿包装薄膜的伸长和缩短。为了保证一定的封合时间及在封合时间内横封器与包装袋的同步运动，采用偏心链轮机构来驱动横封器，使之做不等速回转。

（3）使用与维护

1）包装机调整。工作前，应根据包装物料体积大小，更换相应的象鼻形成形器，并对容杯式计量装置进行相应的调整。根据包装材料封结温度要求，调整纵封牵引辊和横封辊的封结温度。转动横封器，检查滚刀刃与定刀刃间是否留有微小间隙，以避免在无薄膜时滚刀刃与定刀刃碰撞，如无间隙，调整固定刀调节螺栓进行调整。

2）包装机使用。工作中，应严密监视机器的运行情况，发现问题，应及时检查排除。

3）包装机维护。对传动链要定期检查、调整张紧程度和润滑。切断器刀刃应保持锋利，用钝后应及时更换或磨利。

二、热成形—充填—封口机

热成形—充填—封口机是在加热条件下，对热塑性片状包装材料进行深冲，形成包装容器，然后进行充填和封口的机器。在热成形包装机上能分别完成包装容器的热成形、包装物料的（定量）充填、包装封口、裁切、修整等工序。

1. 热成形包装材料

热成形包装材料应满足对商品的保护性、成形性、透明性、真空包装的适应性和封合性等基本条件的要求。常用热成形及热封合的单片或复合材料有聚氯乙烯、聚苯乙烯、聚氯乙烯/聚乙烯复合材料等。面板（盖材）常选用卷筒塑料单膜或复合材料。如聚乙烯、铝箔/热封涂层、聚酯/聚乙烯等。

2. 热成形包装机

热成形包装工艺流程如图 5—23 所示。热成形包装机可无级调速，速度的高低取决于薄膜质量及吸塑的深度大小。工作时，将成形膜送入热成形器内，成形膜被加热后，由模具将加热的成形膜冲成要求形状（如圆形、方形等）的容器并对容器进行冷却。冷却后的容器由定量灌装装置向容器内灌入物料，然后在容器上方覆盖上盖膜，送入热封器封口。封口后的成品被送入横向切断装置切断，再由纵向切割装置切去多余的边料，完成热成形—充填—封口。

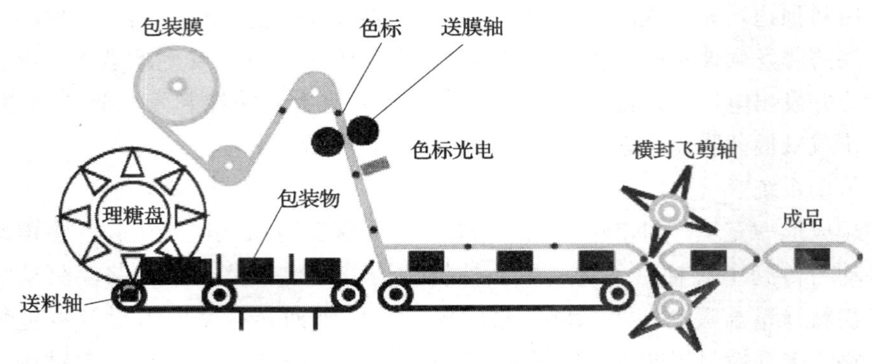

图 5—23　热成形包装工艺流程

3. 热成形包装机的使用与维护

(1) 包装材料的选择

热成形包装用塑料材料按厚度（δ）分为三类：薄片（$\delta<0.25$ mm）、片材（$0.25\leqslant\delta<0.5$ mm）和板材（0.5 mm$<\delta<1.5$ mm）。食品的热成形包装一般选用塑料薄片和片材，材料厚度应均匀，厚度误差不大于0.04～0.08 mm，材料的延伸率要大于100%。

(2) 加热温度的选择

使用前，应根据使用的包装材料选择合适的加热温度。容器成形时的加热温度对成形质量有很大影响，温度过高或过低时，会出现气孔、壁厚不均匀、成形不良、褶皱等缺陷。

(3) 热成形包装机的维护

使用前后，应对物料灌装系统进行清洗消毒。对横、纵向切断装置刀刃及时更换或磨利，并调整定、动刀刃间隙。对运动部件，应定期进行润滑。

第四节　刚性容器封口机械

刚性容器的封口有卷边封口、压盖封口、旋盖封口、滚纹封口和压塞封口五种方式。

卷边封口是将罐身翻边与涂有密封填料的罐盖内侧周边互相勾合、卷曲并压紧，实现容器密封。这种封口方式主要用于马口铁罐、铝箔罐等金属容器。

压盖封口是将内侧涂有密封填料的外盖压紧并咬住瓶口或罐口的外侧凸缘，从而使容器密封。主要用于玻璃瓶与金属盖的组合容器，如啤酒瓶、汽水瓶、广口罐头瓶等。

旋盖封口是将螺旋盖旋紧于容器口部外缘螺纹上，依靠旋盖与容器接触部位密封垫的弹性变形进行密封。旋盖为金属盖或塑料盖，容器为玻璃、陶瓷、塑料或金属的组合容器。

滚纹封口是通过滚压，使圆形帽盖形成与瓶口外缘沟槽一致的锁纹（螺纹、周向沟槽）的封口形式，是一种不可复原的封口形式，具有防伪性能。一般采用铝质圆盖。

压塞封口是将内塞压入容器口内实现密封。这种封口形式主要用于塑料塞或软木塞与玻璃瓶相组合的容器的密封，如瓶装酱油、酒等的封口。因为内塞要达到完全密封较难，通常还要加辅助密封方法，如塑封、蜡封、旋盖封等。

一、卷边封口机

马口铁罐全自动卷边封口机如图 5—24 所示，主要由封盘、六槽转盘、卷边滚轮等组成。工作时，输送链上的推头将实罐间歇送入六槽转盘的进罐工位 I。同时，罐盖由连续转动的分盖器逐个拨出，然后由往复运动的推盖板送至进罐工位处罐体的上方。罐体和罐盖一起被间歇转到卷封工位Ⅱ后，先由托罐盘将罐体托起，压盖杆下降压住罐盖，由上压头完成定位后，利用两道卷边滚轮依次进行卷封。完成封盖后，托罐盘和压盖杆恢复原位，已封好的罐头降下，由六槽转盘送至出罐工位Ⅲ，完成卷边封罐过程。

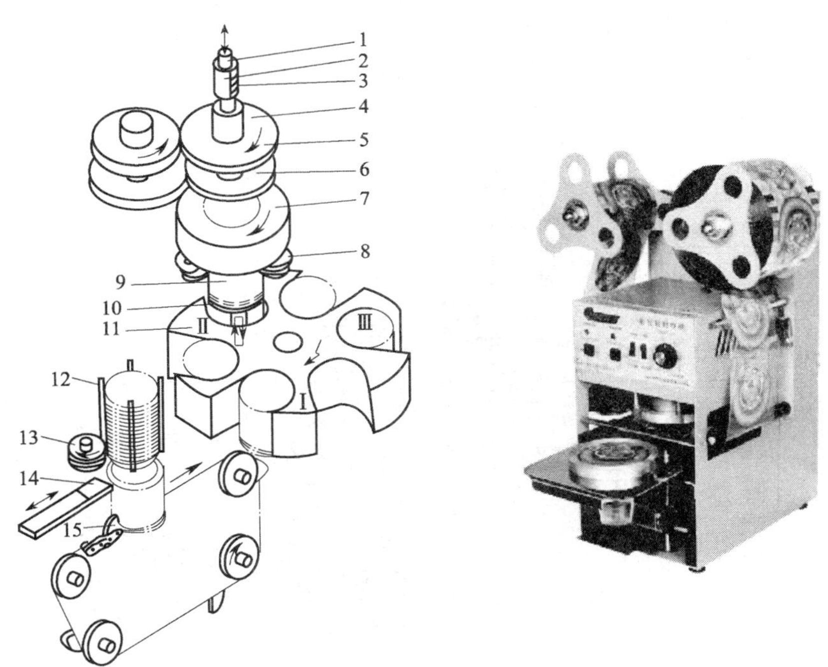

图 5—24　马口铁罐全自动卷边封口机示意图

Ⅰ—进罐工位　Ⅱ—卷封工位　Ⅲ—出罐工位

1—压盖杆　2—套筒　3—弹簧　4—上压头固定支座　5、6—差动齿轮　7—封盘　8—卷边滚轮　9—罐体　10—托罐盘　11—六槽转盘　12—上盖　13—分盖器　14—推盖板　15—输送链推头

卷边封口机在工作前应根据罐型规格，更换相应的卷边滚轮、下托盘等工作部件。然后将罐盖装在上压头上，用卷边滚轮做标尺，转动上压头，检查其上下之间和滚轮间是否一致，直至调整水平为止。顺序调整头道和二道滚轮的高低，使滚轮槽上部平面和压头上部平面之间相距一张镀锡薄钢板的厚度。调整完设备后，手动盘转手轮进行试封，并根据封结情况进行校核，直至符合标准再投入使用。工作结束后，对溢洒出的料液进行清洗。对各运动部件在开机前应进行润滑。

二、皇冠盖压盖封口机

1. 压盖封口原理

压盖封口原理如图 5—25 所示，是用配有高弹性密封垫片（通常用橡胶制造）的皇冠形瓶盖加在待封口的瓶口上，由机械施以压力，促使位于盖与瓶口间的密封垫产生较大的弹性变形及瓶盖裙边被挤压变形，卡在瓶子封口凸缘的下缘，造成盖与瓶间的机械勾连，实现牢固且紧密的密封性封口连接。

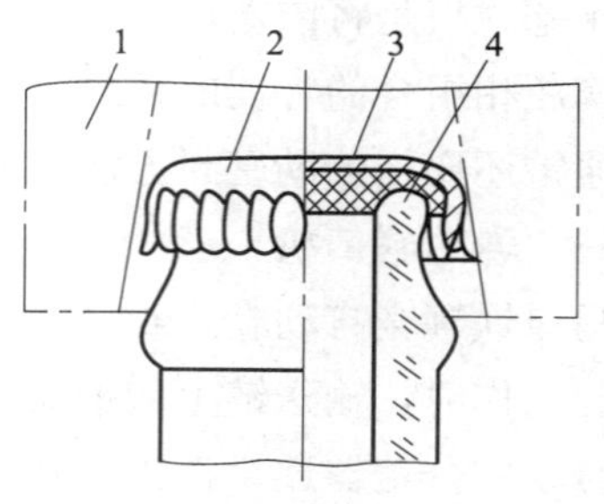

图 5—25　皇冠盖压盖封口原理
1—压盖模　2—皇冠盖　3—密封垫片　4—瓶口

2. 压盖封口机构造

皇冠盖压盖封口机如图 5—26 所示，由皇冠盖的压盖机主体，压盖机头，瓶盖供送装置（常采用自动料斗），进、出瓶装置等组成。压盖封口机械可单独使用，也可与灌装机组合成联合机组应用。

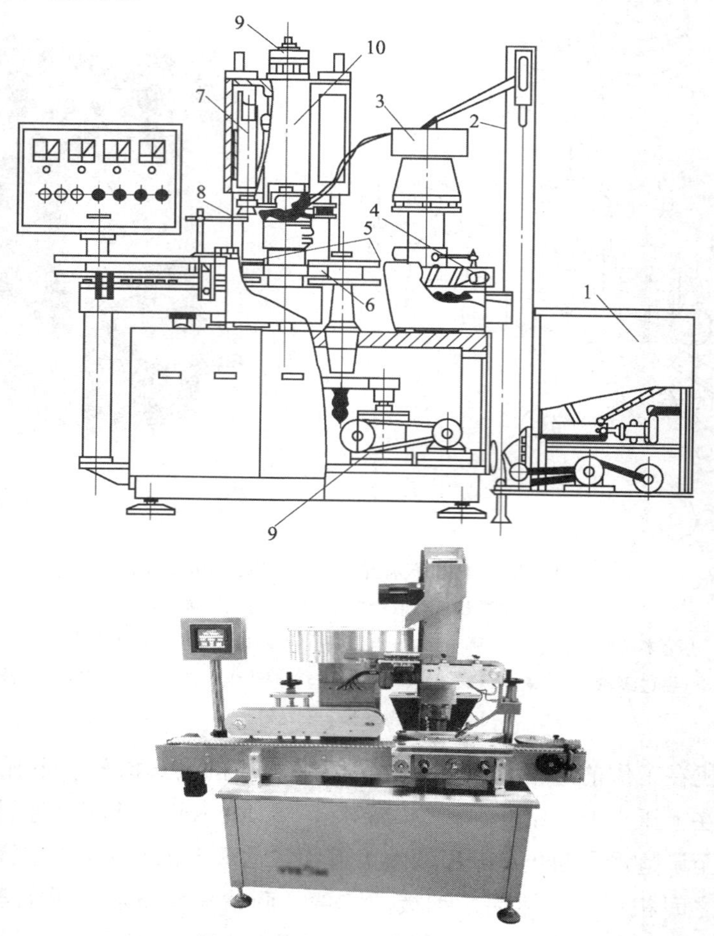

图 5—26　皇冠盖压盖封口机
1—储盖箱　2—磁性带　3—电磁振动给盖器　4—供瓶装置　5—拨轮
6—传送转盘　7—压盖机头　8—实瓶安全装置　9—无级变速器　10—压盖机主体

（1）压盖机主体

压盖凸轮为圆柱凸轮，固定安装在心轴上部，压盖机头的滚轮沿凸轮槽运动。为适应不同高度规格瓶子的压盖封口，在心轴上设置有螺旋升降调节机构。调节时，转动手轮轴，通过调高圆锥齿轮带动调节螺母转动，使心轴做轴向移动，从而带动压盖凸轮、压盖机头滑座轴向移动，实现滑座和传动转盘之间的相对位移。空心支撑轴通过轴承支撑在机座上，由驱动装置通过齿轮带动在空心支撑轴上的瓶子传送转盘及压盖机头滑座转动，压盖机头上的滚轮沿着压盖凸轮槽滚转，受压盖凸轮槽的约束，压盖机头做升、降运动，完成压盖封口作业。

（2）压盖机头

压盖机头工作时，瓶盖由供盖装置送入压盖机头导槽内，由压盖心杆上的磁铁吸住瓶盖定位，对中罩使瓶嘴与压盖机头对中，并将瓶盖加到瓶口上。压盖机头受压盖凸轮槽控制向下行进，使压盖心杆压住瓶盖，并向上压缩小弹簧，使压盖力增大，迫使盖与瓶嘴间的密封垫产生挤压变形。与此同时压盖模对盖的裙边进行挤压，迫使裙边向瓶子封口凸缘下压紧，产生塑性变形，形成机械性勾连。最后压盖滚轮沿压盖凸轮轨道向上运动，在弹簧作用下，压盖模与盖分离，压盖机头升起，瓶子由出瓶拨轮排出，完成压盖作业。

3. 压盖封口机压盖过程

储盖箱内的皇冠盖被磁性带吸住，提升至顶部后，皇冠盖落入电磁振动给盖器内。皇冠盖由电磁振动给盖器送出，经过料斗定向后，通过送盖滑槽送至压盖模处，被压盖心杆中的磁铁吸住，同时，拨轮将瓶子拨入传送转盘内，使瓶子随传送转盘和压盖机头滑座同步转动。压盖心杆随即下降，皇冠盖在压盖模作用下被压向瓶嘴，受挤压变形，实现封口。最后，压盖心杆上升，被封口的瓶子退出，压盖机等待下一个瓶子进入。

4. 压盖封口机的使用及维护

（1）调整

工作前，根据瓶子的高度规格，转动调节手轮轴，使滑座和传动转盘之间相对移动，将高度调整到适合瓶子的规格。

（2）试封

应进行开机试封，检查压盖封口的密封性。当瓶盖不够紧密时，可通过调节杆进行调节，使压盖心杆与调节杆之间的间隙 δ 缩小。反之，瓶盖过于紧密时，调节调节杆使间隙 δ 增大。

（3）维护

对各运动部位要定期进行润滑。每次工作结束后，应对设备进行清洗。

三、旋盖封口机

旋盖封口的瓶口外螺纹有单头和多头。单头螺纹常用于小口径的瓶罐，其螺纹螺距较小，瓶罐口上螺纹多为2～3圈，因螺旋的升角小，具有良好的自锁性能。为使封口密封，瓶盖内用橡胶作为密封衬垫。旋紧瓶盖时，密封衬垫发生弹性变形，从而达到气密性要求。

多头螺纹螺距较大，每道螺纹段长度约为整圈螺纹的1/3或1/4，上盖与开启迅速、方便。与多头螺纹瓶罐口相配的盖子做成与外螺纹头数相等的凸爪，旋盖时，凸爪沿瓶罐上的封口外螺纹线前进而旋紧。它广泛用于玻璃、塑料瓶罐食品的封口，这种封口具有启封方便和启封后可再盖封的优点。瓶罐与盖的多头螺纹连接结构如图5—27所示。

图5—27 瓶罐与盖的多头螺纹连接

a）瓶锁口多头外螺纹结构 b）螺旋盖结构

对于小口径旋盖，由于螺旋升角较小，达到同样密封程度所需的旋拧力矩也较小，通常采用结构简单的直接摩擦旋拧机构。而对于大口径旋盖，所需旋拧力矩较大，多采用拧手机构。

1. 直线行进式旋盖机

直线行进式旋盖机如图5—28所示，实瓶由输送带送进，瓶盖由自动料斗送至送盖滑槽。在滑槽的端头有弹性定位夹持器夹持定位瓶盖，当料瓶送达时，瓶口碰到瓶盖，瓶盖自动套在瓶口上，实瓶继续行进至两条平行反向运行的输送带7中间，使瓶体在行进中自转。瓶盖上方的压板和压盖输送带阻止瓶盖随瓶体转动而使瓶盖做轴向送进，从而实现瓶与盖的旋拧作业。当旋拧达到封口密封要求时，瓶体在输送带间打滑，以保障旋拧安全可靠。

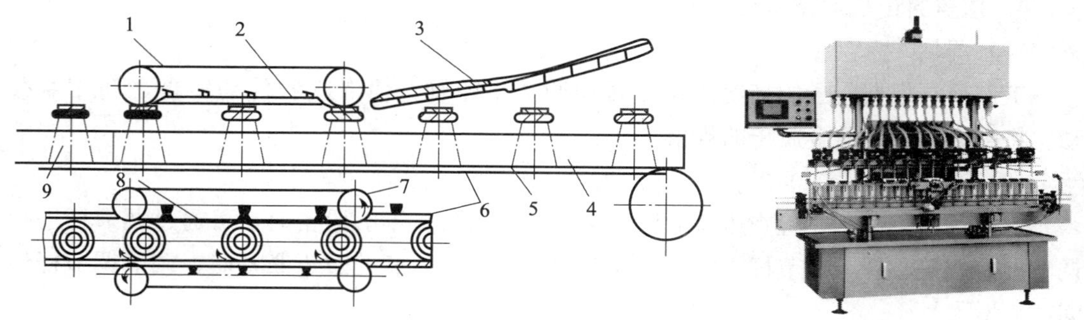

图5—28 直线行进式旋盖机

1—压盖输送带 2—压盖板 3—送盖滑槽 4—上侧板 5—托板
6、8—侧导板 7—旋瓶输送带 9—已旋盖瓶子

2. 爪式旋盖封口机

爪式旋盖封口机如图5—29所示。爪式旋盖封口机的封口执行机构是三爪式旋盖机头。当瓶盖从料斗到达旋盖头下方时，首先压入由弹簧和三个爪组成的爪头内。然后将灌有食品的瓶子送到旋盖下同一中心线位置并被夹紧，传动轴下降，通过弹簧、球铰、

摩擦片，使橡皮头紧压在瓶盖上。传动轴旋转并靠摩擦力将瓶盖旋紧在瓶口的螺纹上。达到一定的旋紧力后再旋转，则摩擦片打滑，从而防止因旋紧力过大而把瓶盖拧坏。转动调节螺钉可调节旋盖头位置的高低，以适应不同高度的瓶子。

图 5—29 爪式旋盖封口机

3. 旋盖封口机的使用及维护

工作前，应根据瓶子的高度调整旋盖机头（或压盖板）的高度，使之符合瓶高要求，并根据瓶盖大小更换相应的爪头。工作中，应注意旋盖的松紧度，过松会造成密封不严，过紧会把瓶盖拧坏。直线行进式旋盖机可通过改变压盖板的压力进行调节，爪式旋盖封口机通过改变弹簧的弹力调节。对各运动部件要定期进行润滑。

第五节 贴标机械

用黏结剂将标签贴在包装件或产品上的机器称作贴标机械。贴标机按自动化程度分为半自动贴标机和全自动贴标机；按容器的运动方向分为立式贴标机和卧式贴标机；按容器的运动形式可分为直通式贴标机和转盘式贴标机；按贴标机结构可分为龙门式贴标机、真空转鼓贴标机、多标盒转鼓贴标机、拨杆贴标机和旋转型贴标机。

一、真空转鼓贴标机

真空转鼓贴标机如图 5—30 所示。工作时容器由板式输送链进入送罐螺杆，使容器按一定间隔送到真空转鼓，同时触动“无瓶不取标”装置的触头，使标盒向转鼓靠近。标盒支架上的滚轮触碰真空转鼓的滑阀，使正对标盒位置的真空气眼接通真空，从标盒中吸出一张标签贴靠在转鼓表面。随后，标盒离开转鼓准备再次供标。带有标签的转鼓经印码、涂胶装置，在标签上打印批号、生产日期并涂上适量黏结剂。随着转鼓的继续旋转，已涂黏结剂的标签与螺杆送来的待贴标容器相遇，当标签前端与容器相切时，转鼓上的吸标真空小孔通过阀门逐个卸压，标签失去吸力，与真空转鼓脱离而黏附在容器表面。容器带着标签滚入搓辊输送带和海绵橡胶衬垫构成的通道，标签被抚平、贴牢。该机仅适用于圆柱体容器粘贴标签。

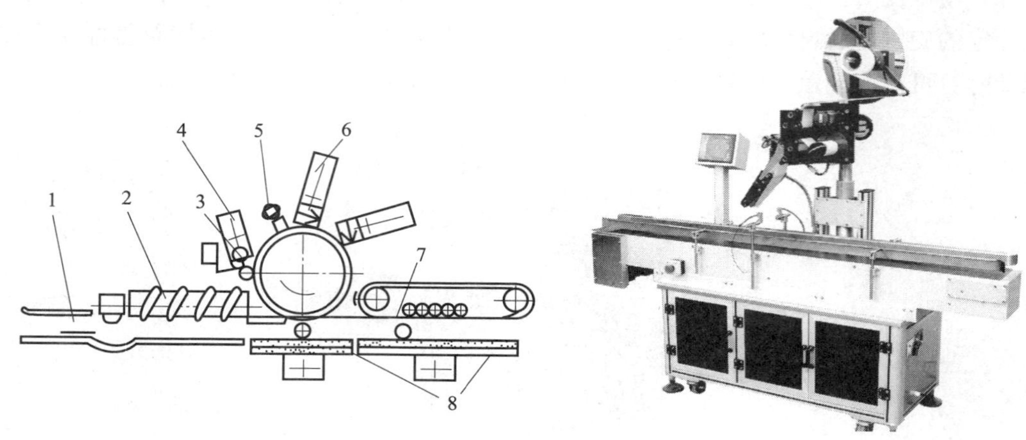

图 5—30　真空转鼓贴标机

1—板式输送链　2—螺旋分罐器　3—真空转鼓　4—涂胶装置　5—印码装置
6—标盒　7—搓辊输送带　8—海绵橡胶衬垫

二、回转式真空转鼓贴标机

回转式真空转鼓贴标机如图 5—31 所示，它适用于圆柱形容器的贴标。工作时容器先由板式输送链送进，经螺旋分罐器将容器分隔成要求的间距，再由星形拨轮将容器拨送到回转工作台，同时压瓶装置压住容器顶部，并随回转工作台一起转动。取标转鼓上有若干个活动的弧形取标板，取标转鼓回转时，先经过涂胶装置，给取标板涂上黏结剂，转到标盒所在位置时，取标板在凸轮碰块作用下，从标盒粘出一张标签进行传送。经过打印装置时，在标签上打印代码，再转动到与真空转鼓接触时，真空转鼓利用真空吸力吸过标签并做回转传送。当标签与回转工作台上的容器接触时，真空转鼓失去真空吸力，标签粘贴到容器表面。随后理标毛刷进行梳理，使标签舒展并贴牢，最后定位压瓶装置升起，容器由星形拨轮拨出，送到板式输送链上输出。

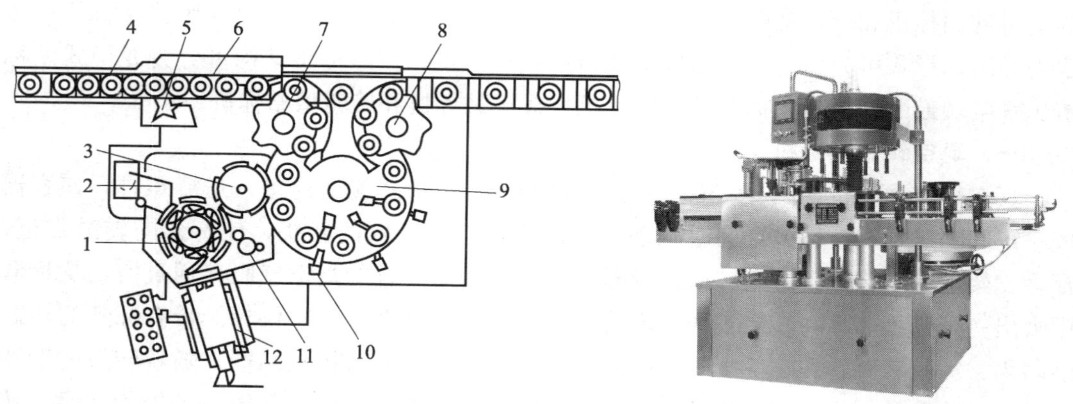

图 5—31　回转式真空转鼓贴标机

1—取标转鼓　2—涂胶装置　3—真空转鼓　4—板式输送链　5、7、8—星形拨轮
6—螺旋分罐器　9—回转工作台　10—理标毛刷　11—打印装置　12—标盒

三、贴标机械的使用及维护

1. **贴标机的调整**

在贴标前，要根据罐形大小和高度调整贴标机，使之适合罐形要求，并更换标签盒及标签。

2. **使用及维护**

真空贴标机在工作中要保持恒定的真空度，真空吸力过小时，易造成漏取标签。标签用完后，应及时放入新标签。应随时检查标签的粘贴情况，标签粘贴不牢固时，可通过调整出罐段搓辊输送带（或理标毛刷）的压力进行调节。

~思考与练习~

一、选择题

1. 下列选项中不属于按照灌装阀的灌装原理分类的灌装机是（　　）。

A. 负压灌装机　　B. 直线式灌装机

C. 容积式压力灌装机　　D. 称重式定量灌装机

2. 含气液体饮料（包括啤酒），必须采用（　　）灌装。

A. 等压　　B. 负压　　C. 常压　　D. 压力

3. 真空量杯充填的充填精度可达到（　　）。

A. ±1%　　B. ±0.5%　　C. ±2%　　D. ±3%

二、判断题

1. 包装机械按包装产品的类型可分为专用包装机、多用包装机两种。（　　）

2. 等压灌装机适用于灌装含维生素的饮料等易氧化的产品。（　　）

3. 等压灌装阀有旋转式和移动式，旋转式灌装阀又分为旋塞式和转盘式。（　　）

4. 对计量精度要求较高的物料进行包装，通常采用称重式充填机。（　　）

5. 压盖封口主要用于塑料塞或软木塞与玻璃瓶相组合的容器的密封，如瓶装酱油、酒等的封口。（　　）

三、填空题

1. 灌装方法按灌装原理分为__________、__________、__________三大类。

2. __________直接影响灌装时间的长短。

3. 按充填机采用的计量原理，可分为__________、__________、__________三种类型。

4. 常用的容积充填计量装置有__________、__________、__________等不同类型。

四、简答题

1. 液体灌装机的气阀有什么作用？

2. 等压灌装基本程序有哪些？简述液体等压自动灌装机灌装过程。

3. 观察刚性容器封口形式，简述相对应的封口机的结构与工作原理。

实训8　旋转式等压灌装压盖机构造观察与使用及维护

一、实训目的

通过实习，使学生熟悉旋转式等压灌装压盖机的构造，掌握旋转式等压灌装压盖机的正确调整、使用和维护，在生产中能正确使用旋转式等压灌装压盖机。

二、设备与工具

1. 旋转式等压灌装压盖机 1 台（或旋转式等压灌装机 l 台，压盖机 1 台）。
2. 饮料瓶若干，瓶盖若干。
3. 配制好的饮料（根据实际情况确定用量）。
4. 电源。
5. 自来水源。

三、实训内容和步骤

1. 观察旋转式等压灌装压盖机的外部结构。
2. 检查蜗杆蜗轮减速器润滑油面，必要时补充润滑油，对各运动部件进行润滑。
3. 清洗灌装系统，并进行消毒。
4. 根据饮料瓶的高度，调节储液箱与灌装工作台之间的相对高度，并相应调整压盖装置的高度。根据饮料的容量，调节储液箱内高、低液位控制浮球的控制液位。调节低液位控制浮球上的针阀，调节排气快慢。
5. 先向环形储液箱送入无菌压缩空气，使环形储液箱处于加压状态，并调节流入储液箱料液的压力，使之与储液箱压缩空气的压力相等。
6. 启动灌装机电动机，带动灌装机、压盖机及瓶罐输送机构运转。检查运转是否正常，有无异常声响等。
7. 向压盖机装入瓶盖，并将洗净的空瓶放入瓶罐输送机，开始灌装。
8. 注意观察机器的运转情况，并对灌装压盖的饮料进行检查。
9. 实习结束后，对设备进行清洗保养，整理实习现场。

实训9　袋成形一充填一封口包装机构造观察与使用及维护

一、实训目的

通过实习，使学生熟悉袋成形一充填一封口包装机的构造，掌握袋成形一充填一封口包装机的正确调整、使用和维护，在生产中能正确使用袋成形一充填一封口包装机。

二、设备与工具

1. 袋成形一充填一封口包装机 1 台。
2. 成形包装用塑料薄膜 1～2 卷。

3. 待包装物料适量。

4. 电源。

5. 自来水源。

三、实训内容和步骤

1. 观察袋成形一充填一封口包装机的外部结构。

2. 检查传动链的张紧程度。对各运动部件和传动部件进行润滑。

3. 根据包装物料体积大小，更换相应的象鼻形成形器。

4. 调整容杯式计量装置，使之符合包装要求的用量。

5. 根据包装材料封结温度要求，调节纵封牵引辊和横封辊的封结温度。

6. 启动主电动机，带动喂料盘、纵封辊、横封辊和旋转切刀运转。启动伺服电动机。检查运转是否正常，有无异常声响等。

7. 停止机器，安装好塑料薄膜卷，送入物料，再启动机器，开始封装。

8. 注意观察机器的运转情况，并对封装件进行检查。

9. 实习结束后，对设备进行清洗保养，整理实习现场。

第六章　粮油加工机械与设备

学习目标

了解粮油加工厂主要加工机械设备的作用，掌握主要加工机械设备的工作原理、主要部件结构及设备使用、维护方法。

粮油加工产品是我国人民膳食结构的主体，粮油工业是我国食品工业的重要组成部分。粮油加工机械设备主要包括食品原料米、面和植物油的原料清理及加工机械设备。

第一节　物料清理机械与设备

用于粮油加工的原料均有一些杂质需要清除，这些杂质分为有机杂质和无机杂质两大类。有机杂质包括植物的根、茎、叶、杂草的种子、有害的异种粮等。无机杂质包括尘土、泥块、砂石、瓦砾及各种金属杂质等。这些杂质含量为1%～3%，有时甚至更高，若不清除，就会影响产品的纯度及气味，降低出品率，有时甚至会损坏机器设备，引起生产事故。因此，在原料进行加工制备之前必须进行清理除杂操作。

对物料清理的方法主要是根据物料与杂质在粒度、密度、形状、表面状态、硬度、磁性、气体动力学等物理性质上的差异，采用筛选、密度分选、磁选、风选等方法和相应设备，将杂质去除。

一、筛选设备

筛选利用物料和杂质在颗粒大小上的差别，借助含杂物料和筛面的相对运动，通过筛孔将大于或小于物料颗粒的杂质清除掉。油厂常用的筛选设备有振动筛、平面回转筛、旋转筛等。所有的筛选设备都具有一个重要的工作构件即筛面。

1. 筛面

(1) 筛面的形式和材料

常用的筛面形式有两种，即筛板和筛网。筛板用薄钢板冲制而成，坚固耐用，可以按照物料和杂质的外形冲制出各种形状的筛孔，而且在使用过程中不易变形，筛板常用来清理大颗粒的物料。筛网用金属丝编织而成，筛面利用率高，处理量较大，筛孔边缘光滑，物料易于穿过筛孔而不易卡料。筛网常用于清理小颗粒的物料。

（2）筛孔的大小和形状

1）筛孔大小的确定：利用筛选设备对物料进行清选，首要的是要选择合适的筛孔尺寸。若假设筛选的物料混合物由三部分组成：净籽、小杂质和大杂质，而且每一部分的粒度组成互相不重叠。

2）筛孔形状的确定：筛板上的筛孔，可以按照筛选物料或杂质的外形冲制成各种不同的形状，工厂多采用圆形或长圆形筛孔，有时也冲制成六角形筛孔。筛网上的筛孔是由金属丝编制而成的，故其筛孔的形状只有正方形和矩形两种。

（3）筛板上筛孔的排列方式

筛选效果的好坏与筛面上的筛孔总面积的大小有关，而筛孔总面积又与筛孔的形状及其排列方式有着密切的关系。

圆形筛孔的排列方式有直线排列和交错排列两种，如图 6—1 所示。直线排列又称正方形排列，交错排列又称正六角形排列。直线排列和交错排列的筛面利用系数 $K_{直}$ 和 $K_{交}$ 各不相同，下面通过计算进行比较：

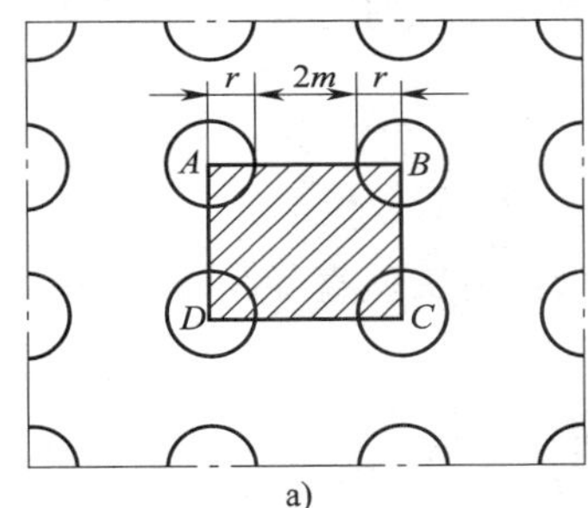

a)

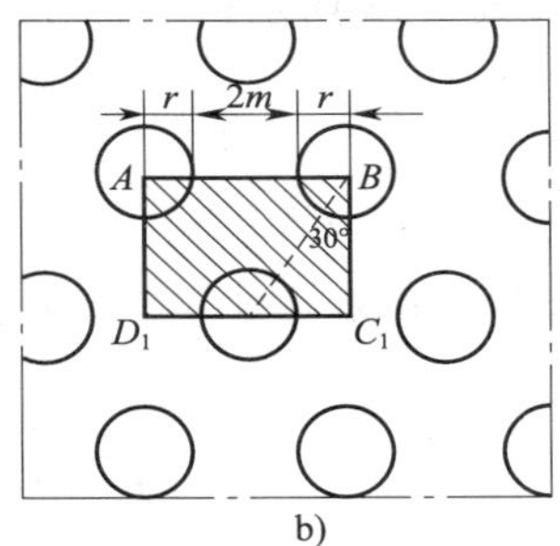

b)

图 6—1　圆形筛孔的排列方式

a）直线排列　b）交错排列

从图 6—1 可知，当筛孔大小和间距一致时，设筛孔直径为 $2r$，相邻两孔边缘间距为 $2m$，则在直线排列中，正方形 $ABCD$ 的筛面面积内包含有一个筛孔的面积，故：

$$K_{直}=\frac{\pi r^2}{(2r+2m)^2}=\frac{\pi r^2}{4(r+m)^2} \tag{6—1}$$

同样，在交错排列中，矩形 ABC_1D_1 的筛面面积内也包含有一个筛孔的面积，故：

$$K_{交}=\frac{\pi r^2}{AB\times BC_1}=\frac{\pi r^2}{AB^2\cdot\cos 30^\circ}=\frac{2}{\sqrt{3}}\cdot\frac{\pi r^2}{4(r+m)^2} \tag{6—2}$$

将式（6—1）与（6—2）进行比较可得：

$$\frac{K_{交}}{K_{直}}=\frac{2}{\sqrt{3}}\approx 1.16 \tag{6—3}$$

由此可知，圆形筛孔在筛孔直径和间距相等的情况下，交错排列的筛面利用系数 $K_{交}$ 要比直线排列的筛面利用系数 $K_{直}$ 高出约 16%，而且交错排列的筛面强度也较高，因此交错排列的应用较多。

长圆形筛孔的排列方式一般有直行式、交叉式和斜行式三种，如图 6—2 所示。其中以交叉式应用最广，但直行式的筛面强度较高。

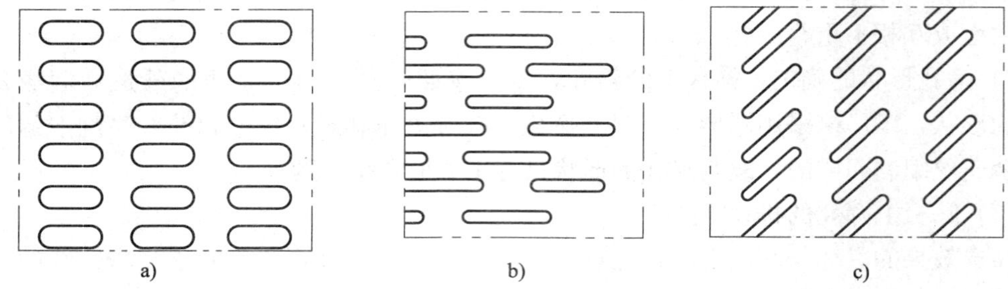

图 6—2　长圆形筛孔的排列方式

a）直行式　b）交叉式　c）斜行式

筛网上的筛孔是由金属丝编织而成，因此筛孔的形状及排列方式较简单，其筛面利用系数与金属丝的直径和筛孔边长有关。当边长一定时，金属丝的直径越大，则筛面利用系数越小。如图 6—3 所示，当筛孔为正方形时，设筛孔边长为 a，金属线直径为 d，则筛面利用系数为：

$$K_{正} = \frac{a^2}{(a+d)^2} \tag{6—4}$$

当筛孔为矩形时，设筛孔宽度为 a，长度为 b，金属丝直径为 d，则筛面利用系数应为：

$$K_{长} = \frac{ab}{(a+d)(b+d)} \tag{6—5}$$

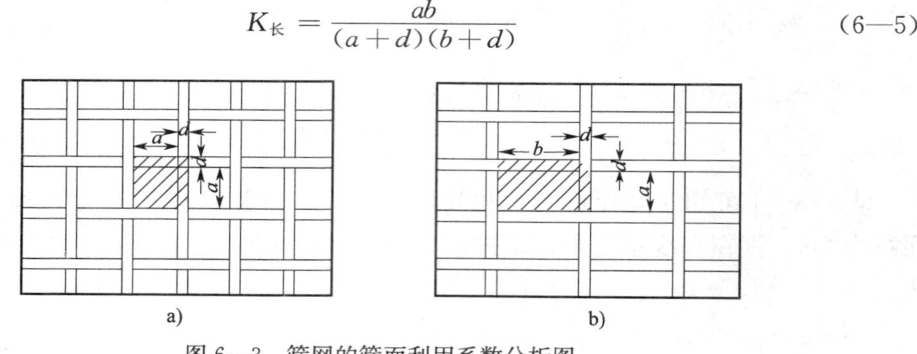

图 6—3　筛网的筛面利用系数分析图

a）正方形筛孔　b）矩形筛孔

（4）筛面组合

若要利用一台筛选设备同时将物料中的大杂和小杂都清选出去，或将物料按颗粒大小不同进行分级，就必须通过若干层不同筛孔的筛面的组合来实现。组合筛面筛选出的物料种类数等于所用筛面的张数加 1。筛面组合的方式按筛面形式分，可以是同种筛面的组合，也可以是不同种筛面，即筛板和筛网的组合；筛面组合的方式按筛孔大小分，可以是筛孔由大到小，它适用于多层的振动筛和平面回转筛，也可以是筛孔由小到大，它适用于各种旋转筛，如图 6—4 所示。

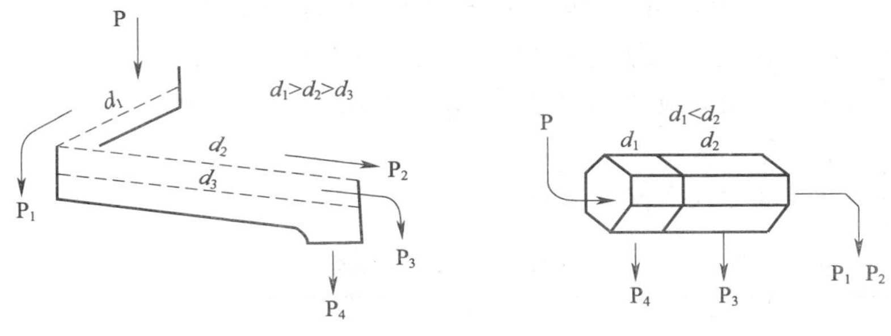

图 6—4 筛面组合示意图

P—未经筛选的细料 P_1—大型杂质 1 P_2—大型杂质 2 P_3—净物料 P_4—小型杂质

2. 振动筛

振动筛又称振动平筛，是指筛面在工作时做往复运动的筛选设备。由于振动筛清理效率高，工作可靠，因而是油厂应用最广泛的一种筛选设备。

(1) 振动清理筛的结构与工作原理

如图 6—5 所示为常用的振动清理筛（也称自衡振动清理筛）示意图。其工作过程是：物料通过进料管进入带有偏心锥形漏斗的进料口，再通过布筒进入喂料箱的可调节散料板上，锥形漏斗可以旋转使得物料正确地落到散料板中间。随着筛体的振动，物料均匀地撒在进料箱的底板上，并沿底板流到筛面的整个宽度上。在喂料箱与筛面的连接处安装了一个压力门，它使物料流能均匀分散于同一高度。物料通过压力门后布满了第一层筛面，第一层筛面的筛下物落到第二层筛面上，筛上物（大杂）则由旁边的出料口导出。第二层筛面的筛下物（小杂）落到底板上，从位于机器中部的出料口导出。第二层筛面的筛上物经过压力门导出到垂直吸风分离器进行风选，去除尘土和轻型杂质。垂直吸风分离器可通过调节手轮进行调节，以达到最佳的分离状态。从垂直吸风分离器排出的即是清理后的净料。振动电动机位于机器两侧的中部，使筛体不断地进行往复运动。即在电动机的转轴两端安装扇形偏重块，把旋转引起的离心力作为振动力。此振动电动机对称安装在筛体两侧，产生的振动力直接带动筛体做往复运动。通过对扇形偏重

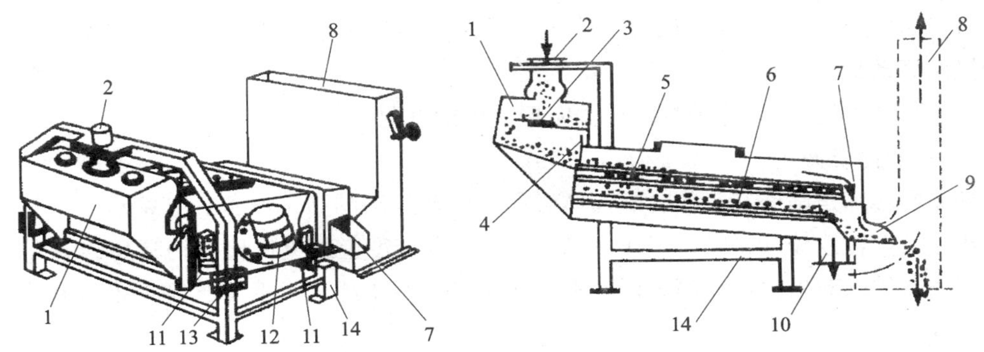

图 6—5 振动筛的外形及结构

1—喂料箱 2—进料口 3—可调分料淌板 4—均布挡板 5—上层筛面 6—下层筛面 7—大杂出口 8—配套风选器 9—出料口 10—小杂出口 11—空心鼓形橡胶垫 12—振动电动机 13—可调支架 14—机架

块安装夹角的调节可选择筛体的振幅。通过调节两侧电动机相对筛体的装置角度，可在0°～45°范围内选择筛体运动轨迹与筛面的夹角，即抛角，一般为10°左右。选择合适的抛角将有利于物料的自动分级及小粒穿孔。两台振动电动机的调节应一致，让合力通过筛体的重心使振动平稳。

（2）自衡振动筛的技术特性（见表6—1）

表6—1　　自衡振动筛技术特性表

项目＼型号	SZ・50×2	SZ・63×2	SZ・80×2
处理量（kg/h）	4 000	5 000	6 400
筛宽（mm）	1 000	1 260	1 600
振动器转速（r/min）	600～650	600～650	600～650
风机转速（r/min）	900～950	900～950	无风机
风量（m^3/h）	4 500	4 500	5 000
功率（kW）	风机2.2、振动器0.8	风机2.2、振动器0.8	0.8

（3）振动筛的设备操作及维护

1）开机前需检查筛体的自由振动状态、各物料通道是否通畅、各紧固体是否松动。开机时先开相关风机，再启动振动机构，设备运转平稳后开始进料。

2）流量控制。根据物料含杂情况，掌握适宜的流量，以使喂料均匀，厚薄一致。若流量过大，则筛面的流层增厚，这样，物料在筛面上不仅难以形成自动分级，而且还会产生转速降低、振幅减少等现象，从而影响清理效果；反之，若流量过小，则筛面流层减薄，这样物料在筛面上会发生跳动现象，从而造成难以穿过筛孔或发生筛分过度现象。一般情况下，筛选设备的工作流量可相对设计产量增减20%左右。

3）筛面检查。为使设备工作状态良好，应定期检查除杂效果及设备的运动状态。每天需检查喂料机构及筛面工作状态。为使筛孔通畅应经常清理筛面，筛孔通畅率要保持在80%以上；清理橡皮球一旦磨损需及时更换，以保持足够的筛面自动清理能力。

4）设备检查。注意检查筛面、橡胶支撑块、吊杆等易损件的状态，定期维护振动电动机及振动机构的轴承、传动装置。

5）停机顺序为先停止进料，再关闭振动机构电源，最后关闭风机。

3. 平面回转筛

平面回转筛是筛面在工作时随筛体做平面回转运动的筛选设备。其特点是筛体做平面回转运动，转速较低，筛体工作平稳，单位筛面宽度上的流量比振动筛高约50%，对清除细小杂质的效果较振动筛为好。平面回转筛常用于清理米糠、芝麻等粉状和小颗粒物料。

（1）平面回转筛的结构

如图6—6所示，平面回转筛的筛体内装有两层或多层不同规格筛孔的筛面。当装有两层筛面时，上层筛面用于清理物料中的大杂质，下层筛面用于清理物料中的小杂质。上下筛面均为前后两段并做成抽屉形式。筛面下装有橡皮球清理机构，能够自动清理筛面。筛体用弹性吊杆支撑在机架上，筛面倾角为 8°～10°，转速为 100～200 r/min，偏心距为 12～40 mm。筛体的底部中间安装有传动架，它的作用是承吊偏重的 V 带轮。在筛体进料口端的下部，有电动机支架和倒置在支架上的电动机。电动机上的 V 带轮传动偏重 V 带轮，带动整个筛体做平面回转运动。为防止灰尘外逸，影响车间卫生，在进料口和出料口装有吸风管道，空气从机器底部进入，穿过进出料口的物料层，吸走物料中的轻型杂质及灰尘，由除尘设备进行处理。

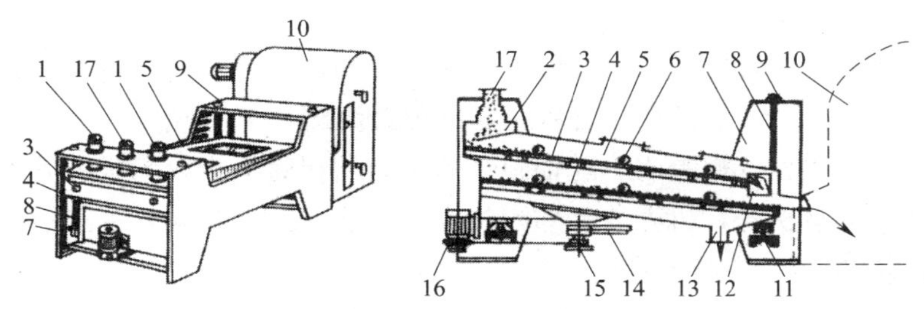

图 6—6　平面回转振动筛的结构

1—进口　2—均流淌板　3—上层筛面　4—下层筛面　5—筛体　6—筛面偏心压紧装置　7—机架　8—吊挂钢丝绳　9—钢丝绳调节螺母　10—配套风选器　11—限振器　12—大杂出口　13—小杂出口　14—可调偏重块　15—塔形 V 带轮　16—电动机　17—吸风口

（2）平面回转筛的技术特性（见表 6—2）

表 6—2　　**平面回转筛技术特性表**

型号 项目	TQLM40	TQLM63	TQLM80	TQLM100	TQLM125	TQLM75－2	TQLM100－2
处理量（kg/h）	4 000	6 000	9 000	12 000	18 000	23 000	26 000
筛面宽度（mm）	400	630	800	1 000	1 250	750×2	1 000×2
回转速度（r/min）	300～500						
回转直径（mm）	10～50						
配备功率（kW）	0.37～0.55		0.55～0.75			0.75～1.5	

（3）平面回转筛的使用与维护

为取得较好的筛选效果，必须保证筛选设备的单位负荷量及均匀性。单位负荷量以每小时单位筛宽上物料的流量［kg/（h·cm）］表示。筛面单位负荷量过大，将使筛面上的料层加厚，造成自动分级困难，同时会导致筛体振幅或回转半径减小等，影响筛选效率。若流量过小，则筛面料层过薄，筛体的振幅或回转半径将增大，易使物料在筛面上发生跳动，使筛选效果降低，同时也会降低筛选设备的产量，使设备利用率降低。通常料层厚度控制在 10～15 mm 为宜。

此外，要注意筛选设备进出料口的通畅，防止杂草麻绳等大杂造成的堵塞。注意检查筛面、筛面清理机构、振动机构的情况，定期检查设备的运行状况和筛选效果，做好设备维护。

4. **圆筒筛**

圆筒初清筛（圆筒筛）采用双层直圆柱筛筒，且筛筒倾角可调，用户可根据实际需要调整筛筒的倾角，以改变物料在筛筒内的下滑速度。原粮通过筛筒的旋转实现连续清理，把其所含的大于内筛孔孔径的大杂质和小于外筛孔孔径的细杂质分离出来流向指定位置，达到令人满意的清理效果。圆筒筛具有传动平稳、噪声小、耗能低、处理量大、清理效果好、实用性好、耐用性强、维护方便、使用寿命长等优点。

（1）圆筒筛的结构与工作原理

圆筒初清筛利用粮食颗粒与杂质颗粒的大小不同，通过筛筒的旋转连续筛选，即可将原粮中的大杂、细杂、轻杂质按分别指定的位置流出。

圆筒筛的主要工作部件是一个随轴旋转的转筒，转筒上绕以筛板或筛网，所以称为筛筒。筛筒的外面有机壳，机壳的上部为长方体，下部为三棱体，在三棱体的底部装有一台双向螺旋输送器。筛选粮食时，靠近进料端 1/3 筛筒长度部位，筛孔直径为 3～4 mm，后面 2/3 筛筒长度部位，筛孔直径为 16～19 mm。前段筛面筛出细小杂质，后段筛面筛出粮食，大杂质则从筛筒末端排出机外。筛出的细小杂质和粮食由下面的螺旋输送器分别由两端送出机外。圆筛的结构如图 6—7 所示。圆柱形的筛筒固定在成 5°左右倾斜的旋转轴上，进料端高，出料端低，以便物料向出料口流动。筛面依靠筛筒的旋转，通过一组紧贴筛筒外壁安装的毛刷而自动进行清理。

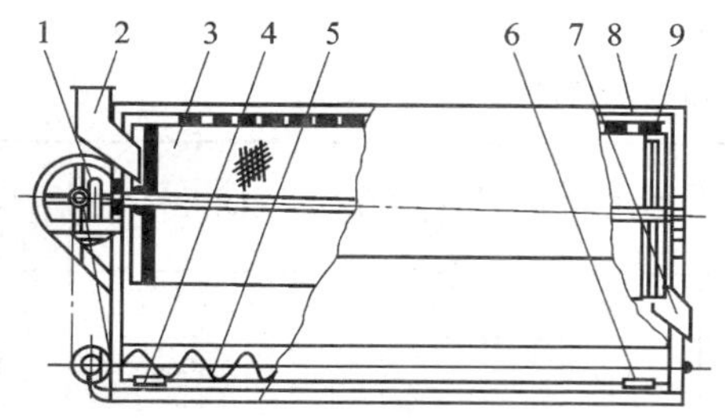

图 6—7　圆筛结构

1—传动机构　2—进料口　3—筛筒　4—小杂出口　5—双向绞龙　6—净料出口
7—大杂出口　8—筛架　9—毛刷

圆筒筛可广泛应用于冶金、建材、化工、粮食、医药、磨料及化肥等行业的干式粉状或颗粒状物料的筛分，特别适合于干法生产机制砂，也可用于颗粒状的湿物料筛分。其特点是：筛分能力大，筛分范围广；操作简单，调整、维护方便；全封闭、污染小、环境好；冲击振动小，噪声小，使用寿命长；干法生产自清网孔能力强，不堵塞，筛分效率高；筛网配比灵活，筛下物粒度组成可随意调整，以达到理想配比。

（2）圆筒筛主要技术特性（见表 6—3）

（3）圆筒筛的使用与维护

1）开机前需检查筛体的各物料通道是否通畅，各紧固体是否松动。

2）流量控制。根据物料含杂情况，掌握适宜的流量，以使喂料均匀，厚薄一致。

表 6—3　　圆筒筛技术特性表

项目＼型号	YSY1827	YSY1836	YSY1845	YSY1854
滚筒尺寸（cm×cm）	180×270	180×360	180×450	180×540
处理量（kg/h）	80 000	120 000	180 000	250 000
功率（kW）	5.5	7.5	11	11
外形尺寸（mm×mm×mm）	4 700×2 200×2 860	5 600×2 200×3 100	6 500×2 200×3 000	7 400×2 200×3 260

若流量过大，则筛面的流层增厚，这样，物料在筛面上难以形成自动分级现象，从而影响清理效果；反之，若流量过小，则筛面流层减薄，会降低生产能力。

3）筛面检查。为使设备工作状态良好，应定期检查除杂效果及设备的运动状态。为使筛孔通畅应经常清理筛面，筛孔通畅率要保持在 80%以上。

4）设备检查。注意检查筛面等易损件的状态，定期维护机构的轴承、传动装置。

二、密度法去石机

密度法去石根据物料与石子的密度及悬浮速度不同，利用具有一定运动特性的倾斜筛面和穿过筛面的气流的联合作用，达到分级去石的目的。

1. 密度法去石机的结构与原理

如图 6—8 所示是密度法去石机的结构示意图。工作时，物料由进料斗通过压力门经缓冲板进入去石机筛板，受到自下而上穿过去石机筛板筛孔的气流的作用，物料处于半悬浮状态，而密度较大的石子则紧贴筛面，同时由于筛面的往复摆动，又加快了物料

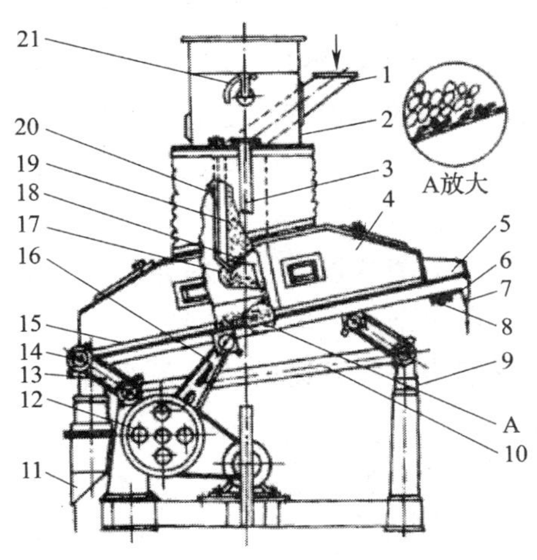

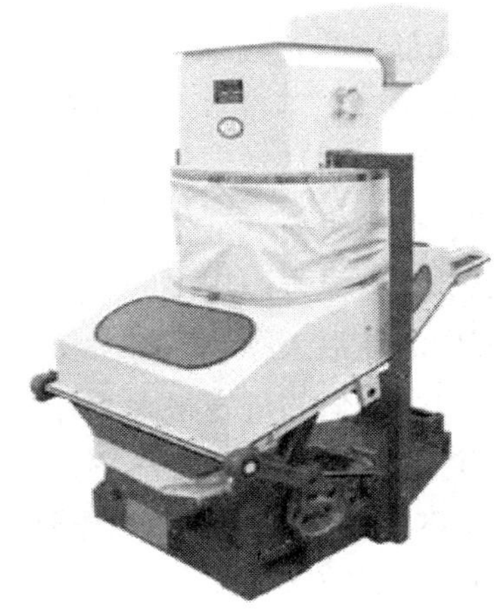

图 6—8　密度法去石机

1—进料管　2—进料吸风箱　3—支架　4—吸风罩　5—精选室　6—反向进风室　7—出石口　8—反吹调风门　9—垫板　10—支架连杆　11—出料口　12—带轮　13—撑杆　14—橡胶轴承　15—筛体　16—偏心传动连杆　17—缓冲板　18—弹簧压力门　19—存料斗　20—弹簧　21—调节风门

与石子的自动分级，进一步使石子沉于筛面。筛板做成特殊的鱼鳞状，对紧贴筛面的石子有一定的阻滞作用。随着筛面的往复摆动，这些石子受到向上的作用力，不断沿着倾斜的筛面向上爬行，并通过上端的精选室经出石口排出。悬浮在筛面上的物料，由于受到连续进入的物料的推动作用，沿着倾斜的筛面向下移动，从筛板的下端排出，虽然少量的物料在气流的作用下混同石子一起进入精选室，但由于精选室设有倒装的鱼鳞状筛板，通过反向气流调节门，可选择合适的反向气流将混在石子中的物料吹回，而石子则由于惯性和后续石子的推力，继续向上移动，至出石口排出，从而把混在石子中的物料精选出去。该去石机采用偏心机构传动，由保持平行的三根撑杆使筛体做往复振动。吸风机构包括吸风口、进料吸风箱、调节风门、软管及吸风罩。去石机的吸风量大小可由调节风门来调节。

2. 吸式密度法去石机的主要技术特性（见表6—4）

表6—4　　吸式密度去石机技术特性

项目＼型号	QSX56	QSX85	QSX100	QSX125
处理量（kg/h）	3 500	6 000	7 000	10 000
功率（kW）	0.55	0.75	0.75	1.1
外形尺寸（mm×mm×mm）	1 287×654×1 624	1 514×974×1 809	1 514×1 124×1 809	1 614×1 374×1 809
机重（kg）	260	350	380	480

3. 去石机的操作与维护

要保持进料量的均匀。流量过小则筛面上料层太薄，易被气流突破（或吹断层），使风量在筛面上分布不均，造成分离不清；流量过大，料层厚，石子同物料得不到充分分级，降低了除石效率。鱼鳞筛面、均风板、进风门要保持畅通，以免使风量改变。筛面要保持平整，不得有凹凸现象，以免影响工作筛面的倾斜度。要随时检查净料中含砂石和砂石中含料情况，发现问题，及时处理解决。

三、磁选设备

磁选设备是专门用来清除物料中磁性金属杂质的清选设备。物料在收获、清选及输送过程中难免混入一些铁钉、螺帽、螺栓等磁性金属杂质。虽然这些杂质在物料中含量很少，可是它们的危害很大，容易造成设备、特别是一些高速运转设备的损坏，甚至可能导致严重的设备和安全事故，所以必须清除干净。

1. 永磁装置的结构与工作原理

用于磁选的永久磁铁，一般是采用高碳铬钢或铬钴钢制成。永久磁铁可以直接安装在输送料管或设备进料口的淌板上。安装磁铁处应设置可开启的活动盖板或底板，以便人工定期清除被吸附的铁杂。永久磁铁也可以制成专门的磁选设备。这种磁选设备的形式很多，永磁滚筒磁选器和圆筒磁选器是常见的两种形式。

永磁筒是一种体积很小，无须动力的磁选设备，可直接装在其他工艺设备的进口处或串联在溜管之间。它的结构如图6—9所示，它主要由壳体、转动门、磁芯等部分组成。磁芯由分流伞形帽、磁环、磁芯圆筒组成并安装在转动门的底托上，能随转动门的开关而出入壳体。磁筒内部有不同的永久磁铁按一定的规则排列组合，在三个磁环上形成三个不同的磁场，其中以中环的磁场最强。壳体中部为圆筒形，上下呈锥形，两端为法兰，以便与输送料管连接。物料经上法兰口流入筒内，经永磁体 3 的锥头分流，较均匀地沿圆周经磁体流入出口 5 排出，物料中的铁杂被吸附在永磁体 3 的表面。为防止吸住的铁杂被流动的物料冲走，在磁体底部设有挡杂环。停车时打开检查门清理磁体上吸附的铁杂，与物料分离。部分设备的磁体装置在门上，工作中打开门可将磁体带出以便清理。为保证匀料效果，永磁筒需垂直安装，物料进筒后运动方向也需垂直。圆筒磁选器具有无须动力、节约能源、使用维修方便、价格便宜的优点，但需要人工定期清理。

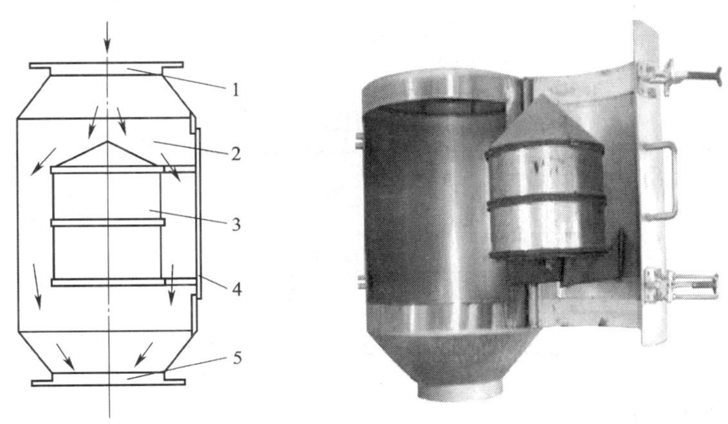

图 6—9　永磁筒

1—进料口　2—机壳　3—永磁体　4—检查门　5—出料口

永磁滚筒是一种具有自动排除杂质能力的磁选设备。其结构如图 6—10 所示。它由进料斗、旋转滚筒、磁芯和排料装置组成。物料从进料斗进入后，经压力活门控制流量，并使其沿旋转滚筒的轴向均匀分布，厚薄一致。物料随滚筒一起旋转到下部位置时落入出料口排出，而磁性杂质由于磁芯的磁力作用被吸附在滚筒表面上继续旋转，当转到后部无磁芯位置时即自动落下，由杂质出口排出。

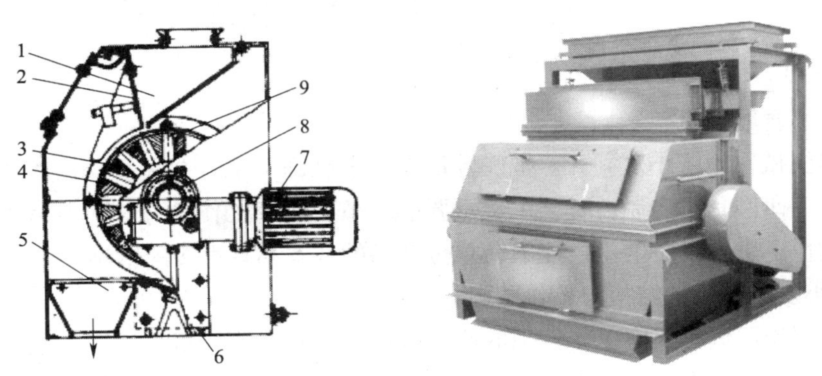

图 6—10　永磁滚筒

1—进料斗　2—压力活门　3—旋转滚筒　4—磁芯　5—出料口

6—杂质出口　7—电动机　8—蜗轮减速器　9—磁钢

永磁滚筒的特点是：磁力强且均匀、持久。它能自动吸杂和自动排杂，避免了被吸住的磁性杂质被物料从磁极上冲走的现象，磁选效果好。

2. 永磁装置主要技术特性（见表6—5和表6—6）

表6—5　永磁滚筒的技术特性

项目＼型号	CTQ150	CTQ200	CTQ250	CTQ300	CTQ350
处理量（kg/h）	6 000	12 000	20 000	27 000	35 000
外形尺寸（mm×mm）	ϕ300×740	ϕ400×740	ϕ4 800×850	ϕ540×920	ϕ600×1 080
机重（kg）	15	25	40	55	75

表6—6　永磁滚筒的技术特性

项目＼型号	TCXD2025	TCXD2035	TCXD2050	TCXD2035×2	TCXD2050×2
处理量（kg/h）	8 000	15 000	25 000	30 000	50 000
功率（kW）	0.37	0.37	0.37	0.55	0.55
机重（kg）	95	105	125	180	265

3. 永磁装置的使用与维护

应保证进料均匀、料层厚度适宜；正确把握物料流动速度，严格控制溜管角度；每月至少检查磁铁一次，吸力不足8 kg时必须更换或充磁；每班至少清理磁极两次，以免磁性杂质堆积过多而重新被物料冲走；磁铁在搬运、安装、使用过程中，不得碰撞、敲打、摩擦、剧烈振动或过热，以免退磁或破碎；长期停机时，要用5～6 mm厚的钢板放置在两磁极之间，使磁路闭合，以保持磁性。

第二节　小麦制粉机械与设备

一、小麦磨粉机

利用机械作用将小麦剥开，把胚乳从皮层上剥刮下来，并把胚乳磨细成粉，这个过程叫研磨。研磨是小麦制粉工艺中最重要的环节，研磨工作的好坏对小麦的出粉率、小麦粉的质量、工艺设备的生产能力、单位产品的成本都有直接的影响。

1. 小麦磨粉机的结构与工作原理

现代制粉厂进行研磨工作使用的研磨机械均为辊式磨粉机。磨粉机的研磨工作机构为一对外形相同的磨辊。磨辊一般为圆柱形，如图6—11所示，如有需要，有些磨辊的两头可略带锥度。新型磨辊辊面以下为15 mm左右厚度的研磨层，材料为合金冷硬铸铁。由于研磨损耗及进行辊面再加工时的磨削，研磨层将不断减薄。因此，磨辊有相应

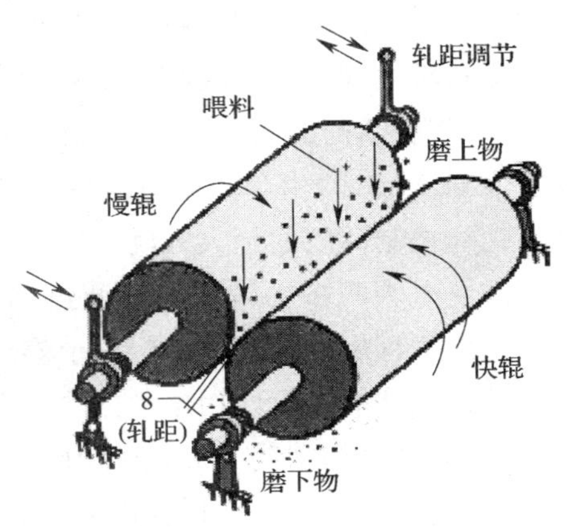

图 6—11 研磨辊工作示意图

的使用寿命，对物料破碎作用强的磨辊使用寿命相对较短。工作时两辊相向转动，转速不同。其中转速较快的磨辊称为快辊，转速慢的为慢辊。物料由两辊间通过而受到研磨，两辊之间形成较规则的研磨区。两磨辊间轧距很小，在 0.07～1.2 mm 间，根据磨的类型而定。当喂入的物料粒度大于轧距时，将受到磨辊的研磨作用而破碎，轧距的大小直接影响研磨的效果。相对物料的粒度而言，轧距较小时，破碎作用较强烈，磨粉机的剥刮率或取粉率较高。工作过程中，为使研磨效果达到规定的要求，对轧距的大小可进行适当的调节。快辊与慢辊的转速之比称为速比。由于快慢辊的直径一般近似，故两辊的线速比也可认为等于转速比。一般皮磨的速比较大，通常为 2.5∶1；心磨的破碎作用较轻缓，速比一般为 1.1∶1～1.5∶1。

辊式磨粉机一般由喂料机构、轧距调节机构、传动机构、磨辊清理机构、出料机构五部分组成。如图 6—12 所示是一种较新型的复式平置气压自控大型磨粉机（MDDK 型磨粉机）的结构。

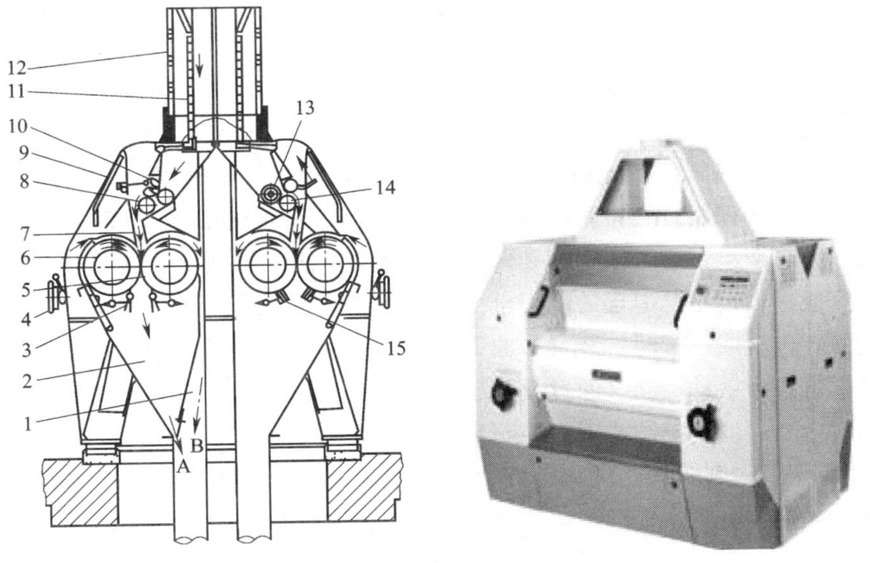

图 6—12 MDDK 型磨粉机的结构

1—吸风系统 2—集料斗 3—可调式刮刀 4—轧距调节手柄 5—慢辊 6—快辊 7—物料通道 8—喂料辊 9—上磨门 10—喂料活门 11—传感板 12—玻璃进料筒 13—均料绞龙 14—喂料辊 15—磨辊清理刷

(1) 喂料机构

1) 喂料控制系统的工作原理。进料筒内有料或无料时，控制磨辊的进与退及喂料辊的转与停；进料筒内物料较多或较少时，自动调节喂料活门的开启度，即控制喂料活门与喂料辊之间的给料间隙，以自动调节喂料流量。

2）喂料活门的人工调节。活门不能接触喂料辊，皮磨最小间隙为 1 mm，心磨最小间隙为 0.3 mm，由活门调节螺母控制。为防止设备本身及后续设备堵料，可通过限位调节螺栓控制活门的最大开度：皮磨一般为 6 mm 左右，心磨为 2 mm 左右。喂料活门转动的支点为两端的偏心轴，通过调节偏心轴，可使活门沿整个喂料辊的间隙均匀一致。工作过程中，可通过活门调节螺母调节活门的开启度，修正给料流量。若不使用喂料自动控制功能，可使用这种方法手动调节喂料流量。

3）喂料机构的装置形式。MDDK 型磨粉机的喂料机构采用双辊喂料，靠近操作者的喂料辊称为外辊，靠内的称为内辊。处于不同工作状态的磨粉机的喂料辊状态不同，喂料活门的安装位置也不同。由于小麦、渣心物料的流动性较好，一皮磨与渣心磨的喂料活门装置在内辊上方，由具有一定转速的内辊起定量的作用。二皮及后续皮磨的磨上物流动性较差，故内辊采用桨叶形式，将物料左右摊开；相应活门装置在外辊上，由外辊控制通过物料的流速，起定量作用。

4）轧距吸风装置。相向转动的快辊、慢辊所带动的气流，在研磨区入轧点的上方相互冲撞而形成紊流，称为泵气现象。泵气现象会影响较轻的心磨物料准确入轧，影响喂料效果。因此，在其出料口设置一吸风装置即可解决问题。若采用气力输送装置输送物料，就可替代吸风装置了。

（2）轧距调节机构

轧距调节机构的主要控制功能为：控制磨辊的进与退；在研磨过程中对轧距进行调节；对磨辊进行保护。

1）进退辊的控制。进退辊的动作由驱动气缸推动，气缸的动作一般由喂料控制系统中的机控换向阀控制。进料筒内的积料达到要求时，换向阀通过气动系统使进退辊驱动气缸的活塞杆伸出，通过曲臂推动偏心支轴转动，使慢辊轴承臂的下端靠近快辊并保持稳定，完成进辊过程。退辊的过程也由驱动气缸控制。若设备采用光辊并使用刮刀清理磨辊表面，进辊或退辊时，装置在曲臂上的连杆将控制刮刀，使其压住或离开辊面。驱动气缸也可选择手动控制，通过设备正面气动控制板上的气动开关，可进行进退辊的操作，同时中断进退辊控制与喂料控制系统的联系。

2）轧距调节。磨辊轧距的调节在完成进辊、设备处于工作状态时进行，此时慢辊轴承臂下端的位置由驱动气缸锁定。调节手轮，通过调节臂的拉杆来调节慢辊轴承座移动慢辊，可改变轧距的大小。手轮转动一圈，轧距的改变量约为 0.2 mm。手轮中有刻度盘可指示调节情况。刻度盘中有黑、红两个指针，分别指示最小轧距与工作轧距的对应位置。最小轧距在安装磨辊时通过粗调锁定，同时固定黑指针的位置。操作过程中，由红、黑指针之间的关系，可看出当前轧距与最小轧距的区别。工作轧距不得小于最小轧距，以免两辊直接接触而损坏设备。

（3）气动控制系统

气动控制系统主要由气源和管道及气动控制、执行设备等组成。按空气流动的方向，气源主要通过空气压缩机→分水滤气器→储气罐→总调压阀→输送管道，产生清洁、干燥、压力稳定的压缩空气送至设备。压缩空气进入磨粉机后，首先接入调压阀，可调节、稳定气压，再通过分水滤气器除去杂质，通过油雾器在压缩空气中加入少许润滑油。调压阀、分水滤气器与油雾器通常串联装置在一起，称为气动三联体。

（4）传动机构

1）传动电动机的选用。快辊通常由设置在磨粉机下方的电动机通过 V 带传动。不同磨辊长度、不同工作位置的磨粉机，配用的电动机功率不同。磨辊长度较长或装置在前路的磨粉机，配用电动机的功率较大。粉路类型的不同对磨粉机传动电动机的选用也有影响，用于大量出粉工艺的 MP－1B 磨配用电动机的功率将大于等级粉路中的 MP－1B磨电动机。

2）快慢辊传动机构。MDDK 型磨粉机的快慢辊传动机构一般采用齿轮传动装置。快辊慢辊轴上分别装置大、小齿轮的齿数比即为快慢辊的转速比，因此，该装置也称为快慢辊定速机构。因工作过程中慢辊轴线需移动，将导致两齿轮的传动中心距发生变化，故齿轮的齿较长。磨辊的工作直径范围为 250～225 mm，随着磨辊的磨损，其直径减小，传动中心距相应减小。在大、小齿轮的齿数比基本不变的前提下，需更换齿数较少的传动齿轮。

（5）磨辊清理机构

在研磨过程中，磨辊表面难免黏附粉料。辊面上的黏附物较多后，表面的工作状态将发生变化。若不及时对黏附物进行清理，研磨效果将受影响。这种现象对光辊的影响较大。

MDDK 型磨粉机的磨辊清理具有两种方式，齿辊采用毛刷清理，光辊采用刮刀清理。清理装置均采用杠杆结构，依靠可调的柱形配重使毛刷或刮刀贴紧辊面。改变配重的位置可调节清理装置对辊面的压力。可通过光照或塞纸条的方式，检查清理装置与辊面的贴紧程度。若有明显间隙，说明压力不够，应将柱形配重调出，使压力增大；但若压力过大，会造成刮刀、毛刷的过度磨损。因刮刀的损耗较大，在退辊时，由进、退辊驱动机构通过连杆转动转轴，由拉杆、链条将刮刀拉离辊面，以减少不必要的磨损。进辊时，链条放松，刮刀贴紧辊面进行清理。

2．MDDK 型磨粉机的主要技术特性（见表 6—7）

表 6—7　　MDDK 型磨粉机的主要规格和技术参数

规格	MDDK8×4	MDDK10×4	MDDK12.5×4
磨辊直径×长度（mm×mm）	250（300）×800	250（300）×1 000	250（300）×1 250
快辊转速（r/min）	650　600　550　500　450		
快慢辊速比	2.5∶1　2∶1　1.5∶1　1.25∶1　1.05∶1		
气控系统工作压强（MPa）	0.5～0.6		
气控系统耗气量（m^3/h）	2～3		
功率（kW）	37　30　22　18.5　15　11　7.5		
外形尺寸（长×宽×高）（mm×mm×mm）	1 735×1 300×1 850	1 935×1 300×1 850	2 185×1 300×1 850

3. 小麦磨粉机的使用与维护

(1) 磨粉机在开机前，需检查磨辊是否转动灵活，传动带的张紧程度是否适当，两辊之间是否有异物或过多的物料，出口是否通畅。气动磨粉机的压缩空气气压是否达到要求，油雾器油杯中是否有润滑油。设备必须在退辊状态下启动，启动后应无异常振动与响声。一般是一皮磨首先进料；对于后续各道磨粉机，使用自动喂料控制的设备将自行根据来料情况进辊，手动调节的设备应待进料筒内有一定积料后再进辊。

(2) 磨粉机的功率较大，而且轧距的变化能使功率成倍变化，因此更需注意传动带的松紧度。

(3) 启动前，应清除机器内部及周围的杂物，用手转动各部件，检查V带、链条的张紧程度及各紧固件是否牢固、润滑是否正常。

(4) 对于液压和气压的磨粉机尚需检查其液压和气压系统是否正常，如有故障应及时排除。

(5) 入磨水分达不到要求时，将使心磨的操作难度加大。润麦时间过短将使麦皮的水分较高，对皮磨的研磨有影响。因此，经过麦路的处理，在进入粉路之前，净麦的工艺性质就需符合制粉的各项要求。入磨物料粒度的均匀程度对心磨操作影响较大，特别是物料中含粉较多时，将直接影响设备的取粉率。应注意各道筛理设备的工作效果，特别是对粉筛的筛理效果应经常检查。

二、高方平筛

小麦经过磨粉机逐道研磨后，获得颗粒大小不同及质量有别的混合物，将这些混合物利用筛分设备按粒度进行分级的工序，称为筛理。筛理是研磨筛分制粉工艺的重要组成部分。所采用的常用设备有平筛、圆筛、打麸机等，高方平筛是一种主要的工艺设备。

1. 高方平筛的结构及工作原理

高方平筛的主要特点是筛理面积大，分级种类多。高方平筛一般由进料机构、筛体、出口、筛体吊挂机构及传动机构等组成，其结构如图6—13所示。

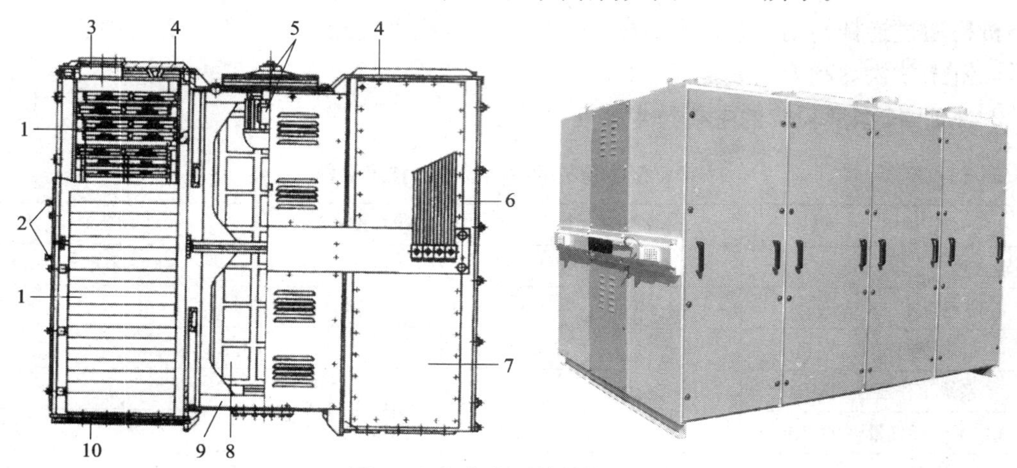

图6—13 高方平筛结构示意图

1—筛格 2—仓门把手 3—进料口 4—筛格压紧装置
5—传动装置 6—吊杆 7—筛箱 8—偏重块 9—中部机架 10—出料口

高方平筛为复式设备，常见为 4 筛仓或 6 筛仓形式，也有 8 筛仓式的设备，如图 6—13 所示为 6 筛仓形式。6 个筛仓大小相同，相互隔离，均为独立工作机构。

设备安装采用吊挂形式。该装置在偏重块的驱动下做平面回转运动。玻璃钢吊杆的有效长度一般不能小于 2 m，以尽量降低设备振动的固有频率，保证设备的安全。为保险起见，还设置有与吊杆并列的钢缆。

物料由进料筒进入顶格，由顶格引导进入筛格中进行筛理，分选出的物料由下方的出口排出。进料管、出口管与外接管道之间均采用布筒软连接。物料在筛仓中的筛理路径由筛格的组合方式决定。按一定规律、采用不同型号筛格组合而形成的筛理路线简称为筛路，筛路的形式通常主要与设备所在的工作位置、处理对象的工艺性质有关。

（1）筛仓

筛仓的截面形状为正方形，操作者所面对的是筛仓前面的仓门。筛仓的内部结构如图 6—14 所示。

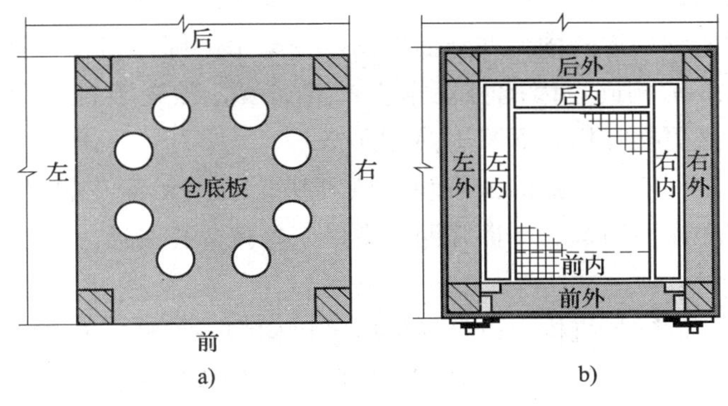

图 6—14　筛仓示意图

a）卸出筛格及底格的状态　b）装入底格与筛格的状态

工作过程中筛仓由仓门封闭。调整维护筛格时需先停机再打开仓门，松开筛格压紧机构后，可将筛格从上至下逐格取出，一般情况下顶格与底格不必拆卸。卸下仓门并卸出筛格及底格的状态如图 6—14a 所示，仓底有 8 个物料出口。装入底格与筛格后的状态如图 6—14b 所示。安装筛格的顺序与拆卸时相反。

筛格放入筛仓后，与仓壁之间形成可流通物料的垂直通道。由于形成的通道在筛格的外面，故称之为外通道。相邻两条外通道之间由立柱分隔，一个筛仓共有 4 条外通道。

物料可由外通道向下流入筛底格，由底格引导从出口排出设备。装置在上方的筛格也可经由外通道将物料送入下方筛格中。为不让这部分物料流向出口，所占用的外通道在相应位置需用隔条封闭。

筛格内部也有垂直的通道，称为内通道，内通道是筛格内物料的流通路径。处于最下层的筛格紧靠底格，其内通道中的物料由底格导入出口。一个筛仓中共有 8 条可供使用的垂直通道。为便于区分，规定靠仓门的方向为前，其他相应为后、左、右，各通道有规定的相应名称，如图 6—14b 所示，图中前内通道被如图所示的筛格的筛面挡住，该筛格的筛上物料来自于上方筛格的前内通道。

（2）筛格

典型筛格的基本结构如图 6—15 所示，这种筛格是标准的 A 型筛格。其他型号筛格的基本结构在不同程度上与 A 型筛格类似。A 型筛格在高方平筛中应用最多。

图 6—15　筛格

筛格一般采用优质木材制成，也有采用耐腐蚀金属材料制成的。各类筛格均为正方形，在筛仓中安装筛格时，根据物料走向的需要，筛格的装置方向可有四种选择。

筛网通常使用胶粘的方式固定在筛面格的木框架上。筛面格在各种同类的筛格中可通用，其边长、高度都相同，因此可根据生产的需要，预先装置多种规格筛网的筛面格，更换筛网时不必更换筛格，而只更换筛面格。

筛网与支撑网之间安装有筛面清理块。清理块一般用无毒性的尼龙或帆布块制成，弹性较好，在工作中碰撞边框、摩擦筛网，有助于保持筛孔畅通。

（3）顶格

顶格是高方平筛的进料机构，也是筛格压紧机构的一部分。与扩大型筛格连接的顶格，按其结构的特点分为 BtA 型、BtB 型、BtC 型与 BtD 型四种类型。

顶格不带筛面，为正方形，与筛格的大小一致。顶格上面是进料筒，不同型号的顶格装置有一个或两个进料筒。引导物料进入第一层筛面的进料筒下方设有分料盘，可缓冲进机物料对筛面的直接冲击。顶格下沿有密封条，压紧下方筛格后，可使第一格筛面上的物料与外通道隔离。

BtA 型顶格为一路进料，将全部物料引入第一格筛理，这种形式称为单进单路。BtB 型顶格是单进双路形式，结构类似 BtA 型，不同的是在顶格靠后的边框开口，使第一格筛面上的约一半物料从开口流入后外通道，分流比一般不可调节。BtC 型与 BtD 型均为双进双路形式，通常用于处理两种物料的筛路。顶格具有两个进料筒，其中一种物料进入第一格筛面，而另一种物料沿导料板进入后外通道。也可在平筛上方设拨斗，将一种物料分成两路送入双进双路顶格。使用拨斗可在设备外部调节同一筛路中两路物料的流量比，从而取代单进双路顶格。

（4）筛格压紧机构

筛格垂直压紧的主要目的是使上下筛格紧贴密合、不漏料，并对筛格起固定作用。筛格的垂直压紧是通过升降顶格来实现的。

筛格水平压紧的主要目的是使同仓各筛格对齐，这是保证筛格不漏料、通道不堵塞的重要措施；也可使同仓筛格与仓体联系在一起，工作过程中不晃动。筛格水平方向的压紧主要由仓门来完成。安装筛格后，在筛格前方两侧放上水平压紧条，再通过仓门外两侧的压板与压紧螺母将仓门均衡压紧，这样既可密闭筛仓，也能使筛格固定。

在配置底格及有关筛格时，应优先考虑使用外出口排放物料，特别是流量较大、流动性较差、需经常检查的物料需采用外出口排出，如皮、粉等物料。流量较小、流动性较好、不必经常检查的物料可使用内出口排放，如渣、心类物料。

2. 高方平筛主要技术特性（见表6—8）

表6—8　高方平筛技术特性表

项目	FSFG4×16	FSFG4×22	FSFG4×24	FSFG6×24	FSFG8×24
仓数（个）	4	4	4	6	8
每仓筛格数（格）	16～18	22～24	24～27	24～27	24～27
筛理面积（m²）	17.9～25.03	24.7～36.37	26.99～37.54	40.4～56.31	53.9～66.73
转速（r/min）	245				
回转直径（mm）	64±1				
电动机功率（kW）	1.5	3	3	4	7.5
外形尺寸（mm×mm×mm）	1 673×2 180×1 718	2 410×1 780×2 240	2 410×1 780×2 430	2 410×2 550×2 430	2 760×3 700×2 430

3. 高方平筛的使用与维护

根据工艺需要，可对筛体的振幅进行修正。通过振幅调节螺栓，可调节两个偏重块之间的距离，距离每改变10 mm，筛体的振幅相应改变约0.5 mm，距离越小则振幅越大。

由于筛体与偏重块均较高，若两者的重心不在同一水平面上，筛体的上、下振幅可能不一致，可通过调节偏重块垂直位置调节螺栓，升起或降下偏重块来进行修正。如在较长期的工作过程中，发现筛体上端的振幅大于下端的振幅，排除物料堵塞等其他因素后，应通过适当降下偏重块来进行调节，使筛体上下端的振幅一致。

筛体吊杆长度不得随意缩短。设备关机后，因为惯性，偏重块完全停止转动尚需一段时间，这样将驱动筛体继续振动一段时间。筛体吊杆越短，筛体的固有频率越高，停机后，偏重块的转速由较高状态进入共振状态，很可能使筛体产生较大的振幅而造成损坏。若平筛还在自由振动时又重新启动设备，两种振动叠加在一起形成大振幅，也可能损坏设备。因此，一般平筛关机20 min后才可重新启动。

三、清粉机

在粉路中，对前路提取的渣心物料进行精选的工作称为清粉，常用的设备为清粉机。

1. 清粉机的结构及工作原理

清粉主要是利用渣、心物料中各类成分在制品悬浮速度的不同，利用风选和筛选的联合作用对物料进行提纯。

清粉机的主要工作部件是一组小倾角的振动筛面，当物料经过筛面时受到上升气流的作用，使筛上物料按悬浮速度差别形成自动分级，悬浮速度较大的胚乳颗粒处在下层，上面则是品质较差的连皮胚乳颗粒及麸屑。

清粉机一般为复式结构，具有两组并列的筛格及相关装置，可分别处理两种物料。该设备有双层和三层筛面两种形式，筛体的驱动方式有偏心传动和自衡振动两种类型。

目前常用的 FQFD46×2×3 型清粉机为三层筛面，复式筛体的结构如图 6—16 所示。上层为吸风机构，位于筛体的上方。吸风机构包含有吸风罩、管道及相关的风量调节装置等，全部安装在机架上，工作时为静止状态。

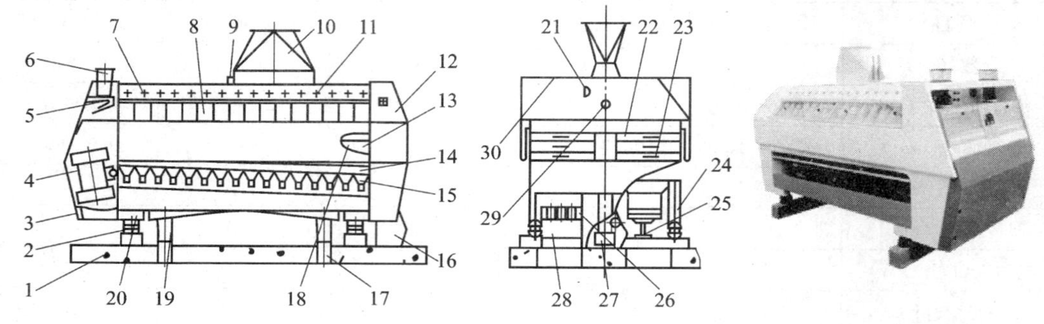

图 6—16　清粉筛的结构

1—底座　2—橡胶弹簧　3—机门　4—振动电动机　5—均料箱　6—进料口　7—风室调节机构　8—风室　9—总风量调节机构　10—总风箱　11—盖板　12—机架　13—筛体　14—分料体　15—调节畚斗　16—筛下物分料箱　17—筛下物出口　18—筛格　19—输送槽　20—连接架　21—风道　22—压力门　23—把手　24—锁紧角铁　25—支撑杆　26—布袋筒　27—接线盒　28—筛上物出口　29—照明　30—开关

中层为筛体，其中装有两组筛格。筛体是一个整体，安装在四个橡胶垫上，工作时在两台振动电动机的驱动下产生振动。筛体的前端装置有喂料机构，喂料机构随筛体一起振动；筛体的后端通过软连接与筛上物出料箱相连。

下层为并列的两个筛下物接料输送槽，分别位于两组筛格的下方，由撑杆支撑。工作时，输送槽由筛体通过连杆驱动而产生振动，使收集的各种筛下物流向出料口。

(1) 喂料机构

清粉机的喂料机构采用振动式喂料。喂料机构与筛体一起振动，加上喂料活门的阻滞作用，使进机上物料沿横向展开，均匀进入清粉机筛面。透过观察门可看到喂料的状态。若物料进入筛面时横向厚薄不一致，可通过改变调节板的位置进行修正。

(2) 筛体

清粉机筛体中并行装有两组筛格，各组均设三层筛面，每层筛面由四个筛格组成。一台清粉机共装有 24 个筛格。

整个筛体由四个空心橡胶垫支撑，采用双振动电动机驱动，使筛体按一定的倾角振动，以利于物料的输送及自动分级。由于振动电动机较重，使得筛体的重心靠前，故筛体前端下方的两个橡胶垫大于后端的橡胶垫，前后橡胶垫不可互换。

(3) 筛格

筛格是清粉机的重要部件，在设备运行过程中可根据需要进行更换或调整。筛格的顶面绷装筛网，筛框中间的两条轨道用来承托清理刷。筛面一般采用全编织筛网，筛格四边的拉钩条将筛网绷紧在筛框上。筛面张紧是物料在筛面上能正常流动的重要条件，若筛面松弛，物料很容易在小倾角的筛面上发生堵塞，对筛面下清理刷的运动也有阻碍。

筛上物料的粒度与筛孔的大小相当时，筛孔很容易被物料堵塞，因此在工作时，清理刷必须在轨道上自行往返滑动，持续清理筛面。

安装筛格时，需注意筛格上挂钩的朝向。将第一格筛格插入筛体时，其挂钩需朝外，后一格的筛格边框放入前一格的挂钩中，最后装入的锁紧压块的边框放入第四格的挂钩中。这样在拆卸筛格时，才可由锁紧压块将同层四个筛格一起带出。

（4）吸风机构

每组筛格的上方是独立的气室，由总调风门、蜗形风道、单调风门、吸风隔板及吸风罩等部件组成。每台清粉机并列设置两套吸风机构，可单独调节，共用一个吸风口。

气流主要从筛体侧面进入，穿过三层筛面，进入吸风罩下，经过单调风门沿圆筒切线方向进入蜗形吸风道。吸风道内的气流呈螺旋状运动，可减少粉料在风道内的沉积。每个气室上部都有独立的总调节风门，可调节对应筛组的总吸风量。

为使各段筛面的上升气流速度与筛上物料的流量、品质的逐渐变化相适应，每个气室由隔板分为 16 段，分别由 16 个单调风门分段控制风量。可以根据每段筛面上物料的运动状态来精调每段的风量。设备正常工作时，筛上物料应呈微沸腾状态，隔板之间应有少量的小麸屑飘浮上升。操作时，可通过位于设备后端的照明灯开关打开吸风罩内侧的照明灯，以利于观察。

2. 清粉机的主要技术特性（见表 6—9）

表 6—9　　FQFD 型清粉机技术特性表

项目	FQFD49×2×2	FQFD49×2×3	FQFD60×2×3	FQFD75×2×3
生产能力（t/h）	0.4～2.4	0.4～2.8	0.7～3.3	3.74～5.5
风量（m^3/min）	35～65	40～70	50～85	60～80
功率（kW）	2×0.25	2×0.25	2×0.25	4×0.25
机重（kg）	970	1 000	1 150	1 500

3. 清粉机的使用与维护

（1）清粉机的工艺效果采用筛下物选出率和筛下物灰分降低率两项指标来综合评定。在日常生产中主要采用筛下物选出率来指导操作。一般通过观察、比较进机物料与筛下物料的品质状态来判断提纯效果。

（2）筛下物选出率即筛下物流量与进机物料流量的百分比，进机流量不变而筛下物流量越大，其选出率越高。选择适中的选出率既可确保筛下物的品质，又能满足心磨系统的流量要求。处理前路皮磨提取的麦渣时，选出率为 75%～80%，相应的粗麦心选出率为 85%～90%，细麦心选出率为 80%～85%。处理中路皮磨提取的物料时，选出率应降低。

（3）设备在运行过程中，若进机流量增大，选出率将下降；若风量减小，选出率相应上升，但筛下物的品质将下降。

（4）投料前先空机运行，检查筛格中清理刷运行的情况及筛格的锁紧情况。若发现筛格松动或清理刷不运动，应进行调整或更换。空机运行正常后才可投料运行。

（5）设备需完全停稳后才能重新启动。

第三节　稻谷制米机械与设备

一、砻谷机

脱除稻谷颖壳的工序称为脱壳，俗称砻谷，所使用的机械称为砻谷机。砻谷是根据稻谷子粒结构的特点，对其施加一定的机械力，破坏稻壳而使稻壳脱离糙米。目前我国使用的砻谷设备多为胶辊砻谷机，其主要工作构件是一对并列的、富有弹性的胶辊。工作过程中胶辊做不等速相向旋转运动。稻谷进入两辊间，受到胶辊的挤压、摩擦、搓撕等作用，使稻壳破坏与糙米分离。其特点是产量大、脱壳率高、出碎率低。

1. 胶辊砻谷机结构及工作原理

MLGT·36 型压砣紧辊胶辊砻谷机的结构如图 6—17 所示，主要由进料机构、辊筒、辊压调节机构、自动松紧辊机构、传动机构、谷壳分离装置等部分组成。

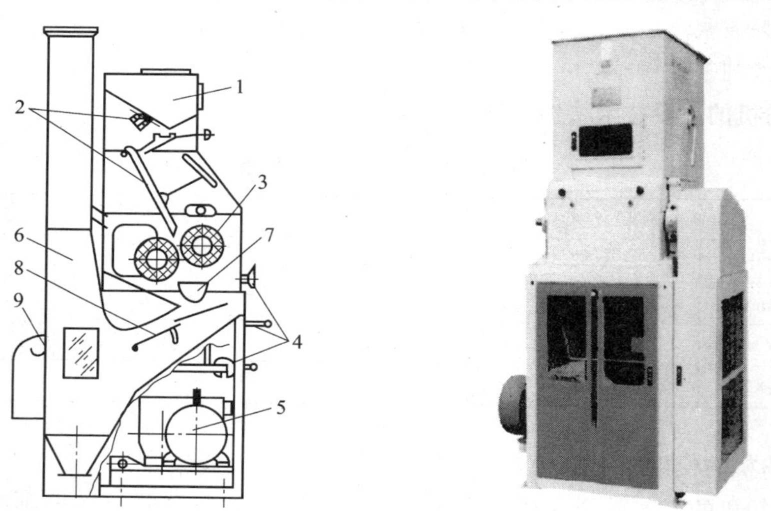

图 6—17　MLGT·36 型压砣紧辊胶辊砻谷机

1—进料斗　2—进料机构　3—辊筒　4—辊间距调节机构　5—电动机
6—吸风管　7—缓冲槽　8—排料淌板　9—风量调节闸门

（1）进料机构

进料机构的作用是控制进机物料的流量，并能够匀料、整流、导向和加速。由进料斗、流量控制装置和喂料装置等组成。流量控制装置采用齿轮齿条闸板形式。喂料采用短、长淌板结合倾斜喂料装置。

（2）辊筒

辊筒是在铁圆筒上覆盖一层弹性材料而制成的。常用的弹性材料有橡胶和聚氨酯，其胶辊根据橡胶颜色的不同分为黑色胶辊、白色胶辊和棕色胶辊等。聚氨酯是一种高分子合成材料，呈白色半透明状，既具有橡胶的高弹性，又具有塑料的高强度，其物理性能优于橡胶。辊筒为双支撑座式结构，通过辊筒两边的轴承、轴承座固定在机架上。辊筒用锥形压盖紧定套将其固定在轴上便于拆装更换。

（3）辊间距调节机构

辊间压力调节及松紧辊采用机械自动松紧辊系统，由压砣式辊压调节机构和自动松紧辊机构组成，通过改变压砣的质量改变辊间压力。自动松紧辊装置失灵可通过手动操纵杆改用人工操作。

（4）传动装置

该 MLGT 型压砣紧辊胶辊砻谷机为齿轮变速箱和 V 带相结合的多级变速传动机构，可根据原料的加工品质改变线速差，以获得合理的搓撕长度。

（5）谷壳分离装置

谷壳分离装置主要由进料口、可调节淌板、调风门和吸风管等部分组成。砻下物由进料口通过缓冲槽落到淌板上进行自动分级。淌板为鱼鳞板，且可以根据要求改变其倾斜度。由于淌板表面粗糙，又有自下而上气流的作用，所以物料能形成良好的自动分级，使稻壳浮于上层，为稻壳分离创造了有利的条件。当物料进入谷壳分离区时，由于吸风口为喇叭形且具有较适宜的分离长度和风速，可达到完全分离的效果。

2. 砻谷机的主要技术特性（见表 6—10）

表 6—10　　MLGT 型砻谷机技术特性表

项目	MLGT・36	MLGT・25	MLG（Q）T・25×2
碾辊规格（mm）	225×360	225×254	255×254
生产能力（t/h）	3.0～3.6	3.5～4.0	6～10
快慢辊转速（r/min）	1 309∶1 090	1 230∶1 024	1 270∶1 024
功率（kW）	7.5	5.5	5.5×2
风量（m³/h）	3 600～4 200	3 000～3 600	5 800～6 500

3. 砻谷机的使用与维护

（1）流量

其他条件一定，流量主要影响砻谷机的脱壳率、糙米的损伤度、胶耗的高低和糙米的产量。过高的流量将导致两辊间稻谷的数量增加且排列无序，使稻谷接触胶辊的机会降低，造成砻谷时脱壳率下降、糙碎增加。胶耗上升，产量可能降低。过低的流量将使辊间稻谷数量减少、接触胶辊的机会增多，虽然可提高脱壳率，但产量可能降低、胶耗增加。

（2）辊压

在线速差一定时，合适的辊压将带来较高的脱壳率，糙米表面损伤少，糙碎爆腰低，胶耗少；过高的辊压，则可能使脱壳率下降，糙米表面损伤严重，糙碎爆腰上升，胶耗增加；过低的辊压使稻谷在辊间所受挤压力降低，从而使搓撕力下降，脱壳率降低，工艺效果差。

(3) 胶辊硬度和安装

合适的胶辊硬度将带来良好的脱壳率，胶耗也低；过高的胶辊硬度易造成糙米破碎和爆腰；过低的胶辊硬度使胶辊橡胶易老化，脱壳时染黑糙米表面，胶耗增加；胶辊硬度一般为邵氏 80°～90°，加工粳稻或夏天时应选硬度高的胶辊，加工籼稻或冬天时应选硬度低的胶辊。

安装胶辊时要求两辊中心线平行、两辊端面对齐，否则易产生大小头和飞边现象，造成胶辊利用率下降，胶耗增加，同时脱壳率和产量也降低。

(4) 吸稻壳风量

合适的吸稻壳风量，既可保证较高的吸稻壳效率，同时会减少跑粮现象的发生。过高的吸稻壳风量，虽然可提高吸稻壳效率，但也容易使粮粒被吸走，且功耗大；过低的吸稻壳风量，则造成吸稻壳效率下降。因此，应根据砻谷机的不同配备与之相适应的吸风量。

二、碾米机

碾米是应用物理（机械）或化学的方法，将糙米表面的皮层部分全部剥除的工序。目前世界各国普遍采用物理方法碾米（也称机械碾米）。

1. 碾米机的结构及工作原理

碾米机是运用机械作用力对糙米进行去皮碾白的设备。碾米机的种类多种多样，按碾白作用方式，可分为擦离型碾米机、碾削型碾米机和混合型碾米机三类；按碾辊的材质不同，又可分为铁辊碾米机和砂辊碾米机两种；而按碾辊主轴的安装形式，还可分为立式碾米机和横式碾米机；各种碾米机又有喷风和不喷风之分。无论是哪一种碾米机，都主要由进料装置、碾白室、出料装置、传动装置、喷风系统以及机架等部分组成。如图 6—18 所示为 WFN 型旋筛喷风碾米机。旋筛喷风碾米机是目前使用非常广泛的一种碾米机。它最大的特点就是其碾辊可进行砂、铁更换，工艺组合灵活性强，而且碾白效果及均匀性好。

(1) 进料装置

进料装置由进料斗、流量调节机构和螺旋输送器三部分组成。进料斗的主要作用就是缓冲、存料以确保连续正常的生产。流量调节机构的作用是确保进机物料流量的均衡稳定。碾米机进料装置中的螺旋输送器主要起将物料从进料口推入到碾白室内的作用。

(2) 碾白室

碾白室是碾米机的关键工作构件，它主要由碾辊、米筛、压筛条三部分组成，米筛装在碾辊外围，与碾辊间的空隙即为碾白间隙。碾辊转动时，糙米在碾白室内受机械力作用而得到碾白，碾下的米糠通过米筛筛孔排出碾白室。米筛为旋转六角筛筒，由六角筛架、六根压筛条和平板筛组成。筛筒以 5 r/min 的速度旋转，转向与砂辊转向相同，

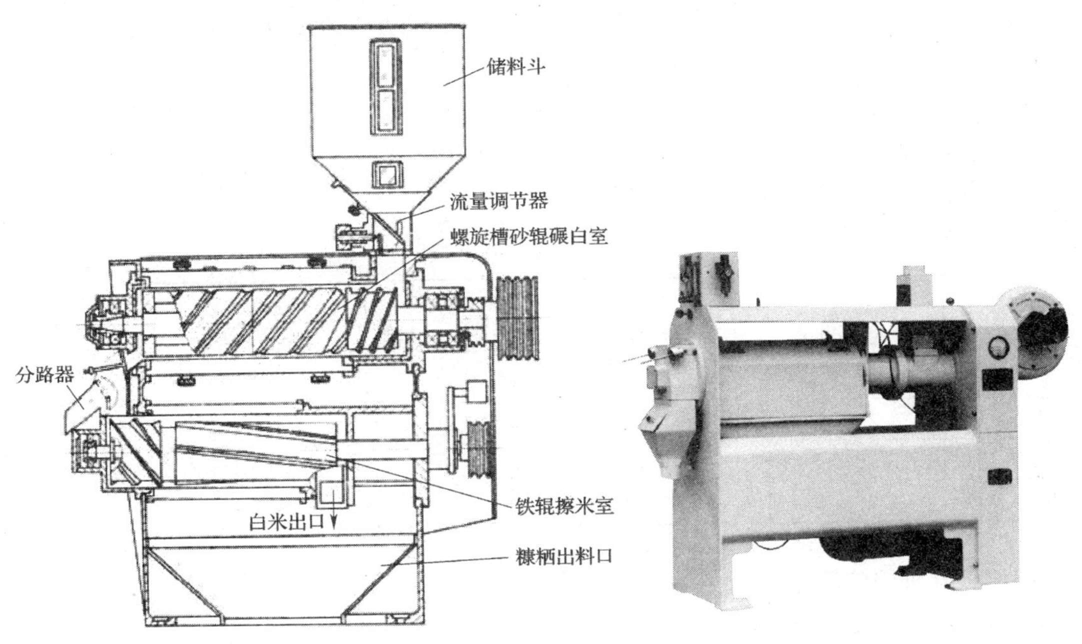

图 6—18 碾米机

筛板上冲有斜度为 20°的筛孔，孔间有凸点；米筛筛孔尺寸有 12 mm×0.85 mm、12 mm×0.95 mm、12 mm×1.10 mm 几种规格，一般加工籼稻时用小筛孔，加工粳稻时用大筛孔。米筛的作用主要有两个，一是与碾辊一起构成碾白间隙，二是将碾白过程中碾下的米糠及时排出碾白室。压筛条的作用除了用来固定米筛外，还起收缩碾白室周向截面积的作用，以增加局部碾白压力、促进米粒碾白，是碾白室内的一种局部增压装置。目前国内外使用较多、效果较好的碾辊有铁辊、圆柱形砂辊。铁辊用于摩擦擦离碾白，压力较大，降低压力后可用于擦米和白米抛光；铁辊表面分布有凸筋，主要起碾白、输送和搅动米粒翻滚的作用。砂辊主要用于碾削碾白或是以碾削碾白为主、摩擦擦离碾白为辅的混合碾白。砂辊表面有斜槽，主要起碾白和搅动米粒翻滚的作用，同时还有轴向推进米粒的作用。

（3）出料机构

出料机构位于碾白室末端，圆形出米口与主轴同心，出口压力调节采用压簧压力门，通过调节压簧螺母可以调节压力门的压力。出口压力调节机构的作用主要是控制和调节出料口的压力，以改变碾白压力的大小。碾白室下部有一个糠粞分离室，利用风选原理将碾白室排出的糠粞混合物进行分离，并进一步吸除白米中的糠粉、降低米温。

（4）喷风装置

喷风装置由风机、方接圆变形弯头套管和空心轴组成。风机吹出的气流通过变形弯头套管由轴端进入空心轴，然后经轴面喷风孔喷出，再由砂辊表面的喷风槽喷入碾白室进行喷风碾米。工作时，糙米经进料斗由螺旋输送器送入碾白室，在碾白室内米粒呈流体状态边推进边碾白。喷风砂辊上的凸筋、喷风槽以及六角旋筛使米粒翻滚运动较剧烈，米粒受碾机会多，碾白均匀。白米经出口排出碾白室后，再通过糠粞分离室进一步去除黏附在米粒表面的糠粉，米筛排出的糠粞混合物也进入糠粞分离室进行分离。

（5）传动装置

碾米机的传动装置是由窄 V 带、带轮及电动机等部分组成的。电动机通过窄 V 带及带轮带动碾辊转动。

2. 碾米机主要技术特性（见表 6—11）

表 6—11　　碾米机主要技术参数

型号	产量（t/h）	转速（r/min）	碾辊规格（直径×长度）（mm×mm）	螺旋输送器（直径×长度）（mm×mm）	功率（kW）
WFN·14	1.2～1.5	980	140×250	144×150	18.5～22
WFN·18	2.0～2.5	1 296	180×610	195×158	18.5～22
WFN·30	4.2～5.0	900～920	300×160	316×208	30～45

3. 碾米机的使用与维护

（1）定期检查紧固件及电器触头，确保其安全可靠。

（2）定期清理集糠筒、风管及风机黏附的糠粉，防止因风量及风压降低过多而影响排糠效果。

（3）米筛筛板进口端磨损较快，可前后调换位置使用。

（4）螺旋推进器、砂辊、进出口衬圈、米筛及米刀磨损到影响产量和精度时，可使用米室调节装置进行调节，或更换磨损部件。

（5）轴承应定期加注润滑脂润滑，使其保持在良好的工作状态。

（6）定期调整或更换传动带，以保证主轴和风机的转速稳定。

（7）使用前和停车后应严格检查砂辊表面是否有破裂现象，一旦发现，立即更换。砂辊表面不平，可用砂辊刮刀修整。

（8）易损件磨损到一定程度后应及时更换，以获得良好的加工效果。

三、色选机

色选机是利用食品物料的光学特性进行无损检测和分选的机械。食品物料在种植、加工、储藏、流通等过程中难免会出现缺陷，例如含有异种异色颗粒、变霉变质颗粒、机械损伤颗粒等。然而常规手段无法对原料或产品的颜色变化进行有效识别，大多依靠人工进行分选，而人工分选效率低，容易受主观因素的干扰，精确度低。

色选机是利用光电原理，将大量产品中颜色不正常或感染病虫害的个体（球状、块状或颗粒状）以及外来杂质检测出来并分离的设备。

光电检测和分选技术克服了手工分选的缺点，具有明显的优势：①检测和分选均为非接触性、非破坏性的，既能检测原料表面品质，又能检测其内部品质；②排除了主观因素的影响，对产品进行逐个检测，保证了分选的精确度和可靠性；③人工劳动强度低，自动化程度高，生产成本降低；④机械的适应能力强，通过调节背景光或比色板，即可处理不同的物料。⑤生产能力大，适应了日益发展的商品市场的需求和工厂化加工的要求。

1. 色选机结构及工作原理

色选机的结构如图 6—19 所示。光电色选机的工作原理是：储料斗中的物料由振动喂料器送入一系列通道成单行排列。物料依次落入光电检测室，在电子视镜与比色板之间通过。在电子视镜中比较被选颗粒对光及比色板的反射，颜色的差异使电子视镜内部的电压信号改变，并经放大。如果信号差别超过自动控制水平的预置值，即被存储延时，随即驱动气阀，喷射高速气流将物料吹送入旁路通道。而合格品流经光电检测室时，检测信号与标准信号差别微小，信号经处理判断为正常，气流喷嘴不动作，物料进入合格品通道。

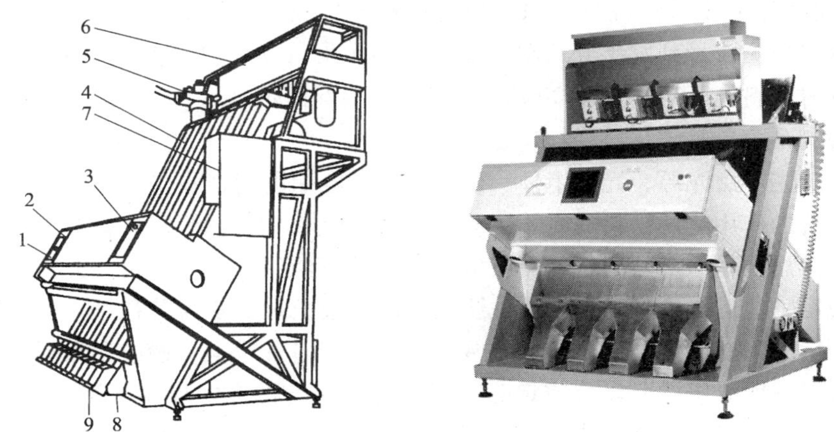

图 6—19　全自动色选机的结构及外形

1—传感器　2—指示灯　3—内部控制器　4—控制箱　5—送料滑道
6—气动控制器　7—进料斗　8—杂物出口　9—成品出口

光电色选机主要由供料系统、检测系统、信号处理与控制电路及剔除系统四部分组成，如图 6—20 所示。

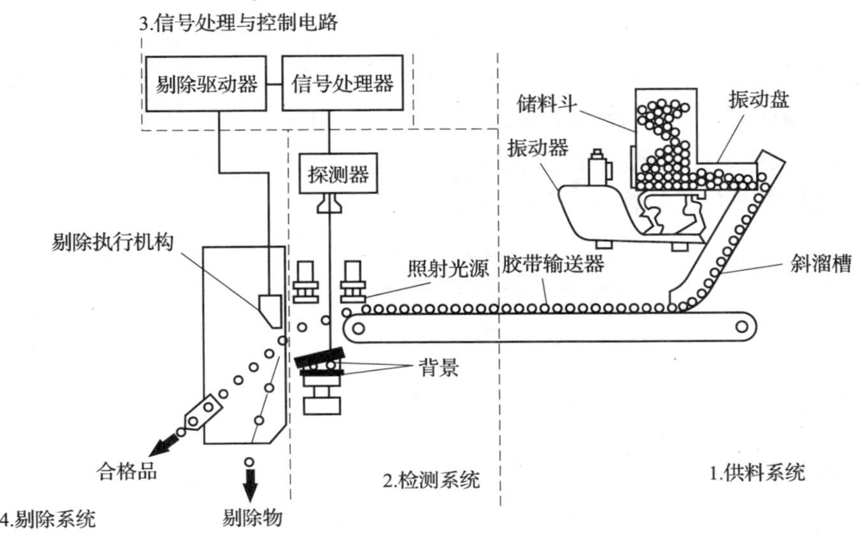

图 6—20　光电色选机系统组成示意图

(1) 供料系统

供料系统由储料斗、电磁振动喂料器、斜溜槽（立式）或胶带输送器（卧式）组成。其作用是使被分选的物料按所需速率均匀地排成单列、穿过检测位置并保证能被传感器有效检测。色选机采用多管并列设置，生产能力与通道数成正比。

供料的具体要求是：

1) 计量。对某一种物料，保证每条通道中单位时间内进入检测区的物料量均匀一致。

2) 排队。保证物料沿轨道单行排列进入检测和分选位置。

3) 匀速。为了确保疵料被剔除，物料从检测位置到达分选位置的时间必须恒定，且需与从获得检测信号到发出分选动作的时间相匹配。送料速度可为 4 m/s，检测到分选动作的延时送料速度为 0.6～100 m/s，视具体情况而定。

(2) 检测系统

检测系统主要由光源、光学组件、比色板、光电探测器、除尘冷却部件和外壳等组成。检测系统的作用是对物料的光学性质（反射、吸收、透射等）进行检测以获得后续信号处理所必需的受检产品的正确品质信息。光源可使用红外光、可见光或紫外光，功率要保持稳定。色选机用光可采用一种波长或两种波长，前者为单色型，只能分辨光的明暗强弱；后者为双色型，能分辨颜色差别。检测区内有粉尘飞扬或积累时，会影响检测效果，可以采用低压持续风幕或定时高压喷吹相结合的方式保持检测区内空气明净、环境清洁，并冷却光源产生的热量，同时还需设置自动扫帚随时清扫，防止粉尘积累。

(3) 信号处理与控制电路

信号处理与控制电路把检测到的电信号进行放大、整形，送到比较判断电路，与判断电路中已经设置的参照样品的基准信号相比较。根据比较结果把检测信号区分为合格品和不合格品信号，当发现不合格品时，输出一个脉冲给剔除装置。

(4) 剔除系统

剔除系统接收来自信号处理及控制电路的命令，执行分选动作。最常用的方法是高压脉冲气流喷吹。它由空压机、储气罐、电磁喷射阀等组成。喷吹剔除的关键部件是喷射阀，应尽量减少吹掉不合格品时带走的合格品的数量。为了提高色选机的生产能力，喷射阀的开启频率不能太低，因此要求应用轻型的高速高开启频率的喷射阀。

2. 色选机主要技术特性（见表 6—12）

表 6—12　　色选机技术特性表

型号	规格（mm×mm×mm）	处理量（t/h）	功率（kW）	空压机功率（kW）
192CH	1 944×1 290×1 935	6.0	3.5	>22
128CH	1 626×1 290×1 935	5.0	3.0	>15

3. 色选机的使用及维护

(1) 色选机应保持整体水平，安装时使用水平仪找平。

(2) 色选机不要安装在潮湿、炎热、灰尘多的地方。

（3）色选机安装时要避免光线直射。

（4）色选机要安装在没有振动的地方。

（5）色选机周围要留有足够的操作空间，便于操作与维护。

（6）色选机要有接地装置，防止因漏电损伤色选机的重要配件及导致触电事故的发生。

（7）空气压缩机应放在离色选机较远的地方。

（8）操作人员上岗前必须进行专业理论和实践培训，操作时必须严格按照操作程序进行。

（9）启动色选机前，应先启动空压机和干燥机，同时检查空压机的气压是否正常。待空压机、干燥机正常启动后，启动色选机。

（10）检查色选机光学室的玻璃面和滑槽上是否黏附有异物，应在开机之前清理光学室的玻璃面和滑槽。

（11）色选机工作时要先预热，后进料。

（12）待色选机上方料斗的物料有一定的存量后，方可打开色选机的选别开关。

第四节　制油机械与设备

一、动力螺旋榨油机

动力螺旋榨油机是一种对动态油料进行连续挤压榨油的机械。其形式很多，然而所有动力螺旋榨油机都有类似的结构和工作原理，其区别仅在于主要组成部件的形式。

1. 动力螺旋榨油机的结构及工作原理

概括地说，动力螺旋榨油机的工作过程，是由于旋转着的螺旋轴在榨膛内的推进作用使榨料连续地向前推进。同时，由于螺旋轴上榨螺螺距的缩短和根圆直径的增大以及榨膛内径的减小，榨膛空间体积不断缩小而对榨料产生压榨作用。榨料受压缩后，油脂从榨笼缝隙中挤压流出，同时榨料被压成饼块从榨膛末端排出。其过程如图 6—21 所示。

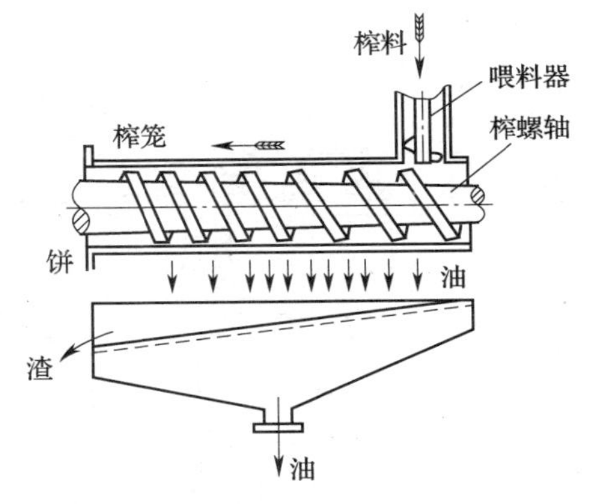

图 6—21　压榨取油过程图

动力螺旋榨油机的主要工作部件是螺旋轴、榨笼、喂料装置、调饼装置及传动变速装置等，如图 6—22 所示。

（1）喂料装置

除极少数的小型螺旋榨油机采用自然进料外，绝大多数机型都采用强制进料结构。其优点是喂料均匀，可防止“搭桥”，有利于进料段榨膛内榨料的预压，同时也有利于生产量的提高。强制进料装置的形式有两种。

1）开式料斗喂料器。用于无辅助蒸炒锅的小型榨油机。如 ZX10 型榨油机采用此种喂料方式。如图 6—23 所示为一种经过改进的机构，刮料杆装在料斗内的搅拌轴上，螺

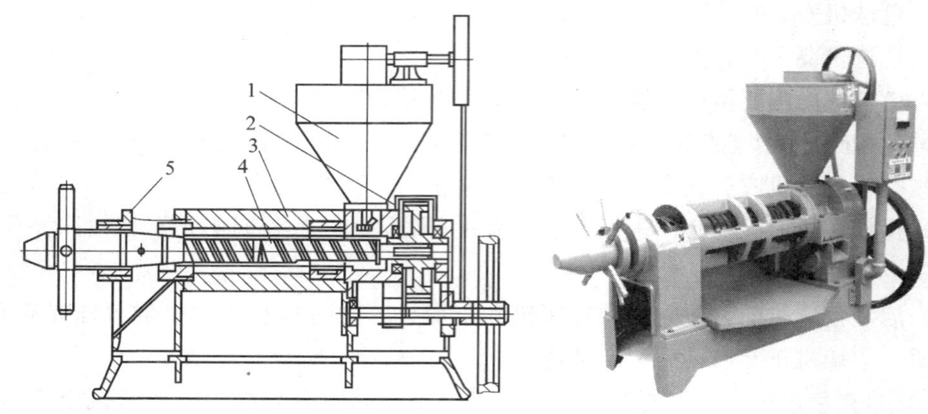

图 6—22 ZX10 型（95 型）螺旋榨油机
1—进料部分 2—齿轮箱部分 3—榨笼部分 4—榨螺部分 5—机架部分

旋叶置于料斗的出口处，由伞齿轮传动，其作用是拨送和加压推进料斗中的料胚，使得榨膛工作正常。搅拌轴转速原为 36 r/min，现也有改为 24～28 r/min 的情况。进料斗容量约 57 kg，喂料螺旋大端直径 92 mm，小端直径 88 mm，螺距分别为 70 mm、60 mm。伞齿轮的传动比为 2.94。由于采用人工喂料及无保温措施，故进料均匀程度及对榨料入榨条件的控制都较差。

2）封闭直立式螺旋喂料器。凡装备有层式蒸炒锅的榨油机一般都采用此结构。进料装置如图 6—24 所示，在喂料轴的底部有一个螺旋叶，将料胚强制压入榨膛。在紧靠榨油机底层蒸锅的出料口处有一个上进料斗，承接由榨油机蒸锅蒸出的料胚。在上进料斗中有一个可转动的料门，当扳动手柄时，料门即在垂直于喂料轴的平面上左右旋转，其作用是控制榨油机蒸锅的下料量。在上进料斗的下面有一个下进料斗，此料斗的作用

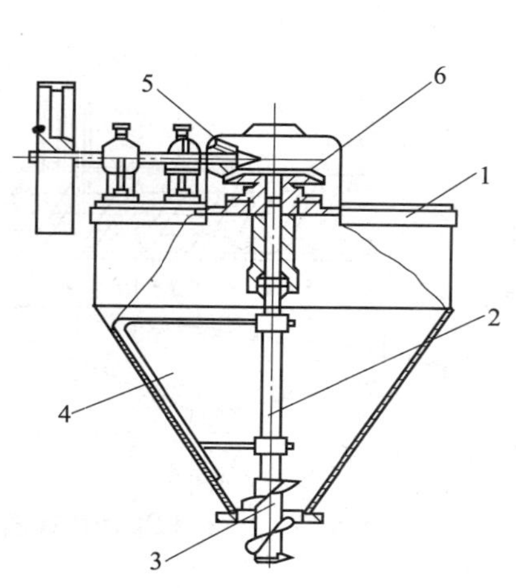

图 6—23 ZX10 型榨油机的进料机构
1—进料斗 2—搅拌轴 3—喂料螺旋叶
4—刮料杆 5—伞齿轮

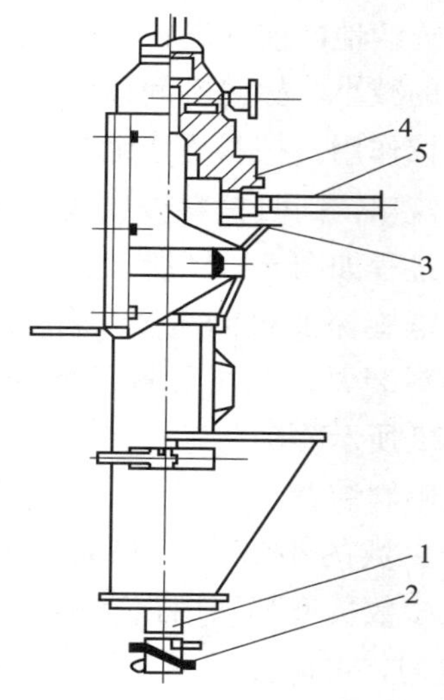

图 6—24 ZX18 型榨油机进料装置结构
1—喂料轴 2—螺旋叶 3—上进料斗
4—料门 5—手柄

是便于观察，如遇料胚“搭桥”时，便于疏通。喂料轴与螺旋轴相互垂直，喂料轴的中心略偏于螺旋轴的一边，以便于进料。此喂料装置结构紧凑，操作观察方便，但手控调节料门不易保证喂料量的均匀稳定。

（2）螺旋轴

螺旋轴是螺旋榨油机最重要的一个部件。工作时螺旋轴不断地把榨料推向前方并对其进行压榨。螺旋轴由于对榨料进行强烈挤压摩擦，所以很容易磨损。螺旋轴的结构形式分为整体式和套装式。整体式螺旋轴是用一根整轴车制而成，榨轴磨损到一定程度后需整轴更换，很不经济，仅用于小型榨油机。绝大多数榨油机采用套装式螺旋轴，即将一节节榨螺（或榨螺和距圈）按顺序套装在转动轴上拼装成的螺旋轴。根据套装式螺旋轴榨螺的连续与否又分为连续螺旋式和配置距圈的断续螺旋式两种。前者的特点是压榨时间短，榨膛压力大，回料少，适于冷榨和整籽压榨。如 ZX10 型螺旋榨油机即采用连续式套装螺旋轴。后者的特点是利用距圈与榨膛中刮刀的配合，使榨料在榨膛内进行翻动，避免了榨料随轴转动和油路闭塞的不良现象，同时延长了压榨时间，有利于提高出油率。

常用的套装式螺旋轴主要由榨轴以及套在榨轴上的榨螺和距圈组成。榨螺是外面环绕着一条螺旋筋（螺纹）的中空的圆柱体或圆锥体。其螺纹顶端的直径称作“螺纹外径”，螺纹底端的直径即圆柱体或圆锥体的外圆直径称作“螺底直径”或“底圆直径”，螺纹围绕一圈所拉开的距离称为“螺距”。距圈是表面没有螺纹的中空的圆柱体或圆锥体，装置在两个榨螺之间。若前后两个榨螺的螺底直径相同，则其间的距圈为平距圈，否则为锥形距圈。距圈两端的外圆直径应与相邻榨螺的螺底直径相同。距圈的位置与榨膛中刮刀的位置相对应。

当螺旋轴与榨笼配合时将形成一个螺纹通道形式的空间，俗称榨膛。榨膛的结构和几何尺寸将影响压榨过程，诸如榨机的生产能力、榨膛压力、压榨效果等。榨螺的螺纹高度决定了螺旋轴上螺纹顶面和榨笼配合所形成缝隙的大小。若此缝隙大小适宜则可保证榨油机的正常工作；若缝隙增大，将使榨料“回流”增加；缝隙减少则导致榨料通过这一缝隙时发生过热现象。实践证明，榨油机中最适宜的缝隙大小为 1.25～1.5 mm。

榨螺螺底直径和距圈外径的改变将形成台阶式的螺旋轴，否则，形成无台阶的螺旋轴。而榨螺螺距的改变会使螺旋轴推料的速度发生变化。几个螺底直径及螺距不同的榨螺与距圈配合起来，套在一根榨轴上就拼制成为一根螺距逐渐减小、螺底直径逐渐增大的螺旋轴。如图 6—25 所示为 ZX10 型榨油机螺旋轴。它由榨轴、榨螺、锁紧螺母、挡圈、调节螺栓和锁紧螺母等零件组成。主轴全长 1 340 mm，榨轴转速 27～35 r/min，螺旋轴上共有 7 节榨螺，榨轴的中部有一条长平键，以固定套于榨轴上的各节榨螺。右端有一段长左旋螺纹，可套上锁紧螺母，配合挡圈使榨螺固定，不做轴向移动，并使各节榨螺紧密配合，从而使出饼厚度保持均匀一致。调节螺栓的作用是调整螺旋轴的轴向位置，以调节抵饼圈和出饼圈之间的环形缝隙的宽度，控制出饼厚度。

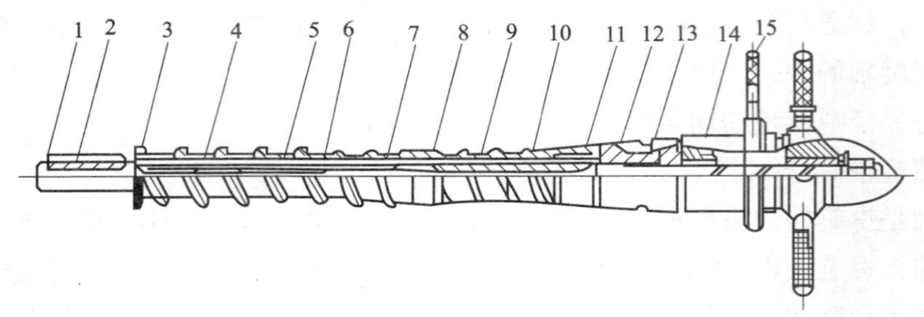

图 6—25　ZX10 型榨油机螺旋轴

1—主轴　2—平键　3—挡圈　4、5—第一、二节榨螺　6—垫圈　7—第三节榨螺　8—第四节榨螺　9—第五节榨螺　10—第六节榨螺　11—抵饼圈　12—锁紧螺母（碎饼器）　13—打棒　14—调节螺栓　15—手柄

原本所有榨螺螺纹外径均为 95 mm，俗称 95 型。此后有的工厂将第五节改为 88 mm，第六节从 88 mm 逐渐增大至 95 mm。螺旋轴为右螺纹（正螺纹），物料运动方向从左到右。因此，从左端看，榨螺的螺旋是逆时针转动，从右端看则是顺时针转动。

如图 6—26 所示是 ZX18 型榨油机的螺旋轴。它由榨轴以及套在榨轴上的七节榨螺和六节距圈组成。第一节榨螺为双头螺纹，其作用是加快料胚的推进；第二节榨螺的末端呈锥形，它与呈锥形的第一段榨笼末端相配合，组成第一次压榨系统。从第三节榨螺到第七节榨螺的螺底直径逐渐增大，形成第二次压榨系统。第一、五节距圈为平距圈，第二、三、四、六节距圈为锥形距圈。榨螺和距圈的材料为 20 号钢，技术要求是表面渗碳深度 1.5～2 mm，淬火硬度 HRC56°～62°，两端面的不平行度不得大于 0.015 mm∶100 mm。榨轴的转速为 8 r/min；ZY24 型螺旋轴转速为 15 r/min。

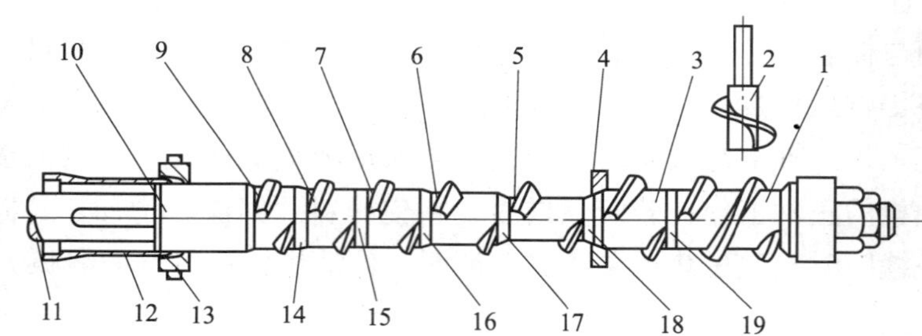

图 6—26　ZX18 型榨油机螺旋轴结构示意图

1—第一节榨螺　2—螺旋喂料叶　3—第二节榨螺　4—榨笼对开圈　5—第三节榨螺　6—第四节榨螺　7—第五节榨螺　8—第六节榨螺　9—第七节榨螺　10—光套　11—榨螺主轴　12—校饼头　13—出饼对开圈　14、15、16、17、18、19—距圈

（3）榨笼

榨笼是螺旋榨油机的另一个重要部件。它通常由装笼板、榨条、凸形榨条、压板、刮刀、垫片、横梁、螺栓等部件组成。将榨条按一定的顺序装砌在装笼板的内圆面上，形成两个结构和尺寸完全相同的半圆筒，再将两个半圆筒装合起来，外面用四根横梁和若干根螺栓将其锁紧，即形成榨笼。装砌榨条时要在榨条间安放垫片，以形成榨条间纵向的流油缝隙。榨条间的垫片厚度应依据压榨工艺（压榨或预榨）、榨料的含油量、榨

条的新旧程度进行选择。若选择不当，会影响出油效果和压榨毛油中的含渣量。榨条需按一定的方向装砌，装好后应使榨笼内表面具有“棘性”，且应使“棘性”顺着螺旋轴旋转的方向。榨条的“棘性”安装是为了增大榨料与榨笼内壁间的摩擦力，减少榨料的随轴旋转运动。如果榨条的“棘性”方向装错，会导致榨料堵塞榨条缝隙而难以出油。为避免榨料的随轴旋转，两个半片榨笼装合时，在两面接合处装进两根和整个榨笼面同长的刮刀，其凸出的刮刀齿伸入榨膛内榨轴上距圈的位置，阻止榨料的抱轴旋转运动。

(4) 调饼装置

调饼装置是用来调节出饼厚度，并能改变榨膛压力的部件。不同机型有不同的调饼机构，但其基本结构和工作原理是一样的，即通过调整锥形出饼圈和锥形抵饼头所形成的环形缝隙的大小，实现对饼的厚度的调节。调饼装置的形式有以下三种。

1) 整轴移动式。调饼装置工作时，抵饼头和螺旋轴呈一体沿轴向移动，可通过改变抵饼头与出饼圈的缝隙来调节出饼厚度。此调饼装置可以在开车过程中调节饼厚，方便省力。但榨轴受轴向力较大，且只适用于圆筒形、无刮刀榨膛的小型榨油机。ZX10型榨机即采用此种调饼装置。

2) 可移调饼套式。该装置在螺旋轴的出饼端上套有能沿轴向移动的抵饼头，调饼装置工作时，出饼圈和螺旋轴都不需轴向移动，仅靠套在螺旋轴上的抵饼头沿轴向移动来改变抵饼头与出饼圈的缝隙，从而改变出饼厚度。此种调饼装置榨轴受力情况良好，但不易在运转时调节饼厚，且容易产生漏渣结死现象。目前我国定型榨油机 ZX18 型、ZY24 型均采用此种调饼装置。

(5) 传动装置

传动装置常见的形式是，螺旋轴、榨油机蒸炒锅搅拌轴、喂料轴等部分的转动由一个电动机通过一系列的传动带和齿轮的传动及变速来实现。为了使传动装置美观紧凑，有些榨油机也采用螺旋轴、喂料轴及蒸炒锅搅拌轴分别由电动机单机传动。大型榨油机也逐渐采用了变速电动机和高效减速机以利于榨油机进料量及生产能力的调整。

ZX18、ZX24 型榨油机适用于棉籽、菜籽、蓖麻、葵花籽、花生等高含油料的压榨制油，具有处理量大、动力消耗小、运行费用低、榨出饼结构松而不碎、易于溶剂渗透、残油率低等特点，是中小型油厂的理想榨油设备。ZX28、ZX32 型榨油机是大型油厂理想的榨油设备。

2. 螺旋榨油机主要技术特性（见表6—13和表6—14）

表 6—13　ZX 型螺旋榨油机技术特性表（压榨机）

项目＼型号	ZX18	ZX24A	ZX28	ZX32
处理量（kg/24 h）	7 000～10 000	15 000～20 000	40 000～60 000	90 000～100 000
干饼残油（%）	5～7	7～9	7～9	8～10
功率（kW）	18.5	30+5.5+3.0	55+11+4.0	90+11+5.5
外形尺寸（mm×mm×mm）	2 900×1 850×3 240	2 900×1 850×3 640	3 740×1 920×3 843	4 100×2 270×3 850
机重（kg）	5 000	5 500	9 160	11 000

表 6—14　　ZY 型螺旋榨油机技术特性表（预榨机）

项目＼型号	ZY24	ZY24A	ZY28	ZY32
处理量（kg/24h）	40 000～50 000	60 000～80 000	120 000～150 000	220 000～260 000
干饼残油（%）	14～18	14～18	16～20	16～20
功率（kW）	30	30＋5.5＋3.0	75＋11＋4.0	110＋11＋5.5
外形尺寸（mm×mm×mm）	2 900×1 850×3 640	2 900×1 850×3 640	3 740×1 920×3 843	4 100×2 270×3 850
机重（kg）	5 500	5 500	9 160	11 000

3. 螺旋榨油机的操作与维护

（1）操作

1）ZX10 型榨油机的操作。正确的操作对榨油机的使用是十分重要的，下面介绍开车前及开车、停车的操作要点。①开车前的准备。各润滑部位及齿轮箱应按规定加注润滑油。用手扳动各转动部位，要求空载时转动轻便无异声，传动带应松紧适度。放松夹饼器，加大出饼间隙，以免因进料过多而造成榨膛堵塞。②开车的操作。启动电动机，空载运转几分钟后检查运转是否正常、轴承是否发烫、齿轮声音是否正常，待运转正常后才能进料。先少量进料进行暖车，待榨膛升温后才能正常进料。因为榨膛温度低时即正常进料，榨膛压力会突然增加，引起堵塞，甚至使榨条爆裂。正常进料后，需经常注意出油、出渣、出饼及负荷情况。运转正常时，电流稳定在 16 A 左右。③正常停车操作。停车前将所有的存料全部喂入榨膛。存料出清后，榨膛内不致结成硬块。放松夹饼器，使饼厚增大 2～3 倍。

2）ZX18 型榨油机操作。①开车前的准备。新的或经维修之后的榨油机开始生产时，应该进行必要的检查。检查的主要内容如下：清除蒸锅中的存料，关闭底层蒸锅出料门，防止积料进入榨膛而使榨膛堵塞；松开夹饼器，使出饼间隙增大到最大限度；检查各传动系统；检查各部分连接件是否牢固；用手扳动大 V 带轮，检查运转是否灵活轻便，确保无撞击声和其他异声；启动电动机，观察转向是否正确，如果正确无误，应该空转一段时间。空载运转时，如果负荷较高，可能是传动带过紧、齿轮啮合不良、榨笼装配不当、润滑油脂注得太多或电动机有故障，应逐项检查。待空载运转正常后才能投料生产。②开车时的操作。凡螺旋榨油机使用前都要有一个暖车过程，使榨膛温度上升后才能正常生产。暖车过程如下：排除蒸锅冷凝水，打开蒸汽阀门；打开蒸锅进料门，关闭出料门，使蒸锅存料；先少量进料，提高榨膛温度。开始进料时最好投入油渣或饼屑，不致在榨膛中结块成形。此时只要求出渣，不急于出油和成饼。进料后不能断料，进料量均为正常进料的 80%左右；当出饼处排出的碎饼温度升高后（约半小时），开始提高料胚的水分，促使物料成饼、出油，此时调节夹饼器达到正常厚度。上述暖车过程需 1 h 左右。③停车的操作。正常停车是先出清蒸锅存料，关闭蒸汽阀和放空冷凝水。待蒸锅存料放空后，人工喂入油渣和饼屑，顶出榨膛中积料，同时放松夹饼器，待出饼圈全部出渣时才能停车。当因发生故障或停电而紧急停车时，应首先切断电源，防止停电时突然来电，再关闭蒸汽阀和放空冷凝水，然后停止进料，放松夹饼器，并将传动带移至游轮上。如果停车时间过长（超过10 min），必须拆车后才能开车。

（2）维护

1）ZX10 型榨油机维护。平时要定时、定点、定量、定质地加注润滑油。齿轮箱每年更换 5～6 次润滑油，要经常注意向螺旋轴上的铜轴瓦及进料斗的轴瓦加注润滑油。①定期小修应一个月左右进行一次。小修的主要项目如下：检查、更换出饼圈、抵饼圈、直榨条和圆榨条。检查主要螺栓、螺帽是否松动。检查轴承和轴瓦的情况并做出记录，以便在中修或大修时修理或更换。检查、修理传动系统。②定期中修应 6 个月左右进行一次。中修的主要项目如下：拆开、更换榨螺、榨条等易损零件。拆开检查轴承，清洗传动装置。更换齿轮箱内的润滑油，检查齿轮。检查蒸炒锅中的搅拌器、轴承。如发现轴承、齿轮等有损坏应及时更换或修理。③定期大修应一年进行一次。大修是比较彻底的检修，凡可以拆卸的机件都要拆开检查、校正、修理或更换，并进行油漆。

2）ZX18 型榨油机维护。ZX18 型榨油机的维护与保养和 ZX10 型榨油机大致相似，下面仅做扼要介绍。①平时要定时、定点、定量、定质地加注润滑油。严格执行操作规程。生产中紧急停车时，传动轮不能倒转，防止损坏轴承。定期小修应 1～2 个月进行一次。小修的主要项目如下：彻底清洗、检查夹饼器和螺旋轴部分；检修、更换榨条、榨螺、距圈或刮刀；检查管件、阀件；检查传动部分运转情况。②定期中修应半年左右进行一次。中修的主要项目如下：更换榨条、榨螺、距圈、刮刀、抵饼圈、出饼圈等易损零件；检修、更换轴承；更换、清理蒸锅搅拌器、喂料叶；清洗减速箱，更换新油、油圈，防止润滑油混杂油脂；检查、整修或更换齿轮。③定期大修应视榨油机运转情况而定，一般 6 个月至一年进行一次。检修时必须全部拆开清洗检查，如有损坏，需进行修理或更换。此外还要校验地脚螺钉、机身的紧固程度，校对中心。必要时进行机身的油漆整修。

二、平转式浸出器

浸出法取油是应用固一液萃取的原理，选用某种能够溶解油脂的有机溶剂，经过对油料的浸泡和喷淋作用，使油料中的油脂被萃取出来的一种取油方法。浸出法取油的基本过程是把油料料胚、预榨饼或膨化料胚浸泡于选定的溶剂中，使油脂溶解在溶剂中形成混合油，然后将混合油与浸出后的固体湿粕分离。然后对混合油进行蒸发和汽提，使溶剂汽化，与油脂分离，从而获得浸出毛油。浸出后的固体粕含有一定量的溶剂，经蒸脱处理后得到成品粕。从湿粕蒸脱、混合油蒸发和汽提及其他设备排出的溶剂蒸汽需经过冷凝、矿物油吸收等方法进行回收，回收的溶剂循环使用。

1. 平转式浸出器的结构及工作原理

平转式浸出器如图 6—27 所示。它主要由密闭的外壳、转动体、假底、轨道、混合油收集格、喷淋装置、进料和卸粕装置及传动装置组成。

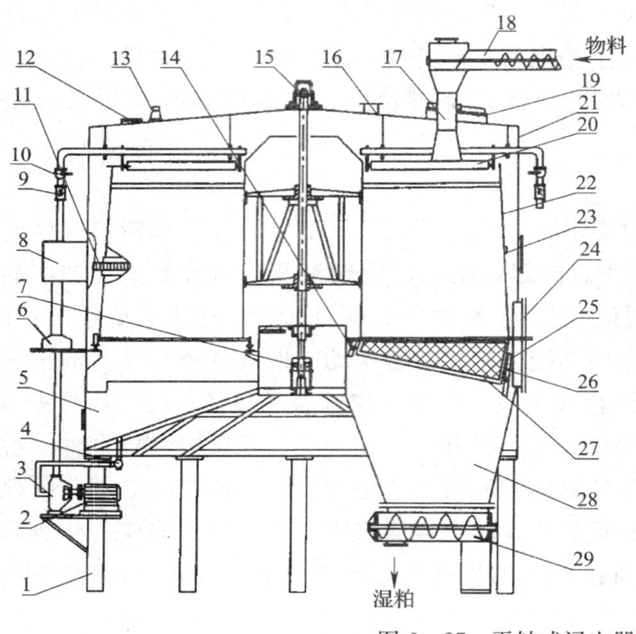

图 6—27 平转式浸出器

1—底座 2—电动机 3—混合油循环泵 4、10—阀门 5—油斗 6—减速器 7—轴承 8—传动箱 9—管道视镜 11—齿条 12—平视镜 13—视孔灯 14—滚轮 15—主轴 16—自由气体管 17—进料管 18—封闭绞龙 19—人孔 20—喷液器 21—外壳 22—转子 23—链条 24—检修孔 25—托轮轴 26—外轨 27—假底 28—落料斗 29—双绞龙

圆柱形的密闭外壳 21 分为上下两部分。上部是一个可以缓慢转动的转动体 22，转动体由内外两个同心圆环组成，同心圆环又由隔板等分为若干个浸出料格。下部是固定的同心圆环，由隔板分为若干个混合油收集斗和出粕斗。每一个浸出格的下部均装有假底 27，假底由筛网和有孔筛板等组成，用于承托物料并使混合油通过。假底的一侧通过铰链与料格底边连接，另一侧装有两个滚轮 14。滚轮可以在内轨道和外轨道 26 上运行，使得假底与料格贴合形成一个有底容器。为防止假底四周缝隙漏料或堵塞铰链，也可在假底四周采用聚氨酯泡沫塑料、帆布等固定在假底四周。在出粕斗处，假底上的滚轮沿着下垂的弯曲轨道缓慢下降，假底则绕铰链轴缓慢地打开，使浸出后的湿粕落入出粕斗。当滚轮转到轨道中断处之后，假底打开时直接撞击在橡胶垫上，这时假底全部打开，料格内的湿粕全部落下。这种假底的铰链在前、滚轮在后的卸粕方式，习惯上称为“后开门”。落入出粕斗的湿粕可以通过双绞龙 30 进入湿粕刮板输送机，并由刮板机送入湿粕脱溶系统。橡胶垫有两个作用，一方面减小假底在完全打开时对器壁的撞击力和噪声；另一方面通过橡胶垫对假底的反弹作用，自行将假底上残留的粕末振落下来，以达到筛网的自清作用。

平转式浸出器的工作原理：如图 6—28 所示是平转式浸出器的浸出格和混合油油斗的展开图。由图可以看到，新鲜溶剂经溶剂泵进入喷淋管 H，喷淋料层渗透后滴入油斗 G，再由泵 P101g 抽出进入喷淋管 G，喷淋料层渗透后仍滴入油斗 G，形成自循环，油斗 G 的混合油滴满后溢流至混合油斗 F；油斗 F 中的混合油由泵 P101f 抽出，喷淋料层后渗透滴入本油斗，油斗 F 中的混合油滴满后溢流至油斗 E。依次进行上述的多次喷淋和溢流，最后混合油从油斗 C 溢流到油斗 A，泵 P101a 将其抽出打入进料料格，在进料料格中混合油滴入油斗 A。由于开始阶段混合油中含粕粉较多，因而由泵 P101b 抽出的混合油经过料层自过滤后，再通过与水平面呈 30°角的帐篷过滤器的滤网过滤，进入油斗 B。然后由浓混合油泵 P102 将混合油从油斗 B 抽出送往混合油蒸发系统。

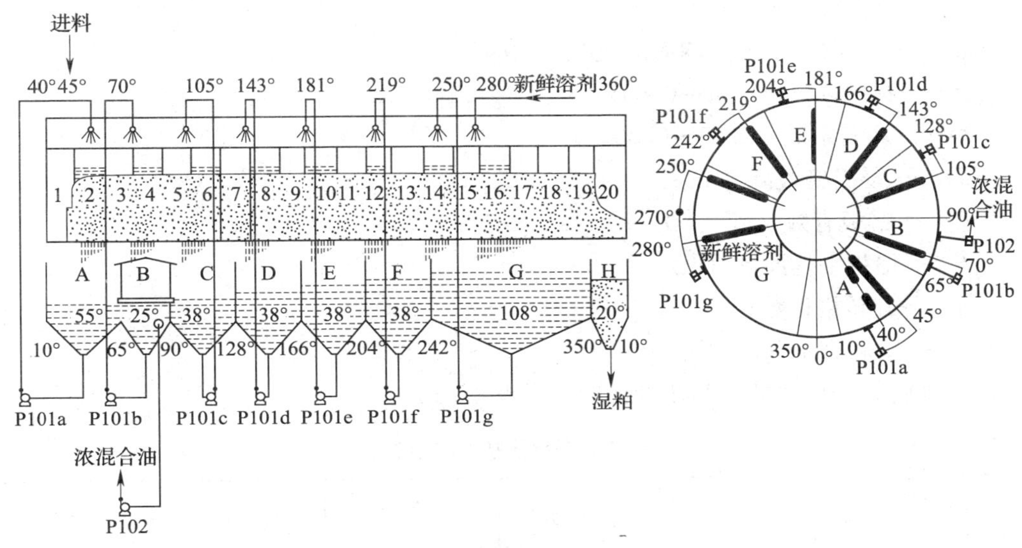

图 6—28 浸出格和混合油油斗及喷淋的展开图

P101a～P101g—混合油循环泵 P102—浓混合油泵

混合油喷淋管有多种形式。有的是在钢管下方开有许多不同大小的圆孔；有的在钢管下方开成一条梯形的长孔；有的则将液体喷入一个槽内，从槽边沿的锯齿形缺口溢流至料层等。总之，无论什么样的结构形式，总的要求是喷出的混合油或新鲜溶剂在浸出格上方的径向呈一直线，使浸出格中所有料面都能被混合油喷淋，且流量应该是靠近转子外圈的最大，向内圈方向逐渐减少，以使油料得到充分和均匀的浸出，保证粕中残油率降低。

为了保证浸出器内混合油的正常循环，各油斗之间液位高度差一般为 12 mm。它是通过油斗之间隔板的高度来调整的。其液位高度之差是从油斗 G 逐级向油斗 B 方向下降，以保证混合油与油料的逆向流动。同时为防止混合油中的粕粉堵塞油泵，目前大都采用半开式混合油循环泵。另外，在混合油循环过程中，应保持料层上有 30～50 mm 的溶剂或混合油层，以使整个浸出操作是在喷淋浸泡→滴干→喷淋浸泡→滴干的过程中完成。

平转式浸出器具有结构简单、运行可靠、动力消耗小、混合油浓度高、固定料层的自过滤作用好、混合油中含粕末少以及浸出效果好等优点。但过高的料层有可能使物料压实和压碎，这在一定程度上降低了溶剂或混合油通过料层的渗透能力，使得浸出时间较长。平转式浸出器在国内外得到广泛应用，是目前世界上运行数量最多的一种浸出器形式。近些年，平转式浸出器趋向于大型化，现在世界上最大的平转式浸出器直径为

20 m以上，料格高度在 3 m 以上，日处理能力为 9 000 t。

2．平转式浸出器主要技术特性

（1）平转式浸出器生产能力计算

$$Q = 1\ 440\ nrh[3.14(D^2 - d^2)/4 - Lba] \tag{6—1}$$

式中：Q——浸出器处理量（t/d）；

n——浸出器转速（r/min）；

D，d——浸出格外、内圈的直径（m）；

h——料层高（m），$h=\Phi\times H$；

Φ——装满系数，0.75～0.85；

H——浸出格板高（m）；

L——格板有效长度（m），$L=(D-d)/2$；

b——格板平均厚度（m）；

a——旋转格板数；

r——料胚容重（t/m^3）。

（2）平转式浸出器的主要技术特性（见表 6—15）

表 6—15 平转式浸出器技术特性表

项目＼型号	JCP350	JCP450	JCP550	JCP600	JCP660
处理量（t/24 h）	50～80	100～120	140～160	180～220	280～320
功率（kW）	1.5	2.2	2.2	3.0	3.0
干粕残油（%）	≤1.0				
外形尺寸（mm×mm×mm）	3 800×3 800×4 100	4 850×4 850×4 310	5 900×5 900×4 800	6 500×6 500×4 900	7 200×7 200×5 200

3．平转式浸出器的操作

先检查设备及管道是否密闭、畅通，转动是否灵活，一切正常后方可开车。平转式浸出器开始运行时，应首先从循环溶剂罐将新鲜溶剂用泵打入第八个喷淋管，溶剂喷淋在空浸出格上并流入第四个混合油收集格，由于溶剂不断加入，第四收集格逐渐充满并溢流到第八收集格中。依次类推，最后使所有混合油收集格内都充满溶剂。第二格的溶剂不须抽出，第三格的溶剂可用泵打入混合绞龙。当混合绞龙也充满溶剂时，立即开动进料部分使料胚或预榨饼进入混合绞龙，经浸泡后一起落入浸出格中，再开动圆筒体，浸出格缓慢旋转，同时可将第二格中的混合油抽出。当第一个装满料胚的浸出格旋转到某一个喷淋管下面时，就立即打开这个喷淋管管道上的阀门，将混合油喷淋在料层上面，并调节喷淋量的大小。当第一个装满料胚的浸出格旋转到第五格之前，应先开动出粕部分，待湿粕落入第五格时就将它排出浸出器外并送入蒸烘设备中去。平转式浸出器只需一人操作，操作人员必须注意溶剂和混合油的流量，观察进料出粕是否正常，设备各处有无渗漏。

三、立式蒸脱机

油料浸出后的湿粕一般含有25%左右的溶剂，必须对湿粕进行脱溶、干燥和冷却处理，以得到合格的成品粕。湿粕处理的目的首先是要最彻底地脱除溶剂，以保证浸出生产中最低的溶剂损耗及粕的安全使用。另外，要在蒸脱过程中通过控制工艺条件，钝化和破坏粕中的有害毒素和抗营养成分，改善粕的质量。最后，要在蒸脱过程中或其后对粕的温度和水分进行调节，使成品粕的温度和水分含量达到安全储存条件。

1. 立式蒸脱机的结构及工作原理

DT（Desolventazationer and Toaster，脱溶烤粕机）蒸脱机是专为大豆直接浸出的湿粕脱溶工艺设计的，其结构形式从1950年DT蒸脱机首次应用到现在已经过多次改进，生产的豆粕营养价值较高。

最初的DT蒸脱机结构形式如图6—29所示。它共有8层。第一到第三层为脱溶区，第四到第八层为烤粕区。含溶剂的湿粕经湿粕绞龙9送到第一层，第一层为一个带有蒸汽夹层的加热板，上有刮刀24和轴相连。DT蒸脱机有一根中心轴19，当中心轴转动时，转动刮刀将第一层已被加热和已有部分溶剂汽化的湿粕刮送到第二层。第二层也有夹层蒸汽加热。它的周围是由不锈钢制成的百叶窗11，下层的溶剂气体和水蒸气通过百

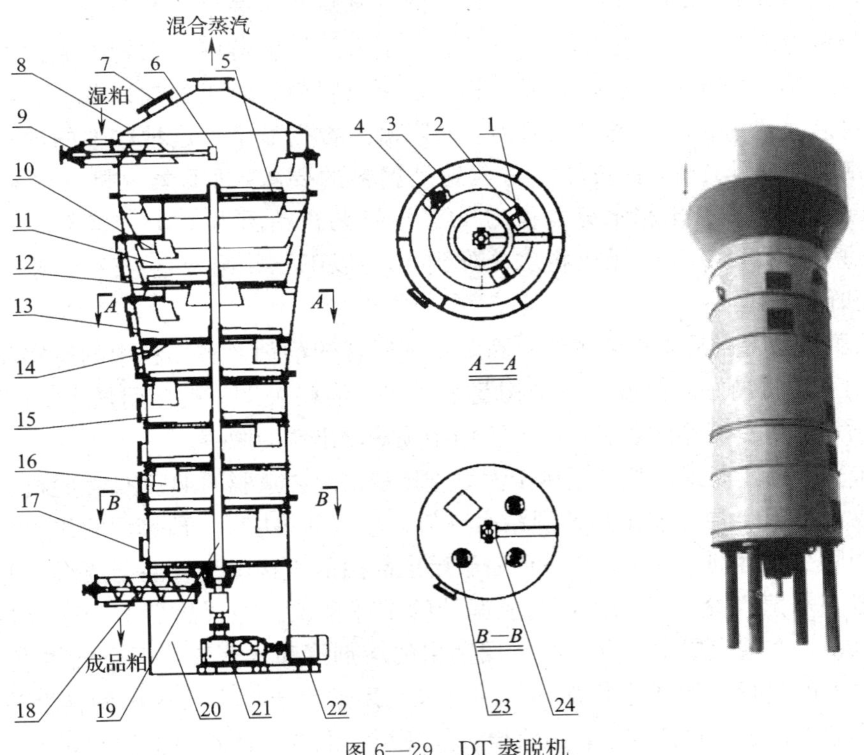

图6—29 DT蒸脱机

1—落料口 2—插料板 3—托板 4—筛板 5—上层下料盘 6—轴瓦 7、17—人孔 8—上部机体 9—湿粕绞龙 10—料位指示器 11—百叶窗 12—中层下料盘 13—中部机体 14—喷汽盘 15—下中部机体 16—喇叭口 18—出粕绞龙 19—中心轴 20—底部机体 21—减速器 22—电动机 23—透气孔板 24—刮刀

叶窗与粕逆流充分接触，把粕中溶剂蒸出，粕经刮刀刮至盘中心，落到第三层。第三层是直接蒸汽喷入层，它由喷汽盘 14 和四周呈环状的筛板 4 构成。在喷汽盘的边缘有两个带插料板 2 的落料口 1。喷汽盘上分布有约 2 000 个直径为 2 mm 的小孔，压强为 294～343 kPa 的过热蒸汽由孔喷入粕中（温度约 120℃）。这样的结构保证了在第三层上有适宜的有料层，这对湿粕脱溶是十分有利的。DT 蒸脱机的上部机体 8 上有一个扩大的拱顶盖，因此蒸汽到达拱顶部分时速度降低，从而降低了蒸汽带出的粕粉含量。

大约 90%的热量是由从第三层喷入的直接蒸汽带入的。由于粕粒内外均有溶剂，因此当直接蒸汽喷入时，溶剂很快受热膨胀，爆破式地从粕粒中蒸发出来。直接蒸汽在对湿粕加热和汽提的同时，少部分冷凝于粕中，增加了粕中的水分含量和蛋白质变性。经脱溶层蒸脱溶剂而含水量为 16%～24%的粕，经过第三层的刮刀并通过带插板的落料口进入第四层。第四、五、六、七层情况基本相同，均有底夹层间接蒸汽加热豆粕，夹底上均开有三个栅格状通气孔，孔径为 500 mm。每一条栅格间的距离都是下大上小。每层除有三个通气孔外，还有一个落料口，落料口下部为一个喇叭口 16，由它来控制料层的高度。一般喇叭口的高度控制下一层料层的厚度，料层低于喇叭口时，上一层的料粕则不断流下，如果料粕高度达到喇叭口高度，暂停下料。在第三层装有带插板的落料口，开车时粕被成批下放，下面几层粕装好后则把控制门打开，进行自动调整。第八层无底夹层，底板上装有一个出料门，对出粕加以调节。粕经过下面五层烘烤后，成为营养价值很高的粕。实际测定数据显示，这种粕中的尿素酶活性和胰蛋白酶抑制素均已彻底破坏，完全满足饲料的要求。DT 蒸脱机的烤粕时间在 15～25 min 较为合适。出粕水分含量为 14%～15%，粕温为 100～105℃，需要进一步用卧式烘干机或热空气干燥机将水分降到 13%以下，并用冷空气冷却到 40℃以下才能包装和储藏。

DT 蒸脱机的特点是能较彻底地脱除湿粕中所含的溶剂及破坏粕中的有害毒素，所获得的饲用豆粕质量好。但该设备结构复杂，动力消耗大，蒸汽耗用量大。因此，DT 蒸脱机只适宜于大豆湿粕的蒸脱，一般不用于预榨浸出粕的脱溶。

如图 6—30 所示是最新型的适用于大豆直接浸出湿粕蒸脱的 DTDC 蒸脱机。这种蒸脱设备通常有 9～10 层。浸出后的湿粕由进料口落入预热层 1，预热层的作用是对湿粕预加热并脱除少量溶剂，以防止在下面若干层中高温的直接蒸汽或混合蒸汽与低温的湿粕接触时过多水蒸气凝结于粕中，造成湿粕的结球现象。经预热后的粕落入透汽层 2（或称自蒸层），在透汽层中，湿粕与下层蒸出的溶剂汽和水蒸气的混合气体直接接触，利用混合蒸汽的热量对湿粕进行加热，同时也利用透汽层底夹层中的间接蒸汽进行加热。为了充分发挥这种自蒸效果，透汽层设置三层。混合气体在自蒸层与粕换热后，其温度从 100℃降至排出蒸脱机时的 68～70℃，而粕温则从 60℃升至 80℃以上，粕含溶降低 30%左右。这一过程实质是利用混合蒸汽的余热对湿粕进行预脱溶，据测定这种自蒸作用使湿粕脱溶的蒸汽消耗降低约 10%。

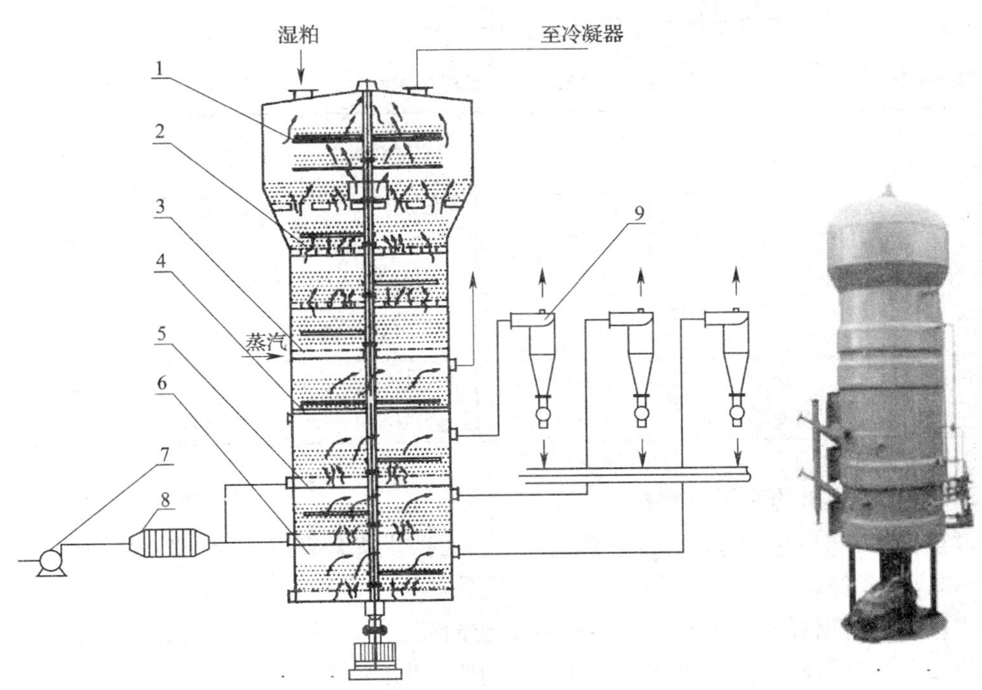

图 6—30　DTDC 蒸脱机结构图

1—预热层　2—透汽层　3—脱溶层　4—烘烤层

5—热风层　6—冷风层　7—风机　8—加热器　9—旋风分离器

经预热脱溶后的湿粕进入脱溶层 3，在这层的底夹层上有大量的直径为 3 mm 的小孔，直接蒸汽通过这些小孔喷入粕中脱除溶剂，但其直接蒸汽耗量比一般的 DT 蒸脱机要少。为防止蒸脱出的混合气体从出料口逸至下层，同时也防止下层的热风进入本层，这层的下料口采用封闭阀或封闭螺旋进行料封。经过这一层后粕中的溶剂被脱除干净，但水分也增加许多，高时可达 18%左右，温度也上升至 100℃左右。

脱溶后的粕进入烘烤层 4，设置这一层的目的是防止湿粕脱溶不彻底而进一步脱溶，还可以对粕进行升温以利于下层的热风干燥，同时对改善粕的色泽和风味也有利。如果采用工业正己烷做溶剂，可以不设置烘烤层，脱溶后的粕可直接进入热风层 5。热风层是通过底部的夹层，将热风吹入料层之中。热风是经过风机 7 将空气吹进加热器 8 中，用饱和加热蒸汽加热空气，使空气的温度达到 85～90℃，这样温度的热风在热风层中可将粕的水分脱除，如果生产量较大，热风层可考虑设计两层，在脱除粕水分的同时粕温也降低至 50～60℃。干燥后的粕再进入冷风层 6，在这层中由风机吹入的室温空气通过料层，将粕温降至 35～40℃的安全储藏温度。

这种设备集脱溶、干燥、冷却为一体，具有一机多能、生产方便、工艺指标容易调控、节能效果显著、产品质量可靠等优点。因此越来越受到油脂浸出生产厂家的欢迎，尤其在大规模的大豆浸出生产中更具有优势。但随着生产规模的扩大，当产量达到 5 000 t时，由于这种设备过于庞大的尺寸和过多的层数，给设计、制作以及动力配备带来困难，采用脱溶、干燥、冷却三者分离的设备结构会更加合理。

2. 立式蒸脱机的主要技术特性（见表 6—16）

表 6—16 立式（DTDC）蒸脱机技术特性表

项目＼型号	DTDC160	DTDC180	DTDC200	DTDC220	DTDC250
处理量（t/24 h）	50～80	100～120	140～160	180～220	280～320
功率（kW）	22	30	37	45	55
干粕残溶（$\times 10^{-6}$）	≤50				
外形尺寸（mm×mm×mm）	ϕ2 200×ϕ1 600×7 300	ϕ2 500×ϕ1 800×7 500	ϕ2 800×ϕ2 000×7 900	ϕ3 000×ϕ2 200×8 100	ϕ3 200×ϕ2 500×8 300

3. 立式蒸脱机的使用与维护

（1）进湿粕前 20 min 开间接蒸汽阀门，排去蒸烘机各夹层中的冷凝水，蒸汽压强控制在 0.2～0.3 MPa。

（2）浸出器出粕前 5 min，按粕的流向逆向开启蒸烘机、料封绞龙、刮板输送机，同时开启直接蒸汽阀门，有湿式捕粕器的开启喷水阀门。

（3）正当湿粕进入蒸烘机后，要按工艺要求，控制好气相温度，一般为 80～85℃，直接蒸汽压强保持在 0.05 MPa。

（4）为保证成品粕的质量，每次必须做引爆试验，发现不合格，要及时查找原因。成品粕的温度控制在 60℃以下。

（5）停车时必须使料走完一层再关一层蒸汽阀门，待料全部走完后，再空转 15 min 然后停蒸烘机，再关捕粕器的喷水及粕输送设备。

～思考与练习～

一、选择题

1. 以下选项中属于制油机械设备的组成部分的是（ ）。

A. 去石机 B. 色选机 C. 蒸脱机
D. 浸出器 E. 清粉机

2. 在磨粉机上设置张紧调节装置的目的是（ ）。

A. 增大运行阻力 B. 避免物料在辊筒上打滑 C. 减小物料在两辊间的缝隙
D. 清洁磨辊 E. 减少振动

3. 清粉机的作用是（ ）。

A. 清理原料杂质 B. 筛理物料 C. 分级物料

二、判断题

1. 高方平筛既可以筛理面粉又可以清理物料杂质。 （ ）

2. 物料清理筛的筛面对耐磨性能没有要求。 (　　)

3. 使用风选设备清理轻浮杂质，风速越大越好。 (　　)

4. 动力螺旋榨油机适用于含油高、蛋白含量高的物料制油工艺。 (　　)

5. 磨粉机只适用于小麦磨粉工艺。 (　　)

三、填空题

1. 粮食行业常用的物料清理筛有________、________、________等。

2. 磨粉机进料筒内有料或无料时，控制磨辊的________与________及喂料辊的________与________。

3. 平筛主要有__________与__________两种。

4. 螺旋榨油机主要由________、________、________、________及________组成。

四、简答题

1. 对粮食工厂用于生产粮食的机械设备有哪些要求？

2. 螺旋榨油机调饼装置的作用是什么？

3. 确定蒸脱机的原则有哪些？

4. 去石的主要设备有哪些？它们在整个流程中的功能是什么？

5. 选用砻谷机时必须考虑哪几个参数？

6. 试述磨粉机的使用与维护过程中应注意的问题。

7. 平转式浸出器有何优缺点？

8. 油脂制取设备可分为哪几类？各有何优缺点？

9. 简述碾米机的组成及特点。

10. 风选机有哪些用途？

实训10　磨辊间距的调整

一、实训目的

通过实习，使学生熟悉常用调整工具的使用，掌握磨粉机磨辊间距的正确调整方法，在生产中能正确调整磨粉机。

二、设备与工具

1. 小型磨粉机4台。

2. 调整工具4套。

三、实训内容和步骤

1. 检查磨粉机磨辊间距的松紧程度。

2. 打开保护罩，用扳手旋松锁紧螺母。

3. 用扳手旋转一侧的调整螺母，磨辊一边发生变化。再用同样的方法调整另一侧的调整螺母。调整时，不能一次调整到位，应分几次调整，使磨辊间距平行。调整时，磨辊两边的张紧量应相同。

4. 调整结束后，将锁紧螺母拧紧。

5. 启动磨粉机，观察磨粉机运行是否平稳，有无间隙偏差现象。如出现不正常现象，应重新进行调整，直至正常为止。

6. 安装好保护罩及其他附属部件，调整结束。

实训 11　组织到粮油加工企业认知实习

一、实训目的

通过实习，使学生熟悉生产机械设备的构造，掌握机械设备的检查调整，在生产中能正确使用主要生产机械设备。

二、设备与工具

1. 米、面、油生产实习基地。

2. 交通工具。

3. 相关企业兼职教师。

三、实训内容和步骤

1. 介绍基地企业，由基地教师分组带领学生进入生产车间观察各工序。

2. 按照生产工序先后过程，逐步进行讲解，并对机械设备的工作原理、主要结构及作用进行记录。应细心认真，不能走马观花、敷衍了事。

3. 观察各工序、各机械设备之间的关联及作用，了解主要控制指标。

四、编写实训报告

1. 按照产品生产工艺流程画出流程方框图。

2. 标出主要机械设备的技术特性、控制指标。

3. 列举两个主要机械设备，说明其工作原理、主要结构和操作要点。

第七章 肉制品加工机械与设备

学习目标

了解肉制品加工机械与设备在食品加工中的作用。掌握绞肉机、斩拌机、盐水注射机、滚揉机、灌肠机及烟熏设备的主要部件结构、设备的使用及维护方法。

肉制品包括生肉制品和熟肉制品两大类。生肉制品如冷冻肉、肉排、肉串和肉丸等；熟肉制品有传统的熏鸡、酱牛肉、扒鸡等，以及灌制品如腊肠、火腿肠、哈尔滨红肠等。肉制品的品种不同，加工所用的机械设备也有所不同。肉制品加工机械设备按操作单元可分为原料前处理设备、腌制设备、填充与成形设备、蒸煮与烟熏设备，另外还有杀菌设备、速冻设备和包装机械设备等（已在其他章节作了介绍）。

第一节 原料前处理设备

原料的前处理主要是对原料肉进行初步的加工，使其满足后续工艺的加工要求。原料前处理设备主要包括绞肉机、斩拌机和搅拌机等。

一、绞肉机

绞肉机的功用是将大块的原料肉切割、破碎成细小的肉粒（一般为 2～10 mm），以便于后续加工（如斩拌、混合、乳化等）。绞肉机是加工各种香肠和乳化型火腿肠的必备设备。

绞肉机按处理的原料不同分为普通绞肉机和冻肉绞肉机两类。普通绞肉机用于鲜肉（冷却至 3～5℃）的绞制处理；冻肉绞肉机可以直接绞制－25～2℃的整块冻肉，也可绞制鲜肉。按绞肉机的孔板数量分为一段式（1 个孔板 1 组刀）和三段式（3 个孔板 2 组刀）。先进的绞肉机带有搅拌或剔骨功能。

1. 绞肉机的构造与工作原理

绞肉机由进料斗、变径变螺距螺旋供料器、绞刀、孔板等构成，如图 7—1 所示。绞刀固定在螺旋供料器上随螺旋一起转动。孔板用紧固螺母固定在机壳上。

工作时，将经过修整（去皮、去骨、去筋膜）并切成适当大小的肉块加入进料斗。随着螺旋供料器的旋转，肉块被从螺旋小直径端往螺旋大直径端推送。通过螺旋的推送作用使肉块从孔板的孔中挤出，然后经过绞刀和孔板之间的剪切作用将肉切断，被切断的肉粒被挤出孔板。

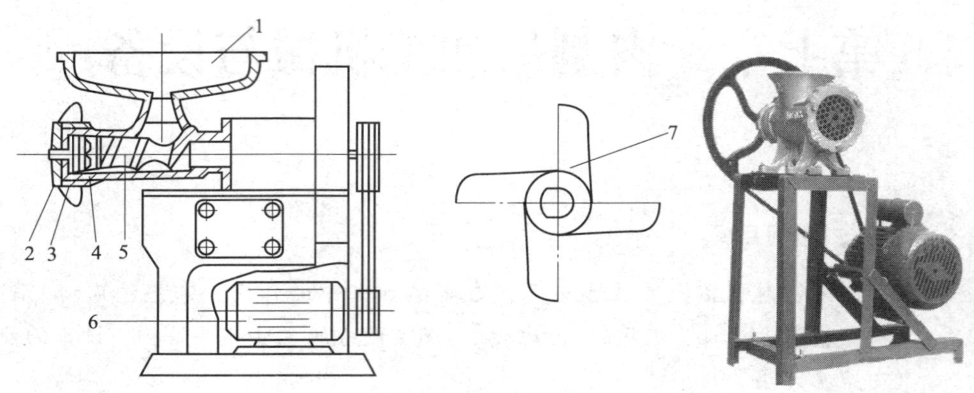

图 7—1　绞肉机结构图

1—进料斗　2—紧固螺母　3—孔板　4—绞刀　5—螺旋供料器　6—电动机　7—绞刀

绞肉机的孔板可以自由拆换，使用不同孔径的孔板，可以加工出不同直径的肉粒。孔板孔径与肉粒直径的关系见表 7—1。绞肉机的孔板孔径通常有粗孔（9～10 mm）、中孔（5～6 mm）和细孔（2～3 mm）三种。

表 7—1　　孔板孔径与肉粒直径的关系

肉粒直径（mm×mm）	孔板的种类	
	5 mm 孔径	2 mm 孔径
5.0×3.65 以上	58.6%	0
2.5×2.85～5.0×3.65	23.0%	32.0%
1.5×1.68～2.5×2.85	17.9%	42.1%
0.7×0.67～1.5×1.68	0.5%	25.9%
0.7×0.67 以下	0	0
合计	100.0%	100.0%

用细孔孔板绞制较大的肉块时，工作阻力较大，而且可能将肉中的肉汁或脂肪挤出，严重影响肉馅的质量，电动机也易过载。如果先用粗孔孔板绞一次，然后用中孔或细孔孔板继续绞碎，既费时又费力。而用三段式绞肉机，只需一次投料，就能依次通过粗、中、细孔孔板绞出细肉馅。

2. 绞肉机的使用与维护及注意事项

(1) 绞肉机的使用与维护

在绞肉前，要检查孔板和刀刃是否吻合。方法是将刀刃放在孔板上，横向观察有无缝隙。如有缝隙，在绞肉过程中，肌肉膜和结缔组织就会缠绕在刀刃上，妨碍肉的切断，破坏肉的组织细胞，削弱了添加脂肪的包含力，导致结着不良。绞刀和孔板要编组使用，避免混用。由于经常使用造成磨损，刀刃和孔板的吻合度变差，需要对绞刀和孔板进行研磨。

装配绞肉机时，先将螺杆装入螺旋筒中，然后装上绞刀和孔板，最后用紧固螺母拧紧。孔板和绞刀螺母拧得过紧，阻力大；拧得过松，绞刀和孔板之间就会产生缝隙，影响绞肉质量。装配时要根据原料肉的种类和肉制品的工艺要求，选择不同孔径的孔板。

三段式绞肉机的三块孔板之间有两副绞刀，组成一个绞刀组，如图 7—2a 所示。如果方向装反，就不能起到绞肉的作用。从绞肉机的前方看，绞刀的旋转方向一般都是逆时针方向，如图 7—2b 所示。紧固螺母的松紧程度，以用手指轻轻紧固为好，如图 7—2c 所示。

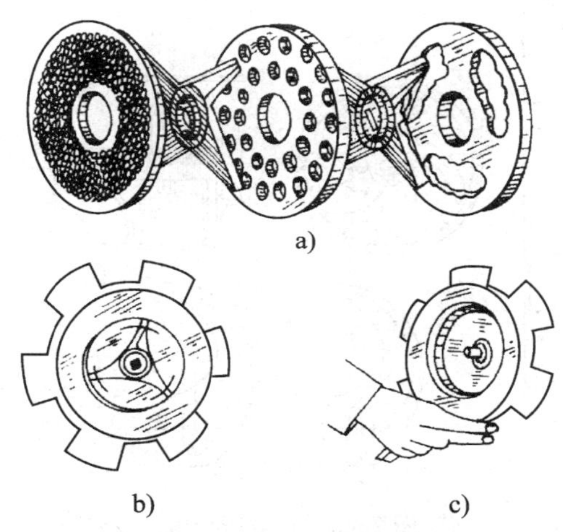

图 7—2　三段式绞肉机的组装方法

a）孔板和刀的组合　b）从前方看到的旋转方向　c）紧固刀部

作业结束后，要清洗绞肉机。按与组装相反的顺序拆下孔板、绞刀和螺杆，清理表面的肉末，然后用热碱水或洗涤剂清洗上述部件及进料斗和机筒等。清洗干净后，擦去表面水分，正确地将刀具分组保管。

（2）使用注意事项

每次使用前，应用热水对绞肉机进行清洗。绞肉前要对肉块适当切割，而且要剔除骨、筋、脂肪和肉皮，这样才能使绞肉速度快、质量好。脂肪要单独绞切，喂入量不能过大。投料后用填料棒喂料，严禁用手喂料，以免发生事故。肉块的温度应控制在 10℃以下，一般在 3～5℃才能保证肉馅的质量。

二、斩拌机

斩拌机的功用是对经过绞制的肉馅进行斩切，使肉馅产生黏着力，并将肉馅与各种辅料（冰屑、香辛料、调味剂等）进行搅拌混合，形成均匀的乳化物。通过乳化处理，使灌肠类产品的细密度与弹性大大增强。因此，斩拌机是加工乳化型产品或肉糜一肉块结合型产品的关键设备之一。

斩拌机分为普通型和真空型两类。真空斩拌机的优点是：避免空气进入肉糜中，防止脂肪氧化，保证产品风味；可释放出更多的盐溶性蛋白，得到最佳的乳化效果；可减少产品中的细菌数，延长产品储藏期，稳定肌红蛋白颜色，保护产品的最佳色泽，可使产品相应减小体积8%左右。

1. 斩拌机的构造与工作原理

斩拌机由盛装物料的斩肉盘、高速旋转的切割刀具和出料机构组成。这三部分分别用一台或两台电动机驱动。真空斩拌机还配有真空泵、真空盖和密闭系统等。真空斩拌机的结构如图7—3所示。

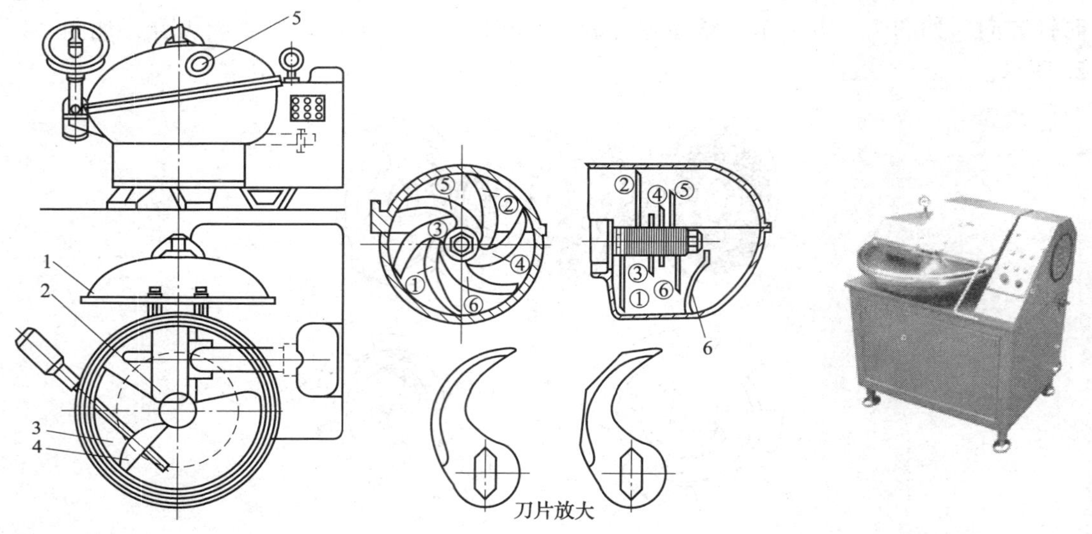

图7—3 真空斩拌机

1—机盖 2—刀具 3—斩肉盘 4—出料转盘 5—视孔 6—刮板

①、②、③、④、⑤、⑥为刀片编号

斩肉盘用不锈钢制造。电动机的动力通过V带和蜗轮蜗杆减速后，由棘轮机构带动斩肉盘轴，驱动斩肉盘单向旋转，转速为6～10 r/min。斩肉盘沿逆时针方向转动。

切割刀具由3～6把刀片组成，安装在刀轴上。刀具上方有保护和防止肉料飞溅的刀盖。刀轴由一台电动机通过V带带动高速旋转，转速可以调节（2～3挡）。打开刀盖时，刀具自动停止转动，以保证安全。

出料机构由一台电动机通过齿轮减速机带动转轴和出料圆盘转动，整个机构可自由活动。斩拌时将出料盘向上抬起，圆盘不转。出料时，将出料机构放入斩肉盘内，接通电源，出料圆盘转动进行出料。

斩拌机工作时，先加入一部分瘦肉馅，开动刀具为斩拌转速。然后开动转盘低速转动，按斩肉盘的容量逐渐加入其他肉馅、冰屑、调味料等。一般2～5 min就可以把肉馅斩成肉糜。斩拌后整机转入搅拌速度状态，由出料机构将肉糜从斩肉盘内排出。

2. 斩拌机的使用及维护

（1）使用前的准备

使用前应对斩拌机进行清洗、消毒。安装刀具前要对刀具进行检查，如果刀刃磨损应及时磨利，并对每把切刀称重，质量差应小于 1 g。切刀与转盘的间隙应小于 0.5 mm。

（2）斩拌机的使用

先将一部分瘦肉馅装入斩肉盘内，均匀铺开。开动斩拌机，逐渐加入水或冰屑、调味料、香辛料，然后加入脂肪。斩拌均匀后立即取出，准备灌制。斩拌结束后，将刀盖打开，清除刀盖内侧和刀刃部位的肉糜，最后清洗斩拌机。

（3）注意事项

斩拌时投入的原料量和辅料量不可过多或过少，否则对肉糜的温度和保水力有影响。

刀具的转速和斩拌时间应根据肉糜的种类、工艺要求、环境温度、加入的水量和脂肪量来确定，以保证斩拌质量。

斩拌时应先启动刀轴电动机，待转速正常后，再启动斩肉盘电动机。工作中途停机时，应先使斩肉盘停止转动，再使刀轴停止转动。

第二节　腌制设备

生产火腿肠和传统的中式酱卤制品，腌制是必不可少的加工工艺。腌制的基本原理是将腌制液中所含的腌制材料，如食盐、硝酸盐、糖类、维生素 C 等充分渗透到肌肉组织中，与肌球蛋白等成分发生一系列的化学反应，达到腌制的目的。

传统的腌制工艺包括浸泡法和干腌法，腌制周期长，难以满足现代食品加工的要求。而使用盐水注射机、嫩化机和滚揉机等腌制设备，能将腌制液迅速均匀地分散到肌肉组织中，并对肌肉组织进行一定强度的破坏，使肌球蛋白、肌浆蛋白等可溶性物质渗透溶解到盐水溶液中，加快腌制反应的进行。

一、盐水注射机

盐水注射机的功用是将腌制液迅速均匀地注射到肌肉组织中，使盐水均匀扩散、渗透，这样可以加快腌制速度，减少 2/3 的腌制时间，提高肉制品的质量，改善肉制品的保水性和出品率。盐水注射机有常压式和真空式两类。真空式盐水注射机的储肉槽处于真空状态，可加速盐水在肉中的渗透和扩散。国产的盐水注射机多为常压式。

盐水注射机由电动机、曲柄滑块机构、针板、注射针、输送链板、盐水泵等组成，如图 7—4 所示。

盐水注射针由管径为 3～4 mm 的不锈钢无缝管制造，长度为 180～200 mm。针的顶端封闭，并磨出锋利的针尖，在离针尖 5～10 mm 的管壁上，开有直径 1～1.5 mm 的小孔 3～4 个，最多可达 20 个。

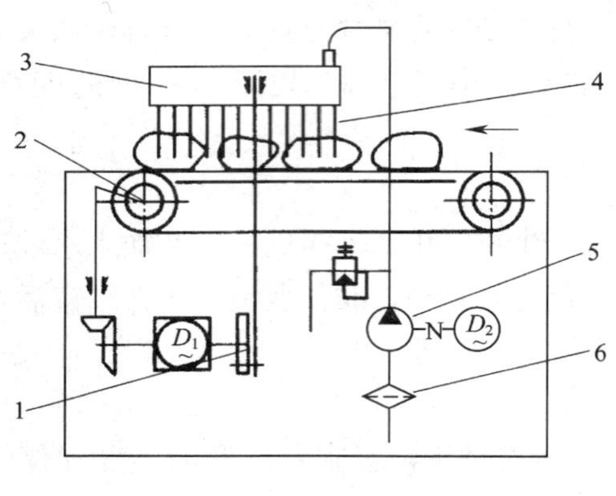

图 7—4　盐水注射机

1—曲柄滑块机构　2—棘轮机构　3—针板　4—注射针　5—盐水泵　6—过滤网

注射针的安装方法有两种：一种是固定安装，即将针座上的螺纹拧进针板的螺孔内。这样所有注射针随针板同步上下运动，主要适用于去骨肉的注射。另一种安装方法是弹性安装，即针头通过弹簧座安装在针板上，注射时所有的注射针除随针板一起上下运动外，每支针还可以相对针板独立运动。这样，当一个或几个针头遇到硬物而不能下降时，不会影响整个针板的继续下降，也不会损坏注射针，因而可以用于带骨肉和鸡肉等原料的注射。

盐水注射针（几十个）固定在针板上，由曲柄滑块机构带动针板上下、往复运动。腌制液由盐水泵送入针板，由针板分配到各个注射针上，注射针将腌制液迅速均匀地注射到肌肉组织中去。棘轮机构带动输送链板间歇向前运动，将放到输送链板上的肉块逐步向前输送。注射盐水后的肉块从输送链板上滑入肉车中。

工作时先启动盐水泵，调整盐水压力。开动驱动电动机，调整棘轮机构，保证输送链板间歇输送量。将肉块均匀地从输入端放到输送链上，当针板上升时，输送链板前进一定距离后停止。针板下降后，注射针插入肉块并进行注射。针板上升，停止注射，输送链板再间歇前进一定距离。

注射后，未进入肉块的盐水应回收。为防止可能混入的碎肉和脂肪堵塞针孔，必须对回收盐水进行过滤。过滤网的孔眼边长一般为 3 mm、1 mm、0.85 mm。当回收的盐水量很大，碎肉又较多时，可用振动筛或旋转筒形滤网等过滤装置处理，盐水通过网眼流出，滤渣则被滤筒内侧壁上的刮削导板刮除。

二、滚揉机

滚揉机的功用是将已经注射和嫩化的肉块进行慢速柔和的翻滚，使肉块得到均匀的挤压、按摩，加速肉块中盐溶蛋白的释放及盐水的渗透，增加黏着力和保水性能，改善产品的切片性，提高出品率。滚揉机是生产大块肉制品和西式火腿肠的理想设备。

滚揉机按肉块的滚揉方式可分为滚筒式和搅拌式（按摩式）；按压力情况分为常压式和真空式；按滚筒的配置方式分为立式和卧式。

1．立式滚揉机

立式滚揉机是由一个方形不锈钢桶做盛肉容器，桶口固定有一个横梁，横梁上安装有带搅拌叶片的电动机，由于搅拌轴垂直于地面，故称立式滚揉机，如图 7—5 所示。搅拌轴转速一般为 2～20 r/min，可无级调速，也可固定挡变速。这种滚揉机可以移动，在盐水注射机旁装料，在腌制间内滚揉，在充填机处出料。它的电器控制装置一般不安装在机器上，而固定在腌制间的墙壁上，这种安装方式比较安全。这类滚揉机的容量有 200 L、250 L、320 L、340 L、600 L、700 L、750 L、850 L 等几种，由于轴的转速很低，作用比较平稳，所以滚揉时的装肉量可达容器体积的 80%。肉料在滚揉机中停留时间一般要达 24 h，所以其生产率以日计算，每次处理量就是该机的每日生产率。这类滚揉机大部分没有真空装置。

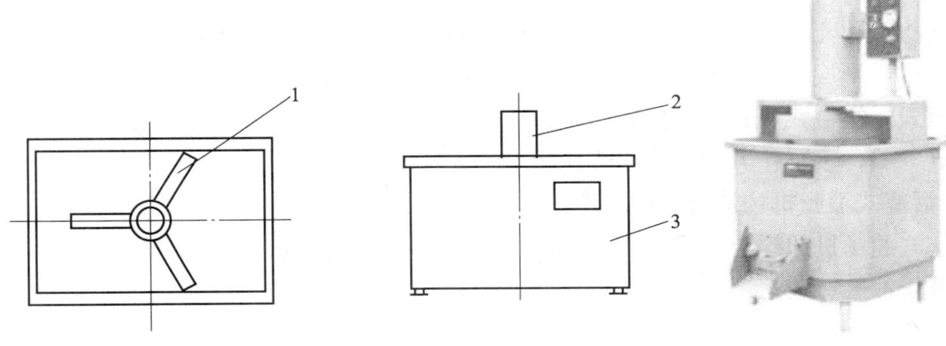

图 7—5　立式滚揉机

1—搅拌桨　2—电动机　3—盛肉容器

2．卧式真空滚筒滚揉机

卧式真空滚筒滚揉机如图 7—6 所示。外形为一个卧置的滚筒，滚筒内壁有螺旋叶片。将需要滚揉的肉料装入滚筒内，随着滚筒的转动（2～15 r/min），肉在滚筒内上下翻动，先是被不锈钢滚筒内壁的螺旋形叶片带动上升，而后靠自重下落拍打滚筒低处的腌制液。由于肉块在上升和下落的同时也互相碰撞，因此也达到揉搓的效果。每次加工量可占滚筒容积的 60%～70%，经 11～16 h 后滚揉结束。

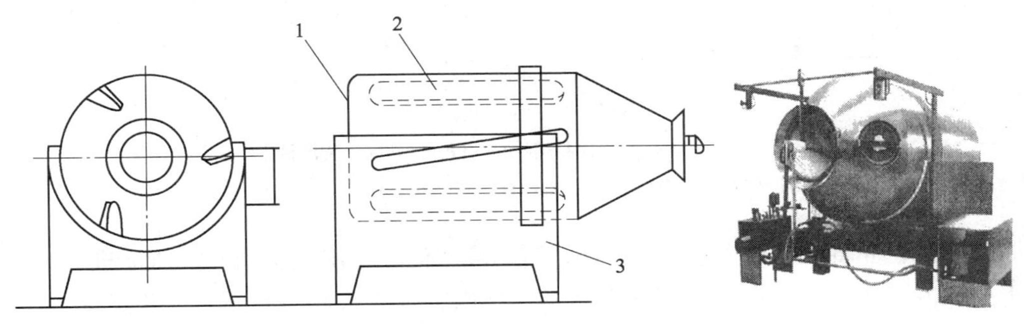

图 7—6　卧式真空滚筒滚揉机

1—滚筒　2—螺旋叶片　3—机架

第三节 灌制与熏制设备

经过绞肉、斩拌、搅拌、滚揉等加工处理后的肉馅，要根据灌制品的工艺要求选择所需的肠衣，制成各种大小不同、形状不同的肠制品。因此需要用灌肠机进行灌制与成形。

根据肉制品的加工工艺和风味的需要，许多经过蒸煮后的肉制品还需进行熏制（有的肉制品先熏制后蒸煮），以提高肉制品的色、香、味，同时进行二次脱水，以保证产品质量。

一、灌肠机

灌肠机又称充填机，是将斩拌机、搅拌机和滚揉机混合好的肉馅填充到人造肠衣或天然肠衣中，形成各种肠类制品的机器。灌肠机的类型较多，按使用的动力分为气压式、液压式、机械式等；按机械结构分为活塞式和机械泵式；按肉馅的压力情况分为常压式和真空式；按工作方式分为连续式和间歇式等。

1. 活塞式灌肠机构造与工作原理

活塞式灌肠机的构造如图 7—7 所示，由装肉料斗、灌装嘴（1～2 个）、肉缸、挤肉活塞、液压油缸、液压油泵等组成。

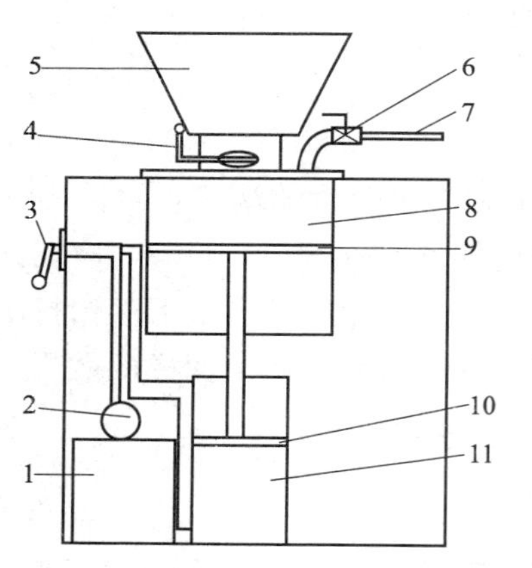

图 7—7 活塞式灌肠机

1—液压油箱 2—液压油泵 3—控制阀 4—进料阀门 5—装肉料斗 6—灌装阀门 7—灌装嘴 8—肉缸 9—挤肉活塞 10—液压活塞 11—液压油缸

工作时，先将肉馅放入装肉料斗内，启动液压油泵，用控制阀使液压油进入液压油缸上腔，液压活塞带动挤肉活塞向下运动，将肉馅吸入肉缸。灌肠时，关闭进料阀门，操作控制阀，使液压油进入液压油缸下腔，由液压活塞带动挤肉活塞上行。将准备好的肠衣套在灌装嘴上，逐渐开启灌装阀门，使肉馅均匀地充入肠衣。肉缸内的肉馅装完后，使活塞下行，打开进料阀门，在重力和肉缸负压的作用下，肉馅又进入肉缸，准备进行下一批次的灌装。

该机的特点是结构简单、操作方便，灌装量可以根据需要调节，可换装不同口径的灌装嘴，适用于不同材质的肠衣，在大、中、小型肉制品厂使用普遍。

2. 灌肠机的使用及维护

(1) 使用各类灌肠机前先要检查各连接部位的情况，并清洗机器，做好准备工作。

(2) 按工艺要求选择合适的灌装嘴，冲洗干净后安装到出料口上。

(3) 检查无误后，将肠衣套在灌装嘴上，开始灌装。灌装过程中要注意观察肠制品的情况和料斗的肉馅情况，必要时补充肉馅和调整灌装量。

(4) 生产结束后，要将机器内外清洗干净，有些部位（如挤肉活塞、泵内叶片等）要加注食用润滑油。

二、熏制设备

熏制的目的是增加制品的风味，使制品更加美观，使制品产生能够引起人们食欲的烟熏气味，形成独特风味，并提高制品的保存性。大部分西式肉制品如灌肠、火腿等需要经过烟熏处理，许多中国的传统肉制品如湘式腊肉、川式腊肉、沟帮子熏鸡等产品，也要经过烟熏加工。

熏制设备有直火式烟熏设备和间接式烟熏设备两类。

1. 直火式烟熏设备

这种设备是在烟熏室内燃烧烟熏材料，使其产生烟雾，并利用空气对流的方法，把烟雾分散到室内各处。常见的设备有单层烟熏炉、塔式烟熏室等。这种设备依靠空气自然对流，使烟雾在烟熏室内流动和分散，具有存在温度差、烟流不均匀、原料利用率低、操作方法复杂等缺陷，目前只有一些小型肉制品企业使用。

2. 间接式烟熏设备

这种设备不在烟熏室内发烟，而是将烟雾发生器产生的烟雾通过风机和管道强制送入烟熏室内，对肉制品进行烟熏，故又称为强制循环式烟熏设备。这种设备提高了烟熏制品的质量，缩短了烟熏时间，适用于大规模生产。

发烟的方法较多，常用的有燃烧法、摩擦发烟法、湿热分解法和液熏法。

燃烧法即将木屑放在电热燃烧器上燃烧，利用风机将所产生的烟雾与空气一起送入烟熏室内。烟熏室的温度取决于烟的温度和混入空气的温度，烟的温度可通过木屑的湿度进行调节。发烟机与烟熏室应保持一定距离，以防焦油成分附着太多。

摩擦发烟法利用摩擦燃烧的发烟原理，如图 7—8 所示，在硬木上压重石块，使硬木棒与带有锐利摩擦刀刃的高速转轮接触，通过摩擦发热使被削下的木片热分解产生烟雾，烟雾的温度由燃渣容器内水量的多少来调节。

湿热分解法是将水蒸气和空气适当混合，加热到 300～400℃，使高温热气通过木屑使之产生热分解。因烟和蒸汽是同时流动的，故变成潮湿烟。由于潮湿烟的温度过高，需经过冷却器冷却后进入烟熏室，此时烟的温度约为 80℃。冷却可使烟凝缩，附着在制品上，故又称为凝缩法，发烟装置结构如图 7—9 所示。

液熏法是将制造木炭过程中干馏木材产生的烟收集起来，制成浓缩的熏液。加热熏液使其蒸发附着在制品上，或用熏液对制品进行浸渍，或将熏液作为风味添加剂加入到制品中，然后进行蒸煮干燥。

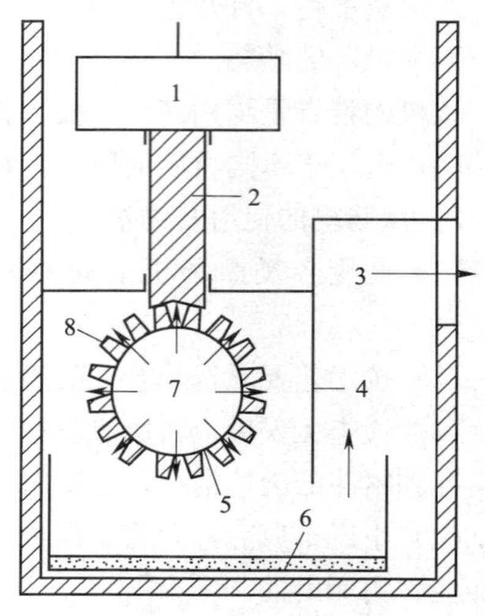

图 7—8　摩擦发烟装置
1—重石　2—硬木棒　3—烟
4—遮蔽板　5—摩擦车　6—燃渣容器
7—气流　8—转轮刀刃

3．全自动熏蒸炉

现代的烟熏设备具有多种功能，除烟熏外，还可用于蒸煮、冷却、干燥和喷淋等，故称为全自动熏蒸炉。

全自动熏蒸炉的结构如图 7—10 所示，主要由熏蒸室、熏烟发生器、蒸汽喷射装置、冷却水喷管、熏制车和控制器等组成。

熏蒸室用型钢焊接制成，内外用不锈钢板包裹，中间装有良好的绝热层。风机设在室内顶部位置，当风机启动后在顶部形成增压区。烟雾发生器生成的烟雾被由下而上吸入风机，经增压后再从两侧的喷嘴喷出，部分烟雾则从顶部防污染的过滤器排出。在增压区内还设有加蒸汽装置，以保证烟雾流动速度并保持一定湿度。在风机下部设有热交换器，供干燥时的温风和冷却时的冷风使用。烟发生器设在烟熏室外部，产生的烟雾供给熏烟室。其气流循环原理如图 7—11 所示。

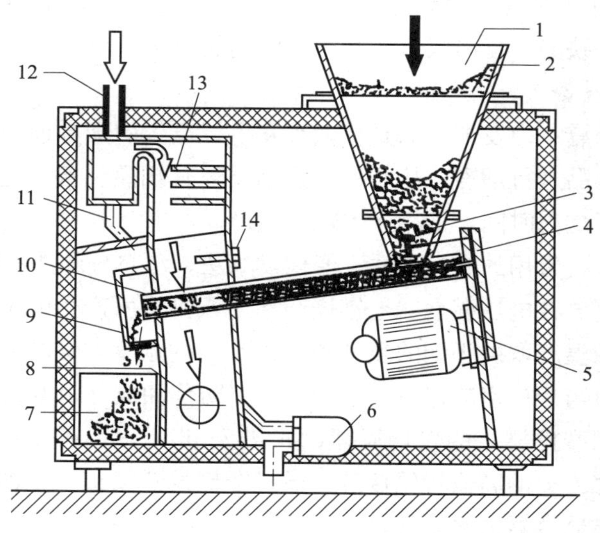

图 7—9　湿热分解发烟装置
1—木屑　2—筛子　3—搅拌器　4—螺旋传送带　5—电动机　6—排水　7—残渣容器　8—出烟口
9—木屑挡板　10—气化室　11—凝缩管　12—蒸汽口　13—过热器　14—温度计

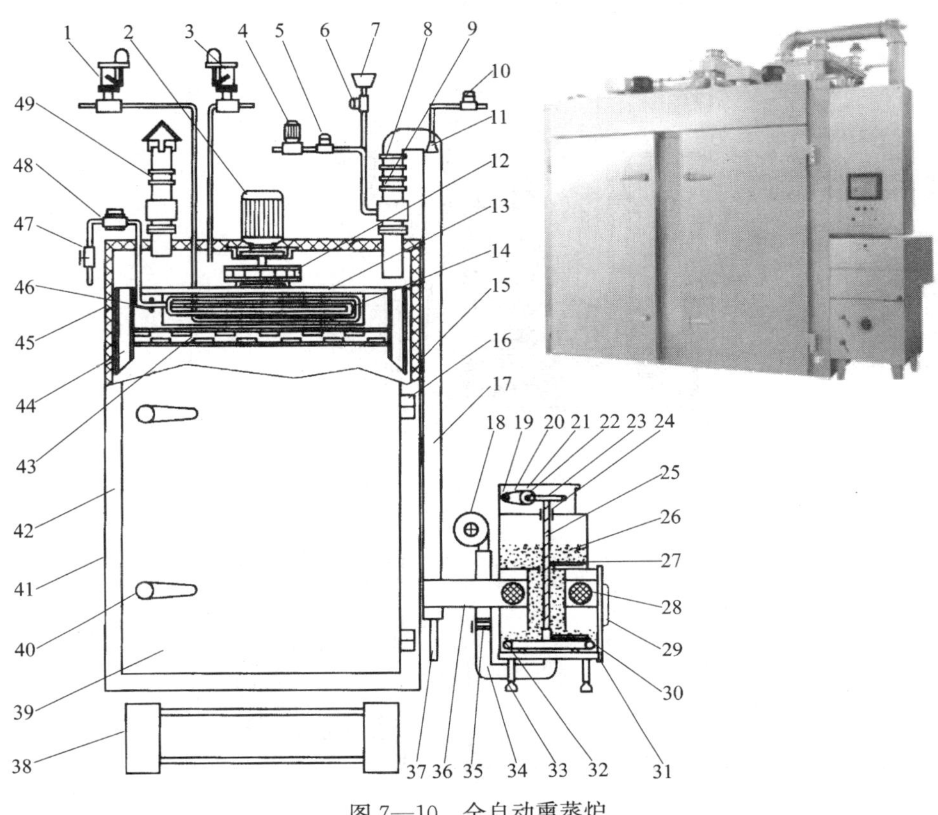

图 7—10　全自动熏蒸炉

1—高压蒸汽电磁阀　2—循环风机　3—低压蒸汽电磁阀　4—管道泵　5—冲洗电磁阀　6—清洗剂电磁阀　7—清洗剂桶　8—进烟碟阀　9—加空气碟阀　10—喷淋电磁阀　11—喷头　12—风机叶轮　13—上隔板　14—盘管散热器　15—内壁包板　16—门铰链　17—输烟管道　18—鼓风机　19—送屑电动机　20—V 带　21—大带轮　22—蜗杆　23—蜗轮　24—轴承座　25—主轴　26—木屑　27—小拨叉　28—滤网　29—玻璃透窗　30—大拨叉　31—发烟室门　32—电热管　33—支架　34—进风管道　35—可调风门　36—方形烟道　37—排水管　38—坡度板　39—熏室门　40—门把手　41—外壁包板　42—炉体　43—隔流板　44—风管　45—保温隔层　46—法兰盘　47—疏水阀门　48—疏水器　49—排气阀

熏制车一般由型钢焊接而成，底部有 4～6 个小轮，便于进出烟熏室，如图 7—12 所示。制品用吊杆吊挂在熏制车上。

控制器设在装置外部，用来控制烟雾浓度、烟熏时间、相对湿度、烟熏室温度、物料中心温度和操作时间等。设备一般都由程序控制系统（可编程序控制器 PLC）控制。该控制系统能够存储完整的操作程序，对于不同的产品，只要适当调整一些技术参数就能按所需的要求进行自动工作。

全自动熏蒸炉容易操作，自动化程度高，只要正确设定好操作程序和参数就可自动运行，加工出理想的肉制品。它能快速、均匀地达到工艺所要求的温度、湿度和烟雾浓度，确保加工制品质量稳定，具有良好的熏烟效果。由于热风的温度能够控制在最佳状态，而且熏烟的质量高（无焦油污染），所以熏制出来的产品芳香可口，风味极佳。设

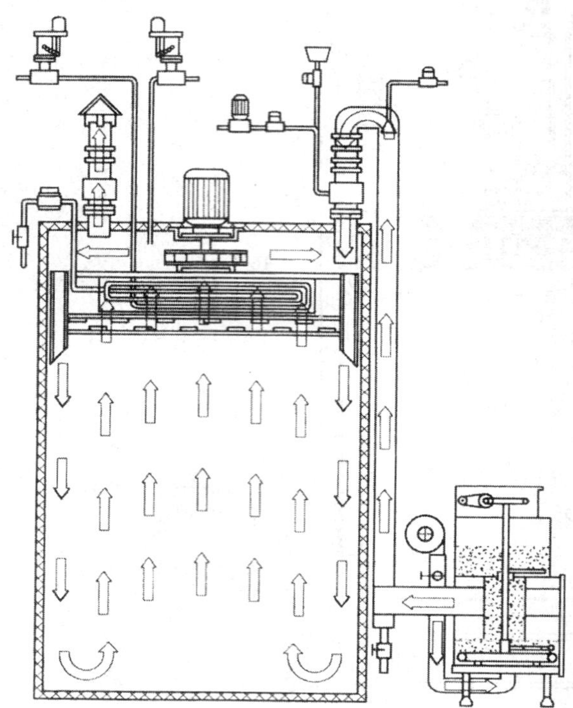

图 7—11 熏蒸炉气流循环原理

备运行费用较低，由于以蒸汽为热源，另外使用烟雾发生器，木材消耗大大减少，所以能够节省费用。由于该设备能够进行高精度的湿度控制，产品的成品率较高。

图 7—12 熏制车

全自动熏蒸炉使用要求如下：

(1) 烟熏前要将制品的外表清理干净，并要进行适当的干燥处理。

(2) 应根据肉制品的种类和工艺要求，经过试验确定合理的程序和工艺参数（如温度、湿度、时间、烟雾浓度等）。

(3) 每批次装入肉制品的量要符合烟熏室的要求。超过容量要求，烟量和烟雾的循环会变差，易出现烟熏斑驳现象。

(4) 烟熏结束后，必须立即从烟熏室取出制品。如继续放在烟熏室内冷却，就会引起制品收缩，影响外观。需要蒸煮的制品，在烟熏后应立即进入蒸煮工艺。

第四节　肉制品生产线简介

当肉制品的生产量较大时，一般把生产设备按照生产工艺流程组成生产线。由于加工的产品不同，所用的生产设备也不完全相同，组成的生产线也不同。这里以午餐肉罐头生产线和香肠生产线进行介绍。

一、午餐肉罐头生产线

午餐肉罐头生产线如图 7—13 所示。经过去皮去骨的猪肉分别加工为净瘦肉和肥瘦肉，并将净瘦肉、肥瘦肉分别切成小块，加盐腌制 2～3 d。

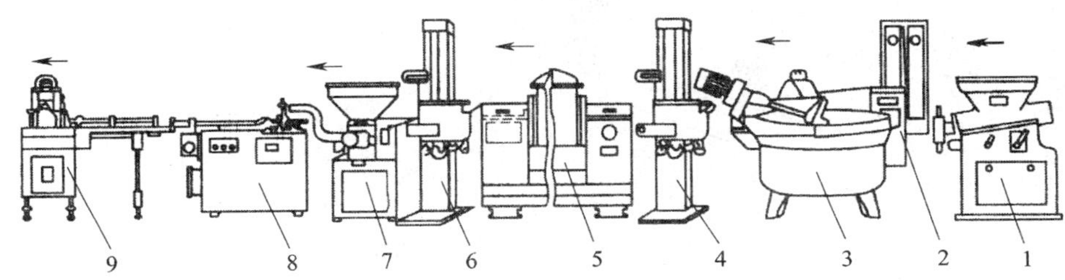

图 7—13　午餐肉罐头生产工艺流程图

1—绞肉机　2—控制柜　3—斩拌机　4、6—提升机　5—真空搅拌机
7—肉糜输送机　8—肉糜装罐机　9—肉糜刮平机

将腌制后的净瘦肉放入绞肉机、斩拌机等设备中制备成肉糜。将经绞肉机细绞后的肉糜加入冰屑、淀粉等斩拌约 3 min，然后加入粗绞的肥瘦肉，斩拌 20 s 左右，再在 35～45 kPa 的真空度下斩拌 1 min。斩拌后的物料由提升机送入搅拌机内进行充分搅拌，再送入肉糜装罐机准备灌装。

午餐肉装罐有两种方式：传统的方法是用肉糜输送泵将肉糜压送至肉糜装罐机装罐，并经刮平机刮平定量或称重定量；另一种较先进的方法是采用定量装罐机一次性完成肉糜的定重装罐。

午餐肉罐头均采用真空封罐机封罐，罐内真空度为 55 kPa 左右。杀菌时一般采用高压杀菌设备，杀菌温度为 120℃左右。杀菌后的罐头经水冷却、干燥后，粘贴标签并打印生产日期、装箱出厂。

二、香肠生产线

共挤出香肠加工生产线可以生产消毒罐头或无菌袋包装的香肠，该生产线基本采用全自动操作与控制，生产能力约 1 000 kg/h。共挤出香肠加工工艺流程如图 7—14 所示。

先将肉块腌制，经绞肉机和斩拌机制成所需的肉糜，然后再进行灌制。共挤出香肠生产系统有两个充填泵，一个用于充填香肠肉，另一个用于充填纤维糊。胶质纤维糊作为外层，香肠肉作为夹心，两者同时从共挤出喷嘴挤出，这样就在直径一致的香肠肉表面包裹上一层均匀的胶质纤维糊。

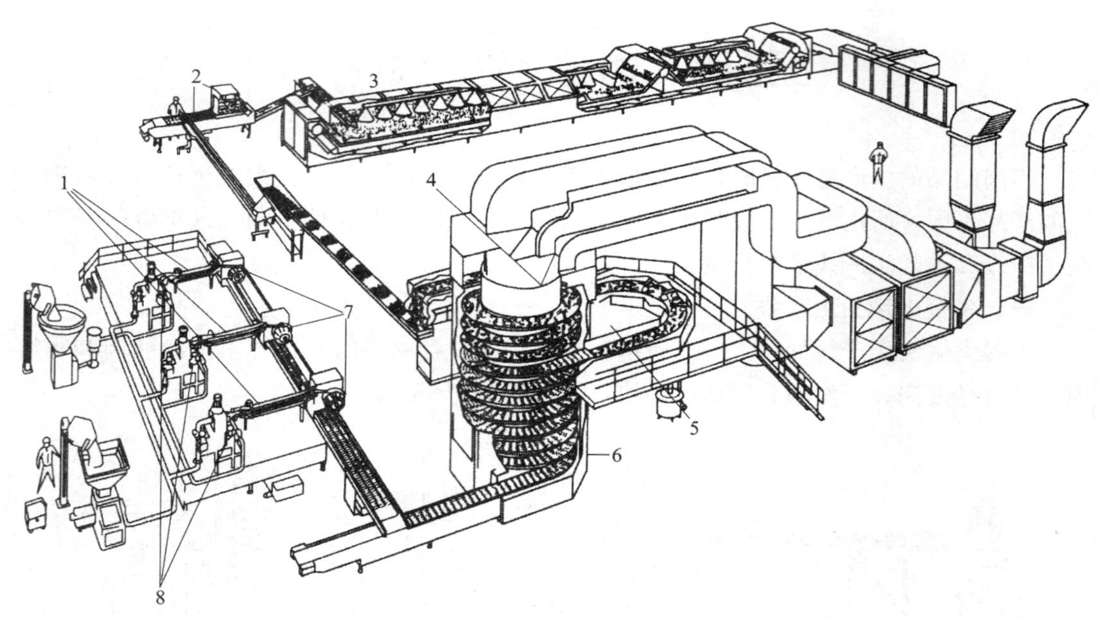

图 7—14 共挤出香肠加工工艺流程图

1—盐水浸泡池 2—包装 3—巴氏杀菌 4—后干燥 5—烟熏
6—预干燥 7—封口机 8—香肠肉糜和胶原纤维馅的挤出

离开共挤出喷嘴的香肠条由输送机牵引通过盐水浴，并且预留足够的空间进行下一道工序的操作。从盐水浴开始，香肠便进入一系列的切割成形器中。切割成形器逐渐闭合，将香肠条切成所需的长度，并使香肠两端成形，这种成形方法能够保证每根香肠尾部都覆盖有胶质，并且表面光滑。

成形后的产品被运送到连续干燥器中干燥，以提高胶质纤维间的相互连接，并有助于水分的挥发，为烟熏工序做好准备。干燥器中空气的温度、湿度和流动速度都需要精确控制，以保证产品表面干燥与内部热量间的平衡，以利于下一步加工。非烟熏产品（如早餐类）干燥后直接运送到包装间进行包装，需烟熏的产品运送到烟熏单元。要使色素和调味料达到最佳效果，可先对产品进行表面预干燥，然后进行液态烟熏，最后再次干燥以改善烟熏风味。干燥和烟熏香肠均可以罐装或真空包装。

~思考与练习~

一、选择题

1. 肉类冻结间的温度通常规定为（　　）℃。

A. −18　　B. −23　　C. −25

2. 熏蒸室用型钢焊接制成，内外用（　　）包裹，中间有良好的绝热层。

A. 普通碳钢板　　B. 不锈钢板　　C. 聚氨酯板

3. 绞肉机的孔板孔径通常有粗孔（9～10 mm）、中孔（　　）和细孔（2～3 mm）三种。

A. 7～8 mm　　B. 6～7 mm　　C. 5～6 mm

二、判断题

1. 午餐肉罐头均采用真空封罐机封罐，罐内保持真空度为 30 kPa 左右。（　　）
2. 酱卤制品的加工关键是调料和煮制。（　　）
3. 烟熏前要将制品的外表清理干净，并要进行适当的干燥处理。（　　）
4. 常用的发烟方法有燃烧法、摩擦发烟法、湿热分解法和液熏法。（　　）

三、填空题

1. 冻肉绞肉机可以直接绞制＿＿＿＿＿℃的整块冻肉，也可绞制鲜肉。

2. 三段式绞肉机有＿＿个孔板和＿＿组刀。

3. 斩拌机工作时，应先启动＿＿＿电动机，待转速正常后，再启动＿＿＿电动机。工作中途停机时，应先使＿＿＿停止转动，再使＿＿＿停止转动。

4. 盐水注射机由＿＿＿＿＿、＿＿＿＿＿、＿＿＿＿＿、＿＿＿＿＿、＿＿＿＿＿和＿＿＿＿＿等组成。

5. 滚揉机按肉块的滚揉方式可分为＿＿＿＿＿式和＿＿＿＿＿式；按压力情况分为＿＿＿＿式和＿＿＿＿＿式。

6. 灌肠机的类型较多，按使用的动力分为＿＿＿＿、＿＿＿＿、＿＿＿＿等；按机械结构分为＿＿＿＿和＿＿＿＿；按肉馅的压力情况分为＿＿＿＿和＿＿＿＿；按工作方式分为＿＿＿和＿＿＿等。

7. 间接式烟熏设备又称为＿＿＿＿＿＿烟熏设备。这种设备常用的发烟方法有＿＿＿＿＿、＿＿＿＿＿、＿＿＿＿＿和＿＿＿＿＿。

8. 全自动熏蒸炉除具有烟熏功能外，还具有＿＿＿、＿＿＿、＿＿＿和＿＿＿等功能。

9. 共挤出香肠生产系统有两个充填泵，一个用于充填＿＿＿＿＿，另一个用于充填＿＿＿＿＿。

四、简答题

1. 说明绞肉机的构造和用途。
2. 说明斩拌机的构造、用途和操作要求。
3. 真空斩拌机的优点有哪些？
4. 说明盐水注射机的构造、用途及盐水注射的目的。
5. 滚揉机的类型有哪些？说明其特点、用途和操作要求。
6. 灌肠机的种类有哪些？分别说明其构造和用途。
7. 烟熏设备常用的发烟方法有哪些？
8. 说明全自动熏蒸炉的构造、用途和特点。

实训 12　肉制品加工机械的观察与使用

一、实训目的

通过肉制品加工机械的观察与使用，使学生进一步了解肉制品加工机械的构造，弄清各种机械设备的基本工作原理和使用方法，并能根据具体的肉制品加工工艺流程合理选用相应的机械设备。

二、机械设备

绞肉机、斩拌机、滚揉机、灌肠机、烟熏设备等（可根据具体条件选择在实验室或食品加工厂进行实训）。

三、内容及步骤

观察各种肉制品加工机械设备的构造，了解各部分的功能，弄清其基本工作原理，初步掌握各种肉制品加工机械设备的使用方法。

1. 绞肉机

拆下孔板、绞刀和螺旋，观察孔板孔的大小、孔板与绞刀的组合情况，并按相反的顺序安装好，然后通电试运转。

2. 斩拌机

打开机盖，观察斩拌刀的形状、数量和安装位置。观察转盘和出料机构的位置。检查斩拌刀尖与转盘之间的间隙。通电试运转，调整斩拌刀和转盘的转速。

3. 滚揉机

打开滚筒盖，观察其内部构造。观察运转机构和控制系统，了解其工作程序。

4. 灌肠机

打开机盖，观察活塞、肉缸及出料灌嘴结构，观察活塞和进料阀门的运转情况。

5. 烟熏设备

打开熏室门，观察全自动熏蒸炉的风机、进风喷嘴、加热器、排风管等，观察发烟器和控制系统的位置及控制功能。

第八章　面食制品加工机械与设备

学习目标

了解面食制品加工机械与设备在食品加工中的作用。掌握和面机、熟化机、压延机、饼干成形机、电烤炉等设备的主要部件结构、设备的使用及维护方法。

面食加工机械设备是我国目前应用最为普遍的食品加工机械设备之一，常规加工机械设备主要包括方便食品、油炸食品和焙烤食品加工机械设备。

第一节　方便面加工机械

方便面也称快熟面、快餐面，它是在现代食品加工技术的基础上，为适应人们的饮食需要而产生的一种方便食品。近年来方便面加工行业在我国得到较快的发展。

方便面具有加工专业化、生产效率高、食用方便、便于携带、安全卫生、花样繁多等显著特点，其生产工艺流程及设备如图 8—1 所示。

方便面的加工设备主要有和面机、熟化机、压延机、切条折花成形机、蒸面机、定量切断机和干燥设备等。其生产过程是将预处理后的原辅料通过和面机调制成面团，在熟化机中静置一段时间，使面团品质得以改良，然后通过复合压延、切条折花工序，制成方便面块，再经过蒸面机将面块熟化，然后在烘干机或油炸机中进行干燥定形，最后通过冷却、检测与包装，即形成合格的产品。

一、和面机

和面机的功用是将水、面粉及其他原辅料在搅拌桨叶的搅动下，调制出表面光滑，具有一定弹性、韧性及延伸性的理想面团。和面机分为立式和卧式两大类。

卧式和面机的搅拌容器轴线与搅拌器回转轴线均处于水平位置，结构简单，造价低，卸料、清洗、维修方便，但占地面积较大，其构造如图 8—2 所示，主要由搅拌器、缸体、传动装置等组成。

和面机工作时，由搅拌电动机通过 V 带和蜗杆蜗轮减速器带动搅拌轴转动，通过搅拌叶片对装入缸体的水、面粉及其他原辅料进行搅拌，调制成工艺要求的面团。

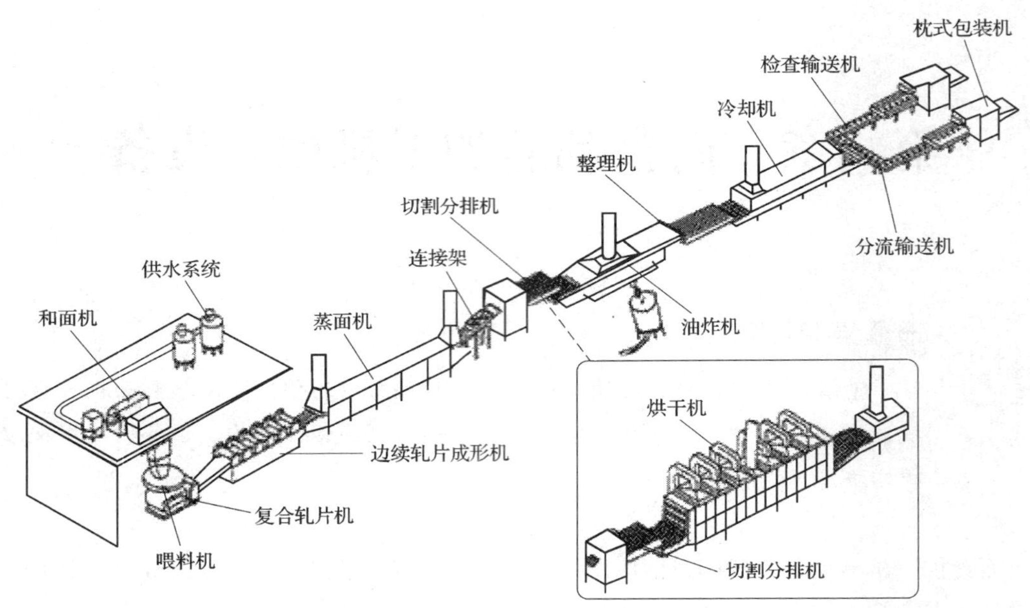

图 8—1 方便面生产工艺流程及设备

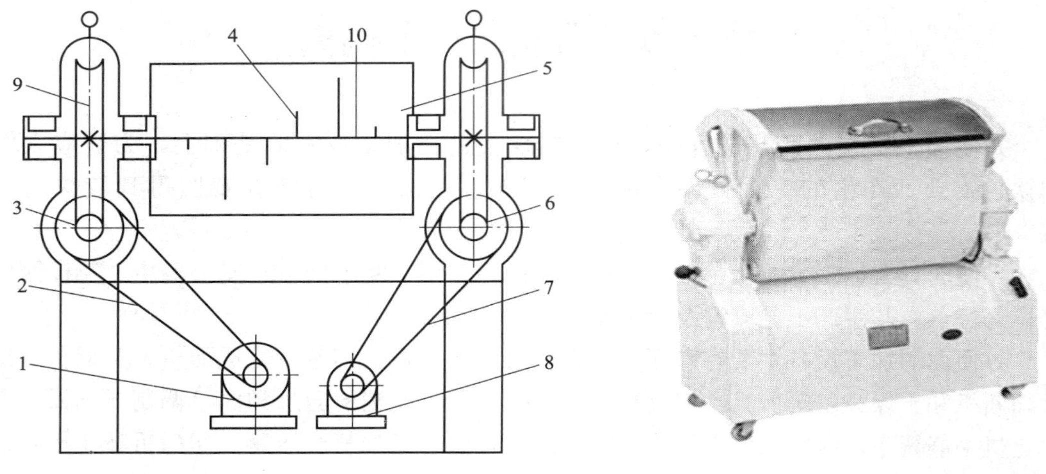

图 8—2 卧式和面机

1—搅拌电动机 2、7—V 带 3、6—蜗杆 4—搅拌叶片

5—缸体 8—翻转电动机 9—蜗轮 10—搅拌轴

常用的和面机有单轴式和双轴式两种。单轴式和面机结构简单、紧凑、操作维修方便，使用普遍，适用于揉制酥性面团，不适宜揉制韧性面团。

搅拌器由搅拌轴和搅拌叶片组成，是和面机的重要工作部件。双轴式和面机有两组相对的反向旋转的搅拌器，且两个搅拌器相互独立，转速也可不同，相当于两台单轴式和面机共同工作。运转时，两叶片时而互相靠近，时而又加大距离，可加速均匀搅拌。双轴和面机对面团的压捏程度比较彻底，拉伸作用强，适合揉制韧性面团。缺点是造价高，卸料较困难，需附加相应的装置。

搅拌器搅拌叶片的形状有桨叶式、Σ形和Z形等。

桨叶式叶片适用于调制酥性面团，其结构如图8—3所示。在和面的过程中，桨叶搅拌对物料的剪切作用很强，拉伸作用较弱，对面筋的形成具有一定的破坏作用。搅拌轴装在容器中心，近轴处物料运动速度低，若投粉量少或操作不当，易造成抱轴或搅拌不均匀的现象。

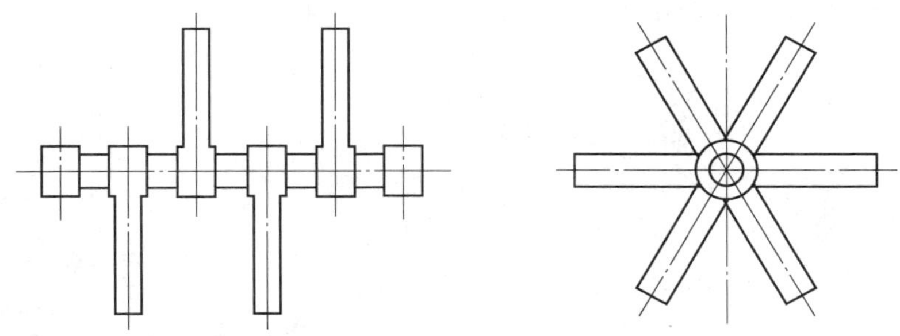

图8—3　桨叶式搅拌器

Σ形和Z形搅拌器的桨叶母线与其轴线成一定角度，如图8—4所示。目的是增加物料的轴向和径向流动，促进物料混合，适宜高黏度物料调制。其结构多是整体铸造或锻制成形，其中Σ形桨叶应用广泛，有很好的调制作用，卸料和清洗都很方便。Z形搅拌器调和能力比Σ形稍低，但能产生更高的压缩剪力，多用于细颗粒与黏滞物料的搅拌。

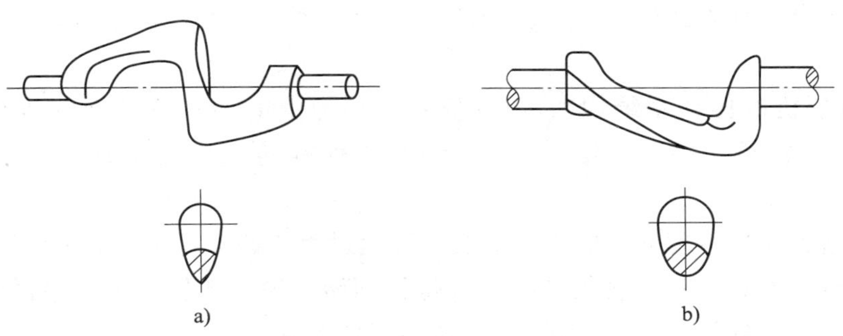

图8—4　Σ形和Z形搅拌器

a）Σ形搅拌器　b）Z形搅拌器

和面时，面团形成质量的好坏与温度有着很大的关系，而不同性质的面团又对温度有不同的要求。高功效和面机常采用带夹套的换热式搅拌容器，通过在夹套中通入冷水来控制温度。

卧式搅拌机的搅拌容器一般设有翻转机构。和面操作结束后，启动翻转电动机，经V带和蜗杆蜗轮带动容器翻转齿轮，使缸体翻转一定的角度，将物料卸出。也可采用人工手动操作，使容器翻转出料。

和面机在使用前要检查传动带的松紧度，检查蜗杆蜗轮减速器的润滑油面，并定期更换润滑油。在和面前后，都要对和面机进行清洗。

二、压延机械

压延机械又称辊轧机械，其功用是将面团压制成薄厚均匀、表面光滑、质地细腻、内聚性和塑性适中的面带。

常用的压延机有卧式压延机和立式压延机。

1. 卧式压延机

卧式压延机如图 8—5 所示，主要由上、下轧辊，轧距调整装置及传动装置等组成。

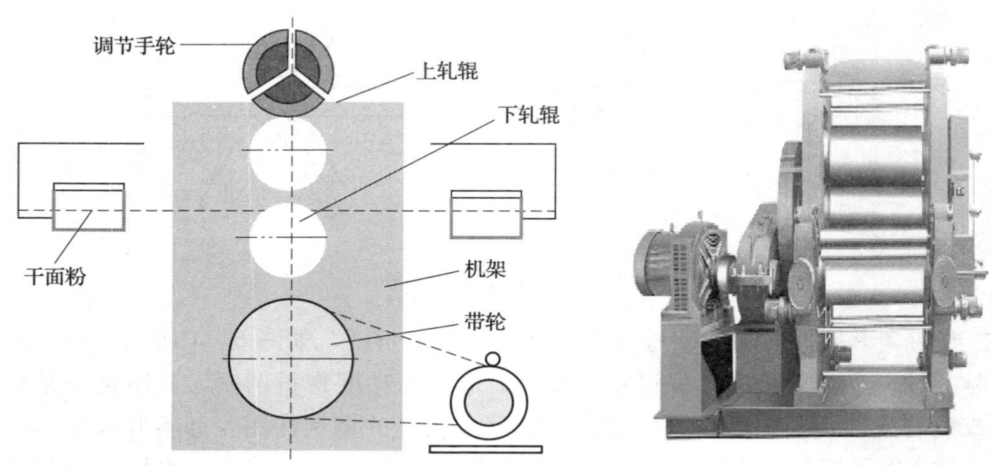

图 8—5　卧式压延机

上、下轧辊安装在机架上，上轧辊的一侧设有刮刀，以清除粘在轧辊上的少量面屑。

卧式压延机的传动系统如图 8—6 所示。动力由电动机通过带轮传递给减速齿轮，再传至下轧辊，并经齿轮 7、8 带动上轧辊旋转，从而实现上、下轧辊的转动。

为保证轧制不同厚度面片的工艺需要，可通过手轮调节轧辊之间的间隙。调节时，转动调节手轮，经圆锥齿轮传动，使升降螺杆回转，带动上轧辊轴承座做直线升降运动，以改变上、下轧辊之间的间隙，一般调整范围为 0～20 mm。

2. 立式压延机

立式压延机如图 8—7 所示，主要由料斗、轧辊、计量辊、折叠器等组成。立式压延机占地面积小，轧制的面带层次分明、厚度均匀，设备工艺范围宽，但结构较复杂。

立式压延机工作时，依靠自身重力垂直供料，因此可以免去中间输送带，简化机器结构。计量辊的功用是使压延成形后的面带厚度均匀一致，一般由 2～3 对轧辊组成，轧辊的间距可随面带厚度自动调节。

三、切条、折花自动成形装置

面带经过连续压延后，需将其切成细面条，并按方便面生产工艺要求，由切条、折花成形机折叠出波浪状花纹。

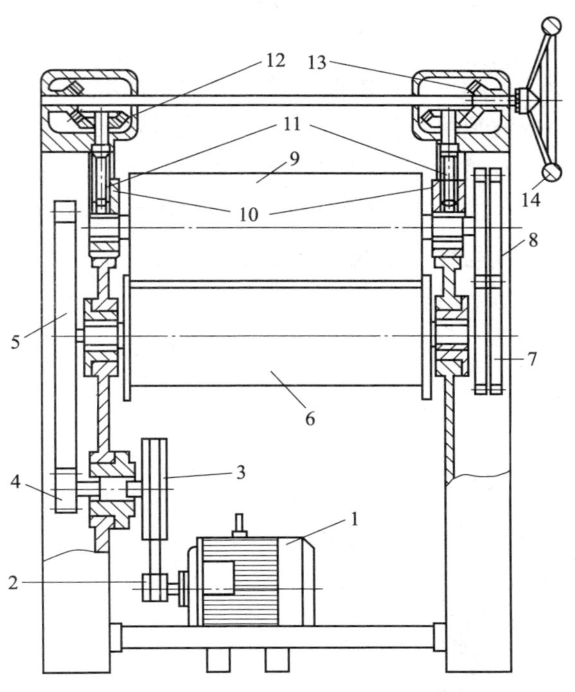

图 8—6 卧式压延机传动系统

1—电动机 2、3—带轮 4、5、7、8—齿轮 6—下轧辊 9—上轧辊 10—上轧辊轴承座螺母 11—升降螺杆 12、13—圆锥齿轮 14—调节手轮

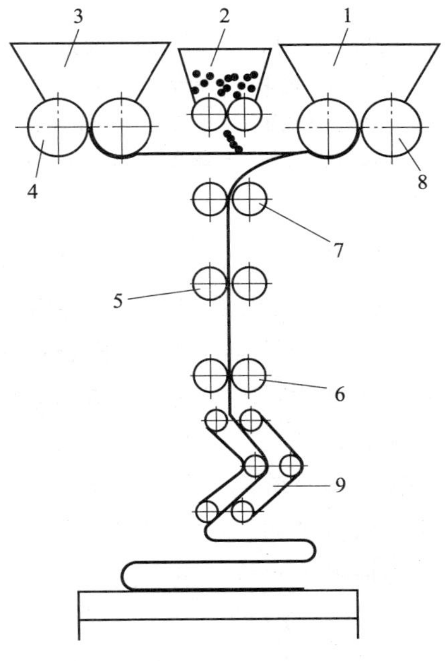

图 8—7 立式压延机

1、3—料（面）斗 2—油酥料斗 4、8—喂料辊 5、6、7—计量辊 9—折叠器

切条、折花成形装置如图 8—8 所示。在面刀下方安装有一个精密设计制作的波浪成形导向盒。切条后的面条进入导向盒后，与导向盒内壁摩擦形成运动阻力。由于面条的运动速度大于输送带的运动速度，因而在导向盒中自然地形成滞流，在盒的导向作用下有规律地折叠出细小的波浪形花纹。面条波纹的疏密程度和压力门上的压力、面条线速度与输送带线速度之比有关。压力门质量小，摩擦力小，产生的波纹疏松，反之波纹紧密。因此，通过调节螺栓调节压力门的质量，改变压力门对面条的压力，可以调节波纹的疏密程度。面条线速度与输送带线速度之比小，波纹疏松，反之波纹紧密。通常二者速度比值为 7∶1～10∶1。

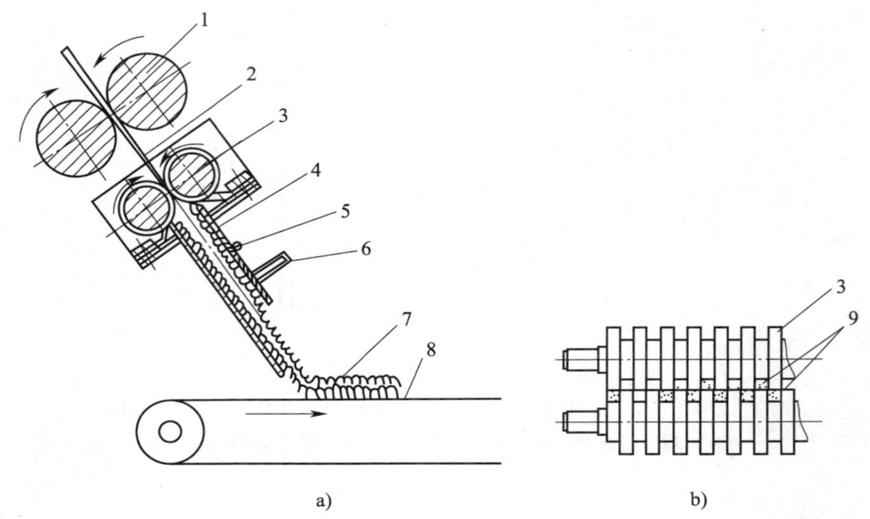

图 8—8　切条、折花成形装置

a）切条、折花成形装置　b）面刀

1—轧辊　2—面带　3—面刀　4—折花成形导向盒　5—铰链

6—压力门质量调整螺栓　7—折花面块　8—输送带　9—面条

四、蒸面机

蒸面机是将折花后的面条通过蒸汽室，使面条中淀粉 α 化，并使蛋白质变性熟化的设备。连续蒸面机如图 8—9 所示，主要由输送网带、蒸汽管、排气管和机架组成。输送网带用不锈钢丝编织成网状，有利于蒸汽通过，使面条容易蒸熟。

倾斜式连续蒸面机有 1∶30 的坡度，出口处高，进口处低。当蒸汽通过通道时，会沿斜面由低到高在蒸面机中分布，这样入口端的蒸汽量较小，面条进入时温度低，易使蒸汽冷凝聚集在面条上，促进面条吸收蒸汽水分，含水量增加，利于面条的 α 化。出口端蒸汽较多，温度较高，面条的水分被加热蒸发出来，含水量降低。这样连续蒸面机入口至出口处的温度由低到高，而面条中水分含量由高到低，符合淀粉 α 化的条件，面条容易蒸熟，蒸汽利用率高。

蒸面机的蒸汽压强为 0.147～0.196 MPa，通道内温度控制在 96～98℃。同时为保证面条的韧性和口感，面条在蒸面机中的时间以 60～90 s 为宜。

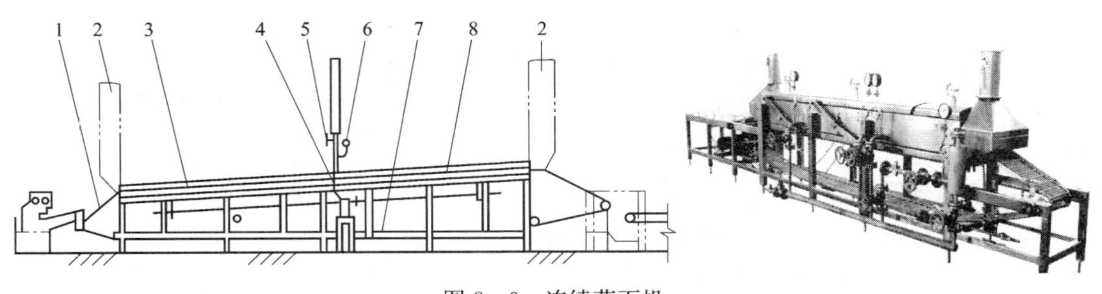

图 8—9　连续蒸面机

1—输送网带　2—排气管　3—上盖　4—蒸汽流量计　5—阀门
6—压力表　7—机架　8—蒸汽管

五、定量切断及自动分路装置

蒸熟的面条在进行油炸或热风干燥之前，要趁其具有一定的柔韧性时进行定量切断，先切成一定质量的叠成双层的面块，再经分路装置把面块分成六路，最后送入油炸机或干燥机。完成此操作要采用定量切断折块装置和滑槽式自动分路输送装置。

1. 定量切断装置

定量切断装置如图 8—10 所示。蒸熟的面条被送到一对装有切断刀的滚轮间，滚轮每转动一周，面条被切断一次。切断的面条被滚轮下方的引导定位滚轮夹持继续向下。面条下降到一半时，往复折叠导板向右运动，将其推向分路传送带，在引导定位滚轮和传送带的间隔里被折叠成双层面块。

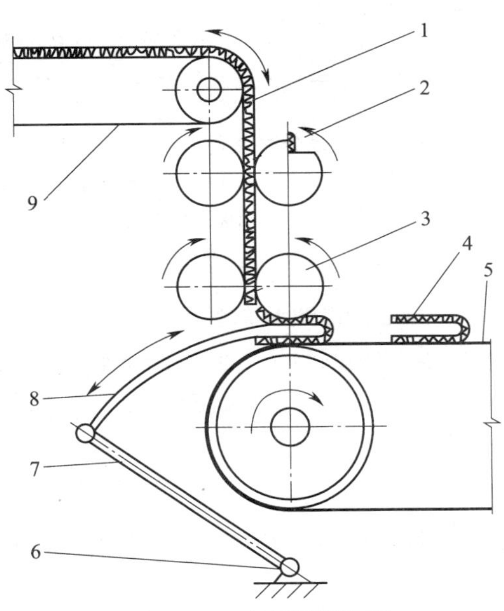

图 8—10　定量切断装置

1—熟面条　2—回转式切断刀　3—引导定位滚轮　4—成形的面块　5—分路传送带
6—摆杆轴　7—摆杆　8—往复式折叠板　9—蒸面机输送带

方便面质量由面条切断的长度和花纹的疏密程度来决定。在定长切断的前提下，每块面的质量将受面条花纹疏密的影响。花纹疏松则面块质量小，花纹紧密则面块质量大。

在定量切断装置运行过程中，往往出现上下层不等长的异常现象，这是由于往复式折叠板运动超前或滞后造成的。出现上述现象时需调整摆杆与摆杆轴的安装角。

2. 自动分路装置

自动分路装置如图 8—11 所示。同时被切断折叠的 3 个面块落到钢丝网带上，由链条带动钢丝网带向前运动。网带在运动时，也可在两根钢棍上横向移动。在输送链带的下方装有一个八字形导向滑槽，每片钢丝网的边缘都装有销轴，销轴在右滑道时，该片钢丝网载着 3 个面块向右运动；当销轴在左滑道时，面块则向左运动，如此完成分路动作。

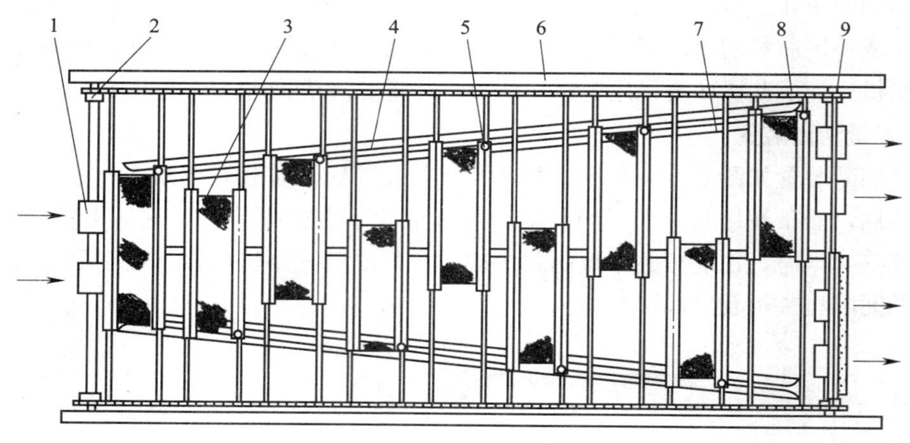

图 8—11 自动分路装置工作原理示意图

1—滚轮 2、9—链轮 3—钢丝网带 4—导向滑道 5—销轴
6—机架 7—钢棍 8—链条

六、方便面干燥设备

干燥的目的是除去水分，固定 α 化的形态组织和面块的几何形状。对于方便面的干燥，要求有较快的干燥速度，以防止回生。方便面的干燥设备有油炸干燥机和热风烘干机。油炸干燥的方便面蓬松、微孔多、口感好、容易复水。热风干燥的方便面没有蓬松现象和微孔，复水时间长。

1. 连续油炸干燥机

方便面连续油炸干燥设备如图 8—12 所示，主要由机体、成形料坯输送带和潜油网带等组成。

机体上装有油槽和加热装置。待炸方便面坯由入口处进入油炸机后，落在输送链的面盒内。由于生坯在炸制过程中水分大量蒸发，体积膨松，密度减小，因此易漂浮在油面上，造成其上下表面色泽差异较大，成熟度不一。因此油槽上设有六路面盒盖输送链，在入槽前，面盒盖传动链同步驱动面盒盖盖在每一个面盒上，出槽后自动分开，强迫炸坯潜入油内。

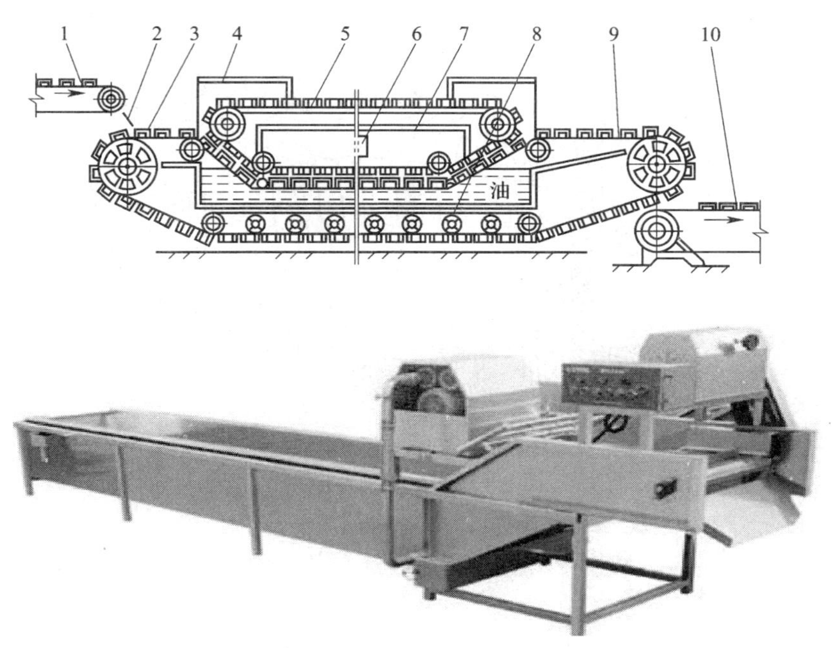

图 8—12　连续式油炸干燥机

1—分路机输送带　2—滑板　3—面盒　4—护罩　5—面盒盖
6—排烟道　7—排烟罩　8—燃烧口　9—输送链　10—冷却器输送带

油槽中食油的加热方式有两种，一种利用高压蒸汽在热交换器中将油加热；另一种是直燃式，依靠燃烧重油或天然气对食油加热。此外也可利用远红外加热元件对食油进行加热，用此法加热，油温更加均匀，也更易控制，加热效率高，耗能少。

油炸食品的质量与油温、油质有关，直接加热式油炸设备存在油温不均匀，若不及时清除油炸碎屑则易过热焦化，使油变质的缺点，间接式加热可避免这些缺点。一般要求方便面入槽温度为 100℃，出槽端温度为 155℃，油炸时间为 70 s 左右。较高的油炸温度可提高面条的膨化程度，但在油炸时间不变的情况下，油温不可过高，否则面块会被炸焦。

2. 热风烘干机

为防止方便面长期储藏时油的酸败和降低方便面成本，α 化组织结构的固定方法也可采用热风干燥，使其迅速脱水。但该法的干燥温度较油炸温度低，干燥时间较油炸长，干燥后面条没有膨化现象，没有微孔，开水浸泡的复水性较差，且所需浸泡时间较长。烘干机设备的外形和内部结构如图 8—13 和图 8—14 所示。

定量切断后的面块放入烘干机的输送链条上，在烘干机内自上而下地往复循环运动。以蒸汽为热源通过翅片式空气加热器对空气进行加热，由鼓风机将热空气分段循环送入烘干机内。气流与物料移动方向垂直相交，使干燥效果均匀，湿空气在烘干机的两端自然排出。在风机的入口处可以补充新鲜空气，以保持机内较低的相对湿度。

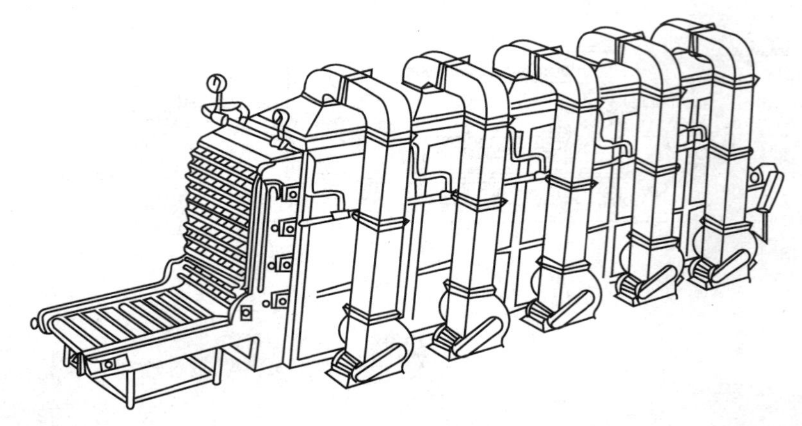

图 8—13　烘干机外形图

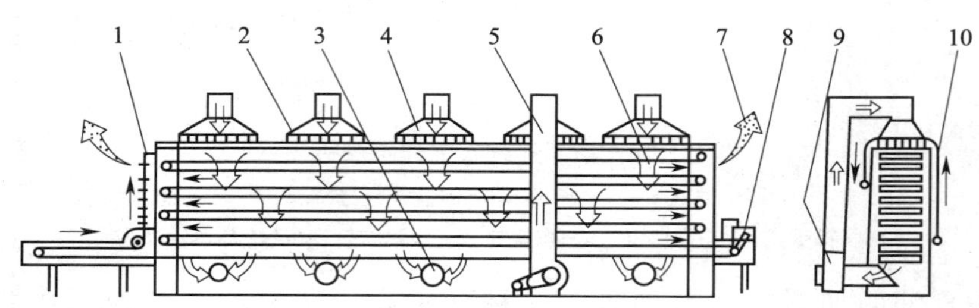

图 8—14　链条式连续烘干机内部结构

1—输送带　2—蒸汽加热器　3—回风口　4—风罩　5—风道　6—热风
7—排蒸汽口　8—传动装置　9—风机　10—蒸汽管道

连续式烘干机传送装置有两种：一种是不锈钢网状输送带，面块运动到一端后靠重力落到下一层输送带上，如此往复。采用这种输送方式的烘干机结构简单，但面块容易破碎。另一种是输送链上装有不锈钢板制作的面盒，面块入盒后随输送链运动，这种面盒的重心始终在下部，当链条转弯折入下一层时，不会把盒中的面块倾倒出来，而面块由于始终静止在盒中，也不会产生碎面。

七、检测器

面块在进入包装机前，应对有无金属杂质和面块质量进行检查。金属检测器如发现面块中有金属杂质，就会感应到电信号，信号经放大后控制一个横向推杆或是一个压缩空气喷嘴的阀门，把该面块推（吹）出输送带。面块的质量检查通过使面块经过一个电子输送带秤对质量进行分选来实现，如图 8—15 所示。面块压在电子输送带下方的质量感应器上，当面块质量超出或低于标准质量时，感应器发出信号，信号经放大后通过执行机构驱动推杆运动或空气喷嘴喷气，将出现质量偏差的面块推出或吹出输送带。

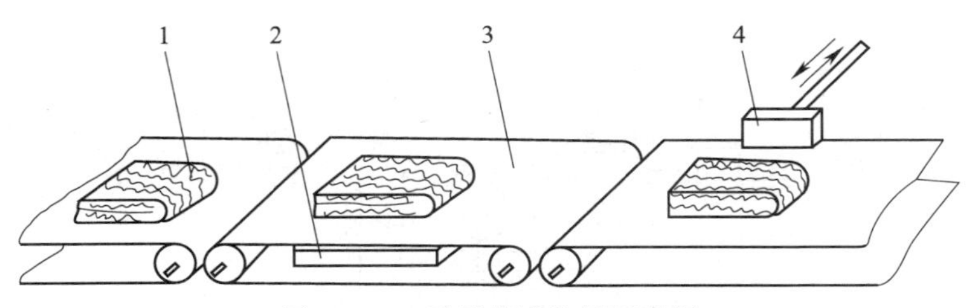

图 8—15　质量分选装置示意图

1—方便面块　2—质量感应元件　3—电子输送带秤　4—推杆

第二节　饼干加工设备

饼干加工设备主要有和面机、压片机、成形机、烤炉及成品包装机等，其生产工艺流程和设备如图 8—16 所示。和面机和压片机结构与方便面设备基本相同。

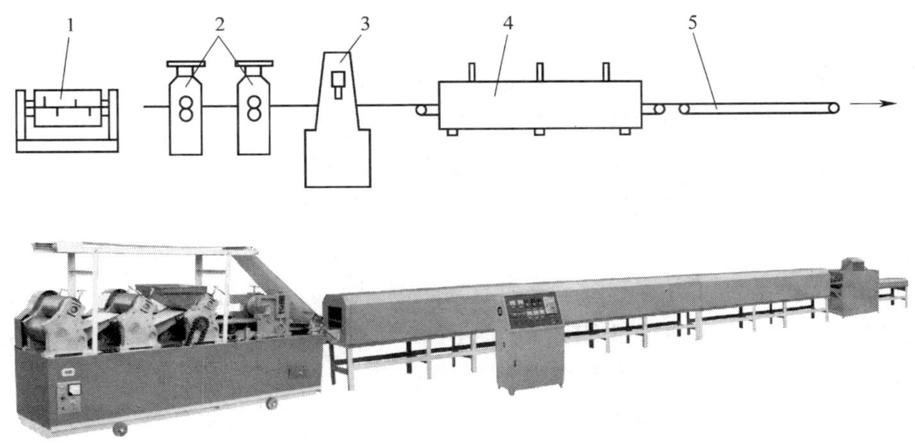

图 8—16　饼干生产工艺流程及设备

1—和面机　2—压片机　3—饼干成形机　4—烘烤机　5—冷却机

一、饼干成形机

在焙烤制品的生产中，需将面带加工成一定的形状，以适应不同产品对形状的不同要求，完成此道工序的设备叫成形机。常用的成形机有冲印成形机、辊印成形机、辊切成形机和挤压成形机等。

1. 冲印式饼干成形机

冲印成形是目前食品厂使用最广泛的一种成形方法，它利用带有各种形状的印模冲头的上下往复运动，将面带冲压成所需形状的饼坯。此法适合于生产粗饼干、韧性饼干、酥性饼干及苏打饼干等。

(1) 冲印式饼干成形机的构造

冲印式饼干成形机如图 8—17 所示，主要由压片机构、冲印机构、分拣机构和输送机构等组成。

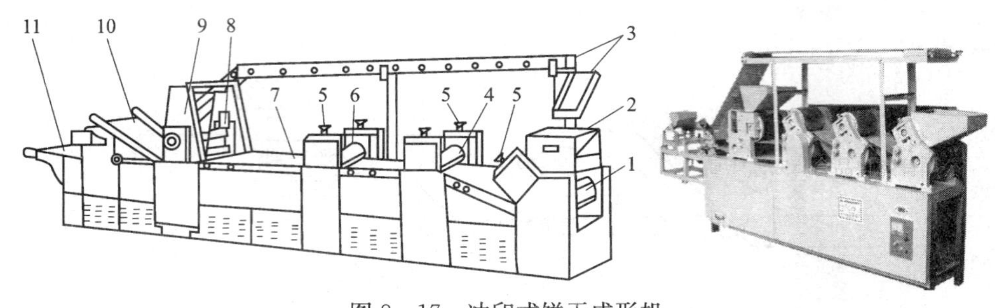

图 8—17　冲印式饼干成形机

1—头道轧辊　2—料斗　3—回头机　4—二道轧辊　5—轧辊间隙调整手轮　6—三道轧辊
7—面带输送带　8—冲印成形机构　9—机架　10—分拣输送带　11—饼干生坯输送带

压片机构一般由三组轧辊组成，它能将轧好的面带轧延成所需厚度的面片。轧辊从前向后依次称为头道轧辊、二道轧辊、三道轧辊。轧辊的直径依次减小，辊间间隙也依次减小，而各辊转速依次增大。

冲印机构是饼干成形的关键机构，其功用是将压制好的面带冲制成饼坯。它包括冲印驱动机构和印模组件两部分。

冲印驱动机构用于驱动印模组件完成冲印作业，分为间歇式和连续式两种。

连续式冲印机构也称为摇摆式冲印机，该机构主要由一组曲柄连杆机构、一组曲柄摇杆机构和一组双摇杆机构组成。在冲印饼干时，印模随面坯输送带连续运动，完成同步摇摆冲印动作。工作时，冲印曲柄和摇杆曲柄同步旋转，其中冲印曲柄通过连杆带动冲头滑块在滑槽内做往复直线运动；摇杆曲柄通过连杆和摇杆使印模摆杆摆动。这样使得冲头在随冲头滑块做上下运动的同时，还沿着输送带的运动方向前后摆动，于是保证了在冲印的瞬间冲头与面坯同步移动。冲印动作完成后，冲头抬起，并立即向后摆到未加工的面坯上。采用该种机构冲印频率可达 120 r/min，运行平稳，生产能力高，生坯的成形质量好，便于与烤炉配套组成自动流水线。

由于饼干品种不同，印模有轻型和重型之分。前者图案凸起较低，印制花纹较浅，冲印阻力也较小；后者图案下凹较深，印制花纹清晰，但冲印阻力较大。

分拣机构的功用是将冲印成形后的饼干生坯与面头在面坯输送带尾端分离开来。由于各种冲印式成形机结构形式的差异，其面料输送带的位置也各不相同，但大都是倾斜设置的，其倾角受面带的性质影响。韧性面带与苏打面带结合力较强，分拣操作容易完成，其倾角在 40°以内；酥性面带结合力很弱，而且面头较易断裂，故倾角不能太大，通常在 20°左右。

（2）冲印式饼干成形机的使用与维护

1）饼干成形与面带的质量有很大关系，应根据不同配方的面团，选择合适的压延比。

2）各组轧辊的间隙应从头道辊至末道辊依次减小，并与其速度相匹配，防止面带拉长或堆积，影响面带质量。

3）各组轧辊的线速度应与帆布输送带的运行速度尽量接近，才能使饼坯实现连续化生产，因此调节时要特别注意。

4）不同饼干品种的面带，其抗拉强度差异很大，应采用不同的速度输送。对抗拉性差的面带，输送速度应小一些，以免在面头分离时被拉断。

5）及时清扫轧辊表面的余料，保持其良好的工作性能。

6）工作完毕，应全面清扫机器，放松帆布输送带。各组轧辊应涂抹植物油后存放，其他运转部件也要及时加注润滑油。

2. 辊印式饼干成形机

辊印式饼干成形机是较先进的饼干成形机，占地面积小，产量高，不须面头分离，运行平稳，噪声低。

辊印式饼干成形机主要用于加工生产高油脂饼干，更换印模后，还可以用于加工桃酥类糕点。辊印式饼干成形机一方面能确保饼坯成形脱模后不断裂，另一方面也能制得花纹图案十分清晰的饼坯。但是该机不适于含油脂低的饼干品种成形。

（1）辊印式饼干成形机的构造

由于辊印机印模规格不同，其结构体积变化较大，但主要构件及工作原理基本相同。辊印式饼干成形机如图 8—18 所示，主要由成形脱模机构、生坯输送带、面头接盘、传送系统及机架等组成。

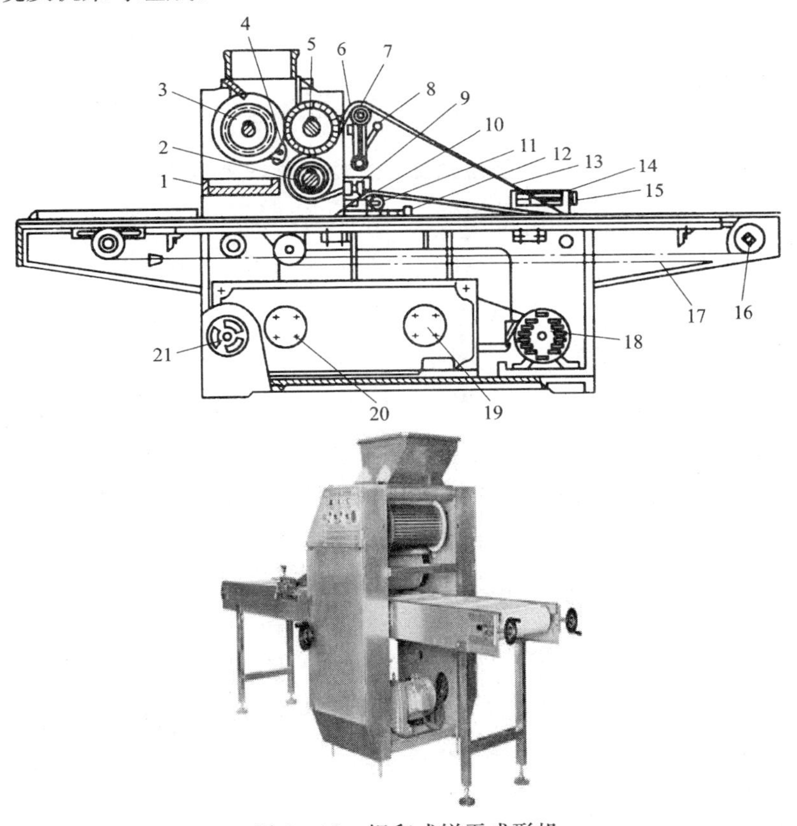

图 8—18　辊印式饼干成形机

1—接料盘　2—橡胶脱模辊　3—喂料辊　4—分离刮刀　5—印模辊　6—间隙调节手轮　7—张紧轮　8—手柄　9—手轮　10—机架　11—刮刀　12—面头接盘　13—帆布脱模带　14—尾座　15—调节手柄　16—输送带支撑轴　17—生坯输送带　18—电动机　19—减速器　20—无级变速器　21—调节手轮

成形脱模机构是辊印式饼干成形机的关键部件，它由喂料辊、印模辊、分离刮刀、帆布脱模带及橡胶脱模辊等组成。喂料辊与印模辊分别由齿轮传动，橡胶脱模辊则借助于紧夹在两辊之间的帆布脱模带所产生的摩擦力，由印模辊带动与印模辊同步回转。

（2）辊印式饼干成形机的工作原理

辊印式饼干成形机结构如图 8—19 所示。斗内的面团在喂料辊与印模辊的相对转动中，被压入印模的凹槽里，形成饼坯。位于两辊下面的刮刀铲去多余的面屑，面屑沿模辊切线方向落在残料盘中回收再用。印模辊继续旋转，此时橡胶脱模辊依靠自身变形将粗糙的帆布脱模带压在饼坯底面上，并使其接触面间产生吸附作用。在帆布脱模带的吸附及重力作用下，饼坯落在帆布带上，送入烤炉进行烘烤。

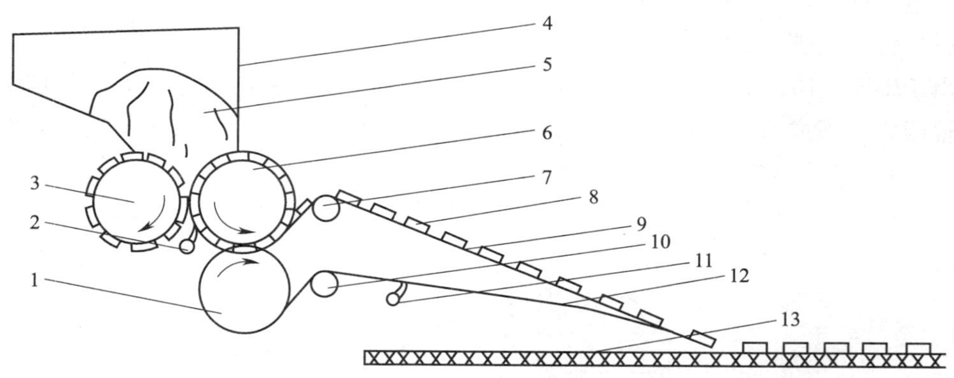

图 8—19　辊印式饼干成形机

1—橡胶脱模辊　2—刮刀　3—喂料辊　4—料斗　5—面团　6—印模辊　7—张紧轮
8—饼干生坯　9、12—帆布脱模带　10—辊筒　11—刮刀　13—帆布输送带或烤盘

（3）影响辊印成形的因素

1）喂料辊与印模辊的间距。喂料辊与印模辊的间距应随被加工物料的性质不同而改变。如加工饼干的间隙为 3～4 mm，加工桃酥糕点需适当放大，否则会出现夹料现象。

2）分离刮刀的位置。分离刮刀的位置直接影响饼坯的质量大小，当刮刀刀口位置较高时，凹槽内切除面屑后的饼坯略高于轧辊表面，使单块饼坯的质量增加；当刀口位置较低时，又会出现负坯，毛重减少。刮刀刃口合适位置应在印模中心线下 3～8 mm 处。

3）橡胶脱模辊的压力。橡胶脱模辊的压力大小也对饼坯成形质量有一定影响。若压力太小，会出现坯料黏模现象；压力太大会使饼坯厚度不均。因此应调节橡胶脱模辊，使其在顺利脱模的前提下，尽量减小压力。

3. 辊切式饼干成形机

辊切式饼干成形机兼有冲印式和辊印式饼干成形机的生产效率高、成形速度快、设备噪声低、振动小等优点，能显著降低劳动强度，改善劳动条件，是一种较有前途的高效能饼干生产机型，广泛应用于苏打饼干、韧性饼干、酥性饼干及桃酥的生产。

（1）辊切式饼干成形机的构造

辊切式饼干成形机主要由轧片机构、辊切成形机构、余料返回机构（分拣机构）、传动系统及机架等组成。其中轧片机构、面头返回机构与冲印成形机的相应机构基本相同，只是在压片末道辊与成形机构间缺少一段中间缓冲输送带。

辊切式饼干成形机与辊印式饼干成形机结构类似。它有两种形式，一种是将印模部分和切模部分制成类似冲印成形机的复合模具嵌在同一轧辊上；另一种是将印模、切块模分别安装在两轧辊上。实际生产中以后一种较为常见，其结构如图 8—20 所示。

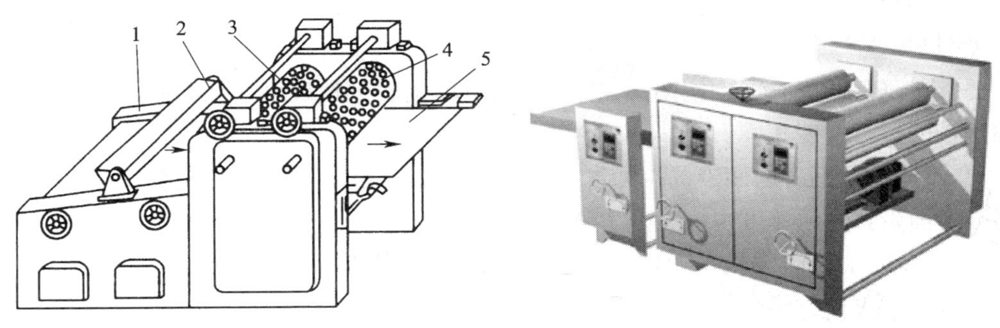

图 8—20　辊切式饼干成形机

1—机架　2—撒粉器　3—印模辊　4—切块辊　5—帆布脱模带

(2) 辊切式饼干成形机成形原理

辊切式饼干成形机成形原理如图 8—21 所示。面片经压片机构压延后，形成光滑、平整、连续、均匀的面带。为了消除面带内的残余压力，避免成形后的饼干生坯收缩变形，通常在成形机构设置一个缓冲带，适度放慢输送带的速度，使此处的面带形成一些均匀的波纹，这样可使面带在恢复变形过程中的张力得到吸收。

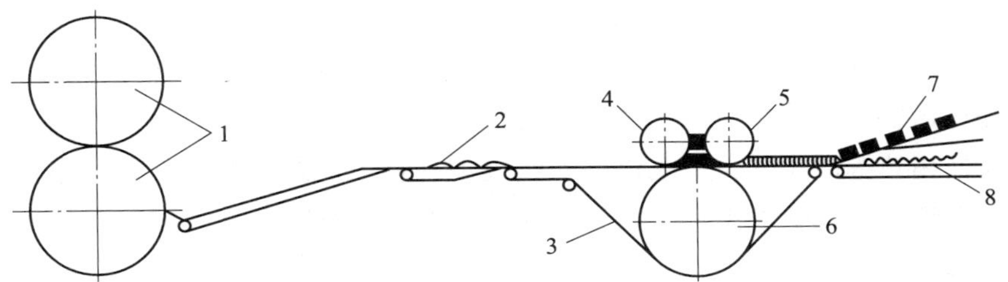

图 8—21　辊切式饼干成形机成形原理

1—定量辊　2—花纹状面带　3—帆布脱模带　4—印模辊

5—切块辊　6—脱模辊　7—面头　8—饼坯

辊切成形机与辊印成形机的最大区别在于面头的产生。辊切成形机的印花与切断是分两步完成的，即面带经印模辊轧印出花纹，然后再经同步运转的切块辊切出带有饼干花纹的饼干坯。在印花和切块过程中，位于印模辊和切块辊之下的大直径橡胶脱模辊借助于帆布脱模带，起到弹性垫板和脱模的作用。当面带通过辊切成形机后，饼坯由水平输送带送往烤炉，面头则经过倾斜帆布输送带送至余料返回机构，再送回辊轧机构。这种辊切成形技术的关键在于应保证印模辊和切块辊转动的相位相间，速度同步。否则，切出的饼干图案不完整，会严重影响产品的质量。

(3) 辊切式饼干成形机的使用与维护

1) 面带质量的好坏将影响饼坯的成形。不同配方的面团压延比也不相同，应根据不同成品的要求选择合适的压延比，必要时可以通过试验来确定。

2) 仔细调节印模辊和切块辊的相对位置，使印模辊碾轧出来的花纹处于切块辊的中心，才能保证饼坯的质量。

3) 橡胶辊是花纹辊和刀口辊的垫模，故必须调整到合适的压力，否则难以使饼坯成形和分离。

4) 为保证饼坯的连续化生产，应尽量调节印模辊、切块辊、橡胶辊的线速度与帆布输送带的运行速度相同。

5) 不同饼干品种的面带抗拉强度差异较大，故面带的输送速度也应不同，一般抗拉性强的面带，输送速度也较大。

6) 要及时清扫印模辊、切块辊形模内的面头，使其保持良好的工作状态，形模有损伤，应及时更换或修复。

7) 工作完毕，应全面清扫机器，在运动部件上加注润滑油，并放松输送带。轧辊、印模辊、切块辊等部件应涂植物油后存放。

二、烘烤设备

烘烤设备是将成形的饼干坯、面包、糕点等经过高温加热，使产品成熟的设备。当生坯送入烘烤设备后，受到高温加热，其淀粉和蛋白质将发生一系列理化变化。开始时制品表面受到高温作用水分大量蒸发、淀粉糊化、发生羰氨反应，使表皮形成薄薄的焦黄色外壳，然后外部水分逐渐转变为气态，向面坯内渗透，加速生坯熟化，形成疏松状态的产品，并赋予产品优良的保藏性和运输性。

烤炉按结构形式分为隧道炉和箱式炉。根据食品在炉内输送装置的不同，隧道炉又分为钢带式、链条式、网带式及手推式烤盘隧道炉；根据食品在炉内的运动形式不同，箱式炉分为烤盘固定箱式炉、水平放置旋转炉和风车炉。

烤炉按使用热源的不同分为煤炉、天然气炉、燃油炉及电烤炉。目前采用最多的为电烤炉。电烤炉又分为普通电烤炉、远红外电烤炉及微波炉。

1. 电烤炉

电烤炉是以电能为热源的烤炉的总称，按结构形式和传动方式分为链条炉和橱式炉。橱式炉又分为底盘固定式和底盘旋转式两种。

电烤炉结构简单、不会产生有毒气体、产品干净卫生、温度容易调节、操作方便、操作者劳动强度低、适应性强、生产能力强。缺点是耗电量大，生产成本高。

底盘固定式的电烤炉内部一般设有 2～7 层烤架，每层可放数只烤盘。底盘旋转的电烤炉为单层，可同时放数只烤盘，如图 8—22 所示，它由加热装置、烘烤盘及传动装置等组成。炉壁外层为钢板，中间为保温材料，内壁为抛光铝板或不锈钢板，顶部装有抛光弧形铝板，可增加反射能力，并开有排气孔，以排除炉内产生的水汽和其他挥发性气体。此外炉内还装有控温元件。

2. 链条炉

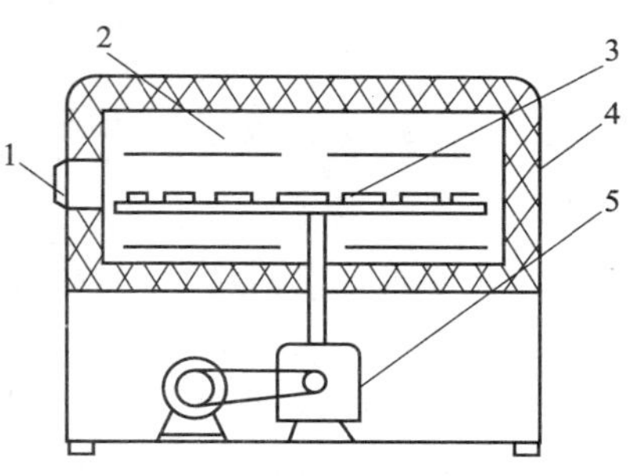

图 8—22 水平旋转电烤炉结构

1—炉门 2—加热元件 3—旋转烤盘 4—保温层 5—传动装置

链条炉是指载体（一般以烘盘为载体）被链条带动的烤炉，其使用的热源以电能或天然气为主。链条炉结构简单、造价低、占用空间小、炉体保温性能好、生产能力强、产品质量好，同时能适应多种产品的生产，是食品厂生产烘烤制品的常用设备。同时链条炉升温快，20 min 内即可达到烘烤温度，可与成形机械配套使用，组成连续化生产线。

链条炉结构如图 8—23 所示，主要由炉体、加热系统和传动系统等组成。炉体为钢架结构，内部装有电热管、保温材料和传动装置。为提高加热效率，炉顶一般设计为拱形，并在炉体内装有抛光铝板制成的反射罩。排湿管装在炉体顶部。传动系统包括调速电动机、减速器和链轮等。

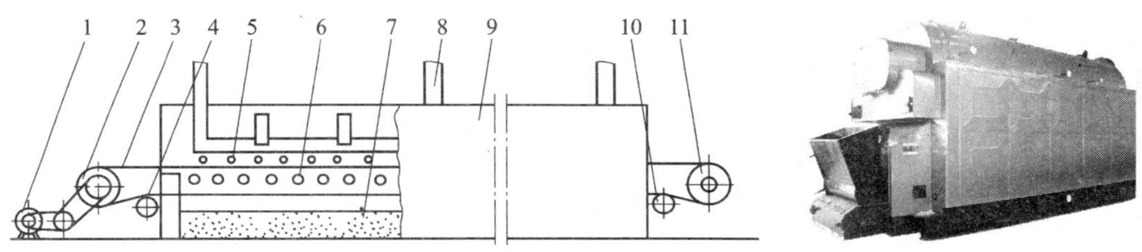

图 8—23 链条炉结构

1—电动机 2—主动链轮 3—链条 4—托轮 5—上加热管 6—下加热管 7—保温层 8—排气管 9—炉体 10—张紧装置 11—被动链轮

链条炉工作时，应先关闭排气管上的活门，以防止热量散失。接通电源或燃烧天然气，使炉体升温，并启动电动机以带动链条运转，以免部分链条过热。通电 10 min 左右，检查炉内温度，待其达到正常温度时，即可进行烘烤。此时可把装有生坯的烘烤盘放到链条中间的圆钢上，烘烤盘随链条的运动进入炉内。应及时开启排气管上的活门，以排出水蒸气。生坯在随着烘烤盘运行的过程中，经历快排水、恒速蒸发和表面着色三个阶段后，即可由生变熟。烘烤盘在出炉后，产品要及时冷却才能包装。

~思考与练习~

一、选择题

1. 食品焙烤时蒸发掉的水分主要为（　　）。

A. 化学结合水

B. 机械结合水和部分物理结合水

C. 物理结合水

2. 影响饼干辊印成形的因素包括（　　）。

A. 喂料辊与印辊的间隙

B. 印模辊的直径

C. 帆布脱模带的粗糙度

3. 底盘固定式的电烤炉内部一般设有（　　）层烤架，每层可放数只烤盘。

A. 2～9　　B. 3～7　　C. 2～6　　D. 2～7

二、判断题

1. 卧式压延机压制的面带层次比立式压延机更分明。（　　）

2. 饼干冲印成形机在头道辊表面上可以开有沟槽。（　　）

3. 饼干冲印成形机的各道压辊间隙应保持一致。（　　）

4. 辊切成形机与辊印成形机的区别在于辊切成形机的印花和切断是分两个工步完成的，即面带首先经同步转动的切块辊，切出一定大小的饼干生坯，随后经印花辊，压印出花纹。（　　）

5. 在三种饼干成形机中，辊切式饼干成形机的适用范围最广。（　　）

三、填空题

1. 和面机搅拌叶片的形状有________、________和________等。

2. 常用的压延机有____________、____________和____________。

3. 油炸方便面一般要求入槽温度为______℃，出槽端温度为______℃，油炸时间为______s 左右。

4. 常用的成形机有____________、____________、____________和____________等。

5. 冲印成形是目前食品厂使用最广泛的一种成形方法，适合于生产____________、____________、____________及____________等。

6. 辊切式饼干成形机主要由____________、____________、____________、____________及____________等组成。

7. 影响辊印成形的因素有____________、____________、____________。

8. 辊印式饼干成形机主要用于加工生产____________。

9. 辊切成形机与辊印成形机的最大区别在于________________________。

10. 烤炉按结构形式分为____________和____________。按使用热源的不同分为____________、____________、____________和____________。目前采用最多的为____________。

四、简答题

1. 和面机的工作原理是什么？常用的搅拌器有哪些？

2. 方便面的脱水方式有哪几种？所用机械的工作原理和特点是什么？

3. 饼干辊印成形与冲印成形的原理有什么不同？各有什么特点？

4. 饼干辊印成形机与饼干辊切成形机使用时应注意哪些事项？

5. 常见的烘烤设备有哪些？各自的优缺点是什么？

实训 13　面食制品加工厂的参观

一、实训目的

通过参观当地的面食制品加工厂或跟班劳动，了解面食加工的生产工艺流程和所需设备。

二、方法与步骤

1. 请厂家有关技术人员介绍建厂情况、生产规模、生产任务、生产设备等，对所参观的面食制品加工厂有一个初步的认知。

2. 参观项目

(1) 了解面食制品加工厂的厂址选择、设备安装及工艺设计等；找出设备选择和安装所存在的问题，吸取其中的经验和教训。

(2) 了解面食制品加工工艺和生产设备配套情况。

(3) 了解各设备的生产能力及生产厂家、运行情况。

(4) 了解并掌握面食制品主要设备的操作过程。如在厂家参加劳动，应学会部分设备的维修。

三、实训任务

1. 参观面食制品厂，在规定的时间内绘制出面食制品加工厂的生产工艺流程图。

2. 写出参观收获与感想，发现问题并提出改进建议。

第九章　乳制品加工机械与设备

学习目标

掌握奶油分离机、搅拌器、奶油制造机、高压均质机等设备的主要部件结构、设备的使用及维护方法。

乳制品加工机械与设备按加工的产品可分为消毒乳、发酵乳、炼乳、乳粉和奶油生产机械与设备；按加工的设备分为净乳机械、分离机械、杀菌设备、发酵设备、浓缩设备、均质机械、干燥设备、奶油制造机械以及输送设备等。

消毒乳又称杀菌乳，是鲜乳经过净化、均质、杀菌、无菌包装后直接供消费者饮用的商品乳。它可在常温下保存较长时间。消毒乳的加工设备有净化机械、均质机械、杀菌设备及无菌包装机械等。发酵乳的前期生产机械与设备与消毒乳相同，它是把杀菌后的乳品冷却、接种，然后在发酵罐内发酵（也可以装入包装容器以后再发酵），最后用包装机械包装制成发酵乳制品。乳粉生产设备包括净化机械、杀菌设备、均质机械、浓缩设备、干燥设备、乳粉包装机械及速溶乳粉生产设备等。炼乳可以看做乳粉生产的中间产品，其生产设备与乳粉生产设备基本相同，它是在把乳品浓缩到要求的浓度后，直接包装为炼乳制品。奶油制造设备包括奶油分离机械、稀奶油杀菌设备、中和设备、搅拌机械、压炼设备、奶油包装设备及奶油连续制造机等。

乳制品加工中所用的输送机械、杀菌设备、浓缩设备、干燥设备以及包装机械等，可参看第一章至第五章有关内容，本章介绍乳制品加工中所用的其他机械与设备。

第一节　奶油制造机械与设备

奶油的制造方法有间歇法和连续法两种，其生产流程与设备如图 9—1 和图 9—2 所示。间歇法适宜于小规模生产，大型乳品厂采用连续法生产更为经济合理。两者生产过程基本相同，只是采用的设备有所区别。常用的设备有分离机、中和设备、杀菌设备、搅拌机械和奶油制造机械等。

一、奶油分离机

把鲜乳分离成稀奶油和脱脂乳的过程称为乳的分离，分离所用的机械称为奶油分离机。由于奶油分离机采用离心法分离奶油，故也称为离心分离机。

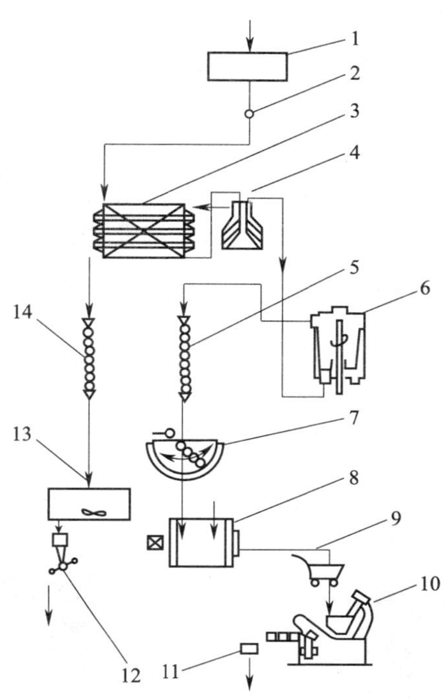

图 9—1　间歇法奶油生产流程

1—乳槽　2—奶泵　3—热交换器　4—离心分离机　5—稀奶油冷却器
6—稀奶油杀菌器　7—成熟槽　8—搅拌机　9—奶油车　10—奶油包装机
11—成品包装箱　12—奶泵　13—脱脂乳储槽　14—脱脂乳冷却器

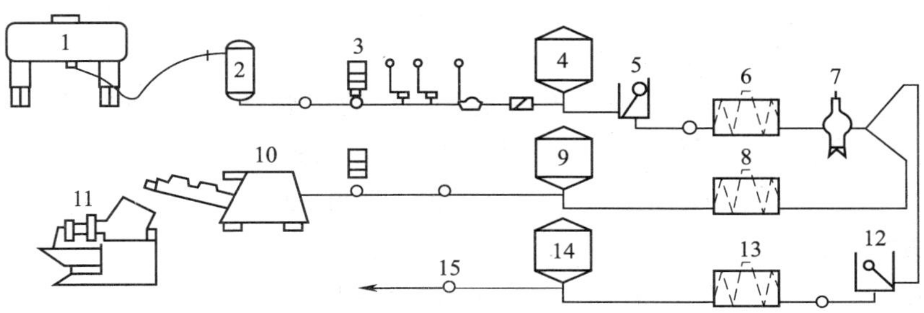

图 9—2　连续法奶油生产流程

1—乳槽车　2—空气消减器　3—计量器　4—鲜乳储槽　5—平衡槽　6—热交换器
7—分离机　8—稀奶油热交换器　9—稀奶油储存槽　10—连续奶油制造机
11—自动包装机　12—脱脂乳平衡槽　13—热交换器　14—脱脂乳储存槽　15—奶泵

1. 分离机的类型

分离机按用途可分为普通离心机和多用离心机。普通离心机用于分离鲜乳中的脂肪球，要求分离后的脱脂乳中含脂率不高于 0.02%；多用离心机一机多用，既能脱脂，又能对乳液进行净化和标准化。

分离机按照结构形式可分为开放式、半封闭式和封闭式三种。

开放式分离机是指鲜乳的进入和稀奶油及脱脂乳的出口都是在无遮盖的情况下进行

的，如图 9—3 所示。开放式分离机在分离时有空气进入，特别是在温度稍高时会产生许多泡沫。一般采用手摇或电动机传动。手摇分离机的生产能力为 60～100 L/h，电动机传动的分离机生产效率为 1 000～5 000 L/h。

半封闭式分离机如图 9—4 所示，鲜乳进口为开放式，鲜乳依靠重力进料。脱脂乳在离心机产生的压力下封闭出料。稀奶油出口有开放式，也有封闭式。半封闭式分离机在脱脂乳排出口之前安装有固定不转的压力盘。鲜乳在分离钵内高速旋转，并通过压力盘把旋转动能转换为压力能，使脱脂乳能在压力作用下从分离钵中排出，并且几乎没有泡沫。其生产能力为 1 000～5 000 L/h。

图 9—3　开放式分离机

图 9—4　半封闭式分离机

封闭式分离机如图 9—5 所示，鲜乳的进口、脱脂乳和稀奶油的出口都是封闭的，没有空气进入到脱脂乳和稀奶油中去，产品具有无泡沫的特点。乳液进入时应具有 49～147 kPa 的压强，故需通过奶泵输入。其生产能力为 3 500～10 000 L/h。

2. 分离机的构造

分离机的类型虽然不同，但其构造和分离原理是基本相同的，一般都是由传动装置、分离钵、容器和机架等组成。

（1）传动装置

传动装置的功用是将电动机的动力传递给分离钵。分离机的传动装置由两级增速装置组成。第一级为传动带增速传动，它将电动机的动力传递给蜗轮。第二级为蜗轮蜗杆增速传动，通过蜗轮蜗杆把动力传递给分离钵，使分离钵以 6 000～7 000 r/min 的转速做高速旋转。

（2）分离钵

分离钵的功用是使鲜乳分离成稀奶油和脱脂乳。它是分离机的主要工作部件。分离钵底座是整个分离钵的支持部分，中心管是鲜乳的进入通道。当鲜乳进入分离钵时，即由此中心管向下流入分离碟片中。

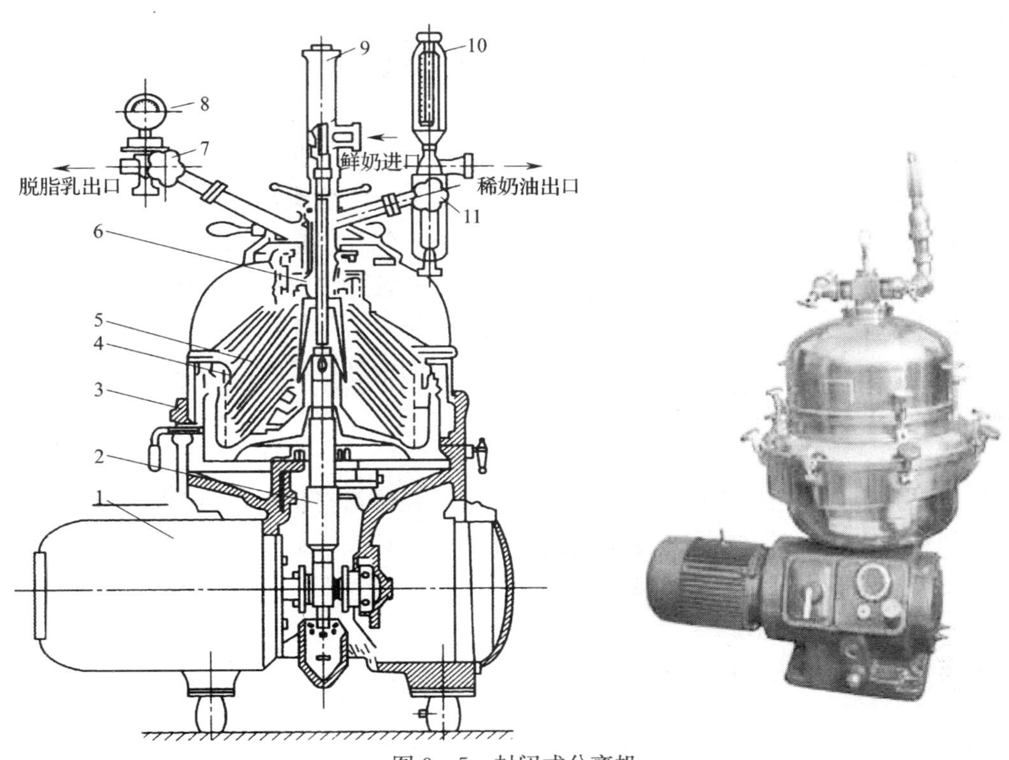

图 9—5　封闭式分离机

1—电动机　2—分离机轴　3—机座　4—分离钵　5—分离碟片
6—压力盘　7、11—针阀　8—压力表　9—流量控制器　10—奶油流量计

橡胶垫圈安装在底座上面的沟槽内，当旋紧分离钵锁紧螺母时，垫圈在顶罩与底座之间起密封作用。

碟片支柱的功用是支持和固定分离碟片。其外圆柱面带有数条沟槽，套在中心管的外面。有些分离机的支柱与底座中心管连在一起，不能取下。

碟片的功用是带动乳液高速旋转，并将乳液分离成稀奶油和脱脂乳。碟片有上碟片、中碟片和下碟片之分。

中碟片上表面有 3 个小凸台，使碟片和碟片之间形成 0.3～0.45 mm 的间距，不致紧贴。每个碟片上都有 3 个孔，使稀奶油通过。不同的分离机中，中碟片的数目不同。中碟片的数目越多，分离效果越好，分离能力也越大，但需要的功率也越大。

下碟片只有 1 个，外形与中碟片完全一样，唯一的区别是在碟片内表面也有 3 个凸台，使下碟片与底座之间保持一定的间距，而中碟片只在上表面有 3 个凸台。安装时应注意，不能装错。

上碟片也只有 1 个，其外形和功用与其他碟片不同，它的上表面没有稀奶油通过孔。它的功用是将从碟片分离出来的稀奶油汇集起来，并将稀奶油从其伸长部的出口排出分离钵。

顶罩是整个碟片的外罩，使整个分离钵成为锥形整体。它的功用是密封分离碟片，并与上碟片之间形成脱脂乳通道，使脱脂乳顺顶罩的内侧向上流动，最后通过顶罩上的脱脂乳出口排出分离钵。

锁紧螺母旋装在底座的中心管上，使顶罩与底座紧密结合，同时也有稳固整个分离钵的功用。

(3) 容器

容器包括脱脂乳收集器、稀奶油收集器、带有浮子的浮子室和装有开关的受乳器等。脱脂乳收集器和稀奶油收集器都固定在机架上，罩住了整个分离钵，利用其不同高度对准分离钵上的脱脂乳和稀奶油出口。当脱脂乳和稀奶油被排出分离机后，分别汇集在收集器中，最后流出机外。浮子室装在稀奶油收集器上部，用来控制乳液的液面，使进乳量均匀一致。受乳器在分离机最上部，其底部的出乳口设在浮子室中部。出乳口装有调节开关，可以调节乳液的流量。

(4) 机架

机架是整个分离机的支持部分，所有机件及受乳器都安装在它的上面。机架有卧式和立式两种。立式机可安装在平地上使用，而卧式机必须用螺栓固定在平台或桌面上使用。大型分离机基本都是立式机架。

3. 分离机的工作原理

分离机的工作原理如图 9—6 所示。工作时，电动机通过传动机构带动分离钵高速旋转，原料乳从分离钵上部进入分离钵，并向下流动，而后经碟片上的通孔从下而上上升并充满各碟片之间。当分离钵高速旋转时，带动碟片间的乳液旋转，使进入碟片中的乳液在碟片之间形成一层薄膜。在离心力作用下，碟片间密度小的脂肪球流向旋转轴，密度大的脱脂乳沿碟片向四周流动，机械杂质则沉淀在分离钵周围的器壁上。分离后的脱脂乳沿上碟片外表面流动，而稀奶油则沿上碟片的内表面流动。由于鲜乳不断流入分离钵中，分离的稀奶油和脱脂乳被压出分离钵，通过收集器收集后分别流出分离机。

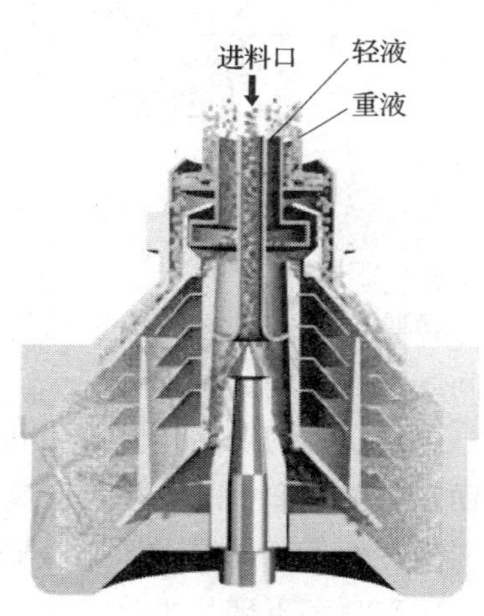

图 9—6　分离机的工作原理

4. 分离机的使用、维护与调整

(1) 分离机的安装

因分离机运转速度高，必须有坚实的基础，基础螺栓应深入地面以下 10～30 cm。分离机主轴应垂直于水平面，各部件应精确安装。必要时，在地脚处配置橡皮圈，起缓冲作用。

试车时先以清水代替乳液，不能开空车，避免机内零件受到影响。试车前先检查高速运转时是否产生振动和有无异常声音，其次检查是否有漏水现象。如发现上述不正常现象，应立即进行校正。

用水试车合乎要求后，再用乳液试车，并抽样检查脱脂乳的含脂率，合格后方可投入使用。

(2) 分离机的使用操作

使用前按说明书的要求加足润滑油，蜗轮室内的润滑油每三个月更换一次。

开机前必须检查传动机构及紧固件是否松动，转动方向是否正确，不允许反转，以防损坏机件。分离机启动后，当转速达到正常转速时，方可打开进乳口进行分离。

为了获得较好的分离效果，在分离前，一般都要对鲜乳进行预热。

封闭式分离机在启动和停车时，要用清水代替鲜乳。在分离 2～3 min 后，取样鉴定分离性能，必要时应做调整。每工作 2～4 h，应清洗一次分离机中的乳泥和杂质。

操作结束后，对直接与乳液接触的部件，应立即拆卸并用质量分数为 0.5%的碱水清洗，然后用 90℃以上的热水清洗消毒并擦干，以备下次使用。

(3) 分离钵清洗后的安装

分离钵的拆装工作应谨慎细心。拆洗后必须把分离钵的机件由底部向上按顺序逐一安装，切勿装错。分离钵体中有安装碟片的碟片支柱，在支柱上最多可套装 100 多片碟片。碟片上印有编号，要按编号顺序安装。然后把离心钵顶罩安装在碟片上面，插好左右长锁，最后装上脱脂乳和稀奶油出口管。

(4) 稀奶油含脂率的调整

在分离机稀奶油出口处装有调节螺钉，可以调整稀奶油的含脂率。螺钉顺时针旋入时，稀奶油内侧回转半径减小，可得到含脂率高、密度小的稀奶油；反之则增大了稀奶油内侧的回转半径，则得到含脂率低、密度大的稀奶油。

二、搅拌器

在适当的温度下，利用机械冲击破坏物理成熟后的稀奶油中的脂肪球膜，使乳脂肪互相黏合而形成奶油颗粒，同时奶油中的酪乳也得到充分的分离，这一过程称为“搅拌”，而相应的机械称为搅拌器。搅拌器有木质与不锈钢两种类型。

1. 不锈钢搅拌器

常见的不锈钢搅拌器有方形和圆锥形两种，如图 9—7 和图 9—8 所示。

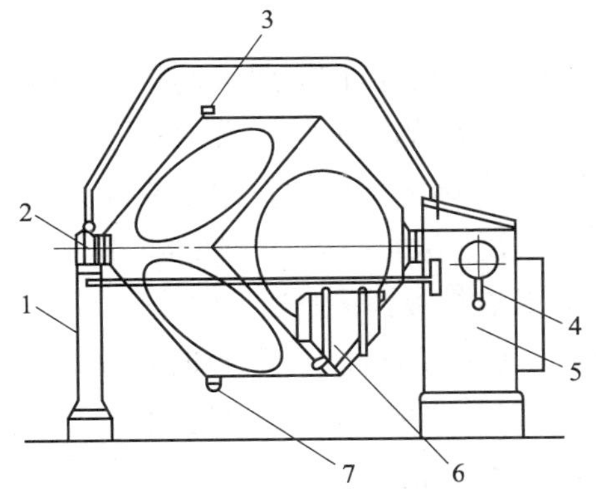

图 9—7　方形搅拌器

1—机架　2—轴承　3、7—旋塞　4—调速手柄　5—电动机及变速器　6—进、出料门

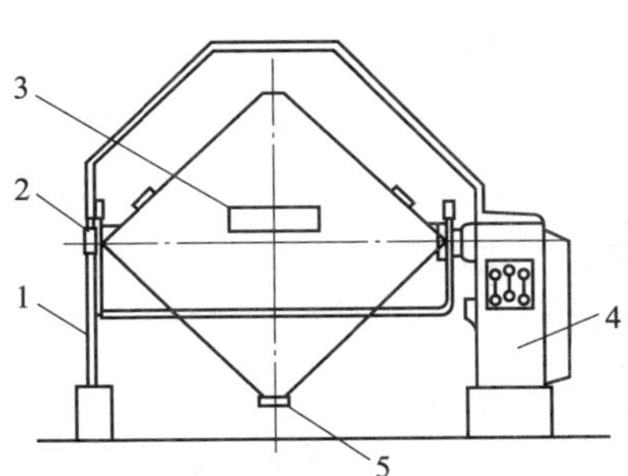

图 9—8　圆锥形搅拌器

1—机架　2—轴承　3—观察孔　4—电动机及变速器　5—旋塞

不锈钢搅拌器装有转轴，两端用轴承支撑。为了增加器壁与奶油间的摩擦力及改善奶油对壁面的黏着力，内壁经喷砂处理，使其毛糙。外壁经过抛光，表面光滑，便于清

洗。搅拌器上有一个进出料的小门，门的四周用橡胶垫圈密封。在搅拌器顶角处有一排除酪乳和洗涤水的旋塞，并附有排气孔。器壁装有玻璃观察孔，可观察奶油在搅拌时的成熟情况。由于不锈钢传热快，在搅拌器上装有淋水器，可根据季节及室内温度调节稀奶油的搅拌温度。

搅拌器旋转时，稀奶油在搅拌器内由上而下对角相撞，起搅拌和压炼作用。搅拌器的转速由无级变速器调节。在正常情况下搅拌时转速为 45 r/min，压炼时转速为10 r/min。每次可投放约 150 kg 的稀奶油。不锈钢搅拌器的最大优点是便于清洗与消毒。

2. 搅拌器的使用及维护

(1) 清洗消毒

搅拌器在使用前必须进行杀菌，可用沸水 150 kg 杀菌 10 min。对于新木质搅拌器，应先用冷水浸泡，以清除木料所产生的气味并使木料膨胀。每次工作结束后，也应对搅拌器进行彻底清洗、消毒。

(2) 搅拌参数选取

装料时，稀奶油以装满搅拌器 1/3～1/2 为宜。过多或过少都会延长搅拌时间。在搅拌和压炼时，要选择合适的搅拌转速和压炼转速。转速过高时，离心力大，稀奶油附着在器壁上旋转，不能起到搅拌的作用。

(3) 使用及维护

搅拌时应经常观察稀奶油透明度的变化，防止造成搅拌过度或不足。搅拌时间一般不超过 45 min。对传动机构应定期进行润滑和保养。

三、奶油制造机

奶油制造机又称为摔油机，主要是对奶油进行压炼，使奶油粒变为组织致密的奶油层，使水滴分布均匀，食盐全部溶解并均匀分布于奶油中，同时调节水分含量。

奶油制造机分为有轧辊摔油机和无轧辊摔油机两种。无轧辊摔油机与不锈钢搅拌器完全相同。

带轧辊的摔油机主要由搅拌桶、轧辊和传动机构组成。搅拌桶用来盛装稀奶油。轧辊安装在搅拌桶内，安装方式有两种：一种是带有固定轧辊的摔油机；另一种是临时插入的轧辊，安装在单独的托架上，在工作时可把此托架安装到搅拌桶中，称为带活动轧辊式摔油机。轧辊可以安装 1 对，也可以安装 2 对或 3 对。轧辊数量越多，压炼强度越大。只有 1 对轧辊时，轧辊安装在搅拌桶中部，并且搅拌桶内装有挡板，将奶油引向轧辊。

工作时，电动机带动轧辊和搅拌桶不断旋转，使脂肪球受到搅拌和碰撞作用，在碰到轧辊时又使刚分离出来的奶油颗粒受到压炼作用。在搅拌桶侧壁有奶油出口，另一端有观察镜，可观察内部操作的全过程。在机身上还有酪乳排出孔及排气孔。

传动机构可使摔油机以不同的转速旋转，转速不宜过快或过慢。转速高时产生的离心力较大，使脂肪球全部碰撞于壁上，搅拌作用少；转速过慢时，脂肪沉落于底部，也不能充分搅拌。在旋转时要求稀奶油产生的离心力略小于本身重力。

搅拌桶内稀奶油放入量应适宜。过多时脂肪球由上往下落的机会少，搅拌和碰撞的机会也较少；过少时脂肪球容易附着在壁上，也会减少搅拌和压炼效果。一般以占容积的 40%～50%为宜。

摔油机的使用及维护可参看搅拌机使用及维护。

四、连续式奶油制造机

在大规模奶油生产中，为了节约时间、节省设备、减轻劳动强度、提高生产率、保证奶油质量稳定，多采用连续式奶油制造机。连续式奶油制造机有搅拌式和分离式两种类型。

连续式奶油制造机因连续生产，奶油均匀一致、质量稳定，减少了设备投资，避免了成熟过程中微生物的污染，机械化、自动化程度高，可使奶油从制造到包装完全自动化。但连续式生产的奶油中空气和蛋白质含量较高，不宜久藏，且其香味和口感不如酸性奶油好。

1. 搅拌式连续奶油制造机构造

搅拌式连续奶油制造机主要由搅拌器、稀奶油调节圆盘、压炼器、电动机及机架等组成，如图 9—9 所示。卧式水平圆筒搅拌器位于制造机上部，有 4 个搅拌桨叶，转速为 2 800 r/min。搅拌桨叶紧贴筒壁，间隙为 0.2 mm 左右。它的功用是借助强烈的搅拌和离心力破坏稀奶油的脂肪球膜，并使脂肪球互相凝结在一起，从而使稀奶油中的奶油颗粒与酪乳分开。在圆筒形搅拌器外面有冷却夹套，中间通入冷盐水或冰水冷却，其目的是使凝结后的奶油颗粒由液态变为结晶态，易于成形。

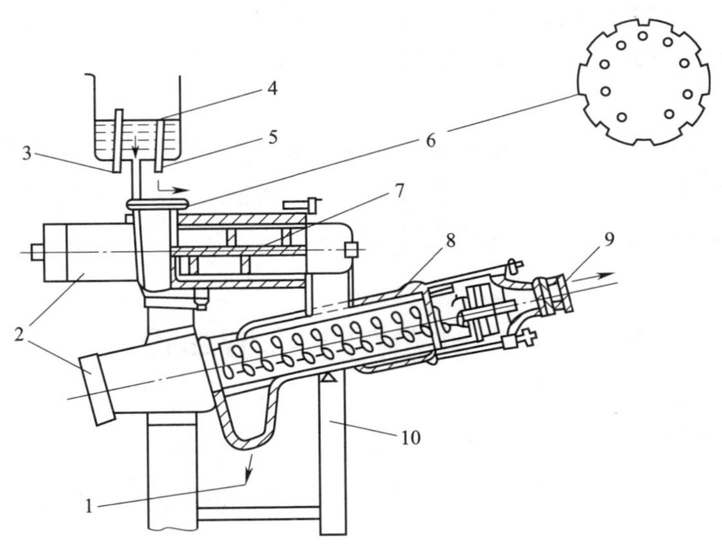

图 9—9 搅拌式连续奶油制造机

1—酪乳排出口 2—电动机 3—稀奶油进入管 4—稀奶油槽 5—溢流管 6—调节盘 7—搅拌器 8—压炼器 9—黄油出口 10—机架

倾斜状的圆筒式螺旋压炼器转速为 51 r/min，对从搅拌器送来的奶油颗粒进行压炼，奶油成形后可以直接包装。压炼器的倾斜度为 10°左右。在制造机上部装有稀奶油调节圆盘，可以调节稀奶油流入量，以控制从压炼器输送出来的奶油（黄油）的含水量。流量大则水分高，反之则水分低。调节圆盘是一个具有数种不同孔径的旋转圆盘，使圆盘某一圆孔对准稀奶油入口，就可得到相应的流量。

2. 搅拌式连续奶油制造机工作原理

工作时，将含脂率为45%～50%的稀奶油由稀奶油槽送入搅拌器。稀奶油在搅拌器中以20 m/s的速度在圆筒面上流动并产生摩擦力，在搅拌器旋转桨叶不断地强烈搅拌下，细小的奶油颗粒被甩到筒壁上。奶油在筒壁上又因冷却作用结晶而引起相态的变化，形成奶油颗粒，并流入压炼器。进入压炼器的奶油颗粒在螺旋的压炼下，形成块状奶油，从顶端成带状挤出。酪乳则自下端排出。

3. 奶油连续制造机的使用及维护

(1) 使用前的准备

使用前应将所有工作部件安装完备，先用沸水通过泵冲洗10～15 min或用含有效氯500～600 mg/kg的漂白粉水冲洗。稍待2～3 min后，再用沸水以同样方法冲洗一次，冲掉漂白粉。最后冷却到50～60℃，再用冰水将搅拌器外套冷却到与冰水同样的温度。

(2) 稀奶油注入量的调节

稀奶油注入量应根据产量、水分含量、非脂干物质含量及冷却温度选择。注入量可通过调节圆盘进行调节，圆盘小孔的孔径一般为5～10 mm，相邻小孔的孔径均相差0.5 mm，共有10个小孔。调节器应有专人负责，不得任意调节。

(3) 奶油质量控制

一般情况下，夏季冰水温度为2～3℃，冬季为4～5℃。为保证奶油质量，应随时观察搅拌后脂肪颗粒的大小情况，并随时抽样检验。

(4) 维护保养

每次工作结束后，凡能拆下来的附件都应拆卸，并将黏附在上面的奶油除尽，然后用热水清洗机器内外，再用质量分数为0.5%～1%的碱水刷洗，最后再用热水冲洗并揩干水渍待用。机器应有专人负责保养和定期维修。

第二节 乳粉加工机械与设备

乳粉的生产方法有冷冻法和加热法。冷冻法由于生产成本高，仍然处于试验阶段，未推广普及。目前国内外乳粉生产大多采用加热法。按照加热的方式不同可分为平锅法、滚筒法和喷雾法三种。

喷雾法是借助于压力或离心力的作用，将预先浓缩的乳液在特制的干燥室内喷成雾滴，同时用热空气干燥成粉末。喷雾法生产的乳粉质量高，具有较好的溶解性，又便于连续化和自动化生产，故被广泛采用。喷雾法生产工艺流程及主要加工设备如图9—10所示。

一、离心净乳机

净乳机的功用是除去乳中极微小的机械杂质和细菌细胞。离心净乳机与奶油分离机工作原理相同，仅在结构上略有不同。

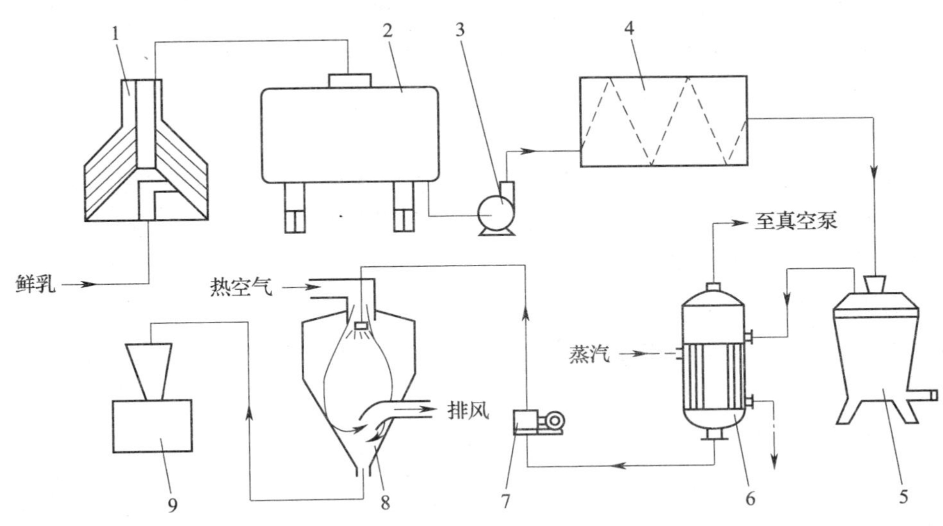

图 9—10　喷雾法乳粉生产工艺流程

1—离心净乳机　2—储槽　3—奶泵　4—热交换器　5—离心均质机

6—真空浓缩装置　7—高压奶泵　8—喷雾干燥塔　9 乳粉包装机

封闭式离心净乳机如图 9—11 所示，其结构与奶油分离机大体相同。不同之处为净乳机的碟片上没有孔，碟片间的距离较大，碟片外的沉渣容积也较大，上部没有分离碟片。

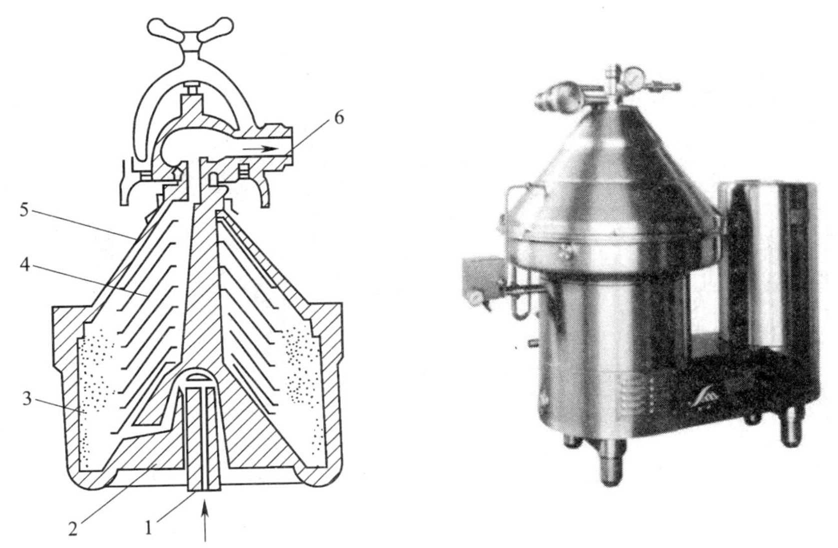

图 9—11　封闭式离心净乳机

1—鲜乳进入口　2—底座　3—沉渣室　4—碟片　5—外罩　6—净乳出口

现代化乳品厂多采用自动排渣净乳机。工作时，因鲜乳的压力使分离底盘向上顶起而关闭排渣孔。当工作一定时间后，分离转鼓内沉积一定数量的沉渣。这时停止进料，解除了鲜乳对底盘的压力，分离钵底盘下降，自动打开排渣孔。因机器仍在旋转，在离心力作用下，沉渣将自动排出。这一过程可人工调节，也可自动控制。

工作时，分离钵高速旋转，乳液在分离钵内受到强大的离心力作用，将大量的机械杂质和细菌细胞甩到分离钵的器壁上。乳液被净化后，从顶部流出。

净乳机的使用及维护可参看奶油分离机的使用及维护。

二、均质机械

将乳浊液（如牛乳）、悬浊液（如果汁）进行边破碎、边混合的过程称为均质，采用的机械设备叫均质机。均质是为了防止脂肪球上浮分离形成稀奶油，并提高乳液的易消化吸收程度。通过均质处理后，能使牛乳中 3 μm 左右的脂肪球变成 1 μm 以下的脂肪球，而且均质压力越高，脂肪球越小。

均质机按构造分为高压均质机、离心均质机、胶体磨和超声波均质机四种类型。

1. 高压均质机

高压均质机由高压泵和两段或三段均质阀头组成。

高压泵为三缸柱塞泵，如图 9—12 所示。泵体形状为长方体，用不锈钢锻造制成，其中加工有三个柱塞孔，并配有柱塞及阀门。柱塞为圆柱体，用不锈钢制造。为防止液体泄漏及空气渗入，柱塞采用填料密封，其材料可采用皮革、石棉绳、聚四氟乙烯等。每个泵腔有一个进料阀和出料阀，在液体压力的作用下自动开启或关闭。高压泵共有 6 个阀门，3 个进料阀门，3 个出料阀门。在料液的排出口装有安全阀，当压力过高时，可使料液回流到进料口。

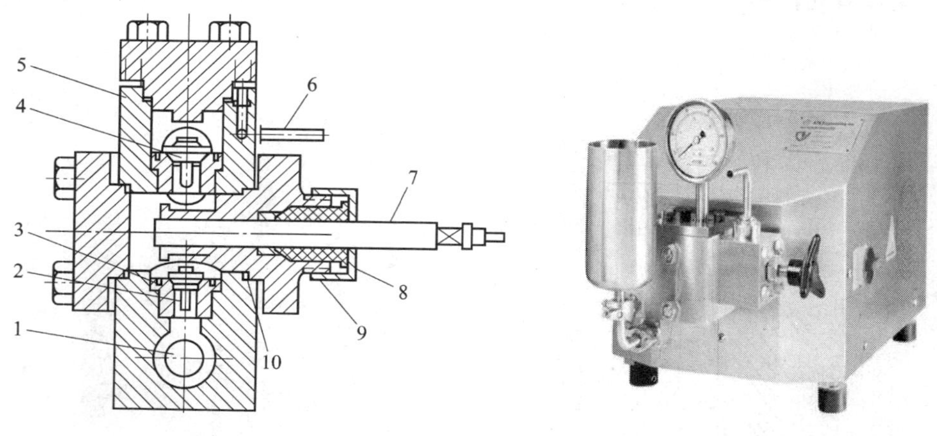

图 9—12　高压泵

1—进料腔　2—进料阀门　3—阀门座　4—出料阀门　5—泵体
6—冷却管　7—柱塞　8—填料　9—填料压盖　10—密封垫

2. 离心均质机

离心均质机与稀奶油分离机构造基本相同，均质机的分离钵如图 9—13 所示。其与奶油分离机的不同之处是在均质机的顶部稀奶油室中，装有一个特殊的带齿圆盘，如图 9—14 所示。圆盘圆周有 12 个尖齿，齿的前端边缘呈流线型，后端边缘则稍平，它的功用是破碎稀奶油中的脂肪球。目前使用较多的是对乳液既能净化又能均质的净化均质机或净化、分离、均质三用离心机。

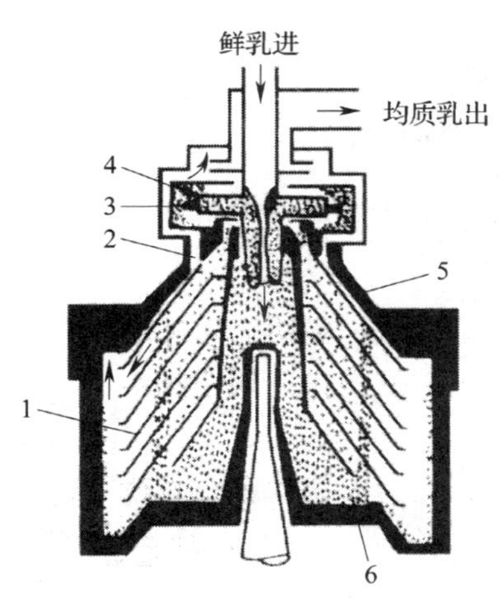

图 9—13　离心式均质机分离钵

1—分离碟片　2—脱脂乳通道　3—带齿圆盘

4—稀奶油室　5—顶罩　6—底座

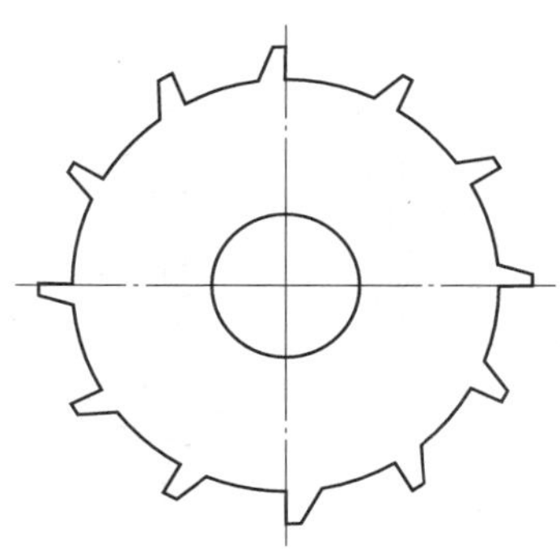

图 9—14　带齿圆盘

均质时，由于分离机高速旋转，产生很大的离心力，使流入的乳液很快分成三相。密度最大的杂质被甩至转鼓的四周，脱脂乳从上面排出，稀奶油被引入稀奶油室。带齿圆盘在稀奶油室中高速旋转，而稀奶油则以很高的速度围绕带齿圆盘旋转，其作用相当于高频振动，在稀奶油中瞬间产生空穴现象，使脂肪球被打碎。均质后的稀奶油流出稀奶油室，与脱脂乳混合后流出均质机。当脂肪球被打碎的程度未达到要求时，可以再流回到稀奶油室做进一步的破碎。

3. 胶体磨

胶体磨是一种超微湿粉碎加工设备，可以获得理想的混合、均质、乳化和磨细效果。胶体磨构造比较简单、操作方便、容易清洗，但耗能大。胶体磨转速高，要求动磨盘平衡性好。它适用于乳品、果汁等各种乳液、膏状物和含有一定液体的高黏度物料的加工。

胶体磨分为立式胶体磨和卧式胶体磨。立式胶体磨使用较广泛。

立式胶体磨主要由料斗、定磨盘、动磨盘和传动机构等组成，如图 9—15 所示。电动机通过联轴器直接或通过增速机构与动磨盘轴连接，带动动磨盘高速旋转。定磨盘和动磨盘上均有磨齿，它的功用是均质物料。定、动磨盘之间的间隙为 0.05～1.5 mm。动磨盘为一个圆锥体，定磨盘内腔也为圆锥形，锥度为 1∶2.5 左右，均由不锈钢制造。

定、动磨盘磨齿的倾斜方向不同，并形成环形间隙。环形间隙可在 0.5～1.5 mm 之间任意调节。调节时转动调节手柄，通过调节环带动定磨盘上下移动，即可改变环形间隙大小。最小环形间隙通过限位螺钉限制，当定磨盘碰到限位螺钉时，便不能再移动，可防止定、动磨盘碰撞而损坏。

工作时，动磨盘以 3 000～15 000 r/min 的转速高速旋转，料液从料斗轴向进入胶体磨定、动磨盘之间。在定、动磨盘形成的环形间隙之间，料液受到磨齿的剪切、挤压和冲击等复合作用，破碎并混合均匀，达到均质的目的。均质后的料液由出料叶轮排出机外。

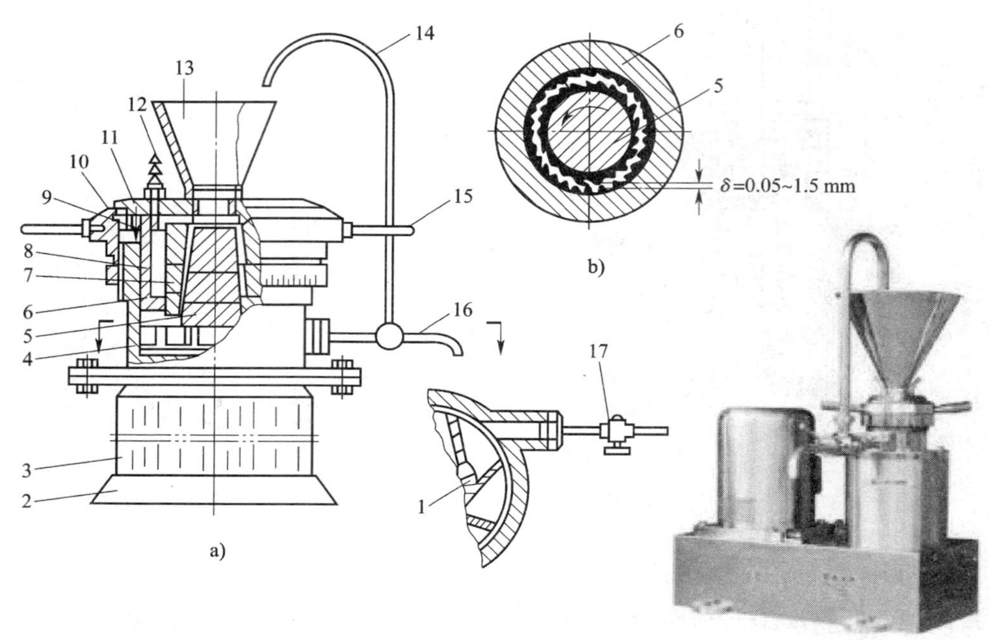

图 9—15 立式胶体磨

a）胶体磨 b）磨盘组件

1—出料叶轮 2—机座 3—电动机 4—壳体 5—动磨盘 6—固定磨套 7—定磨盘 8—密封圈 9—限位螺钉 10—调节环 11—盖板 12—冷却水管 13—进料斗 14—循环管 15—调节手柄 16—出料管 17—三通阀

在胶体磨出料管装有三通阀，当均质料液未达到均质要求时，可通过三通阀上的阀门将料液送进料斗，重新均质。

4. 均质机的使用及维护

（1）均质机的安装

均质机转速很高，因此应有坚固平坦的底座，避免部件之间有过度应力出现。基础必须高于水平面，以便清洗。安装时纵向和横向水平度允许差为 0.5/1 000 mm。

均质机外部有运动部件时，要安装保护罩并保持良好的通风，以保证操作安全。安装高压泵时，必须装旁通管，用以排除气体、残存液、清洗液和消毒水等。进料管道里应安装管间过滤器，防止杂质进入，避免均质柱塞严重磨损。出料管外不得安装节流阀。安装或检修完毕，必须对设备进行清洗。

（2）均质机使用

均质机不能空转。启动前应检查各紧固件及管路等接合是否可靠，并先接通冷却水，使均质机在工作时有充分的冷却水冷却。启动后应将均质压力调整到要求的压力。胶体磨应调节到合适的环形间隙。

为保证产品质量，启动阶段流出来的料液应回流到进液口重新均质，待压力稳定后才让其流出。工作中应注意压力表的变化，以保证均质质量。高压泵曲轴箱内的润滑油不能低于最低油面线，不同牌号的润滑油不能混用。

(3) 维护保养

每次工作结束，应立即拆洗均质机，不能留有污垢及杂质。清洗后应将各零件重新装配好，并用 90℃以上的热水在泵体及管路中连续进行 10 min 以上的清洗，以满足杀菌要求。每次使用前也应进行同样的消毒处理。部件上的结垢不能用金属器械刮去，以防破坏设备原来的精密度。对于柱塞泵外围的垫料不应调整得过紧，不流出料液即可。

在使用中，如进、出料阀门与阀门座接触不良，就得不到预定的压力或使压力表指针发生剧烈的跳动。检查时如发现接触面有毛口、磨纹，应用细号金刚砂进行打磨。泵体部分的垫片如需调换时，其厚度变化不能太大。高压泵曲轴箱内的润滑油应定期更换。

三、乳粉生产线简介

在乳粉生产中，各种设备并不是独立工作的，而是通过输送设备把各种设备有机地联系在一起，组成按照一定程序和过程配合工作的成套设备，形成生产流水线。图 9—16所示为一套连续工作的乳粉喷雾干燥设备。

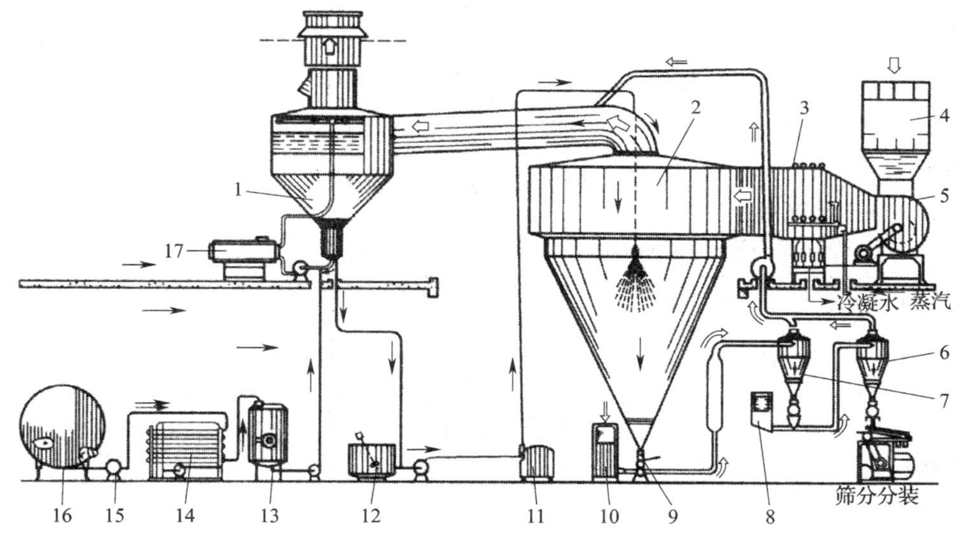

图 9—16　乳粉喷雾干燥设备

1—液体收集器　2—喷雾塔　3—空气加热器　4、8、10—空气过滤器　5—风机
6、7—离心分离器　9—星形阀　11—高压泵　12—平衡槽　13—杀菌罐
14、17—热交换器　15—离心泵　16—储罐

图 9—16 中实心箭头指示乳液和乳粉的运送方向；空心箭头指示气流流动方向。

乳液经高压泵加压后，送入喷雾塔中喷雾。喷雾塔为垂直下降并流型。塔中热空气是由风机将从空气过滤器中吸入的干净空气压送出去的。加热器使空气温度升高到 130℃，并将其沿切线方向吹入喷雾塔中。乳液通过喷头雾化成细小的雾滴，喷入热空气中。雾滴在热空气中迅速蒸发，干燥成粉末，沉降到喷雾塔底部。废气则从塔顶排出，并用于浓缩乳液，提高热能利用率。

喷雾塔内干燥的乳粉通过星形阀排入气力输送管道，乳粉在输送中进行冷却。冷却的乳粉被送入第一级离心分离器内，使之与空气分离。分离的乳粉再经第二级气力输送装置冷却后，送入另一离心分离器，使之与空气分离。在输送的过程中，两次送入冷空气对乳粉进行冷却，使乳粉温度迅速降到常温。冷却后的乳粉经振动筛筛分后，送入自动包装机包装，最后制成瓶装或袋装商品乳粉，送入成品库，完成乳粉生产全过程。从离心分离设备排出的废气与干燥塔排出的废气混合，送到液体收集器浓缩乳液，被再次利用。

这种设备的优点是利用干燥塔排出的废气对乳液进行浓缩，使热能得到了充分的利用，并在浓缩的过程中将废气中的粉尘进行回收，减少了回收装置。其次，利用气力输送装置使乳粉在输送的过程中得到冷却，不再需要专门的冷却装置。

四、速溶乳粉生产线简介

在溶解乳粉时，一般来说乳粉颗粒越小，表面积与体积之比越大，溶解性也越好。但小颗粒的粒子内毛细管小，溶解时表团迅速湿润，黏性增加，内部的毛细管闭塞，妨碍水分的浸入。速溶乳粉则是将小粒子经过造粒，做成海绵状的大毛细管，使水容易浸透。速溶乳粉在水表面上时乳粉粒不易溶解，各个粒子在水中沉降时同时溶解，溶解后的溶液有鲜乳风味，无粉尘，流动性好。

全脂乳粉较难造粒，它是在全脂乳粉表面上喷撒（大豆）卵磷脂，形成全脂速溶乳粉，可溶于 20～40℃的水中。脱脂速溶乳粉采用造粒机生产。在世界范围内，造粒技术的主流是向使用流化床的再湿法或在喷雾干燥时直接造粒的直通式等造粒技术方向转移。现对目前使用的速溶乳粉生产线做一介绍。

1. 布劳—诺克斯法生产线

布劳一诺克斯法造粒装置如图 9—17 所示。将喷雾干燥制成的乳粉由进料斗送入输送管道内，再通过气力输送装置将乳粉送入离心分离器，离心分离器将乳粉从输送气流中分离后，由星形阀排入造粒器内。在造粒器上部，由风机 1 向造粒器导入空气，产生旋转涡流，乳粉随气流做旋转运动。同时由风机 7 送入水蒸气，使乳粉粒子均匀含水量达到 6％～10％，容易黏着。湿润的乳粉粒子在造粒器内冲突造粒，互相黏结，形成较大的乳粉颗粒，完成造粒过程。

完成造粒的乳粉颗粒从造粒器下部排入输送机，由输送机将乳粉颗粒送入干燥器内干燥。干燥器为多层面式，由上到下逐层干燥。干燥后的乳粉颗粒由输送机送入筛分机筛分，将大小颗粒分开。特大乳粉颗粒经破碎机破碎后，与第一次筛分的小颗粒乳粉一起送入分级机分级、包装，成为速溶乳粉成品。筛下的细小粉粒由气力输送装置送回造粒器重新造粒。

从造粒器和干燥器排出的空气分别送入离心分离器，将空气中的粉粒分离出来。分离出的粉粒由气力输送装置送入造粒器中重新造粒，废气排入大气。

2. 车力—巴惹尔法生产线

车力一巴惹尔法造粒装置如图 9—18 所示。通过输送装置送入料斗内的乳粉，由压缩空气送入造粒管内，同时由蒸汽管道向造粒管内送入水蒸气加湿，使乳粉含水量达到 20％，使造粒管内的空气温度升至 65℃左右，使空气湿度几乎达到饱和状态。造粒管长 9 m，饱和湿空气在管内的流速为 30 m/s。造粒管内的乳粉在饱和湿空气的作用下，互相碰撞、黏结，形成较大的乳粉颗粒，完成造粒，造粒的时间约为 0.3 s。

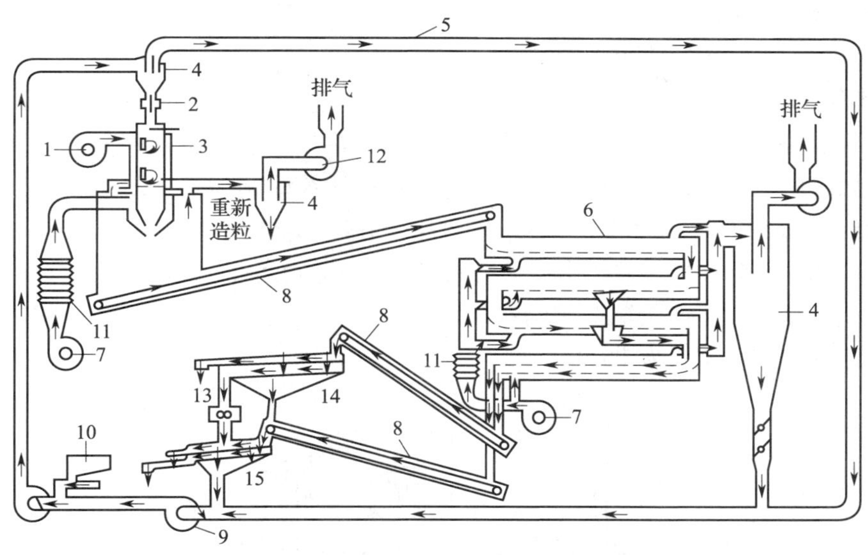

图 9—17　布劳—诺克斯法造粒装置

1、7—风机　2—星形阀　3—造粒器　4—分离器　5—气流输送管　6—干燥器
8—输送机　9—升压风机　10—进料斗　11—蒸汽蛇管　12—排风机
13—破碎辊　14—上部筛　15—下部筛

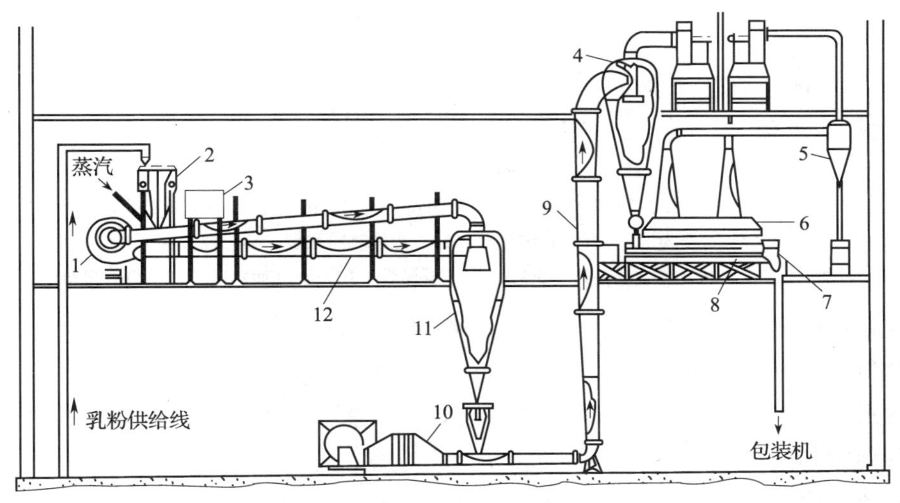

图 9—18　车力—巴惹尔法造粒装置

1—风机　2—原料斗　3—控制台　4、5—离心分离器　6—沸腾冷却床上盖　7—过筛漏斗
8—沸腾冷却床与振动筛　9—干燥管　10—空气加热器　11—湿式离心分离器　12—造粒管

在料斗下部的加湿管与造粒管上有观察孔，可以检查蒸汽流量、乳粉供给量、造粒程度等。造粒后的乳粉颗粒送入湿式离心分离器，从湿空气中分离出来，并由气力输送装置送入干燥管。干燥管内的空气是由空气加热器加热到 130℃后送入的，乳粉颗粒被干燥管内的热风干燥到规定的水分含量（3%～4%）。干燥后的乳粉颗粒经离心分离器分离后，送入沸腾冷却床冷却到常温，再用 20～80 目（筛孔孔径为 200～800 μm）的振

动筛进行筛分，筛下的乳粉即为速溶乳粉成品。从干燥管和沸腾冷却床排出的废气送到粉尘回收装置，将细粉回收重新造粒。

3. 膨胀干燥法生产线

膨胀干燥法生产线如图 9—19 所示，储乳罐中的脱脂乳经输送泵送入杀菌器杀菌，然后在双效降膜式浓缩器中进行浓缩。在浓缩器中浓缩时间为 7～10 min，浓缩到含固体的浓度约为 50%时，浓缩乳被送入冷却器中。在冷却器中浓缩乳被冷却到 33℃ 保温，在此温度下乳糖结晶最快，并析出 α 形结晶。然后用高压泵将结晶乳送入气体一浓缩乳混合器，使结晶乳与从钢瓶输送来的氮气混合，再将混合物送入喷雾干燥塔喷雾干燥。氮气与浓缩乳的混合比例为 1∶6。

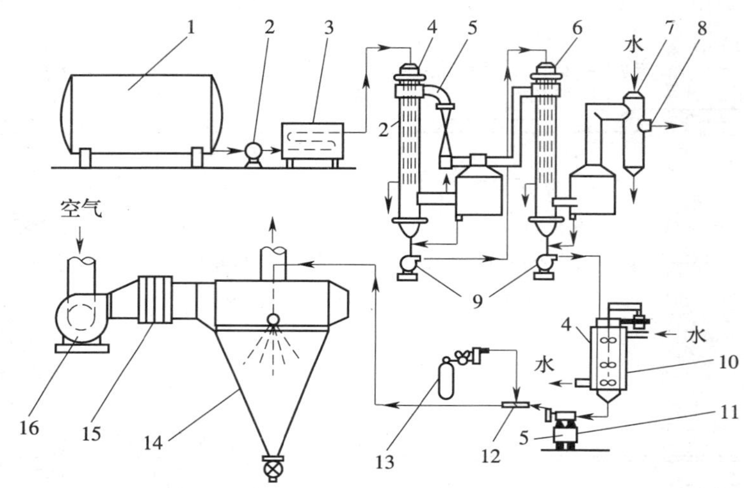

图 9—19　膨胀干燥速溶乳粉制造法

1—储罐　2、9—离心奶泵　3—杀菌器　4、6—浓缩器　5—蒸汽管　7—冷凝器　8—真空系统接口　10—浓缩乳冷却器　11—高压泵　12—气体—浓缩乳混合器　13—钢瓶　14—干燥塔　15—空气加热器　16—离心风机

干燥塔内的热风温度为 132℃，喷入干燥塔的雾滴在高温下，水分迅速蒸发。混入雾滴内的氮气在干燥塔内受热膨胀，并从雾滴内逸出，使干燥的乳粉颗粒变大，并在乳粉颗粒内形成许多毛细管。干燥的乳粉颗粒落入干燥塔底部，由星形阀排出干燥塔，冷却后即为速溶乳粉。

膨胀法生产的乳粉颗粒直径为一般乳粉的 2～3 倍，乳粉的填充密度为 370 kg/m^3，水分含量为 3.6%。这种乳粉由于毛细管较多，对水的分散性、溶解性好，吸湿性极强，极易溶解。

~思考与练习~

一、选择题

1. 均质是将脂肪球（　　）。

A. 变大　　B. 变小　　C. 不变

2. 胶体磨是一种超微（ ）加工设备。

A. 干粉碎　　B. 破碎　　C. 湿粉碎

二、判断题

1. 胶体磨有立式胶体磨和卧式胶体磨。卧式胶体磨使用较多。（ ）

2. 杀菌就是要杀死乳液中的细菌，使其呈无菌状态。（ ）

3. 全脂乳粉在生产过程中的造粒是很容易操作的。（ ）

三、填空题

1. 分离机按用途可分为普通离心机和多用离心机。普通离心机用于分离乳中的________，要求分离后的脱脂乳中含脂率不高于________%；多用离心机是一机多用，既能________，又能________和________。

2. 分离机按照结构形式可分为________、________和________三种。

3. 在奶油分离机稀奶油出口处，装有调节螺钉，可以调整稀奶油的含脂率。螺钉________时针旋入，稀奶油内侧回转半径________，可得到含脂率高、密度小的稀奶油。

4. 奶油制造机搅拌桶内稀奶油放入量应适宜，一般以占容积的________%为宜。

5. 离心净乳机的功用是除去乳中极微小的________和________。

6. 均质机按构造分为________、________、________和________四种。通过均质处理，能使牛乳中 3 μm 左右的脂肪球变成________ μm 以下的脂肪球，而且均质压力越高，脂肪球越小。

7. 胶体磨有________胶体磨和________胶体磨两种，其中________胶体磨使用较多。胶体磨主要由________、________、________和________等组成。

四、简答题

1. 奶油分离机有哪几种类型？各有什么特点？

2. 在奶油分离机上如何调整稀奶油的含脂率？

3. 乳粉生产的主要设备有哪些？

4. 离心净乳机与奶油分离机在结构上有什么区别？它是如何工作的？

5. 高压均质机由哪几部分组成？它是如何调整均质压力的？

实训 14　离心分离机的使用、调整与维护

一、实训目的

通过实习，使学生熟悉离心分离机的构造，掌握离心分离机的正确使用和维护方法，并能正确调整稀奶油的含脂率。

二、设备与工具

1. 离心分离机 2 台。

2. 专用工具 2 套。

3. 鲜牛奶 40 kg。

三、实训内容和步骤

1. 清洗离心分离机，并进行消毒处理。
2. 接通分离机电源，并进行试运转。
3. 运转正常后，加入 10 kg 鲜乳，分离稀奶油。
4. 停机后，调整稀奶油调整螺钉。
5. 再加入 10 kg 鲜乳进行分离。
6. 对比两次分离的稀奶油的含脂率，分析稀奶油含脂率是否发生变化。
7. 将分离机拆卸，清洗分离机碟片和其余部件，并擦拭干净。
8. 待各零部件晾干后，将分离机装配好。

实训 15　均质机的使用、调整与维护

一、实训目的

通过实习，使学生熟悉均质机的构造，掌握均质机的正确使用和维护方法，并能正确调整均质机。

二、设备与工具

1. 高压均质机或胶体磨 2 台。
2. 专用工具 2 套。
3. 鲜牛奶 40 kg。
4. 显微镜 2 台。

三、实训内容和步骤

1. 清洗均质机，并进行消毒处理。

2. 接通均质机电源，连接好均质机水冷却管。开机进行试运转，检查各运动部件运转是否正常。

3. 运转正常后，加入 10 kg 鲜乳进行均质。在显微镜下观察均质后的奶油颗粒与均质前的奶油颗粒变化情况。

4. 停机后，调整高压均质机的均质压力（变大或变小）或胶体磨的定、动磨盘间的间隙。

5. 再加入 10 kg 鲜乳进行均质。

6. 将未均质的奶油颗粒与两次均质的奶油颗粒在显微镜下对比，观察三种状态下奶油颗粒的变化情况，并得出均质物料颗粒与压力或间隙之间的关系。

7. 将均质机拆卸，清洗高压泵、均质阀或定、动磨盘及其他部件，并擦拭干净。

8. 待各零部件晾干后，将均质机重新装配。

第十章　酒类生产机械与设备

学习目标

了解酒精发酵罐、啤酒发酵罐的形式，掌握酒精、啤酒发酵罐的构造、工作原理、生产能力的计算方法及设备使用与维护方法。

酒精发酵罐和啤酒发酵罐是最常见的厌氧发酵设备，厌氧发酵设备的特点是在发酵过程中不须通入氧气或空气，有时需通入二氧化碳或氮气等气体以保持罐内正压，防止染菌，以及提高厌氧控制和提高醪液循环程度。

第一节　酒精发酵罐

一、酒精发酵罐的形式及构造

酒精厂所用的酒精发酵罐通常可分为密闭式和开放式两种。密闭式酒精发酵罐的优点是可以防止杂菌感染，便于保温冷却及控制发酵温度，酒精产量多，损失少，可回收 CO_2，发酵率高；缺点是结构较复杂，造价较高。目前大多数厂商都采用密闭式发酵罐。

密闭式酒精发酵罐有锥底和斜底之分，如图 10—1 所示。酒精发酵罐罐身一般为圆柱体，罐顶采用锥形或碟形。锥底酒精发酵罐如图 10—2 所示。

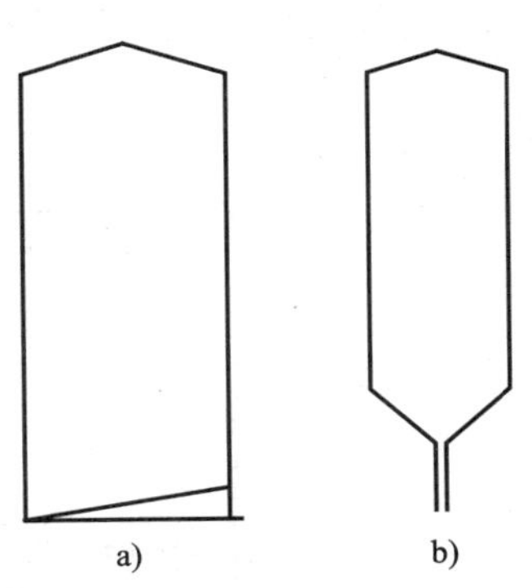

图 10—1　酒精发酵罐罐底形式

a）斜底　b）锥底

在大型酒精发酵罐内安装有冷却蛇管或纵横交错的直管，在罐顶外壁有一圈喷水冷却管，以利于维持发酵温度。小型发酵罐通常只采用表面冷却。

酒精发酵罐的上部装有顶盖及视镜，可观察发酵罐内发酵物表面的现象。进料管一般安装在罐体的顶部，放料管安装在底部，二氧化碳排出管安装在罐顶部。罐内常装有供加热杀菌用的直接蒸汽管。大型酒精发酵罐的下部都开有人孔，以便工人进入罐内清洁及修理。此外，在罐体的上、下段均有温度计及取样器伸入罐内。

酒精发酵罐工作时，罐内不同高度的发酵液中 CO_2 含量有所不同，形成一个 CO_2 含量的梯度，一般罐底 CO_2 气泡密集程度较高，醪液相对密度小，罐上部液层的 CO_2 气泡密

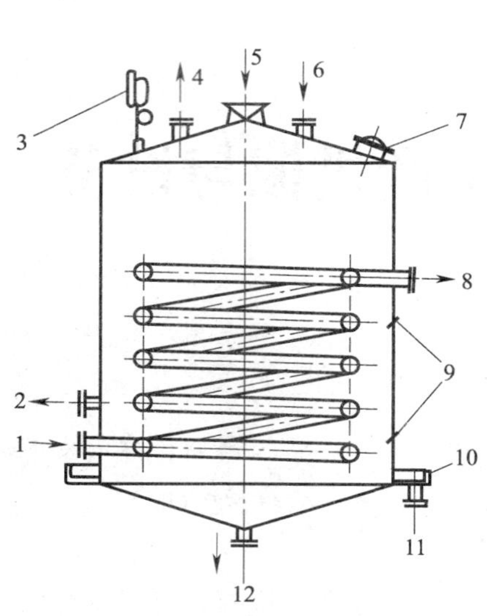

图 10—2 锥底酒精发酵罐

1—冷却水入口 2—取样口 3—压力表 4—CO_2气体出口 5—喷淋水入口 6—料液及酒母入口 7—人孔 8—冷却水出口 9—温度计 10—喷淋水收集槽 11—喷淋水出口 12—发酵液及污水排出口

集程度较低，醪液相对密度大，于是相对密度小的底部发酵液就具有上浮的提升力，同时，上升的CO_2气泡对周围的液体也具有一定的拖曳力，这拖曳力和液体上浮的提升力结合就构成了对气体的搅拌作用，使罐内发酵液不断循环混合并进行热交换。因此，酒精发酵罐一般不用配置机械搅拌器。但当发酵罐体积较大，罐内产生的CO_2气量较少时酒精发酵罐可配置侧向搅拌器，如图 10—3 所示。

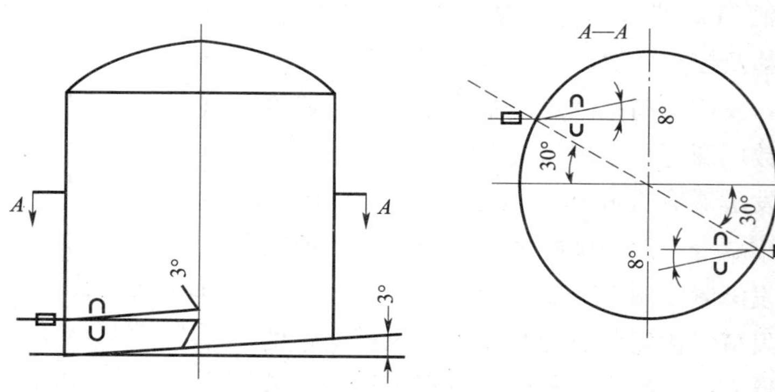

图 10—3 加装搅拌器的斜底酒精发酵罐

酒精发酵罐的洗涤过去均由人工操作，不仅劳动强度大，而且二氧化碳气体一旦未彻底排除，工人入罐清洗就会发生中毒事故。近年来，酒精发酵罐已逐步采用水力喷射洗涤装置，如图 10—4 所示，从而降低了工人的劳动强度，提高了操作效率。水力洗涤装置是由一根两头装有喷嘴的洒水管组成，两头喷水管弯有一定的弧度，喷水管上均匀地钻有一定数量的小孔。喷水管安装时呈水平状态，喷水管经活络接头和固定供水管连接。该装置借喷水管两头喷嘴以一定的速度喷出水流而形成的反作用力，使水管自动旋转。在旋转过程中，喷水管内的洗涤水由喷水孔均匀喷洒在罐壁、罐顶和罐底上，从而达到水力洗涤的目的。对于 120 m^3 的酒精发酵罐，可采用 ϕ36 mm×3 mm 的喷水管，管上开 ϕ4 mm 的小孔 30 个，两头喷嘴口径为 9 mm。

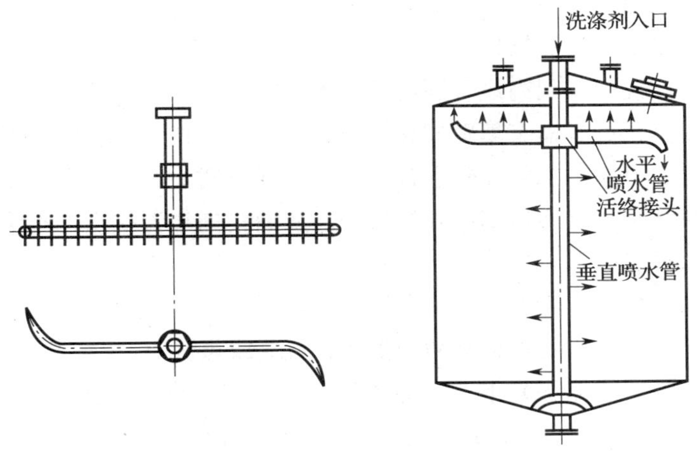

图 10—4 水力喷射洗涤装置

二、酒精发酵罐的有关计算

1. 酒精发酵罐基本尺寸的确定

酒精发酵罐的总体积 V 的计算公式如下：

$$V=V_1/\eta \quad (10—1)$$

式中：V——酒精发酵罐的总体积（m^3）；

V_1——酒精发酵罐内醪液的体积（有效体积）（m^3）；

η——装满系数（0.8～0.88）。

2. 酒精发酵罐各部分尺寸比例关系

$$H=(1.1\sim1.5)D$$

$$h_1=(0.1\sim0.3)D$$

$$h_2=(0.08\sim0.1)D$$

式中：H——罐的圆柱体部分高度（m）；

D——罐的直径（m）；

h_1——罐底部分的高度（m）；

h_2——灌顶部分的高度（m）。

3. 冷却面积的计算

酒精发酵罐所需的冷却面积 F 按下式计算：

$$F=Q_{总}/(K\Delta t_m) \quad (10—2)$$

式中：F——冷却面积（m^2）；

$Q_{总}$——主发酵期发酵液每小时放出的最大热量（发酵热）（kJ/h）；

K——换热装置的传热系数 kJ/（m^2·h·℃），由于发酵醪液成分时常变化，而且主发酵期醪液上下翻腾，传热情况比较复杂，故 K 常用经验值，一般为 1 600～2 100 kJ/（m^2 • h • ℃）；

Δt_m——平均温度差（℃），Δt_m采用对数或算术平均温差的计算方法计算。

三、酒精捕集器

在发酵过程中酒精的蒸发损失量一般为 0.5%～0.8%。为了收集这些随同 CO_2 逸出的酒精蒸汽，可在发酵车间内设置酒精捕集器回收酒精。

常用的酒精蒸汽捕集器有填料式和泡盖式两种，其作用原理是：利用酒精易溶于水这一特性，当含有酒精的二氧化碳混合气体与水接触时，其中所含的酒精蒸汽很易被水吸收而成稀酒精溶液，从而达到回收的目的。从酒精捕集器排出的稀酒精的浓度一般为 1.5%～2.5%（质量分数）。

填料式酒精捕集器实际上就是一个填料吸收塔。它是一个圆筒形的容器，内部堆放一定厚度的填料层，所用的填料常为陶瓷环、玻璃或焦炭等，CO_2 以 0.2～0.4 m/s 的速度经过塔底的筛板（或栅板）上升，穿过填料层，与由塔顶喷淋而下的水接触，CO_2 所携带的酒精蒸汽被水吸收，形成的稀酒液从塔底排出，被吸收了酒精的 CO_2 从塔顶排出。

采用泡盖塔作酒精捕集器时，板层数为 5～7 层，层板距 150～180 mm，每层的泡盖数可为单个，也可采用多个。

填料或泡盖在捕集器中的作用是增大气体与水之间的接触面积和接触时间。填料式酒精捕集器的各项参数见表 10—1。

表 10—1　填料式酒精捕集器参数

设备	酒精厂生产能力（L/d）（无水酒精）	捕集器空间体积（m^3）	填料高度（m）	捕集器直径（m）	20 mm 的环形填料数（千个）	用水量（L/h）
1	5 000	0.3	2.3	0.41	约 16.3	340
2	10 000	0.6	2.3	0.53	约 33	680
3	15 000	0.9	2.3	0.71	约 49.5	1 020
4	20 000	1.2	2.3	0.82	约 66	1 362

注：从酒精捕集器排出水的酒精浓度不低于 1.2%（质量分数）。

四、酒精连续发酵设备

酒精间歇式发酵的各个阶段全都在一个发酵罐内进行，其缺点是发酵周期长，管理分散，不便于自动化。酒精连续发酵的新技术能较好地解决这些问题。

酒精连续发酵是在发酵罐内连续不断地加入培养液，同时又连续不断地排出发酵液，使酒精发酵罐中的微生物一直维持在生长加速期，同时又降低了代谢产物的积累，培养液浓度和代谢产品含量具有相对的稳定性，微生物在整个发酵过程中始终维持在稳定状态，细胞处于均质状态。这样就可缩短发酵周期，提高设备的利用率。

酒精连续发酵的方式已从最初的单罐连续发酵发展到多罐串联的连续发酵。目前我国的糖蜜原料制酒精及淀粉质原料制醋的连续发酵生产均采用多罐串联连续发酵。

1. 糖蜜原料制酒精的连续发酵组合设备

图10—5所示是糖蜜制酒精的连续发酵流程。发酵设备由9个发酵罐组成，其容量视生产要求而定。酒母和糖蜜同时连续加入第一罐内，并依次流经各罐，最后从9号罐排出。除了在酒母槽通入空气之外，在1号罐内也同样通入适量的空气，或增大酒母接种量，维持1号罐内工艺所要求的酒母数。连续发酵周期结束后，储存于每罐的发酵液先从末罐按逆向顺序依次排出，流入蒸馏塔蒸馏。而空罐则依次进行清洗灭菌待用。为此，安装管路时，必须注意对各罐的轮换消毒。二氧化碳则由各罐罐顶排入总汇集罐，再送往二氧化碳车间，进行综合利用。按目前的流程装置和工艺条件，连续发酵周期可达20 d，甚至更长。发酵过程中，如发酵液中酒母数维持在0.6～1.0亿/mL，发酵只需32 h，发酵液中酒精含量可达10%，发酵率约为85%。连续发酵设备主要技术规格见表10—2。

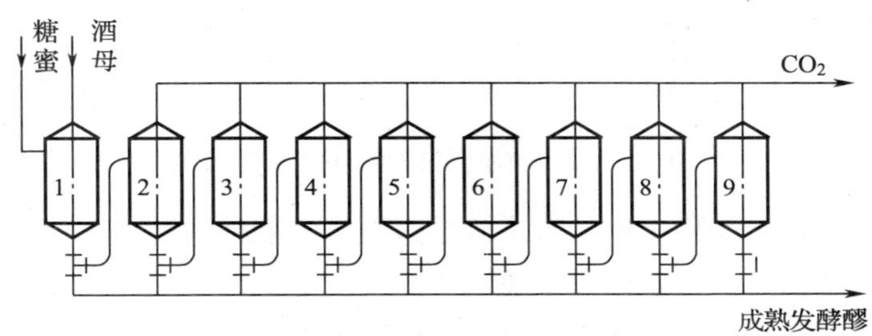

图10—5　糖蜜制酒精连续发酵流程

表10—2　　某厂糖连续发酵设备主要技术规格

名称	数量（个）	外形尺寸（mm×mm）	容量（m³）	质量（t）	备注
中间酒酵母	1	ϕ3 000×4 159	20	3.8	
酒酵母	2	ϕ3 900×8 700	66	9.48	冷却面60 m²
主发酵罐	2	ϕ3 900×8 200	60	8.986	冷却面60 m²
后发酵罐	4	ϕ3 900×8 200	60	8.98	
计量罐	1	ϕ3 900×8 200	60	8.98	
除泡罐	1	ϕ2 500×7 633	25.2	7.2	

2. 淀粉质原料制酒精的连续发酵组合设备

图10—6所示是淀粉质原料制酒精连续发酵流程。发酵设备由11个发酵罐组成，通过连通管将各罐互相连接，糖化醪和液麹混合液同时连续平行流入前3罐。在发酵过程中，发酵液由罐底流出，经连通管进入另一罐的上部，其余依次类推，最后流入最末的两罐进行计量，并轮流用泵送往蒸馏工段。发酵过程中所产生的二氧化碳气体通过带有控制阀门的U形支管和总管相连并引向液沫捕集器，经分离除去泡沫后，再通过一个鼓泡式的水洗涤塔，经回收酒精后排入大气或二氧化碳综合利用车间。各发酵罐都是密闭的，各罐底均有和总排污管相连接的排污支管，该管和蒸汽管相通，以便消毒和杀菌。

为尽可能减少染菌的概率，发酵罐和管道、管件以及阀门等都必须进行严格的消毒和杀菌。连续发酵系统中，冷却装置面积需满足酵母对数生长期对温度的要求，维持恒定的发酵温度。

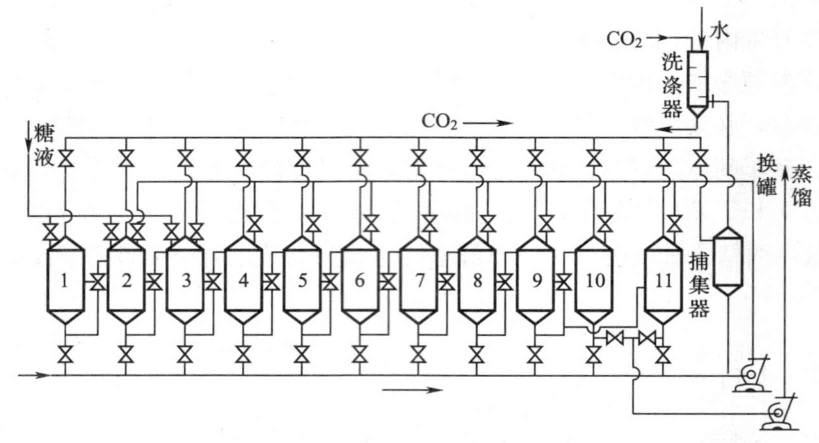

图 10—6　淀粉质原料制酒精连续发酵流程

为了使连续发酵设备能稳定地生产，酵母繁殖罐应能依次轮换。只考虑一个罐是不恰当的，容易导致杂菌感染和残糖量升高，从而使发酵条件恶化。为使操作管理和控制方便，罐内应配置自动清洗设备和自动仪表进行测量和记录。

连续发酵需用发酵罐的个数可按下式进行计算

$$N=V_{时}\tau/(\eta V_{罐}) \qquad (10—3)$$

式中：N——需用发酵罐的个数；

$V_{时}$——每小时流入的醪液量（m^3/h）；

$V_{罐}$——每个发酵罐的容积（m^3）；

τ——酵液流经全部发酵罐的总时间（h）；

η——发酵罐的装满系数，一般取 0.85～0.9。

第二节　啤酒发酵罐

近年来，啤酒发酵设备向大型、室外、联合的方向发展。迄今为止，使用的大型发酵罐容量已达 1 500 m^3。大型化使啤酒质量均一，由于啤酒生产的罐数减少，使生产合理化，降低了主要设备的投资。

啤酒发酵容器的变迁，大概可分为三个方面：一是发酵容器材料的变化。容器的材料经历了陶器→木材→水泥→金属材料的演变，新建的大型容器一般使用不锈钢。二是开放式发酵容器向密闭式转换。小规模生产时，糖化投料量较少，啤酒发酵容器放在室内，一般为开放式，容器上面没有盖子，对发酵的管理、泡沫形态的观察和醪液浓度的测定等比较方便。随着啤酒生产规模的扩大，投料量越来越大，发酵容器已开始大型化，并为密闭式。从开放式转向密闭式容器发酵的最大问题是发酵时被气泡带到表面的泡盖的处理。开放发酵便于撇取泡盖，密闭容器人孔较小，难以撇取，可用吸取法分离泡盖。三是密闭容器的演变。原来使用的是在开放式的长方体容器上面加穹形盖子的密闭发酵罐槽，随着技术革新逐渐过渡到钢板、不锈钢或铝制的卧式圆筒形发酵罐。后来出现了立式圆筒体锥底发酵罐，这种罐型由瑞士的奈坦（Nathan）于20世纪初期发明，所以又称奈坦式发酵罐。

常用的大型发酵罐主要是立式罐，如奈坦罐、联合罐、朝日罐等。由于发酵罐容量的增大，清洗设备也有很大的改进，大都采用CIP自动清洗系统。

一、圆筒体锥底罐（简称锥底罐）

1. 锥底罐的优缺点

锥底罐是国内外广泛使用的设备，在形式和结构上已做了不少改进，它既可用于下面发酵啤酒，又可用于上面发酵啤酒。

（1）优点

1）锥底罐是密闭罐，可做发酵罐，也可做储酒罐，便于排放回收酵母，也可用二氧化碳洗涤，除去生青气味，促进啤酒的成熟。同时，由于采取加压、升温的操作，生产灵活性大，可以缩短生产周期。

2）锥底罐本身有冷却夹套，容易控制发酵温度，可满足生产工艺要求。尤其是锥底部分有冷却夹套，回收酵母方便，操作简单，卫生条件好。

3）具有自动清洗设备，灭菌较彻底，杂菌污染机会少，有利于无菌操作，既节省生产费用，又降低了劳动强度。

4）由于是加压密闭发酵，减少了酒花苦味质的损失，可降低酒花使用量15%左右。在加压密闭条件下，二氧化碳溶解度较高，啤酒的泡沫较多，泡持性有所改善。

5）结构较简单，投资费用较低。

6）易于实现自动控制。

（2）缺点及改进措施

1）酒液澄清慢，尤其是麦芽汁成分有缺陷。酵母凝集差时，影响过滤，排酵母时酒精损失大。解决办法是采用高速离心机分离酵母。使用锥底罐对麦芽质量有一定的要求。

2）发酵时产生大量泡沫，罐利用率只有80%～85%。因此，应适当降低麦汁含氧量，以减少泡沫的形成。一般麦芽汁浓度在8°Bé时，含氧量应控制在5～8 mg/L；10°Bé时溶解氧应控制在6～8 mg/L；12°Bé时溶解氧应降低到4～5 mg/L才不致出现窜沫现象。

使用的菌种与高泡的产生也有关系，特别是使用菌种的前几代，因发酵力强，甚至导致降低麦芽汁含氧量也难以克服高泡问题，在这种情况下应适当减少酵母添加量。采取加压发酵也能适当控制高泡。

储酒时，泡沫少，可利用其他罐内的酒将罐充满，以提高罐的利用率。

3）锥底罐液层高，由于流体静压的关系，液面和底部的二氧化碳含量相差很大，以致罐内二氧化碳含量不均匀，形成浓度梯度。改进措施是：尽量控制罐的高度，以缩小梯度差；可在罐底中部设出酒口，使出酒的二氧化碳含量均匀。

2. **锥底罐结构**

锥底罐用不锈钢钢板制成，其结构如图 10—7 所示。罐的上部封头设有人孔、视镜、安全阀、压力表、二氧化碳排出口；如果采用二氧化碳为背压，为了避免用碱液清洗时形成负压，可设置真空阀；罐体上部中央设不锈钢可旋转洗涤喷射器，具体安装位置要能使喷出水最有力地射到罐壁结垢最严重的地方。大罐罐体的工作压强根据大罐的工作性质而定，如作为发酵罐兼储酒罐时，工作压强可定为 $1.5\times10^5\sim2\times10^5$ Pa（表压）。

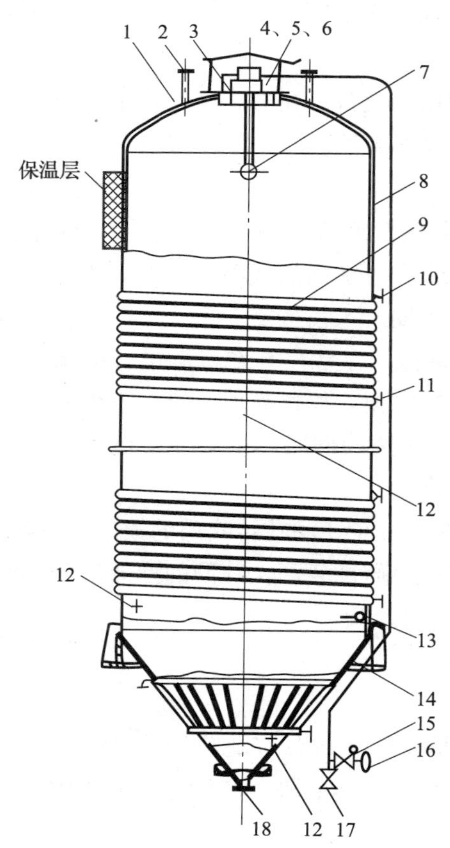

图 10—7　圆筒体锥底罐

1—顶盖　2—通道支架　3—人孔　4—视镜　5—防止真空阀　6—安全阀　7—原位清洗装置　8—罐身　9—冷却套　10—冷媒出口　11—冷媒进口　12—温度计　13—采样阀　14—罐底　15—压力表　16—二氧化碳出口　17—压缩空气、洗涤水进口　18—麦芽汁进口、酵母出口、啤酒出口

圆筒体锥底罐直径 D 与圆筒体高度 H 之比范围较大，根据实践经验 $D:H=1:(5\sim6)$ 均可取得良好的发酵效果，但一般罐体不宜过高，特别在未设酵母离心机的情况下更不宜过高，否则酵母沉降困难，影响过滤。按国内目前的生产情况，控制直径与圆筒高度之比在 $1:(2\sim4)$ 较为恰当，锥底角度一般采用 60°～85°，利于酵母的排除。容量的确定通常根据糖化麦芽汁产量的总体积，再加 20%容量体积作发酵时泡沫

空间，一般是 12～15 h 充满一罐。据报道，容量扩大 10 倍，建造费用只增加 4～5 倍，故国外多建造容积为400～500 m^3 发酵罐，最大罐在 1 000 m^3 以上。国内常用 100～500 m^3 发酵罐。

圆筒体锥底罐本身设置冷却夹套进行冷却，其圆筒部分的冷却夹套一般分 2～4 段冷却，视罐体高度而定，锥底部分根据要求设或不设冷却夹套。冷却夹套是受压部件，加工工艺较复杂，制作费用较高。锥形发酵罐在啤酒发酵时需要冷却的热量主要来源有三：①麦芽汁中糖分发酵时产生的热量；②将发酵液在 1.5～2 d 内从 12℃降到 5℃；③发酵后期将发酵液在 1 d 内由 5℃急剧冷却到－1～0℃。

考虑到发酵后期发酵液在发酵罐内急剧冷却，冷却夹套面积应为 0.45～0.72 m^2/m^3 发酵液。冷却面积过大不能充分利用，使得投资大幅度增加。

若只考虑前两项耗冷量，由于第一部分耗冷量远大于第二部分耗冷量，可以第一部分耗冷量为计算依据。冷媒为液氨时，冷却夹套面积应为 0.2 m^2/m^3 发酵液；若冷媒为酒精水溶液，则为 0.23 m^2/m^3 发酵液。至于发酵后期从 5℃急冷到－1～0℃的情况，可采用一台板式冷却器，冷却速度比罐内冷却快，投资也可大大节省。

冷却夹套的结构形式多种多样，如扣槽钢、扣角钢、扣半圆管、冷却层内带导向板、罐外加液氨管、长形薄夹层螺旋环形冷却管等。通过实践证实，较理想的是最后一种形式，如图 10—8 所示。不同形式在 1 m^2 罐壁冷却面积上的比较见表 10—3。

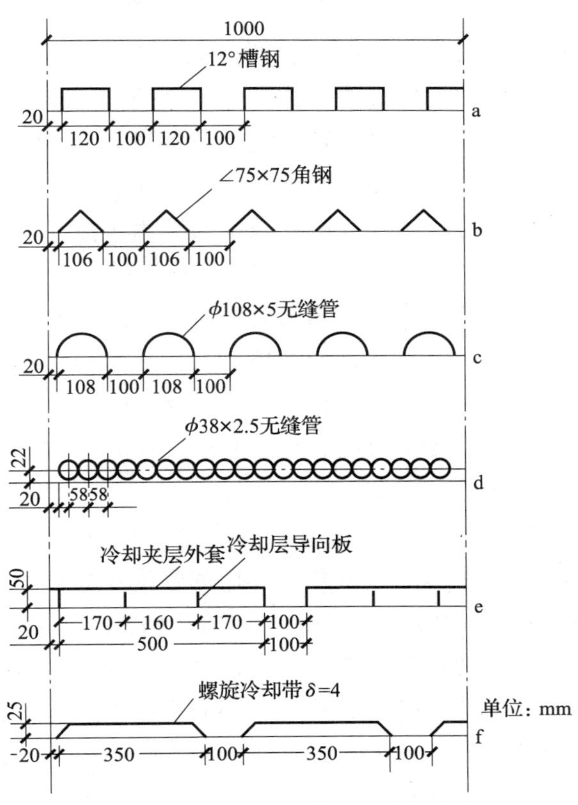

图 10—8　圆筒体锥底罐的冷却夹套

表 10—3 不同结构形式在 1 m^2 罐壁冷却面积上的比较

项目＼结构形式	a	b	c	d	e	f
耗钢量（kg）	60.3	29.1	51.3	30.7	54.8	28.7
焊边长（m）	10	10	10	—	10	5
直接冷却面积（m^2）	0.6	0.53	0.54	—	0.9	0.8

冷媒可采用质量分数为20%～30%的酒精或30%的乙二醇水溶液，国内外多采用液氨（直接蒸发）为冷媒，优点是消耗能量低、管径小、省去一套制冷过程、生产费用较低。圆筒体锥底罐用于前发酵时，冷媒温度一般控制在−4℃；用于后发酵储酒时，则控制在−3～−2℃。

如放置在露天场所，罐体保温绝热材料可采用聚氨酯泡沫塑料、脲醛泡沫塑料、聚苯乙烯泡沫塑料（要求为自熄材料，以防止火灾）或膨胀珍珠岩矿棉等，厚度为100～200 mm，具体厚度可根据当地气候选定。如采用聚氨酯泡沫塑料做保温层，可直接喷涂，外层用水泥抹平，或采用成形的聚氨酯泡沫塑料进行敷装。为了罐形的美观和牢固，保温层外部可加设薄铝板外套或采用镀锌铁板保护，外涂银粉。

圆筒体锥底罐工作时的一个重要问题是罐内的对流与热交换。发酵罐中发酵液的对流主要是依靠其中 CO_2 的作用。由于容器较大，在不同高度的发酵液中 CO_2 含量有所不同，在整个锥底罐的发酵液中形成一个 CO_2 含量的梯度。由于发酵液中存在气泡而使其相对密度降低。气泡密集程度高的罐底部液层相对密度小于气泡密度低的罐上部液层，于是相对密度较小的发酵液就具有上浮的提升力。而且在发酵时上升的二氧化碳气泡对周围的液体具有一种拖曳力，由于拖曳力和提升力的结合而造成的气体搅拌作用使罐的内容物得到循环，促进了发酵液的混合和热交换。此外，冷却操作时啤酒温度的变化也会引起罐的内容物的对流循环。在发酵后期，为了加强冷却时酒液的自然对流，可人工充入 CO_2 强化酒液循环，人工充入 CO_2 也起到洗涤的作用，可除去酒液中的生酒味。在实际生产中，可在发酵罐顶设二氧化碳回收总管，将其送二氧化碳站处理；然后在发酵罐底高于酵母层的位置上设二氧化碳喷射环，送入高纯度二氧化碳。

大型发酵罐和储酒设备的机械洗涤现在多使用自动清洗系统，简称 CIP 系统。该系统设有碱液罐、热水罐、甲醛溶液罐和循环用的管道和泵；洗涤剂可以反复使用，浓度不够时可以添加补充。使用时先将 50～80℃的热碱液（NaOH 含量为 3%～5%，也可添加洗涤剂）用泵经管道送往发酵罐。储酒罐中的高压旋转不锈钢喷头喷出压强不小于 3.92×10^5 Pa（表压）的洗涤液，使积垢在液流高压冲击的物理作用与洗涤剂溶解污垢的化学作用相结合的条件下，迅速溶于洗涤剂内，达到清洁的效果，洗涤后碱液流回储槽。每次循环时间不应少于 5 min，而后再分别用泵送热水、清水，按工艺要求交替清洗。

3. **圆筒体锥底发酵罐的技术条件（见表 10—4）**

表 10—4 圆筒体锥底发酵罐的技术条件

序号	型号（m^2）	有效容积（m^3）	罐径（m）	圆筒高（m）	总高（m）	圆锥角（°）	冷却面积（m^2）	材料
1	490	416	5.7	19.8	24.7	75	—	不锈钢
2	356	280	5.7	18.17	—	70	65+65+65	不锈钢
3	100	85	3	13.1	16	70	52	不锈钢
4	125	100	4	8.33	12.6	60	39+6	不锈钢
5	105	88	3.6	9.1	1.3	60	63	不锈钢
6	75	62	2.9	8.78	12.35	60	45	碳钢
7	38	32	2.4	7.8	10.47	60	23	碳钢

4. **辅助设备及自控设施**

辅助设备主要包括：洗涤液储罐、杀菌用甲醛储罐、热水储罐、空气过滤器及进出酒泵、洗涤液泵、甲醛泵、热水泵。

如需 CO_2 回收，则设置 CO_2 回收及处理装置。

圆筒体锥底罐的容量大、罐体高，人工操作不便，应设置自控系统进行监控，如温度、工作压力的自动控制及液位的显示等。

5. **安装要求及使用说明**

（1）罐体焊接后，罐体内壁焊缝必须磨平抛光，焊道 *Ra* 应小于 0.8 μm，抛光方向必须与 CIP 自动清洗系统水流方向一致。

（2）设备安装后，罐内及夹套内分别试水压 2.94×10^5 Pa。

（3）冷媒进口管应装有压力表和安全阀，进口冷媒压强限在 1.96×10^5 Pa 以下。排出管上应装有止回阀。如有几条进出口管，可分别集中于一条总管上进行输送。

（4）露天圆筒体锥底罐体积较大，一般采用现场组装。在罐体组装的同时进行钢筋混凝土支座的建筑，待罐体组装成形后进行安装。如果是大型的不锈钢罐，可先将锥底部分安装于支座上，最后将罐体吊装于锥底上，焊接成罐。

（5）圆筒体锥底罐的罐体高、负荷重，设计安装时要考虑支座和地基的承重问题及防震、风载荷等措施。

（6）罐体的锥部应置于室内，其酒液出口离地高度以便于操作为好。洗涤剂及甲醛储罐、配套泵和自控装置均置于室内。此室应为单层结构、常温、室内地面及墙壁应光洁，易洗刷，地面要求耐腐蚀。室内既要达到罐体承重强度要求，又需注意美观性和操作方便性，尽量避免过多的立柱。罐体的露天部分可设简易操作台，方便操作。

（7）圆筒体锥底罐的容量应和糖化设备的容量相应配合，最好可在 12～15 h 内连续满罐。满罐时间过长，啤酒的双乙酰含量将显著提高，这样将延长生产周期。圆筒体锥底罐的容量还需与包装设备的包装能力相适应，最好能将一罐酒当天包装完毕，以保证成品啤酒质量。

(8) 酵母的添加以分批添加为好。一次性添加酵母，操作比较方便，发酵起发快，污染机会少。但是一次性添加酵母后，在以后分批加入糖化麦芽汁时，酵母容易移位至上层，形成上下层酵母不均匀的现象。

(9) 如果采用一罐法发酵，酵母的回收一般分为三次进行：第一次在主发酵完毕时进行；第二次在后发酵降温之前进行；第三次在滤酒前进行。前两次回收的酵母浓度高，可以选留部分作为下批接种用。留用的酵母如不洗涤，可以采用循环泵送或通风的办法排除酵母中的 CO_2，使酵母维持良好的生理状态。

(10) 为了使滤酒时罐底部的混酒不至于首先排出，应在锥底设置一出酒短管，其长度高出混酒液面即可，以使滤酒时上部澄清良好的酒首先排出，最后才将底部混酒由罐底出口引出。也可在罐体中部设置酒液排出管。

(11) 出酒后，发酵罐应立即进行自动清洗。

6. 有关计算

(1) 容量

锥形罐的容量必须与每天生产的冷麦芽汁量相适应，最大不超过每天生产的冷麦芽汁量。装满一个锥形罐的时间应在 12～15 h。一般罐的有效容量是每批冷麦汁量的整倍数，罐的容量系数取 80%～85%。对产量在 30 000 t/年（含 30 000 t/年）以下的啤酒厂，以每天装满一罐为宜。

(2) 数量

锥底罐的数量 n，可用下式计算：

$$n=(TN)/A+3 \quad (10—4)$$

式中：n——锥底罐的数量（个）；

T——发酵时间（周）；

A——每个锥底罐可装的麦汁批量数（批）；

N——每周的糖化次数（次）；

3——考虑到进出料等周转时间、清洗时间和发酵时间可能延长，需要的罐数（个）。

对“一罐法”发酵工艺，发酵周期宜选为 14～28 d。

(3) 冷却夹套传热面积 A

按传热公式 $A=Q/(K\cdot\Delta t_{cp})$ 计算。

式中：A——传热面积（m^2）；

Q——传热量（W）；

Δt_{cp}——冷热流体温差（℃）；

K——传热系数 [$W/(m^2\cdot K)$]。

1) 传热量：锥底罐需传递的热量。有发酵时产生的热量和阶段冷却时的热量应分别计算（随不同的工艺而异）。一般发酵时产生的热量远远大于阶段冷却的热量。发酵时产生的热量包括发酵热量和生物合成热量，可取为 3 600 kJ/($m^3\cdot h$)，阶段冷却应满足降温速度为 0.5～0.625℃/h。

2）传热系数 K：发酵时的传热系数可取为 $K=163\ W/(m^2 \cdot K)$，冷却降温阶段可取为 $K=152\ W/(m^2 \cdot K)$。

二、大直径露天储酒罐

大直径露天储酒罐又称通用罐、联合罐，结构如图 10—9 所示，既可做发酵罐，又可做储酒罐，对缩短生产周期，节省投资和生产费用有显著效果。

大直径罐的直径与罐高之比远较圆筒体锥底罐为大。由于罐的高度较低，耐压强度较低，适于作储酒罐用。大直径罐一般只要求储酒保温，没有较高的降温要求，因而其冷却面积较锥底罐为小，安装基础也较前者简单。

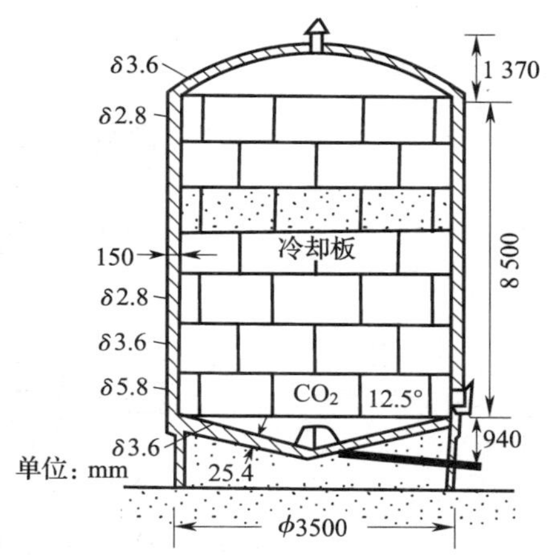

图 10—9　大直径露天储酒罐

大直径罐为直立圆柱形罐、顶部封头为椭球形、碟形、锥形或浅锥形以便回收酵母等沉淀物和排除洗涤水。因其表面积与容量之比较小，罐的造价较低。罐的中上部设有一段冷却夹套，采用乙二醇溶液或液氨冷却，冷却能力要求能在 24 h 内将酒液从 15℃降到 5℃。由于冷却夹套在中上部，当上部酒液冷却后，密度增加，沿罐壁下降，底部酒液从罐中心上升，形成对流，使罐内温度均匀。为了加强酒液冷却时的自然对流，在罐的底部酵母层的上方设置一个二氧化碳喷射环，环上二氧化碳喷孔的孔径在 1 mm 以下。当二氧化碳在罐中心向上鼓泡时，促使酒液运动，使底部出口处的酵母浓度增加，便于回收，同时挥发性物质被二氧化碳带走，二氧化碳可回收使用。罐顶部设有自动清洗装置，在生产过程中被浸没在酒液中。并设浮球带动一个出酒管，滤酒时可以使上部澄清液首先流出。罐顶设安全阀，必要时设真空阀。大直径罐材料、绝热层、过滤送酒装置、辅助设备及自动系统与锥底罐相同。

三、朝日罐

朝日发酵罐又称朝日单一酿槽，它是 1972 年日本朝日发酵公司试制成功的主发酵和后发酵合一的室外大型发酵罐，是日本为适应一罐法发酵而制造的。该设备采用了一种新的生产工艺，解决了沉淀问题，大大缩短了储藏啤酒的成熟期。它的优点是：①利用间歇的循环泵把罐内的发酵液抽出来再送回去，使发酵液中更多的二氧化碳释放出来，把啤酒中的一些生味物质排除出去，加速了啤酒的成熟；②利用离心机分离酵母，从而可以采用凝集性弱的酵母，使酵母与发酵液有更多的接触机会，并可控制后发酵液中酵母的浓度，降低乙醛和双乙酰的含量，提高发酵液的发酵度并加速啤酒的成熟；③利用薄板热交换器顺利地解决了从主发酵到后发酵储酒温度的控制问题。这三种设备组合起来解决了主发酵、后发酵温度的控制，酵母浓度的控制以及加快生青物质排除等问题。在我国由于高速离心机的问题还未得到解决，所以这种设备尚未广泛采用。

朝日罐为一个罐底微倾斜的平底柱形罐，其直径与高度之比为 1∶（1～2），采用厚 4～6 mm 的不锈钢板制成。罐身外部设有两段冷却夹套，底部也有冷却夹套，以乙二醇溶液或液氨为冷媒。罐内设有可转动的不锈钢出酒管，可使放出的酒液中二氧化碳含量比较均匀。朝日罐设备结构如图 10—10 所示。

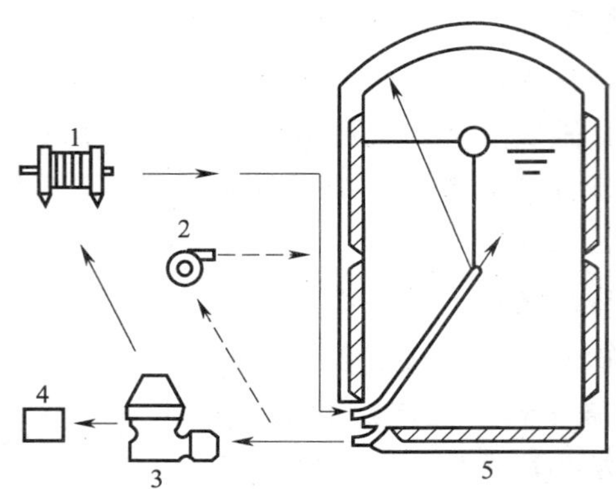

图 10—10　朝日罐设备结构

1—薄板热交换器　2—循环泵　3—高速离心机　4—酵母　5—朝日罐体

使用朝日罐进行一罐法生产，可加速啤酒的成熟，提高设备利用率，使罐容利用系数在 96%左右；在发酵液循环时酵母分离，发酵液损失很少；还可减少罐的清洗工作量，设备投资和生产费用比传统法要低，投资可节约 12%，生产费用降低 35%。所得产品的质量与传统法比较无明显差别。缺点是动力消耗大，冷冻消耗稍多。

四、啤酒的连续发酵设备

啤酒的连续发酵是 20 世纪初开始研究，20 世纪 50 年代逐渐发展并实现工业化的一种快速发酵方法。连续发酵的特点是采用较高的发酵温度，保持旺盛的酵母层，使麦汁在较短的时间内发酵。连续发酵方法在新西兰、澳大利亚、加拿大、英国、美国等国均有采用。我国上海啤酒厂做了小型和中型生产试验，取得了较好成果；湖北省十堰市啤酒厂使用了这项成果，取得了生产经验。

分批发酵过程中，微生物群体要经历迟滞期、对数生长期、静止期和衰老期，而微生物处于前后两个非旺盛生长的迟滞期和衰老期时间相当长，必然导致发酵周期长、发酵设备利用率低、管理分散、难以实现自动化。

连续发酵则在发酵罐内不断地加入培养液，同时又不断地排出发酵液，二者保持均衡状态。而发酵罐内的微生物始终维持旺盛的发酵阶段，培养液中的细胞浓度和底物浓度保持一定，能充分发挥微生物的作用，提高产物收得率，因而生产操作稳定、便于管理、易于实现自动化，且发酵周期缩短，设备利用率提高。但啤酒连续发酵也存在一些问题尚待解决，例如在长期连续发酵过程中产生菌种突变（不利的变异）和杂菌污染的问题，对微生物动态的活动规律还缺乏足够的认识等。

啤酒连续发酵用于上面发酵啤酒较受欢迎，用于下面发酵时，从数据上看，与其他发酵法无明显区别，但从口味上则有较大的区别，产品质量不如其他方法。

啤酒酵母的絮凝性能及沉淀能力是影响发酵的两个重要因素，进行塔式连续发酵需要采用高絮凝性的酵母，而这一点却难以实现。用固定化啤酒酵母进行连续发酵的研究取得较好效果，前景乐观。

已投入生产的连续发酵方法有塔式连续发酵和多罐式连续发酵。国外多罐式连续发酵多用于上面发酵啤酒。国内试验生产多用塔式连续发酵设备，下面进行扼要介绍。

1. **搅拌式多罐型啤酒连续发酵**

以搅拌式三罐型啤酒连续发酵为例，其设备和工艺流程如图10—11所示。搅拌式多罐型啤酒连续发酵操作过程为：麦汁冷却后，送入0℃储存罐储存，使用前再经薄板换热器灭菌、冷却，使20～21℃的冷麦汁进入倒置U形管充氧；进入发酵罐Ⅰ，加入酵母，搅匀发酵，使发酵度在50%左右，即可进入发酵罐Ⅱ，待发酵度达要求后，在酵母分离罐内冷却，使酵母沉淀，酵母从罐底排出，CO_2从罐上部排出，啤酒从侧管溢流，送入储酒罐储存，成熟后过滤灌装。发酵罐多采用不锈钢材料制作。

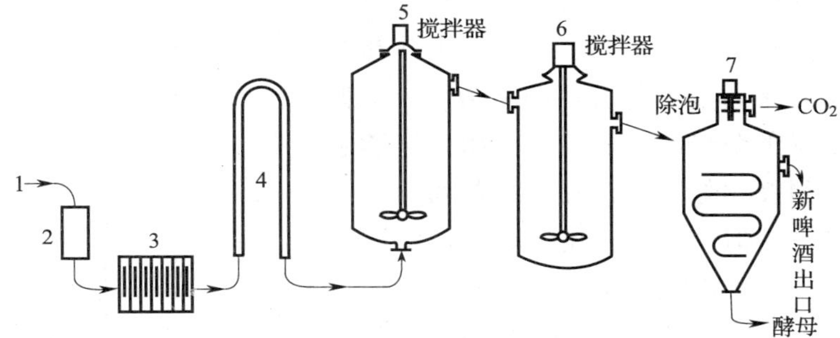

图10—11　搅拌式三罐型啤酒连续发酵设备及工艺流程

1—麦汁进口　2—泵　3—薄板热交换器　4—柱式供氧器　5—发酵罐Ⅰ　6—发酵罐Ⅱ　7—酵母分离器

英国纳门啤酒厂搅拌式多罐型啤酒连续发酵设备技术条件见表10—5。

表10—5　英国纳门啤酒厂搅拌式多罐型啤酒连续发酵的技术条件

项　目	技术条件
发酵罐Ⅰ容量（m^3）	26.2
发酵罐Ⅱ容量（m^3）	26.2
酵母分离罐容量（m^3）	14.2
麦芽汁浓度（%）	9.5
稀释速率（L/h）	2.1～2.5
麦芽汁加入量（m^3/h）	0.075～0.094
发酵温度（℃）：发酵罐Ⅰ	21
发酵罐Ⅱ	24
酵母分离罐（个）	3～7
发酵期间酵母浓度（细菌个数/mL）	
发酵罐Ⅰ	54×10^6
发酵罐Ⅱ	60×10^6
酵母分离罐数量（个）	2
每罐停留时间（h）	10～13

这种连续发酵流程规模已扩大到每天生产啤酒能力为 25～85 t。在产品质量上，在理化指标和品尝鉴定两方面与传统发酵啤酒均没有明显区别。缺点是消耗动力大，耗冷量也大。

2. **塔式连续发酵**

塔式连续发酵罐是英国 APV 公司 20 世纪 60 年代设计的，又称 APV 塔式连续发酵罐。塔式连续发酵生产啤酒的流程如图 10—12 所示。

塔式连续发酵开始时，先分批加入经处理的无菌麦芽汁。无菌麦芽汁从塔底进入，经塔内多孔板折流后均匀地分布到塔内各截面。麦芽汁在塔内一边上升，一边发酵，直至满塔为止。培养并使其达到要求的酵母浓度梯度后，用泵连续泵入麦芽汁。必须控制好麦芽汁在塔内的流速，流速低，发酵度高，但产量低；流速过高，溢流的啤酒发酵度不足，并会将酵母带出（冲出），使发酵过程受阻。麦芽汁开始时流速较慢，一周后，可达全速状态。连续发酵过程中，需经常从塔底通入 CO_2，以保持酵母柱的疏松度。流出的嫩啤酒经过酵母分离器分离后，再经薄板换热器冷却至－1℃，然后送入储酒罐内，充入 CO_2 后，储存 4 d，即可过滤包装出厂。

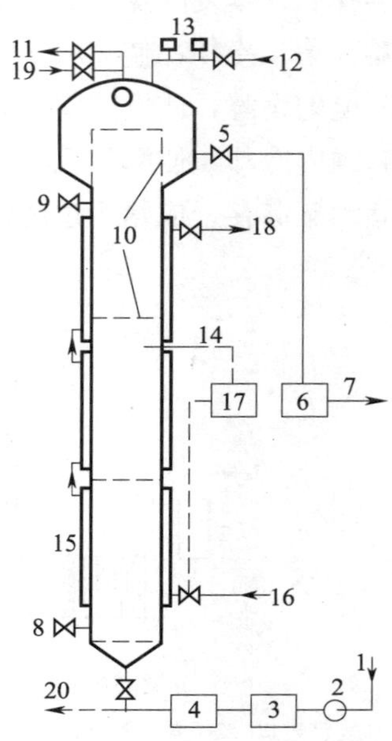

图 10—12　塔式连续发酵生产啤酒流程

1—麦芽汁进口　2—泵　3—流量计　4—薄板换热器　5、7—嫩啤酒出口　6—酵母分离器　8、9—取样点　10—折流器　11—CO_2 出口　12—蒸汽入口　13—压力/真空装置　14—温度计　15—冷却夹套　16—冷冻剂入口　17—温度记录控制仪　18—冷冻剂出口　19—自动清洗设备　20—洗涤剂出口

连续发酵到一定时间后，酵母会发生自溶，死亡率增高，啤酒内氨基氮含量上升。此时，可在塔底排出部分老酵母，仍可继续进行发酵。

发酵温度是通过塔身周围三段夹套或盘管的冷却来控制的。塔顶的圆柱部分是沉降酵母的离析器装置，用以减少酵母随啤酒溢流而造成的损失，使酵母浓度在塔身形成稳定的梯度，以保持恒定的代谢状态。

英国伯顿啤酒厂使用的塔式发酵罐的主要技术条件是：塔身直径 1.8 m，高 15 m；塔底锥角 60°；塔顶酵母离析器直径 3.6 m，高 1.8 m；罐的容量为 45 m^3。

国内某啤酒厂使用的塔式发酵罐的主要技术条件是：塔身直径 1.2 m，高 11.2 m；塔底锥角 60°；塔顶酵母离析器直径 2.4 m，高 2.0 m；罐内折流器（多孔挡板）开 ϕ2 mm小孔，孔距 4 mm；罐的容量 10 m^3，如图 10—13 所示。

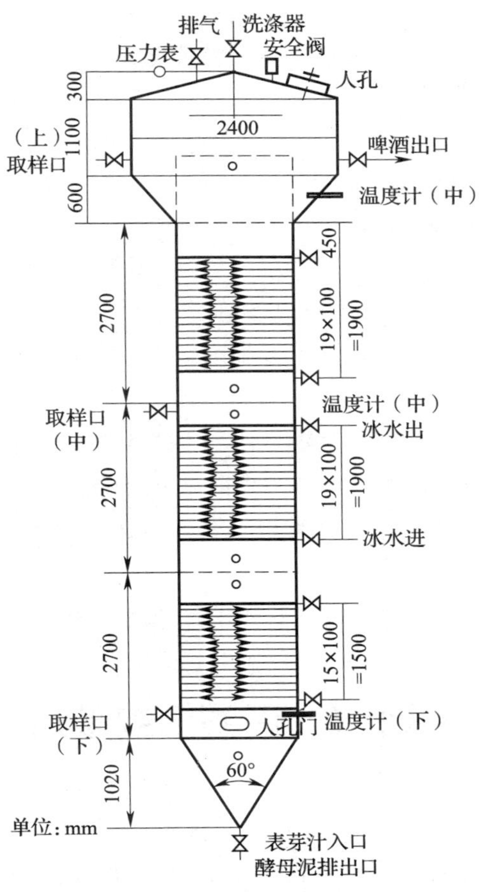

图 10—13 啤酒塔式发酵罐

~思考与练习~

一、选择题

1. 啤酒发酵罐理想的冷却夹套结构形式是(　　)。

A. 扣槽钢　　B. 扣半圆管　　C. 长形薄夹层螺旋环形冷却管

2. 锥形啤酒发酵罐在啤酒发酵时需要冷却的热量包括(　　)。

A. 发酵时产生的热量

B. 发酵液在 1.5～2 d 内从 12℃降到 5℃释放的热量

C. 发酵液从 5℃降到 0℃释放的热量

3. 发酵过程中酒精蒸发损失量一般为(　　)。

A. 0.3%～0.5%　　B. 0.5%～0.8%　　C. 0.8%～1.0%

二、判断题

1. 厌氧发酵设备指的是在发酵过程中不需要通入氧气或空气。(　　)

2. 酒精发酵罐装满系数一般控制在80%左右。 (　　)
3. 填料式酒精捕集器填料层采用玻璃或者焦炭。 (　　)
4. 锥底罐适用于上面和下面发酵啤酒。 (　　)

三、填空题

1. 酒精蒸汽捕集器常用的种类有________和________两种。
2. 在酒精发酵罐中发酵液搅拌作用一般由________和________构成。
3. 密闭式酒精发酵罐分为________和________两种。
4. 啤酒发酵罐采用________作为冷却剂。
5. 大型发酵罐和储酒设备的清洗大多使用________，简称________。

四、简答题

1. 简述酒精发酵罐的结构和各主要部件的作用并指出发酵液循环原理。
2. 啤酒发酵罐主要有哪些类型？各种发酵罐有何特点？
3. 简述圆筒体锥底啤酒发酵罐的结构和各主要部件的作用并指出发酵液对流循环原理。
4. 简述圆筒体锥底啤酒发酵罐的安装要求及使用方法。

实训16　啤酒厂的参观

一、实训目的

通过参观当地啤酒厂或跟班劳动，使学生了解啤酒生产工艺流程和所需设备。

二、方法与步骤

1. 参观啤酒厂，首先请厂家技术人员介绍建厂情况、生产规模、生产任务与设备等，使学生有一个初步的认识。

2. 参观项目

（1）了解啤酒厂厂址选择、设备的安装及工艺设计等。找出设备选择和安装所存在的问题，吸取其中的经验与教训。

（2）了解啤酒厂生产工艺和生产设备配套情况。

（3）了解各设备的生产能力及厂家生产、运行情况。

（4）了解并掌握啤酒厂主要设备的操作过程。如在厂家参加劳动，应学会部分设备的维修。

三、实训任务

1. 通过参观啤酒厂，在规定的时间内绘制出啤酒生产工艺流程图。
2. 写出参观收获与感想，发现问题并提出改进建议。

第十一章　果蔬制品加工机械与设备

学习目标

了解糖水橘子罐头、蘑菇罐头、番茄酱、果汁的生产流程，掌握常见的清洗设备、果蔬分级分选机械、原料切割机械与设备、原料分离机械与设备、果汁过滤与脱气设备的结构及工作原理。

果蔬制品营养丰富，是人们重要的副食品，特别是随着人民物质生活水平的提高，农村经济的高速发展，果蔬制品在人们生活中的地位也越来越重要。虽然果蔬原料不同，加工的产品也不同，但加工中所用的机械设备基本上可以分为原料清洗、分级分选、切割、分离、杀菌以及果汁脱气等机械与设备。把这些设备按照一定的工艺要求用输送机械连接起来，就组成了不同的果蔬制品生产线，可以生产出不同的果蔬制品。

第一节　典型果蔬制品生产线

一、糖水橘子罐头生产线

糖水橘子罐头生产设备及流程如图 11—1 所示。新鲜的柑橘经洗涤后，用刮板升运机送入烫橘机中浸烫 30～90 s，趁热剥去橘皮、橘络，并按大小瓣分级。将分级的橘瓣送入连续酸碱槽进行漂洗，除去果瓣外面的内皮。漂洗后的橘瓣在去籽整理机中进行去籽后，送入称量装罐机装罐。装罐后加注糖液，用真空封罐机密封后进行连续杀菌，即成为罐头成品。

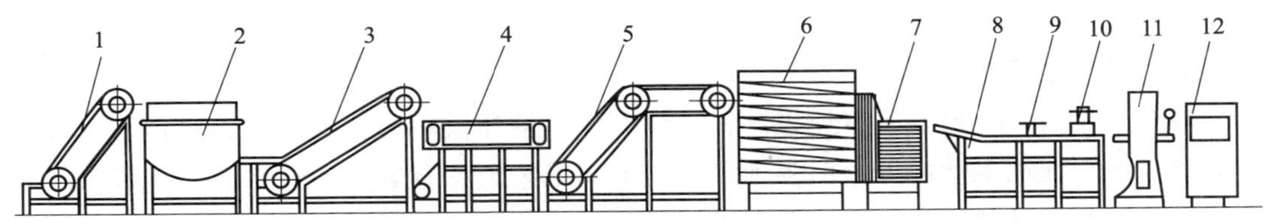

图 11—1　糖水橘子罐头生产线

1—刮板升运机　2—烫橘机　3—划皮升运机　4—剥皮去络机　5—橘瓣运输机　6—连续酸碱槽　7—橘瓣分级机　8—去籽整理机　9—称量装罐　10—加汁机　11—真空封罐机　12—常压连续杀菌机

二、蘑菇罐头生产线

蘑菇罐头生产工艺设备及流程如图 11—2 所示。蘑菇罐头生产是将采收后的新鲜蘑菇洗涤后，用斗式升运机送到连续预煮机进行预煮。预煮后的蘑菇经冷却后运送到带式检验台，由人工挑选检验。检验后的蘑菇被输送到滚筒分级机进行分级，然后再由蘑菇定向切片机切片，进行装罐、加汁、封罐和杀菌后即为蘑菇罐头。

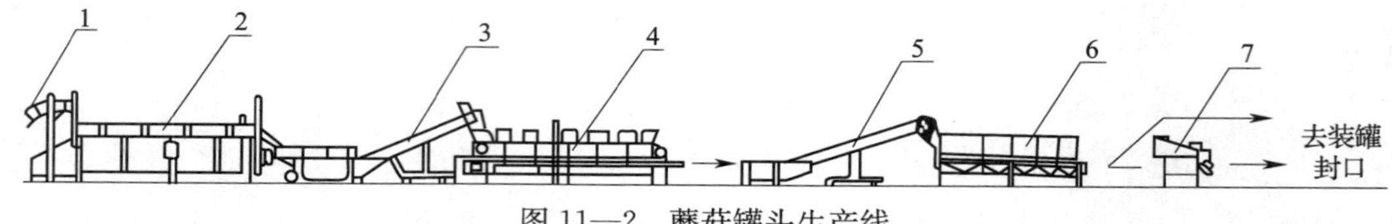

图 11—2　蘑菇罐头生产线

1—斗式升运机　2—连续预煮机　3—冷却升运机　4—带式检验台
5—升运机　6—蘑菇分级机　7—定向切片机

三、番茄酱罐头生产线

番茄酱罐头生产线设备及流程如图 11—3 所示。新鲜番茄经番茄浮洗机（鼓风式清洗机）洗涤后，送入破碎机破碎，然后用番茄连续去籽机除去番茄籽。去籽后的番茄经预热器预热后送入三道打浆机打浆。由打浆机分离出来的番茄汁经过双效浓缩锅浓缩后，送入管式杀菌器杀菌，再由加汁机进行装罐、封罐后，经过常压连续杀菌机杀菌即成番茄酱罐头成品。

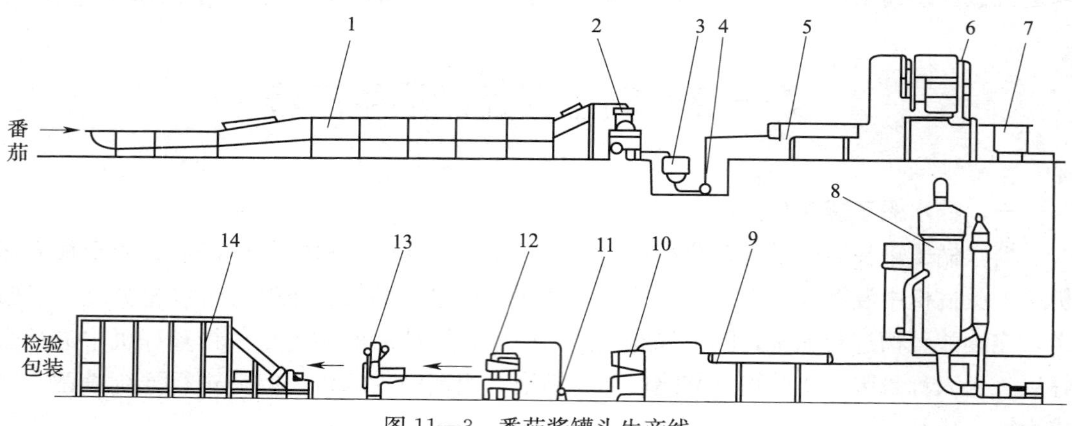

图 11—3　番茄酱罐头生产线

1—番茄浮洗机　2—番茄去籽机　3—储槽　4、11—泵　5—预热器　6—三道打浆机　7—储桶
8—双效浓缩锅　9—杀菌器　10—储浆桶　12—装罐机　13—封罐机　14—常压连续杀菌机

四、果汁生产线

果汁产品的种类很多，有纯果汁、浓缩果汁、果汁饮料等。根据原料浓度上的差别有澄清果汁与混浊果汁之分，但各种果汁的生产工艺流程及其生产设备基本上相同。典型的果汁生产设备及工艺流程如图 11—4 所示。

新鲜的果品经过洗涤、分拣后送入破碎机进行破碎。破碎后的果浆进行预煮、榨汁，榨出的果汁进行过滤后，再由真空脱气罐脱去果汁中的气体，送入到调配罐进行调配。调配后的果汁再经过过滤、均质、灭菌，由自动灌装机装罐密封，即成为果汁成品。

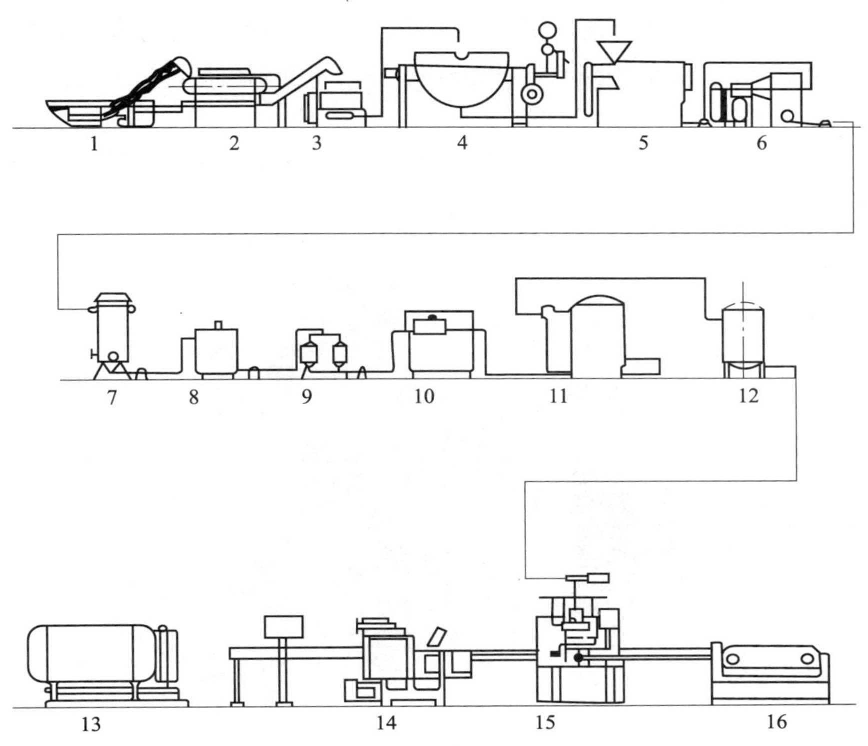

图 11—4 果汁生产线

1—洗果机 2—捡果机 3—破碎机 4—夹层锅 5—打浆机 6—离心过滤机 7—真空脱气罐 8—调配罐 9—双联过滤器 10—高压均质机 11—超高温瞬时灭菌器 12—中转罐 13—卧式杀菌锅 14—自动封锁机 15—自动罐装机 16—洗瓶机

生产浓缩果汁需要在典型果汁生产线的基础上增添相应的浓缩设备，一般采用双效降膜式真空浓缩器；若生产果汁饮料，则要增添水处理设备；若要生产碳酸果汁饮料，则要增添碳酸化设备等。总之，先进生产工艺的执行是通过与之相适应的配套设备来完成的，设备配套需要满足生产工艺的特殊要求。

第二节 清洗机械

清洗机械包括原料清洗机械和包装容器清洗机械两类。清洗机械有连续式和间歇式两种，前者一般为大型连续化生产设备，后者常为中小型设备。

一、果蔬原料清洗机械

果蔬原料在生长、运输、储藏过程中，会受到环境的污染，包括残留的农药、附着的尘埃、泥沙、微生物及其他污物的污染。因此，果蔬原料在加工前必须进行清洗以清除这些污染物，保证产品的质量。

1. **鼓风式清洗机**

鼓风式清洗机通过空气对水的剧烈搅拌，使黏附在物料表面的污染物快速脱离下来。由于剧烈的翻滚是在水中进行的，因此物料不容易受到损伤，是最适合果品蔬菜原料清洗的一种方法。

鼓风式清洗机如图 11—5 所示，主要由清洗槽、输送机、喷水装置、空气输送装置和传动系统等组成。

图 11—5 鼓风式清洗机

清洗槽的截面为矩形，输送空气的吹泡管设在清洗槽底部，由下向上将空气吹入清洗槽的水中。原料放置在输送带上送入清洗槽。输送带的形式视原料而定，块茎类原料可选用金属网带，水果类原料常用平板上装有刮板的输送带。

原料的清洗分三个段。第一段为水平输送段，该段处于清洗槽之上，原料在该段上进行检查和挑选；第二段为水平浸洗输送段，该段处于清洗槽水面之下，用于浸洗原料，原料在此处被空气在水中搅动翻滚，洗去泥垢；第三段为倾斜输送段，原料在这段上接受清水的喷洗，从而达到工艺要求。污水由排水管排出。

鼓风式清洗机在使用前应根据被清洗的原料选择相应的输送链带。原料被泥沙类污染，直接用水清洗；被有毒药剂污染，则应用化学药品洗涤。对于不同的原料，应采用不同的喷水压力和水雾分布形式。工作结束后，应把清洗槽中的泥沙冲洗干净。对传动部件要定期润滑。

2. **刷洗式清洗机**

刷洗式清洗机是一种浸泡、刷洗和喷淋联合作业的洗果机，适用于苹果、柑橘、梨、西红柿等果蔬原料的清洗。刷洗式清洗机效率高，清洗效果好，洗净率达 99%，对物料损伤不超过 2%，生产能力可达 2 000 kg/h，设备结构紧凑、造价低、使用方便，是目前国内一种较为理想的果品清洗机械。

刷洗式清洗机的结构如图 11—6 所示，主要由清洗槽、刷辊、喷水装置、出料翻斗及传动装置等组成。

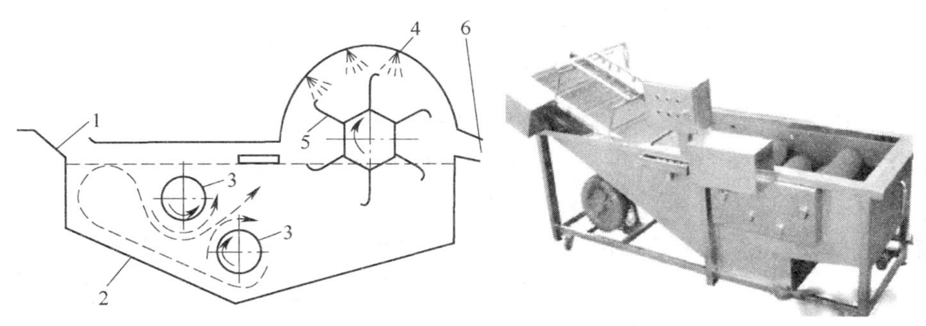

图 11—6　刷洗式清洗机

1—进料口　2—清洗槽　3—刷辊　4—喷水装置　5—出料翻斗　6—出料口

工作时，物料从进料口进入清洗槽内，两个装有毛刷的刷辊相对向内旋转，一方面将清洗槽中的水搅动形成涡流，使物料在涡流中得到清洗；同时又由于两刷辊之间水流流速较高而压力降低，在此压力差的作用下，物料自动向两刷辊间流动而被刷洗。物料被刷洗后向上浮起，被出料翻斗翻上去，沿圆弧面移动，被高压水喷淋冲洗，由出料口流入集料箱中。

使用时，应注意调整刷辊的转速，使两刷辊前后造成一定的压力差，以迫使被清洗的物料通过两刷辊刷洗后，能继续向上运动到出料翻斗处，以便于捞起出料。

3．滚筒式清洗机

滚筒式清洗机具有结构简单、生产效率高、清洗彻底、对物料损伤小的特点。在食品工厂里多用于清洗苹果、柑橘、马铃薯、豆类等质地较硬的物料。

滚筒式清洗机的结构如图 11—7 所示。主要由清洗滚筒、喷水装置、排水装置、传动装置和电动机等构成。

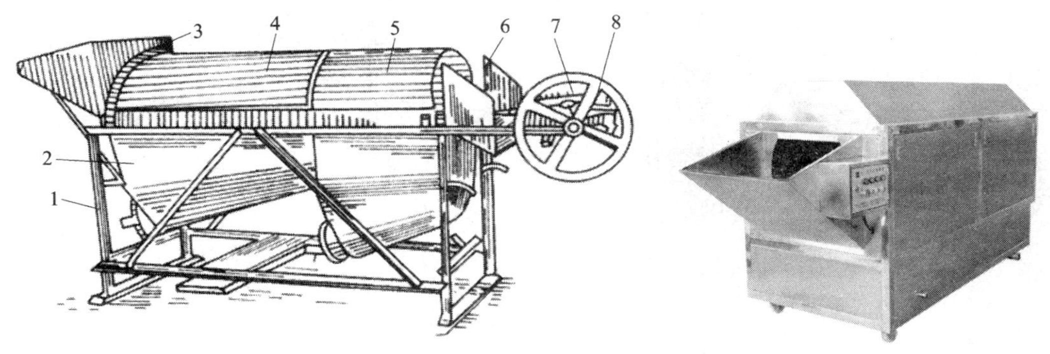

图 11—7　滚筒式清洗机

1—机架　2—水槽　3—喂料斗　4、5—栅条滚筒　6—出料口　7—传动装置　8—带轮

滚筒是滚筒式清洗机的主要工作部件，滚筒的直径一般为 1 000 mm，滚筒长度约 3 500 mm。滚筒两端的两个金属滚圈用支撑滚轮支撑，与地面成 50°的倾角。工作时，由电动机带动带轮和齿轮转动。滚筒的转速为 8 r/min 左右。

为了保证物料能充分地翻转，根据物料的不同将滚筒设计成不同的形式：有的是在金属板上冲出筛孔；有的用钢条排列成圆形；还有的在滚筒内部装设阶梯或制造成多角形。有的滚筒式清洗机为了增加对物料的摩擦，还在滚筒中部安置了上、下、左、右皆可调节的毛刷辊。

滚筒式清洗机一般都设有喷淋装置，喷水嘴一般沿滚筒的轴向分布，以使物料在整个翻转移动的过程中都能受到冲洗。一般喷头间距离为 150～200 mm，喷洗的压强为 0.15～0.25 MPa。

物料被均匀地送入滚筒后，由于滚筒的转动使物料不断地翻转，物料与滚筒表面以及物料与物料表面之间都相互摩擦。与此同时，由喷头喷射的高压水冲洗物料表面，清洗后的污水和泥沙透过滚筒的孔隙流入清洗机的底槽，从底部的排污口排入下水道。

物料在清洗过程中不断地翻转，同时由于滚筒的倾斜，使物料受重力作用而从高处向低处缓慢地移动，最后从卸料口排出。物料在滚筒内的清洗时间取决于物料的流动速度，这个速度取决于滚筒的倾斜度。倾斜度越大，则清洗的速度越快。如果滚筒直径为 1 000 mm，筒身长 3 500 mm，倾斜角度为 5°，则物料在滚筒内停留的时间为 1～1.5 min。

4. 螺旋式清洗机

螺旋式清洗机是一种浸泡和喷淋联合作用的小型洗果机。它适用水果及块根、块茎蔬菜类的清洗。螺旋式清洗机构造如图 11—8 所示，主要由喂料斗、螺旋推进器、喷头、电动机等组成。

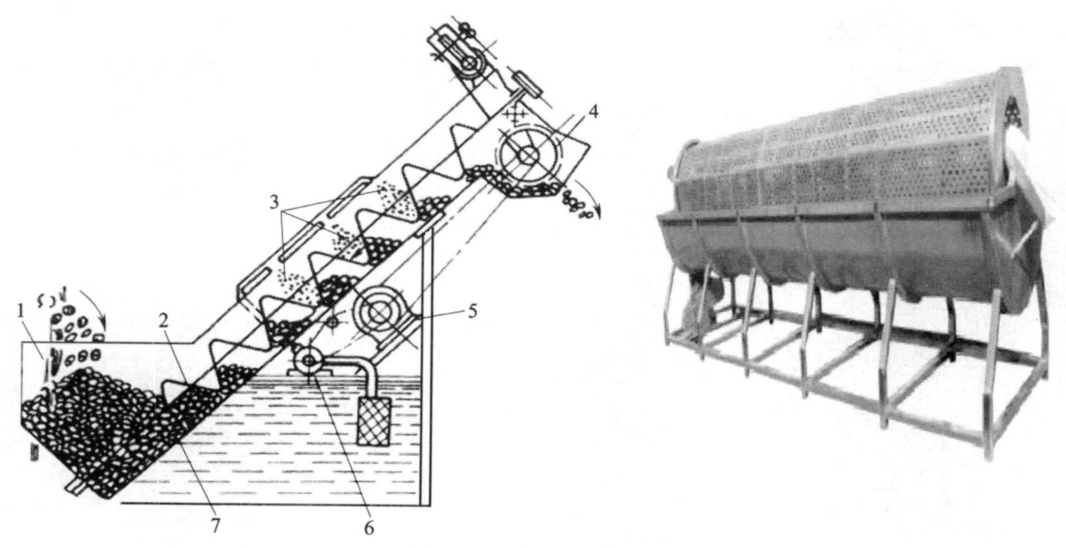

图 11—8　螺旋式清洗机

1—喂料斗　2—螺旋推进器　3—喷头　4—滚刀　5—电动机　6—泵　7—物料

工作时螺旋推进器将物料向上输送，在此过程中物料与螺旋面、外壳以及物料之间产生摩擦使污物松动或除掉污物。在清洗机的上、中部装有多个喷头，喷出的高压水流对物料进行冲洗。污水通过推进器下部的滤网漏入到水槽中。有的清洗机上部还装有滚刀，可将物料切成小块。

二、包装容器清洗机械

包装果蔬产品所用的玻璃瓶、马口铁罐等容器，在生产、运输及储放过程中，都会受到污染。特别是一些回收瓶，既要除去商标纸，又要将瓶内的污物除去，因此在灌装前必须对包装容器进行清洗。常用的包装容器清洗机械有旋转圆盘清洗机、半机械式洗瓶装置、全自动洗瓶机以及实罐表面清洗机等。

1. 旋转圆盘清洗机

旋转圆盘清洗机结构简单、生产效率高、占地少、易操作、水及蒸汽用量少，但对不同罐型的适应性差。该机是热水冲洗和蒸汽杀菌联合作业的清洗机械，其结构如图11—9所示，主要由机壳、旋转星形轮、喷嘴及传动装置等组成。工作时空罐从进罐槽进入逆时针旋转的星形轮10中，热水通过星形轮中心轴上的八个分配管被送入喷嘴，喷嘴喷出的热水对空罐内部进行冲洗。当星形轮转过约315°时，空罐进入星形轮4中，同时各罐被通入蒸汽进行消毒。当星形轮转过约225°时，空罐由星形轮5拨入出罐槽。空罐在回转清洗中应略有倾斜，以便使罐内水流出。污水由排水管排入下水道。空罐从进罐到出罐的清洗时间为10～12 s。

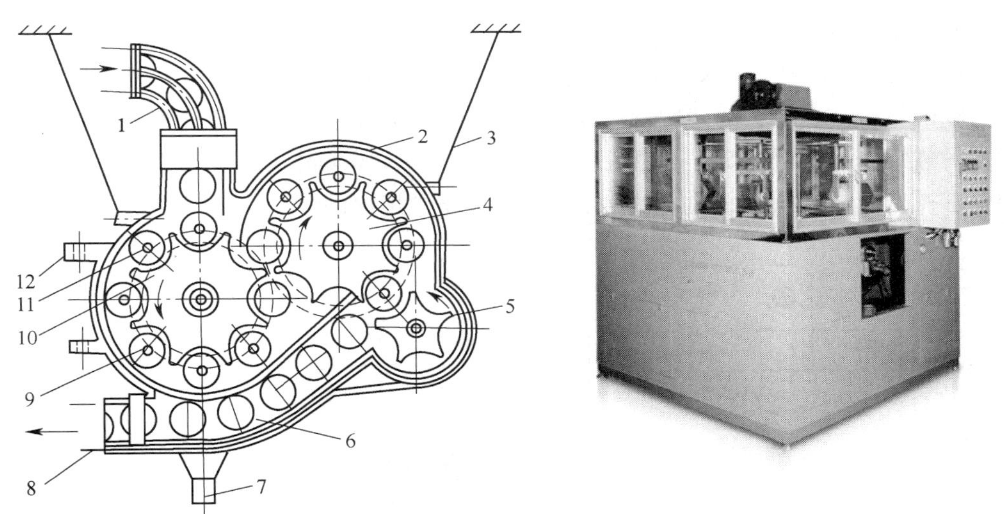

图11—9　旋转圆盘清洗机

1—进罐槽　2—机壳　3—连接杆　4、5、10—星形轮　6—下罐坑道
7—排水管　8—出罐口　9—喷水嘴　11—空罐　12—固定环

操作时应注意空罐必须连续均匀进入，而且罐口全部对准喷嘴。摩擦部位应经常做好润滑工作。定期检查各密封装置，防止水、汽泄漏。根据清洗要求，随时调节送水量和送汽量。

2. 半机械式洗瓶装置

半机械式洗瓶装置在小型果汁厂广泛用于回收瓶的清洗。主要由浸泡槽、刷瓶机、冲瓶机、沥干器等组成，每一部分都可独立使用。

（1）浸泡槽

浸泡槽结构如图11—10所示，在水槽上设一转轴，其上装有5～6个无底的转斗，瓶子被放进转斗中。当转斗装满后，用手将左边的转斗向下压，转斗转过一个角度，瓶子随转斗浸入碱液中。同时将右边露出液面的转斗中的瓶子取出，倒出碱液，送入下道工序。空转斗则被翻到左边，继续放瓶。随着洗瓶的延续，液体逐渐被瓶子带走，液面将会下降，下降到一定程度，需补充碱液。碱液的温度由通入的蒸汽来维持。也可以增加浸泡时间来代替对碱液的加热。

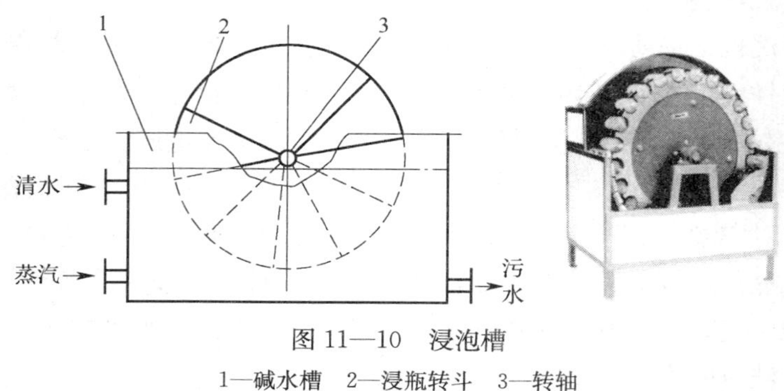

图 11—10　浸泡槽

1—碱水槽　2—浸瓶转斗　3—转轴

（2）刷瓶机

刷瓶机如图 11—11 所示。该装置结构简单，制造方便，是用来进一步刷去残留于瓶内污物的机械。在机头的两边一般成对地安装毛刷，毛刷杆插入转刷套的孔中，用转刷套上的螺钉将毛刷杆固定。刷瓶机上的防护罩是为保护操作人员而设置的。在刷瓶过程中要求操作人员注意力必须集中，以防出现瓶子被甩出的危险。

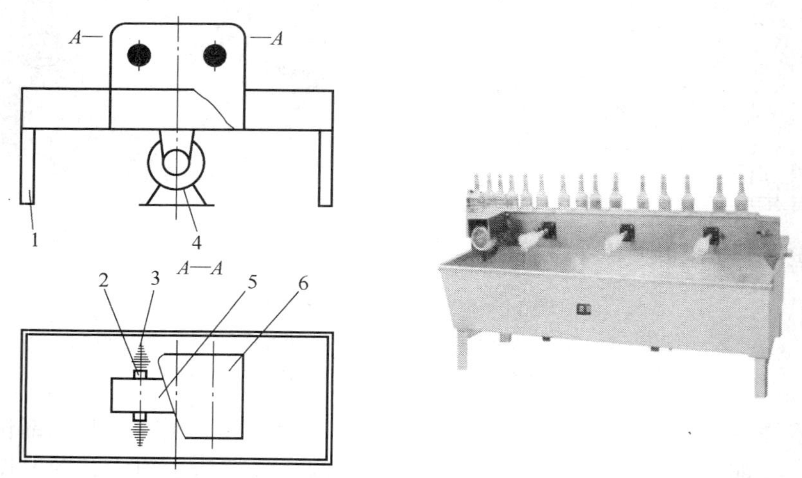

图 11—11　刷瓶机

1—机架　2—转刷套　3—毛刷　4—电动机　5—转刷机头　6—防护罩

（3）冲瓶机

冲瓶机结构如图 11—12 所示，主要用于将瓶中的洗液冲洗干净。

由操作人员将瓶子倒置于冲瓶机圆盘架的圆锥孔中，喷嘴伸入瓶口部。冲瓶时，喷水嘴与圆盘一起缓慢转动，并在分配器的控制下使喷嘴在一定的转动角度范围内对瓶进行喷射冲洗。瓶子在冲洗干净后靠人工取出。

冲净的瓶子倒置于沥干器上，使瓶内残留水分维持在一定的范围内。

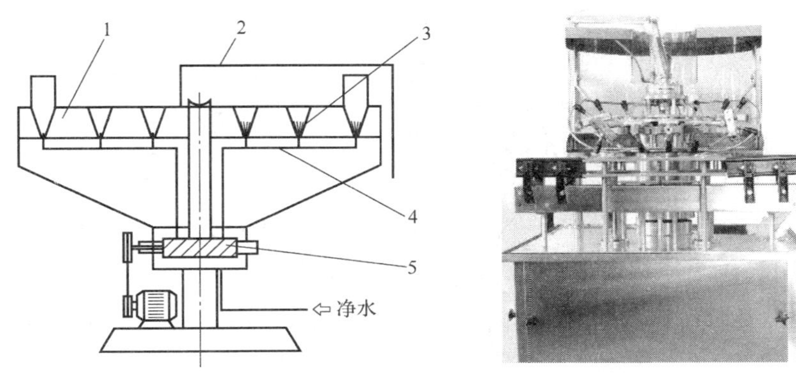

图 11—12　冲瓶机

1—旋转圆盘　2—防水罩　3—喷头　4—水管　5—蜗轮蜗杆减速器

3. 全自动洗瓶机

全自动洗瓶机是靠多次洗液浸泡和多次喷射，或者间隔地多次浸泡和喷射来获得满意的洗净效果，外形多为箱式。瓶子一般经过预浸泡、洗液浸泡、洗液喷射、热水喷射、温水喷射、冷水及净水喷射等过程。

图 11—13 所示为双端式全自动洗瓶机，图 11—14 所示为双端式洗瓶机传动系统组成图。双端式洗瓶机是指瓶子由一端进入从另一端排出，也叫直通式洗瓶机，双端式洗瓶机需两个人操作，瓶套自出瓶处回到进瓶处为空载，洗瓶空间的利用不及单端式充分。另外，还有单端式洗瓶机，它的瓶子的进、出端都在洗瓶机的同一侧，也叫来回式洗瓶机，单端式洗瓶机只需一个人操作，但单端式的脏瓶与净瓶在同侧，距离较近，易造成净瓶的污染，影响洗瓶的质量。

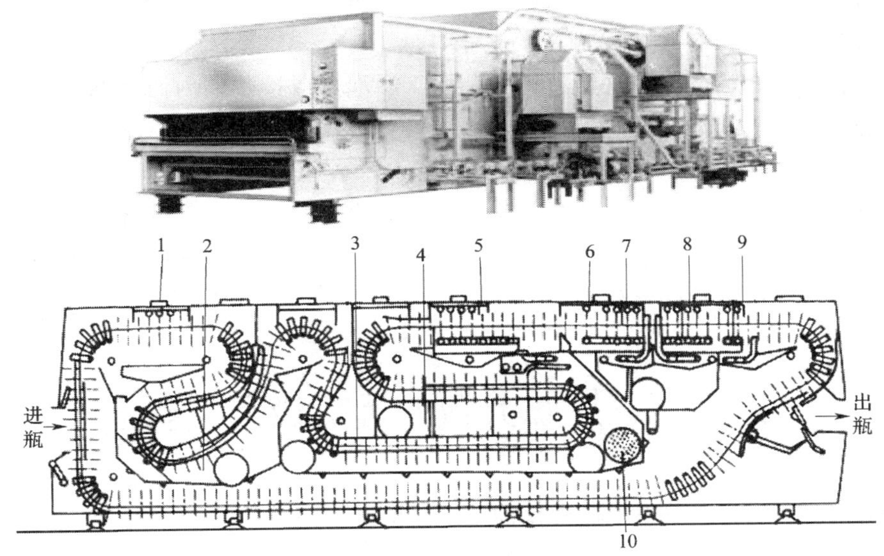

图 11—13　双端式全自动洗瓶机

1—预洗刷　2—预泡槽　3—洗涤剂浸泡槽　4—洗涤剂喷射槽　5—洗涤剂喷射区　6—热水预喷区　7—热水喷射区　8—温水喷射区　9—冷水喷射区　10—中心加热器

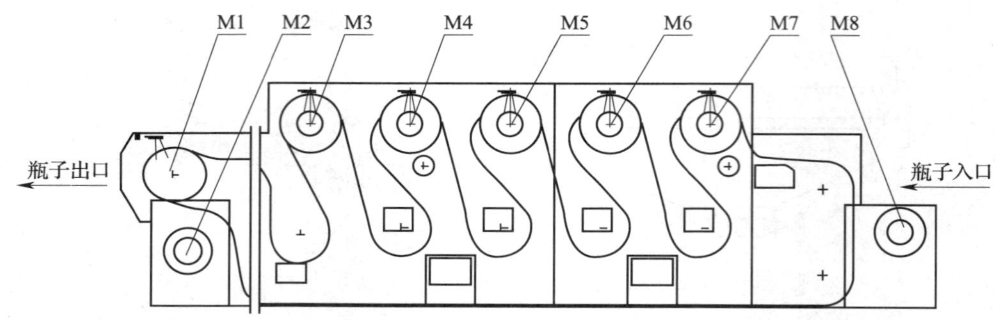

图 11—14　双端式洗瓶机传动系统组成图

全自动洗瓶机按照瓶子在机器中的运动情况分为连续式和间歇式两种类型。连续式洗瓶机的输送带连续运动，无停止时间，这样所需驱动力低，同时能够避免间歇式运动造成瓶子在瓶罩内反复碰撞，从而减少瓶壁磨损及瓶子破裂，但其结构较为复杂。间歇式洗瓶机工作方式为：一排瓶套由链带带动，进瓶时有一个短时间的停留，在此静止时间喷头冲洗瓶子。这种洗瓶机结构简单，动作准确，但是由于瓶套的负荷重，运动时的冲击较大，易造成碎瓶。

全自动洗瓶机主要由进出瓶机构、喷射装置、水净化装置、滤标装置、传动装置等组成。

（1）进出瓶机构

进出瓶机构可以有效地使输送带送来的瓶子平稳、准确无误地进入瓶罩，或者使瓶子从瓶罩中卸出，没有冲击或很少冲击地进到输送带上，以避免瓶子的损坏。

（2）瓶罩

瓶罩的作用是使瓶子在洗瓶机中运动时保持正确的位置，有肩承式和口承式两大类。

（3）滤标装置

为了防止大量的废商标在洗瓶过程中沉积于浸泡槽或接收槽内而堵塞管道，影响洗瓶效果，洗瓶机设置有滤标装置。

（4）预洗机

预洗机（外洗机）的主要作用是去除一些不易除去的污染物。预洗机工作时，由输送机将脏瓶送入后，上方的喷头对瓶冲洗，同时侧面的旋转刷不断地将脏物刷下。这种外洗机可利用洗瓶后的冲洗水作为水源。

第三节　果蔬分级分选机械与设备

原料是否要进行分级分选，应根据加工的目的和要求来确定。一般用于果汁、果酱生产的原料不需要按大小分级，而用于生产罐头和果脯等产品的原料，则应按大小、质量、色泽等的不同要求进行分级分选。用机械进行分级分选后，能够降低产品加工过程中原料的损耗率，提高原料的利用率，降低产品成本，提高劳动生产率，有利于连续化和自动化生产，从而保证产品的质量和加工工艺的规范一致性。

一、滚筒分级机

滚筒分级机可用于青豆、蘑菇、枣、山楂、柑橘等果蔬原料的分级。

1. 滚筒分级机的构造

滚筒分级机如图 11—15 所示，主要由机架、进料斗、分级滚筒、分级出料斗、摩擦轮（托辊）、压辊和传动装置等部分组成。

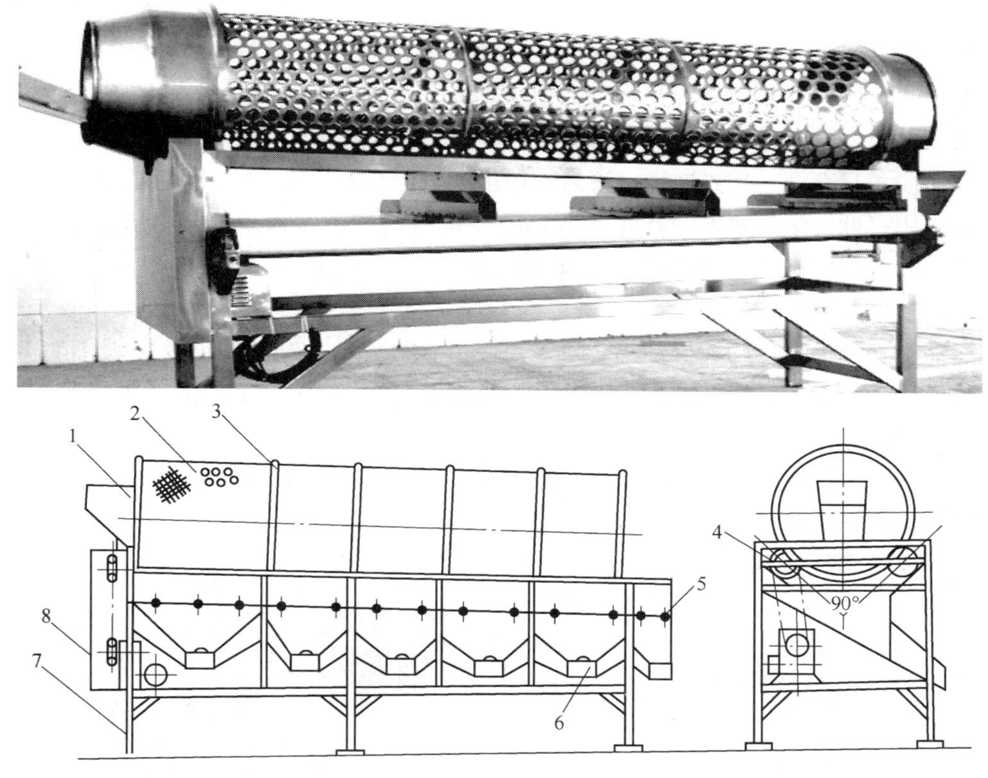

图 11—15 滚筒分级机

1—进料斗 2—滚筒 3—滚圈 4—摩擦轮 5—铰链 6—收集料斗 7—机架 8—传动系统

滚筒是滚筒分级机的主要工作部件，是用厚度为 1.5～2 mm 的不锈钢板冲孔后，卷成的筒状筛。为了制造方便，整体滚筒分成若干节筒筛，筒筛之间用钢板或浇铸滚圈作为加强圈。如用摩擦轮传动，则加强圈又可作为传动的滚圈。滚筒用托轮支承在机架上，机架用角钢或槽钢焊接而成。集料斗设在滚筒下面，料斗的数目与分级的数目相同。

2. 工作原理及优缺点

驱动滚筒转动的方式有中心轴传动、齿轮齿圈传动和摩擦轮传动三种方式。由于摩擦轮传动方式简单可靠、运转平稳，是目前采用较多的传动方式。摩擦轮传动工作时，电动机经过减速器、传动链带动摩擦轮轴，摩擦轮轴（主轴）一端与传动系统相连，另一端装有托轮。滚筒两边均有摩擦轮，并且互相对称，其夹角为 90°。主轴带动摩擦轮转动，摩擦轮紧贴滚圈，依靠相互间产生摩擦力驱动滚筒转动。

物料在分级机中的移动方式因物料的滚动性不同而异。若物料的滚动性较差，可在滚筒内装置螺旋卷带来推动物料向出口移动；若物料为滚动性好的圆形或近圆形物料，则可将滚筒倾斜安装，使其向出口方向倾斜。

在工作中，滚筒的孔眼往往被原料堵塞而影响分级效率。一般在滚筒外壁安装木制滚轴，其轴线平行于滚筒的中心轴线，通过弹簧使其压紧滚筒外壁，即可将堵塞孔眼的原料挤进滚筒中，以提高机器工作效率。

滚筒分级机工作时转速低，没有不平衡的运转部分，因此工作时很平稳，对物料的损伤小，产品质量好，生产效率高，适宜果蔬加工厂使用。其缺点为机器占地面积大，在生产能力相同时，其尺寸比平面筛大得多，相对金属耗量较大。机器调换筛筒较为困难，因而对原料的适应性差。因为物料升高主要靠滚筒转动和物料与滚筒内壁的摩擦力，因而倾角只有 3°～5°。这样，滚筒直径虽大，但只有 1/6～1/8 的面积用于分级，滚筒筛面利用率低。滚筒筛的筛孔易堵塞，需要及时清理。摩擦轮传动方式虽然好处多，但滚圈与摩擦轮之间会因摩擦产生铁屑掉入滚筒内污染产品。

二、摆动筛

摆动筛又称为摇动筛或振动筛，属于尺寸分级机。它是利用筛面孔径大小的不同将物料分成若干级别的。按其运动方式，分为摇动筛、振动筛、回转筛等几种。

1. 摆动筛构造

摆动筛构造如图 11—16 所示，主要由筛体、振动摇摆机构、传动装置等组成。常用于圆形水果和蔬菜的分级。

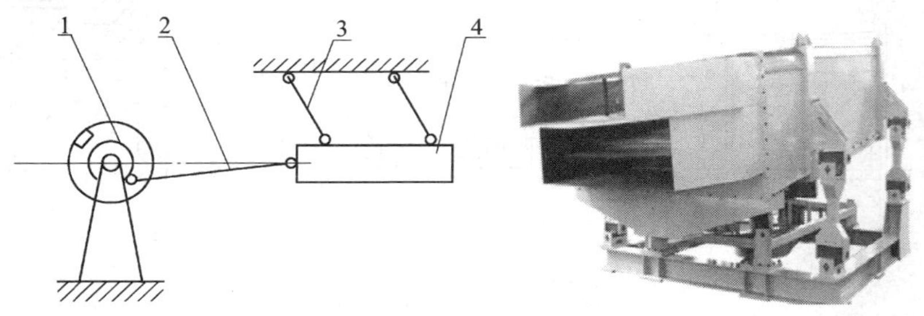

图 11—16　摆动筛结构

1—曲柄　2—连杆　3—吊杆　4—筛体

筛体是摆动筛主要的工作部件，其结构一般有三种形式：一种是由若干根平行安置的圆钢所制成的栅筛，如图 11—17a 所示，常用于马铃薯、洋葱、苹果等直径较大物料的分级；另一种是由耐腐蚀、有较好的强度和柔韧性的金属丝或丝线编织而成的编织筛，其筛孔的形状有方孔和矩形孔两种，适用于大多数物料，如图 11—17b 所示；第三种是在薄钢板上冲（钻）孔制成的板筛，常用于山楂、青豆等直径较小物料的分级，如图 11—18 所示。

板筛筛孔的形状有圆形、长圆形和方形三种。为了减少堵塞筛孔的现象，把筛孔做成圆锥形最理想，孔由上向下逐渐增大，其圆锥角以 7°为宜。筛孔的尺寸一般应稍大于物料所需的分级尺寸。对于圆孔，筛孔应是物料尺寸的 1.2～1.3 倍；对于正方形，筛孔应是物料尺寸的 1.0～1.2 倍；对于长圆形孔，筛孔应是物料尺寸的 1.1 倍。

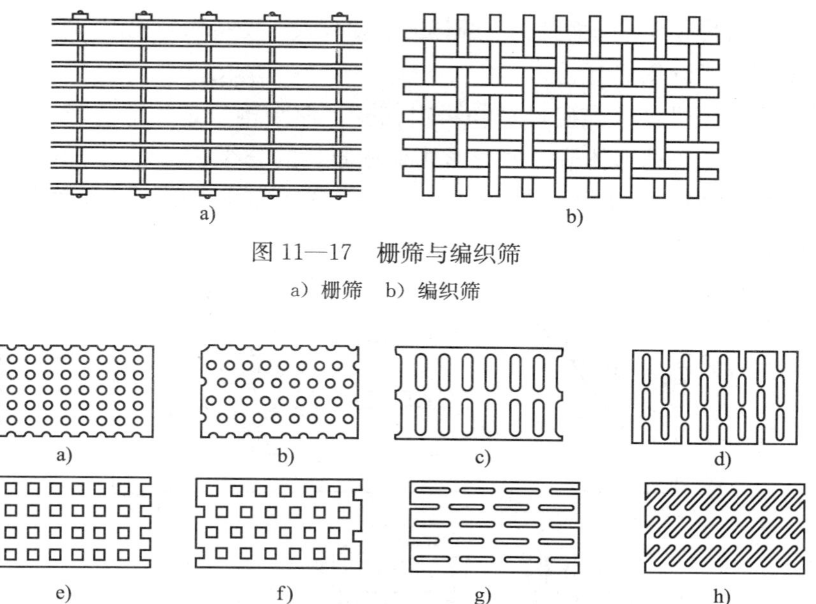

图 11—17 栅筛与编织筛

a）栅筛 b）编织筛

图 11—18 板筛

a）正方形排列圆孔筛 b）正三角形排列圆孔筛 c）矩形排列长圆孔筛 d）三角形排列横向长圆孔筛 e）正方形排列方孔筛 f）正三角形排列方孔筛 g）三角形排列纵向长圆孔筛 h）矩形排列斜长圆孔筛

为了便于筛面上的物料向排料端移动，筛面通常向下倾斜，倾角一般为 1°～5°。倾角过小，物料移动速度慢，影响生产效率；倾角过大，物料移动速度加快，影响分级效果。滚动性能差的物料，倾角取高限，反之则取低限。

2. 工作原理

工作时，电动机通过带轮带动偏心轮回转，偏心轮通过曲柄连杆机构使筛体沿一定方向做往复运动。筛体用吊杆吊挂在机架上，筛体的运动方向垂直于支杆的中心线。由于筛体的摆动和倾角的存在，筛面上的物料可以一定的速度向排料端移动。筛体是多层装置，各层筛孔根据物料的分级规格，由上至下缩小孔径，最大的物料留在最上层筛中，最小物料穿过各层筛面落到底部收集斗中。每层筛子留下的物料都属于同一级，从筛子末端排出，分别进入各级集料斗中。

3. 影响筛分效果的因素

（1）原料的形状

原料的几何形状会影响其在筛面上的流动，因而分级效果也不同。一般球形物料比扁平、不规则的颗粒容易筛落；细微物料不如大颗料物料容易筛分。

（2）料层厚度及筛落速度

料层越薄，筛下物料通过此层的时间越短，每一物料接触到筛面筛孔的机会越多，筛分效果就越好。物料被筛落的速度越快，筛下物料的比例越高，筛分效果就越好。

（3）物料的含水量

物料的干湿程度对分级效果也有影响，特别是粉状物或细小的物料更是如此。因为潮湿的物料散落性差，易结成团堵塞筛孔，影响分级。

此外，筛孔的形状、筛面种类、筛体的运动方式、物料均匀程度都会影响筛分效果。

三、三辊筒式分级机

三辊筒式分级机分级准确，对物料损伤少，但结构复杂，造价较高。适用于苹果、柑橘、番茄和桃子等球形体或近似球形体果蔬原料的分级，主要用于包装销售鲜果。三辊筒式分级机的结构如图 11—19 所示，主要由升降导轨、出料输送带、理料辊、辊筒输送链及机架等组成。

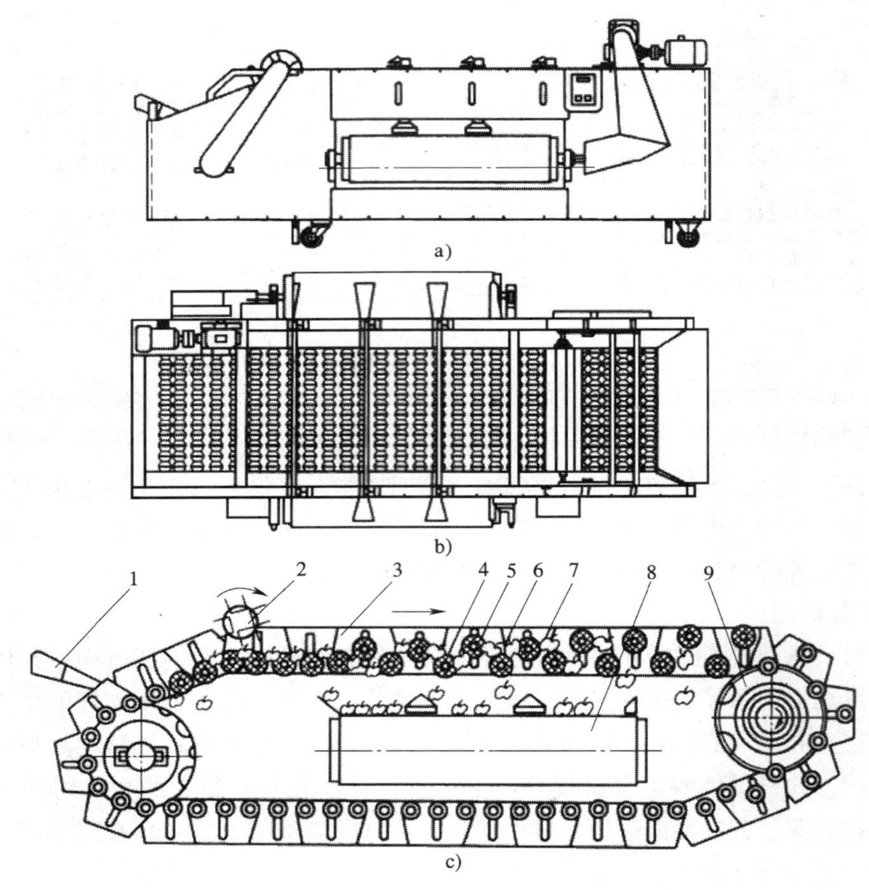

图 11—19　三辊筒式分级机

a）主视图　b）俯视图　c）工作原理图

1—进料斗　2—理料辊　3—驱动链　4、6—固定辊筒　5—升降辊筒　7—物料　8—出料输送带　9—驱动轮

理料辊是带有 4 个 U 形叶片的辊轮，其作用是把堆积的物料拨平整理成单层，使之均匀排列在分级辊筒上，以提高分级效率。

分级部分是一条轴向剖面带梯形槽的分级辊筒组成的输送带。分级辊筒分为固定辊筒和升降辊筒，互相间隔排列。固定辊筒在工作中只向前运动，升降辊筒向前运动到分级位置时，还要做上下升降运动，先沿升降轨道上升到最高位置，然后再下降到最低位置。这样每两根固定辊筒和一个升降辊筒之间就形成两组分级孔，物料就处于此分级孔中。输送带上各个辊筒都沿顺时针方向转动，每个物料对应一个分级孔。

工作时，物料进入输送带，最小的物料先从两相邻辊筒之间的菱形孔中落到集料斗里，其余物料通过理料辊被整齐地排列成单层进入分级段。在驱动链轮的牵引下，升降辊筒沿升降导轨上升段逐渐上升，使升降辊筒与相邻两固定辊筒之间的菱形孔逐渐增大。每个菱形孔中只有一个物料，当菱形孔升起的开度大于物料外径时，物料从菱形孔中落下，并被出料输送带沿横向送出机外。而大于菱形孔的物料继续随输送带前进，随着菱形孔的增大而在不同位置上落下，从而分成若干等级。若升降辊筒上升至最高位置而物料仍不能从菱形孔中落下，则最后掉入末端的集料斗中，属于特大物料。升降辊筒上升到最高位置后，分级段到此结束，升降辊筒沿着升降导轨下降段下降到初始运行状态，由链轮驱动返回进料端，重复上述分级过程。

当需要改变物料分级规格时，可通过调节升降辊筒的最大上升高度进行调整。对驱动机构及各运动部件，要定期检查、调整和润滑。

第四节　原料切割机械与设备

在食品加工过程中，需要对原料进行切割、去端等处理，以适应各种类型的食品加工要求。由于原料品种不同，对产品的要求也不相同，故一般切割设备均为专用设备。

一、蘑菇定向切片机

蘑菇定向切片机用于预煮后蘑菇的切片，可将外形小而质地柔软的蘑菇切成薄厚均匀、切向一致的薄片，供生产蘑菇罐头用。该机具有切片效果好、工作可靠、操作方便等特点。蘑菇定向切片机构造如图 11—20 所示，它主要由圆刀切片装置、定向定位装置、电动机、机架等组成。

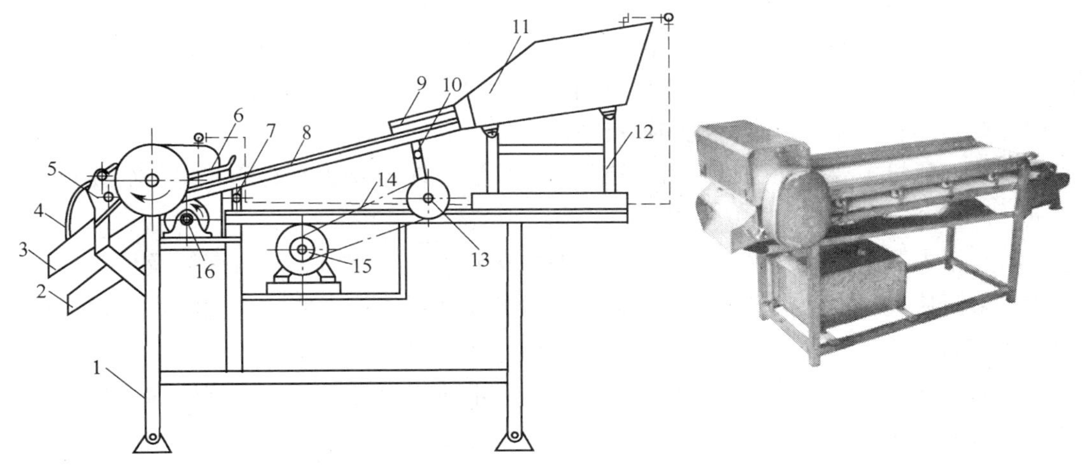

图 11—20　蘑菇定向切片机

1—机架　2—边片出料斗　3—正片出料斗　4—护罩　5—挡梳板轴座　6—下压板
7、10—铰链　8—定向滑料板　9—控制压板　11—进料斗　12—进料斗支架
13—偏摆轴　14—供水管　15—电动机　16—垫辊轴承

切片装置由装在刀片轴上的几十片圆刀组成，刀片轴带动圆刀旋转，进行切片。圆刀之间的距离可以调节，以适应切割不同厚度蘑菇片的需要。与圆刀相对应的一组挡梳板，安装在两把圆刀之间，挡梳板固定不动。圆刀嵌入橡胶垫辊之间，当圆刀和垫辊转动时即对蘑菇进行切片。切下的蘑菇片由挡梳板挡出，落入下料斗中。

定向滑料板为一弧形斜槽，当蘑菇沿弧槽下滑时，菇盖的体积和质量均大于菇柄，在一定的条件下，较重的一头应该朝下或朝前运动，而在水力作用和具有轻微振动条件下，菇盖很容易朝下或朝前运动。在定向滑料板底部设有偏摆装置，使弧形斜槽产生轻微振动，并利用水管供水，使蘑菇在漂移过程中菇盖朝下定向运动。

工作时，首先开启水管阀门，向弧形斜槽供水，然后开动机器，最后启动升运机送料。送料时要求送料均匀，以减少堵塞现象。蘑菇在定向滑料板中下滑时，由于水流和振动的作用，菇盖向下进入圆盘切刀的刀片中，被切割成片，如图 11—21 所示。通过挡梳板和边板将正片与边片分开，正片从正片出料斗排出，边片从边片出料斗排出。

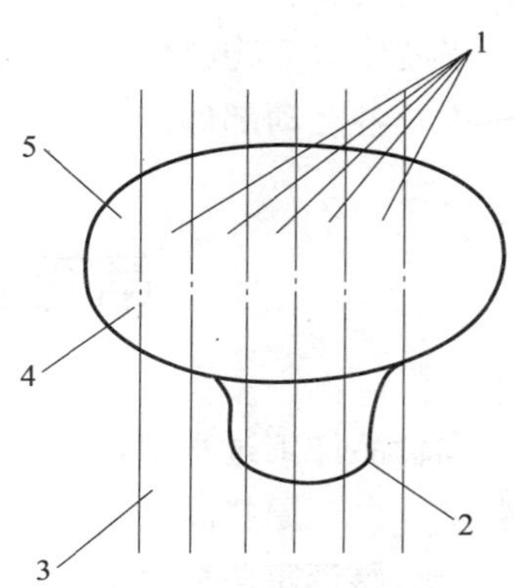

图 11—21　蘑菇切片示意图

1—正片　2—菇柄　3—切刀　4—边片　5—菇盖

在工作前，应根据切片厚度调整圆刀之间的距离，以适应加工工艺要求。圆刀片间的间距小且刀片又薄，故工作中不能掉进硬物，以免损坏刀片。在使用前、后均应认真对机器进行清洗，清洗时先松开挡梳轴两端的螺栓，将挡梳片退出洗净，然后用水冲洗机器。安装挡梳轴时，挡梳板和刀轴之间的间隙以 2～5 mm 为宜。

二、菠萝切片机

菠萝切片机可将已经去皮、切端的菠萝果筒或其他类似的物料切成厚 9～15 mm 的薄片，每分钟可切片 1 200 片。该设备具有切片外形规则、厚度均匀、切面组织光滑、结构简单、调整方便、易于清洗和生产率高的特点。

菠萝切片机主要由输送带、刀头箱、电气控制系统和传动系统等组成，如图 11—22 所示。

刀头箱主要由进料套筒、导向套筒、左右送料螺旋、切刀、出料套筒及传动系统等组成。果筒从进料输送带送至导向套筒后，由两组送料螺旋夹紧并向前推进。送料螺旋的螺距与切片的厚度大体相同，导向套筒的内径刚好等于果筒的外径，在切片时可给予必要的侧面支撑。送料螺旋每旋转一圈，果筒就前进一个螺距，高速旋转的刀片旋转一圈，就切下一片菠萝圆片。切好的菠萝圆片由出料套筒排出。

三、青刀豆切端机

青刀豆切端机结构如图 11—23 所示，主要由三部分组成：第一部分为送料装置，包括刮板式提升机和进料斗；第二部分是主体部分，由转筒、刀片和导板等组成；第三部分由出料输送带和传动系统组成。

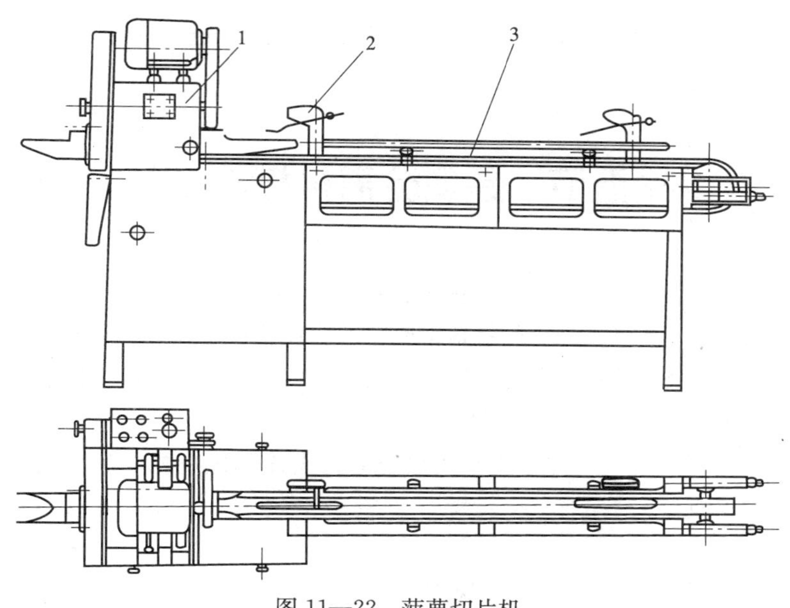

图 11—22　菠萝切片机

1—刀头箱　2—控制器　3—进料输送带

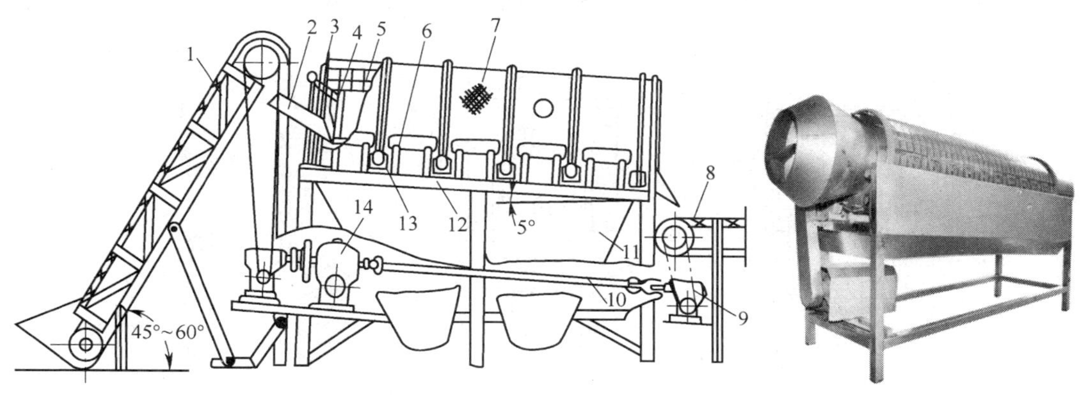

图 11—23　青刀豆切端机

1—刮板提升机　2—进料斗　3—传动齿轮　4—挡板　5—铅丝网　6—刀片　7—转筒
8—出料输送带　9—变向器　10—传动轴　11—漏斗　12—机架　13—托轮　14—蜗轮减速器

全机由一台电动机驱动，通过蜗轮减速器和两台变向器使各部分运转。转筒的转动靠一对齿轮齿圈传动，齿圈安装在进料端的转筒圆周上。转筒用钢板卷成，焊上法兰后，里外车光，再进行钻孔和铰孔。为了制造方便和加强转筒强度，转筒分为 5 节，两节之间用法兰连接，法兰由托轮支撑。转筒内装有两块可调节角度的木制挡板，靠近转筒内壁焊有一些薄钢板，钢板互相平行，在其上钻有小孔。在转筒内还装有铅丝网，铅丝穿过平行钢板上的小孔而固定。相邻两个铅丝孔高度不同，相邻两块钢板上的小孔错开，由此形成位于不同平面上的错开的铅丝网，使青刀豆可竖立插进转筒的孔中。

转筒上钻有带锥度的圆孔。每节转筒外部下侧对称安装有两把刀片，由于弹簧的压力，刀片的刀口始终紧贴转筒的外壁，从而保证露于锥孔外的豆端被顺利切除。在运行中，如果在第4节转筒上基本完成切端，则第5节转筒上的直刀可卸去，以避免重复切端，提高原料利用率。

第五节　原料分离机械与设备

果蔬原料在加工前，必须去掉不能食用和不适合加工的部分。去掉的部分，可做综合利用或做废渣处理。分离机械的作用就是将原料的食用部分与不可食部分分开。由于原料和加工方法的不同，分离设备也多种多样，常用的分离机械有去皮机、打浆机、榨汁机等。

一、果蔬原料去皮机

去皮机一般包括两类，一类是用于块根类原料去皮的擦皮机，另一类是用于果蔬原料去皮的碱液去皮机。

1. 擦皮机

擦皮机常用于胡萝卜、马铃薯等块根类原料的去皮。但去皮后，原料的表面不光滑，仅能用于切片、切丁或制酱，不能用于整块蔬菜罐头的生产。擦皮机的结构如图11—24所示。该设备由料筒、旋转圆盘及传动系统等部分组成。

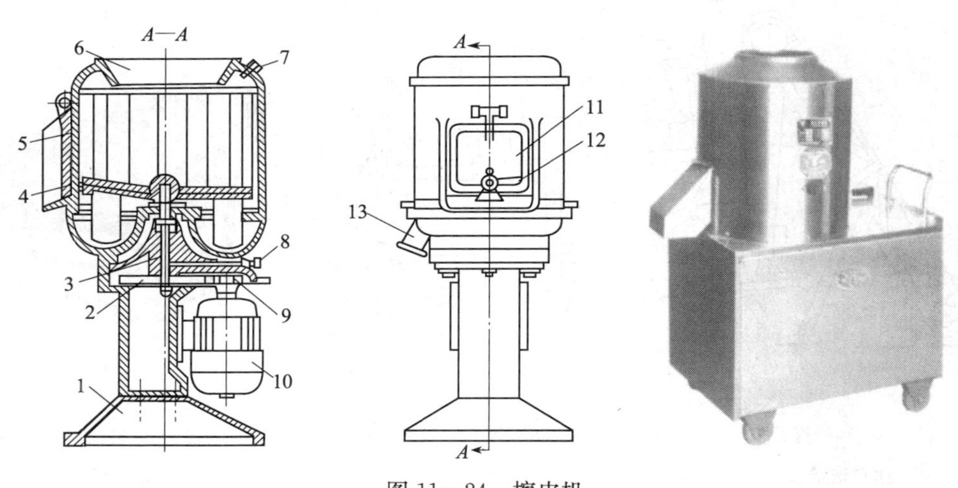

图11—24　擦皮机

1—机座　2、9—齿轮　3—主轴　4—旋转圆盘　5—料桶　6—进料口

7—喷水嘴　8—加油孔　10—电动机　11—出料舱门　12—舱门手柄　13—排污口

料桶是内表面粗糙的圆柱形不锈钢桶。旋转圆盘表面呈波纹状，波纹角为20°～30°，采用金刚砂黏结表面。旋转圆盘的波纹状表面除有擦皮功能外，主要用来抛起物料。当物料从加料斗落到圆盘波纹状表面时，因离心作用被抛向四周，与桶壁粗糙表面摩擦，从而达到去皮的目的。擦去的皮被喷水嘴喷出的水从排污口冲走。去过皮的物料，利用本身的离心力从打开的舱门自动排出。为了保证机器的正常工作，擦皮机在工作时既要能将物料抛起，使物料在桶内呈翻滚状态，又要保证物料被抛至桶壁，使其表面被均匀擦皮，因而旋转圆盘必须保持较高的转速。料桶内物料不能过多，一般物料填充系数为0.5～0.65。

工作时，先用手柄封住出料舱口，然后启动电动机，当转速正常后，由进料口加入物料，同时通过喷水嘴向料桶内喷水。擦完皮后，先停止喷水，然后扳动手柄，打开出料舱口，靠离心力卸出物料。卸完料后，重复上述过程。在装料和卸料过程中，电动机一直处在运转状态。

2. **碱液去皮机**

碱液去皮机广泛用于桃、李、梨等水果的去皮。碱液去皮是将原料在一定温度的碱液中处理适当的时间，果皮即被腐蚀，取出后立即用清水冲洗或搓擦，使外皮脱落，并洗去碱液，达到去皮的目的。碱液处理后的果实不但果皮容易去除，而且果肉的损伤较少，可提高原料的利用率。缺点是碱液去皮用水量较大，去皮过程产生的废水多，尤其是会产生大量含有碱液的废水。碱液去皮机常见形式有喷淋去皮机和干法去皮机。

（1）喷淋去皮机

喷淋去皮机的结构如图 11—25 所示，主要由输送带，淋碱、淋水装置和传动系统等组成。输送带有网状带和履板带两种，均用不锈钢制造。碱液去皮机总体分为进料段、热稀碱喷淋段、腐蚀段和冲洗段。该机的特点是碱液隔离效果较好，去皮效率高，结构紧凑，操作方便，但是需人工进料。

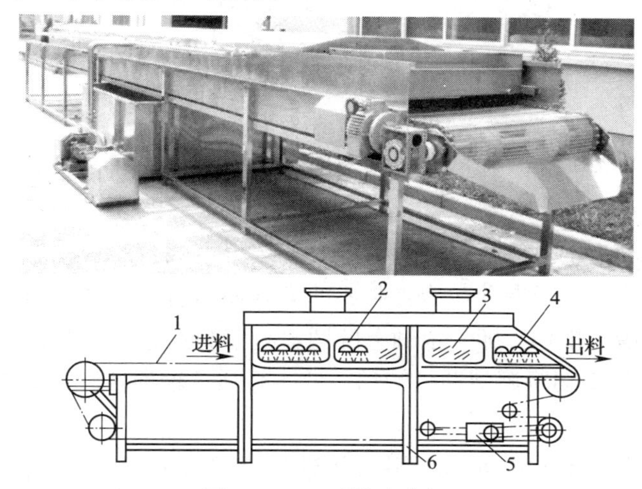

图 11—25　喷淋去皮机

1—输送带　2—淋碱段　3—腐蚀段　4—冲洗段　5—传动系统　6—机架

碱液去皮机的碱液要进行加热和循环使用。碱液循环系统如图 11—26 所示。将调整好浓度的碱液放入碱液池内，由循环泵送到加热器中进行加热。具有一定温度的碱液被送入碱液去皮机的淋碱段，与原料接触后的碱液从碱液去皮机中流回碱液池以循环使用。

碱液去皮机在使用前，要根据去皮物料配制碱液，碱液的浓度可由试验确定。工作一段时间后，碱液浓度下降，要及时补充烧碱，调整浓度。工作结束后，及时清洗设备，尤其是接触碱液的

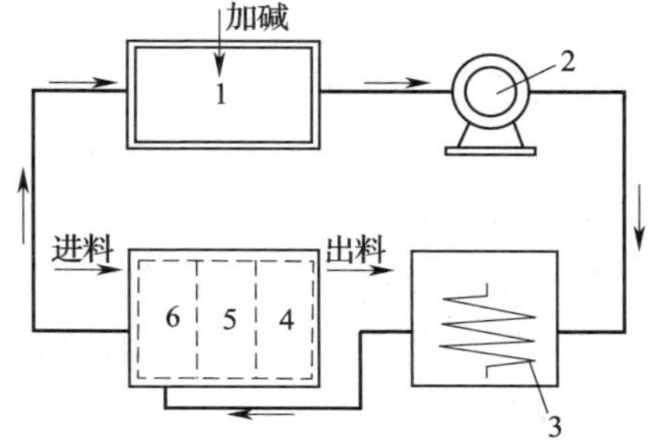

图 11—26　碱液循环系统

1—碱液池　2—循环泵　3—加热器

4—冲洗段　5—腐蚀段　6—淋碱段

部位。对传动部件应定期进行润滑。

(2) 干法去皮机

干法去皮机适用于经碱液或其他方法处理后表皮松软的桃子、杏、梨、苹果、马铃薯及红薯等多种果蔬原料的去皮。同碱液去皮机比较，它具有结构简单、去皮效率高、节约用水及污染较少等优点。

干法去皮机如图 11—27 所示。去皮装置用铰链和支柱安装在底座上，呈倾斜状。工作时去皮机的倾斜角以 30°～45°为宜。可通过调整支柱的长度，改变去皮装置的倾斜度。

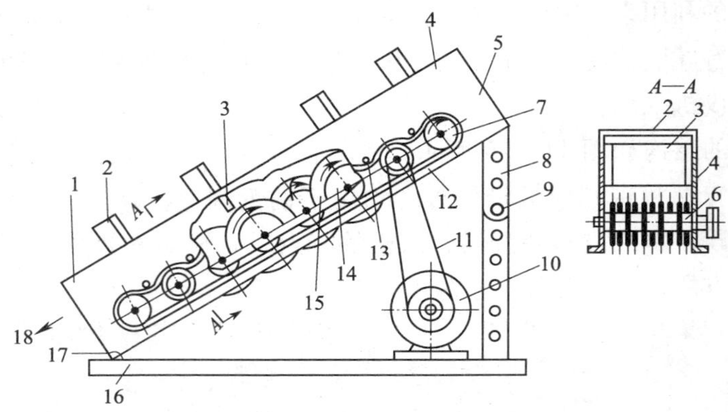

图 11—27　干法去皮机

1—机体　2—桥架　3—挠性挡板　4—侧板　5—进料口　6—主轴　7—摩擦传动轮　8—支柱　9—调节螺栓　10—电动机　11—V 带　12—传动带　13—压紧轮　14—夹板　15—橡胶圆盘　16—底座　17—铰链　18—出料口

去皮装置的两侧为一对侧板，在侧板上安装多根主轴。每根主轴上都装有随轴旋转的数对夹板，每对夹板之间夹着薄橡胶制成的柔软而富有弹性的圆盘。每根轴上的圆盘与相邻轴上的圆盘错开排列，即一根轴上的圆盘处于另一根轴上的两个圆盘之间。电动机通过 V 带和传动带带动摩擦传动轮转动，使一系列主轴旋转。传动带与摩擦传动轮之间用压紧轮压紧。

由碱液处理后表皮松软的果蔬原料，从进料口进入去皮装置。物料靠自身的重力向下移动，将圆盘压弯，如图 11—28所示，在圆盘表面与物料之间形成接触面，由于物料下落的速度低于圆盘旋转速度，因而产生揩擦作用，在不损伤果肉的情况下把果皮去掉。随着物料的下移，它们与圆盘接触位置将不断变化，最后将全部表皮去掉。去皮后的果蔬原料从出料口卸出，果皮则从装置中落入收集盘中。

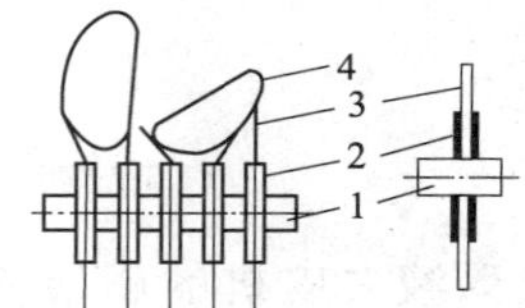

图 11—28　去皮示意图

1—主轴　2—夹板　3—橡胶圆盘　4—原料

为了增强去皮效果，在两侧挡板上间隔装有桥架，每个桥架上都悬挂有用橡胶或织物制成的挠性挡板，这些挡板对物料有阻滞作用，通过减慢物料在圆盘间通过速度来提高去皮效果。

二、打浆机

打浆机主要用于番茄酱、果酱罐头的生产中，它可以将水分含量较大的果蔬原料破碎为浆状物料。

打浆机的结构如图 11—29 所示，主要由机架、料斗、破碎桨叶、刮板、圆筒筛和传动装置等组成。

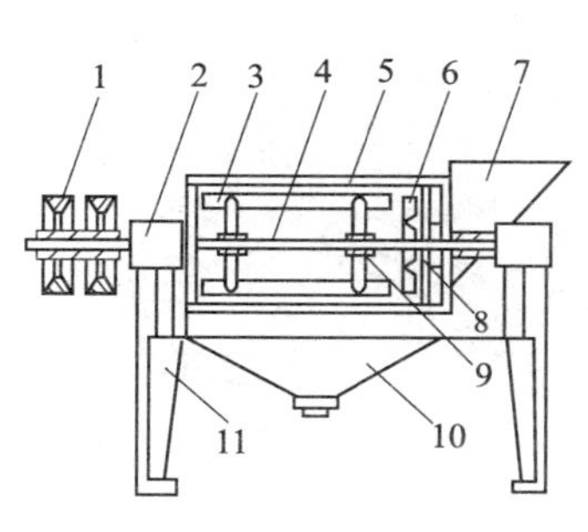

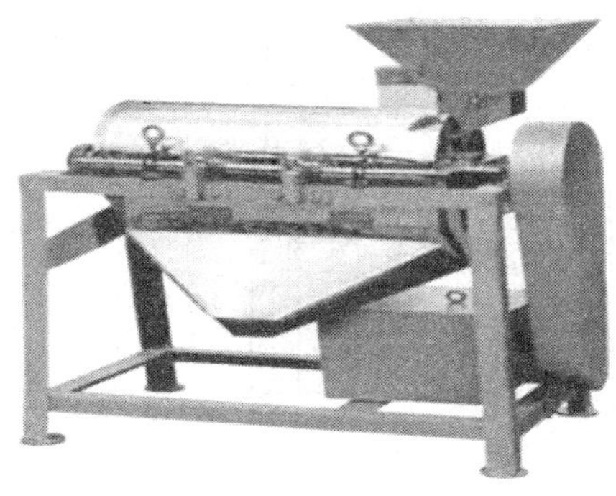

图 11—29　打浆机

1—带轮　2—轴承　3—刮板　4—传动轴　5—圆筒筛　6—破碎刀片
7—进料斗　8—螺旋推进器　9—夹持器　10—出料漏斗　11—机架

圆筒筛用不锈钢板弯曲成圆筒后焊接制成，水平安装在机壳内。在圆筒上冲有直径 0.4～1.5 mm 的小孔。为了增加强度，筒身两端焊有加强圈。也有用两块钢板冲压成两个半圆，用螺钉连接成的筛筒。在传动轴上安装有两块用于破碎物料用的刮板。刮板用不锈钢板制造，与轴线有一夹角，称为导程角。刮板通过夹持器和螺栓安装在传动轴上，刮板与圆筒筛内壁之间的距离可通过螺栓调节。为了防止圆筒筛与刮板碰撞，在刮板上还装有耐酸橡胶板。在进料端装有螺旋推进器和破碎刀片。

圆筒筛固定在机架上，物料由进料斗进入筛筒。电动机通过传动系统带动刮板转动。由于刮板的转动和导程角的存在，物料在刮板和筛筒之间沿着筒壁向出口端移动，移动轨迹为一条螺旋线。物料在刮板与筛筒之间移动的过程中，受到刮板冲击力和挤压力作用而被破碎。汁液和浆状肉质从圆筒筛孔眼中流出，由出料漏斗的下端流入储液桶。物料的皮和籽等则从圆筒筛靠近传动系统一端的出渣口排出，从而达到分离的目的。

在很多场合，如番茄酱、果茶等生产流水线中，为了保证打浆质量，常把 2～3 台打浆机串联起来使用，称为打浆机联动，或二道（或三道）打浆机。图 11—30 所示是 GT6F5 型三道打浆机外形图。

打浆机要根据不同的原料和工艺要求更换不同孔径的筛筒。不同的原料由于含汁率不同，刮板工作时的导程角以及与筛筒之间的间隙也不相同。含汁率高的物料，导程角与间隙应小些，含汁率低的则应大些。工作中导程角与间隙是否合适，可通过含汁率检验。若发现废渣中含汁率高，表明导程角与间隙过大。调整两个因素中的一个，即可达到良好的效果。

三、榨汁机械

生产果汁时，对清洗后的原料要首先进行榨汁。榨汁机械分为通用榨汁机和专用榨汁机。通用榨汁机适用于多种原料的榨汁，应用广泛。

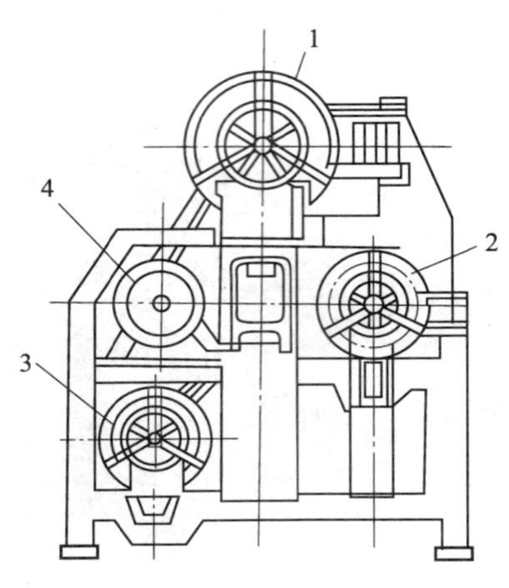

图 11—30 GT6F5 型三道打浆机

1—第一道打浆机 2—第二道打浆机 3—第三道打浆机 4—电动机

1. **螺旋式榨汁机**

螺旋式榨汁机属于连续式榨汁机械，具有结构简单、体积小、榨汁效率高、操作方便等特点。该机的不足之处是所榨的汁液含果肉较多，要求汁液澄清度较高时不宜选用。该设备在压榨过程中，进料、压榨、卸渣等工序均是连续进行的，主要用于压榨葡萄、番茄、菠萝、苹果、梨等果蔬原料的汁液。

螺旋式榨汁机如图 11—31 所示，主要由压榨螺杆、压力调整机构、传动装置、圆筒筛、离合器和机架等部分组成。

压榨螺杆用不锈钢制造，由两端的轴承支撑在机架上。带轮通过离合器带动螺杆在圆筒筛内转动。螺杆各段的螺距不等，由进料口向出料口逐渐减小，而螺杆直径逐渐增大。圆筒筛一般用不锈钢板钻孔后卷成。为了便于清洗及维修，圆筒筛通常做成上、下两半，用螺栓连接安装在机壳上。筛孔孔径一般为 0.3～0.8 mm，开孔率既要考虑榨汁的要求，又要考虑筛体的强度。螺杆挤压产生的压力在 1.2 MPa 以上，筛筒的强度应能承受此压力。

工作时，物料由进料斗进入螺杆和筛筒构成的螺腔中。随着螺杆内径增大，螺距减小，螺腔内的容积逐渐减小，物料在螺腔内受到的压力越来越大，体积越来越小，物料中的汁液被压榨出来，通过筛孔流入下部的锥形收集器中。料渣则通过螺杆端部的锥形部分和筛筒之间的环状间隙排出。

螺旋式榨汁机工作前，应先将出渣口环状间隙调至最大，以减少负荷。启动运转正常后，再逐渐调整到正常间隙，以达到榨汁工艺要求的压力。环状间隙的大小直接影响出汁率和果汁质量。间隙大，则出汁率小；间隙过小，出汁率增加，但质量降低。

2. **爪杯式柑橘榨汁机**

爪杯式柑橘榨汁机采用整体压榨工艺，利用瞬时分离原理，将柑橘皮等残渣尽快分开，防止橘皮及子粒中所含的苦味成分进入果汁，损害柑橘汁的风味及在储藏期间引起果汁变质和褐变以影响产品的质量。

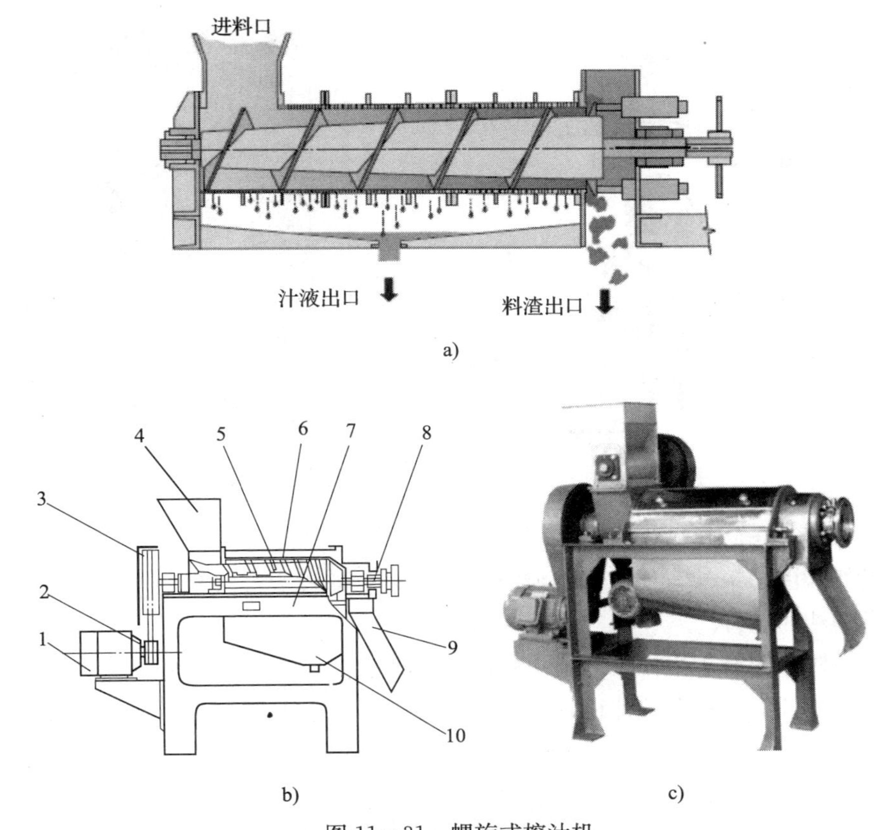

图 11—31 螺旋式榨汁机

a）螺旋榨汁示意图 b）螺旋榨汁机结构 c）实物图

1—电动机 2—小带轮 3—主轴带轮 4—进料斗 5—压榨螺杆

6—圆筒筛 7—机架 8—调整装置 9—出渣口 10—汁液收集器

国外常用的柑橘榨汁机如图 11—32 所示。这种榨汁机具有数个榨汁器，每个榨汁器由上下两个多指形压杯组成。上下两个多指形压杯在压榨过程中能相互啮合，可托护住柑橘的外部以防止其破裂。工作时，固定在共用横杆上的上杯靠凸轮驱动，上下往复运动，下杯则固定不动。在榨汁器上杯顶部安装有管形上切割器，可将柑橘顶部开孔，使橘皮和果实内部组分分离。下杯底部也有管形下切割器，可将柑橘底部开孔，以使柑橘的全部果汁和其他组分进入下部的预过滤管。

压榨时，柑橘送入榨汁机，落入下杯内，上杯压下来，柑橘顶部和底部分别被管形切割器切出小洞。榨汁过程中，柑橘所受的压力不断增加，从而将内部组分从柑橘底部小洞强行挤入下部的预过滤管内，果皮从上杯及切割器之间排出。预过滤管内部的通孔管向上移动，对预过滤管内部的组分施加压力，迫使果肉中的果汁通过预过滤管壁上的小孔进入果汁收集器。与此同时，大于预过滤管壁上小孔的颗粒，如子粒、橘络及残渣等则从通孔管下排出。通孔管上升至极限位置时，一个榨汁周期即告完成。

改变预过滤管壁上的孔径或通孔管在预过滤管内的上升高度，均能影响果汁产量和清浊程度。由于两个多指形压杯指条的相互啮合，被挤出的果皮油顺环绕榨汁杯的倾斜

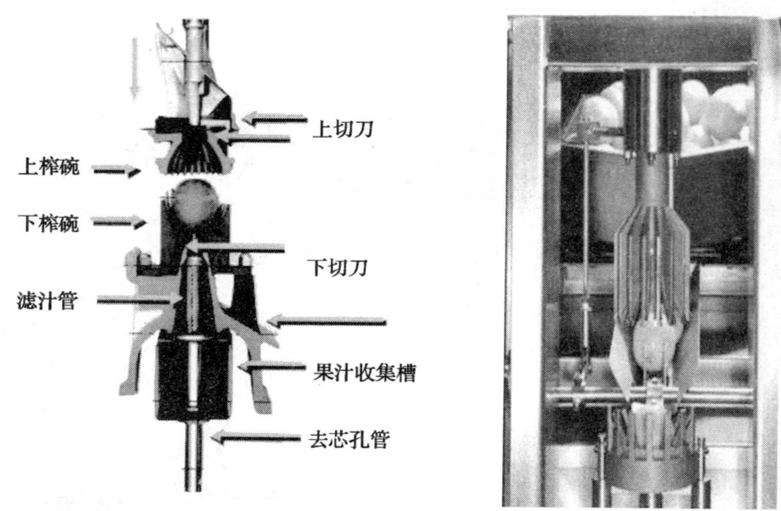

图 11—32 爪杯式柑橘榨汁机

板上流出机外。由于果汁与果皮能够瞬时分开，果皮油很少混入果汁中，从而提供了制取高质量柑橘汁的条件。

由于这种榨汁器对于柑橘尺寸要求较高，工业生产中，一般在榨汁之前需对柑橘进行尺寸分级，并且配置多台榨汁机联合使用，分别安装适用于不同规格尺寸的榨汁器。

第六节 果汁过滤脱气设备

过滤与脱气设备的作用是除去果汁中的杂质及空气。压榨的果汁常含有果肉组织、果渣以及空气等，如不除去这些杂质及空气，会使果汁浑浊不清、氧化变质，影响风味和营养价值。

一、果汁过滤设备

1. 刮板过滤机

刮板过滤机属于圆筒筛网式过滤机。通过旋转的刮板与不动的过滤网之间的相对运动，把鲜果汁中较粗的杂物除去，得到含有一定果肉的鲜果汁。适用于柑橘类果汁的过滤，也可过滤其他类似的果汁。

刮板过滤机结构如图 11—33 所示，主要由刮板、圆筒滤网、传动装置等部分组成。

刮板由紧固螺钉固定在中心轴上，并随中心轴一起旋转。刮板与圆筒滤网之间有一间隙，这个间隙可用刮板与支杆间的螺栓调节。刮板与滤网中轴线成一定的夹角，以便将渣、核等排出。由于这一角度的存在，刮板与筛网贴近的一边有一定的圆弧度。壳体与水平面具有一定的倾斜度，以使果汁顺利流出。

工作时，将经破碎或榨汁后的物料由壳体侧面半圆形的进料口送入过滤器内。在旋转刮板的作用下，物料紧贴在滤网的内表面，其中的汁液及小于滤网孔径的果肉通过网孔流入集汁槽中，然后经出汁管流出。粗渣和核等被刮板旋转推送到出渣口处，排出机外。

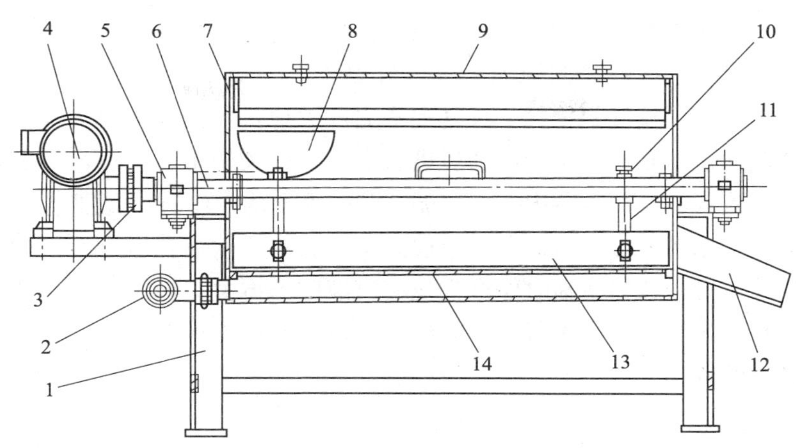

图 11—33　刮板过滤机

1—机架　2—出汁管　3—联轴节　4—电动机及减速器　5—轴承座　6—中心轴　7—壳体　8—进料口　9—罩盖　10—紧固螺钉　11—支杆　12—出渣斗　13—刮板　14—滤网

每次过滤前，应根据产品的要求更换不同孔径的滤网，同时根据工艺要求（如出汁率等）调整刮板与滤网间的间隙及刮板扭转角度，以获得产品要求的过滤程度。刮板与滤网中轴线之间夹角的大小影响过滤的质量和过滤时间。夹角的调整方法为：松开一端的紧固螺钉，将套在中心轴上并和支杆固连的圆环转过一定的角度，然后再拧紧螺钉。

2. 硅藻土过滤机

硅藻土过滤机占地面积小、轻巧灵活、移动方便、使用性能稳定、清洗方便，过滤后的物料风味不变，无悬浮物和沉淀物、液汁澄清透明、滤清度高、液体损失少，适用于多种液体的过滤。

硅藻土过滤机的结构如图 11—34 所示。壳体与支座用卡箍相连，两者间有密封圈，拆卸清洗方便。过滤网盘用不锈钢薄板冲孔后焊成形似铁饼的空心结构，外面包裹滤网布。网盘和橡胶圈相间排列套在空心轴上，并用螺母紧压密封。空心轴一端被支座固定并与滤液出口连通。过滤网盘的数量视所需的生产能力而定，数量多，则过滤面积大，生产能力高。

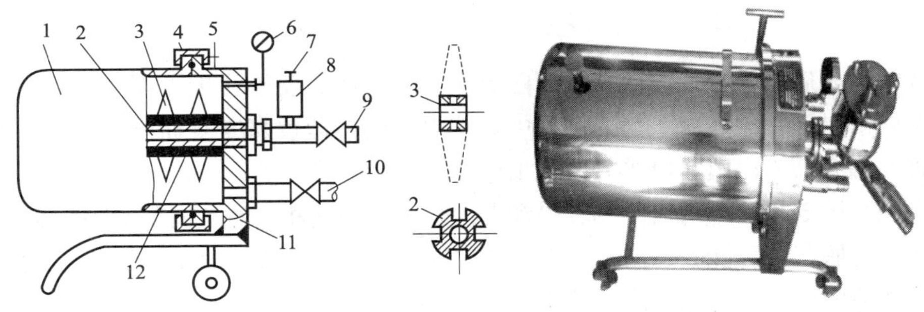

图 11—34　硅藻土过滤机

1—壳体　2—空心轴　3—过滤网盘　4—卡箍　5、7—排气阀　6—压力表　8—玻璃视筒　9—滤液出口　10—原液出口　11—支座　12—密封胶圈该机工作前要先在滤网上预涂一层硅藻土。预涂时，要配备一个助滤剂容器，在助滤剂容器中按滤盘总过滤面积向原液中加入硅藻土助滤剂（500 g/m^2），搅匀后由进口送入过滤机，同时打开排气阀排气。排气完毕立即关掉排气阀，使机内充满液体。在压力推动下，滤液通过滤布、滤网盘，随后进入空心轴的长槽中，通过槽中的圆孔流入空心轴，再由出口流入助滤剂容器内，一直循环到硅藻土均匀涂布在滤网上为止。

硅藻土涂层在滤网上形成后，杂质便被截留，滤液从微细孔道经过以达到过滤的目的。该机应连续运行，若中途临时停机应先关出液阀，再关进液阀，以保持机内的正向压力，防止硅藻土涂层裂口或脱落，影响再次启动后滤液的质量。

二、脱排气设备

1. 真空脱气罐

真空脱气罐用于果汁的脱气。它将果汁在真空罐中喷散成雾状，以脱去果汁中的气体。图 11—35 所示为喷雾式真空脱气罐，主要由真空罐、喷嘴及真空系统等组成。

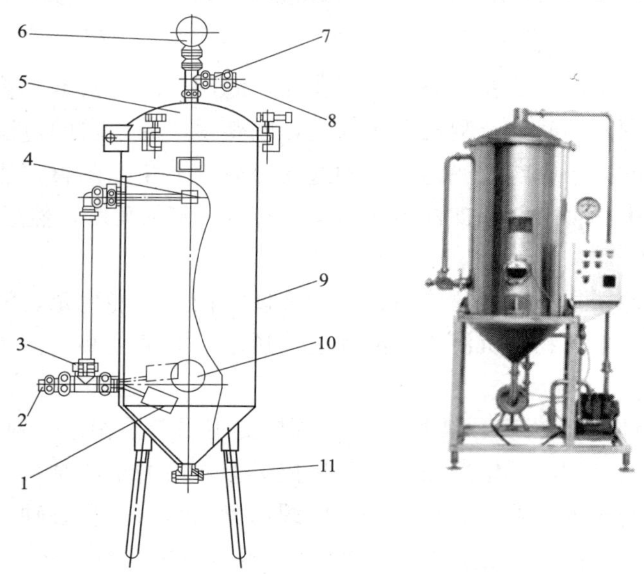

图 11—35 喷雾式真空脱气罐

1—浮子 2—果汁进口 3—控制阀 4—喷嘴 5—真空罐盖 6—压力表 7—单向阀 8—真空系统接口 9—真空罐 10—窥视孔 11—出料口

脱气时，先启动真空泵，使真空罐内形成真空，然后使果汁进入喷雾嘴，呈雾状喷入真空罐内。果汁在罐体内下落的过程中，其中的气体即被真空泵抽出。脱气后的果汁汇集于真空罐底部，由出料口排入下道工序。

真空脱气的效果受罐内真空度、果汁温度、果汁表面积、脱气时间等因素影响。

使用真空脱气，可能会造成挥发性芳香物质的损失，为了减少这种损失，必要时可进行芳香物质的回收，再加回到果汁中去。

2. 齿盘式排气箱

齿盘式排气箱用于罐头产品的排气。齿盘式排气箱的构造如图 11—36 所示，由箱体、齿盘、导轨、传动装置及加热管道等组成。

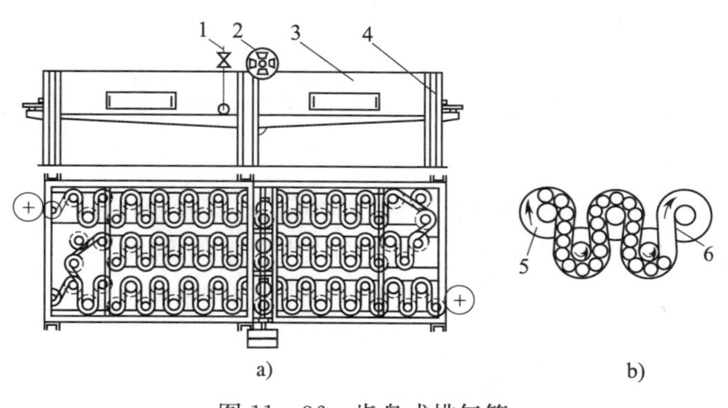

图 11—36 齿盘式排气箱

a）结构图 b）罐头运行路程图

1—加热管道 2—传动装置 3—箱体 4—支架 5—齿盘 6—导轨

箱体外形为长方体，使用 6 mm 厚的钢板焊制而成，两端开有矩形孔，供进出罐用。为了防止箱盖上的冷凝水滴入罐头中，箱盖做成坡式。箱盖由几个小盖组成，可以打开任何一个小盖，随时观察设备内各部分的工作情况。箱体底部边缘及箱体四周都有沟道槽，以便排除冷凝水并起水封作用。在热交换过程中总有部分蒸汽尚未冷凝，为防止这部分蒸汽从两端矩形孔中逸出弥漫车间，采取在箱盖两端加排气罩的方法，使蒸汽从排气罩排到车间外。

箱体内共有 55～77 个齿盘，分成三组，每组两排。箱外两端用支架各装一个齿盘做进出罐用。所有齿盘必须安装在同一个平面上。相邻两组的齿盘不啮合，而同一组中的齿盘则错开相啮合，如图 11—36b 所示。

传动装置安装在箱体中部下面的架子上。电动机通过变速箱把动力传到带轮，从而带动主轴旋转。主轴上装有三个圆锥齿轮，使三根轴旋转。由于圆锥齿轮安装的位置两边相同而中间相反，因此两边的轴逆时针旋转，作为两旁四排齿盘的动力，中间的轴则顺时针旋转，带动齿轮转动，使排气箱中部的两排齿盘转动。

加热系统由进汽管、分配管、沿箱体长度方向上的三根喷管（上面开有小孔，蒸汽由管上小孔直接喷到箱体中）等组成。

罐头的直径比导轨的间距小 7～10 mm，以免卡罐。高度则以箱盖到齿盘的距离为限。排气时，将罐头送入齿盘，在旋转齿盘和导轨的作用下，罐头从一个齿盘转到另一个齿盘，在运动过程中罐头因受热而排出罐内的空气，经过弯曲的路径后由出罐口出罐。

~思考与练习~

一、选择题

1. 果蔬加工按照工艺流程，基本机械设备包括（ ）设备。

A. 原料清洗　　B. 分级分选　　C. 切割分离　　D. 杀菌

E. 果汁脱气

2. 刷洗式清洗机主要由（　　）等构成。

A. 清洗槽　　B. 刷辊　　C. 喷水装置　　D. 出料翻斗

E. 传动装置

3. 滚筒式清洗机适用于（　　）等物料的清洗。

A. 苹果　　B. 柑橘　　C. 马铃薯　　D. 番茄

E. 梨

4. 三辊筒式分级机实现分级的主要构件是（　　）。

A. 理料辊　　B. 出料输送带　　C. 分级辊筒　　D. 辊筒输送链

二、判断题

1. 清洗机械指的是原料清洗机械和包装容器清洗机械。（　　）

2. 啤酒厂清洗啤酒瓶多采用全自动洗瓶机。（　　）

3. 影响摆动筛筛分效率的主要因素包括原料形状、物料含水量。（　　）

4. 硅藻土过滤机中途临时停机，应先关进液阀，再关出液阀。（　　）

5. 刷洗式清洗机两刷辊相对向内旋转，使物料自动向两刷间流动。（　　）

三、填空题

1. 鼓风式清洗机由________、________、________、________、________等组成。

2. 全自动洗瓶机分为________、________两种，容器废商标的去除由________完成。

3. 容器清洗的方法基本分为________、________、________三种。

4. 番茄酱生产流水线中，为了保证打浆质量，常采用的方法是________，又称为________。

四、简答题

1. 综合分析各类清洗机械的优缺点。

2. 分析影响摆动筛分级的因素，指出如何提高分级的效果。

3. 如何提高三辊筒分级机的分级精度？

4. 去皮机有哪些类型？各具有什么特点？

5. 使用离心擦皮机时，为什么不能装满物料？

6. 分析削果皮的原理及用机械实现的方法。

7. 蘑菇定向切片机是如何对蘑菇进行定向切片的？

8. 简述打浆机的工作过程。

实训 17　螺旋榨汁机的使用

一、实训目的

通过实习，使学生熟悉螺旋榨汁机的构造，掌握螺旋榨汁机的使用方法，并能正确调整出汁率。

二、设备与工具

1. 螺旋榨汁机 2 台。

2. 专用工具 2 套。

3. 水果 80 kg。

三、实训内容和步骤

1. 清洗螺旋榨汁机，并进行消毒处理。

2. 接通螺旋榨汁机电源，并进行试运转。

3. 运转正常后，加入 20 kg 水果，进行榨汁。

4. 停机后，调节调整装置，改变出汁率。

5. 再加入 20 kg 水果进行榨汁。

6. 对比两次榨出的果汁和果渣，出汁率是否有变化？果汁的质量是否有变化？果渣的含汁率是否有变化？

7. 拆卸螺旋榨汁机，清洗筛筒和其余部件，并擦拭干净。

8. 待各零部件晾干后，将螺旋榨汁机装配好。

实训 18　果蔬制品加工厂的参观

一、实训目的

通过参观当地果蔬制品加工厂或跟班劳动，使学生了解果蔬制品生产工艺流程和所需设备。

二、方法与步骤

1. 参观果蔬制品加工厂，首先请厂家有关技术人员介绍建厂情况、生产规模、生产任务与设备等，使学生有一个初步的认识。

2. 参观项目

（1）了解果蔬制品加工厂的厂址选择、设备的安装及工艺设计等。找出设备选择和安装所存在的问题，吸取其中的经验与教训。

（2）了解果蔬制品加工工艺和生产设备配套情况。

（3）了解各设备的生产能力及厂家生产、运行情况。

（4）了解并掌握果蔬制品主要设备的操作过程。如在厂家参加劳动，应学会部分设备的维修。

三、实训任务

1. 通过参观果蔬制品加工厂，在规定的时间内绘制出果蔬制品加工厂的生产工艺流程图。

2. 写出参观收获与感想，发现问题并提出改进建议。

参 考 文 献

1. 肖旭霖. 食品加工机械与设备. 北京：中国轻工业出版社，2000.
2. 涂国材. 食品工厂设备. 北京：中国轻工业出版社，1991.
3. 宫相印. 食品机械与设备. 北京：中国商业出版社，2000.
4. 崔建云. 食品加工机械与设备. 北京：中国轻工业出版社，2000.
5. 刘江汉. 焙烤工业使用手册. 北京：中国轻工业出版社，2003.
6. 张裕中. 食品加工技术装备. 北京：中国轻工业出版社，2000.
7. 高成福. 现代食品高新技术. 北京：中国轻工业出版社，1997.
8. 石一兵. 食品机械与设备. 北京：中国商业出版社，1992.
9. 肖旭霖. 食品机械与设备. 北京：科技出版社，2006.
10. 马海东. 食品机械与设备. 北京：中国农业出版社，2004.
11. 魏庆葆. 食品机械与设备. 北京：化学工业出版社，2008.
12. 刘晓杰. 食品加工机械与设备. 北京：高等教育出版社，2004.
13. 李书国. 食品加工机械设备手册. 北京：科学技术文献出版社，2006.
14. 刘晓杰，王维坚. 食品加工机械与设备. 北京：高等教育出版社，2010.
15. 殷涌光. 食品机械与设备. 北京：化学工业出版社，2007.
16. 刘晓杰，南浩太. 食品机械与设备. 北京：中国轻工业出版社，2010.
17. 奥勒尔. 食品工业制冷技术. 北京：中国轻工业出版社，1986.
18. 刘玉德. 食品加工设备手册. 北京：化学工业出版社，2006.